660MW超超临界火力发电机组培训教材

DIANQI FENCE

电气分册

望亭发电厂　编

中国电力出版社
CHINA ELECTRIC POWER PRESS

内 容 提 要

《660MW 超超临界火力发电机组培训教材》对超超临界燃煤发电机组的原理及设备只做简单介绍，着重以岗位运行知识为基础，以提高操作技能为目的，根据电厂生产一线人员在 660MW 超超临界燃煤发电机组调试、运行、维护过程中的经验，详细介绍发电设备及系统的运行维护及故障处理。

本书为此套教材的《电气分册》，共九章，主要介绍超超临界机组发电机、变压器、配电装置、厂用电系统、直流系统及不停电装置、继电保护、自动装置、电气控制系统、电气运行常识等内容。

本书可作为 660MW 超超临界燃煤机组电气设备专业岗位运行、维护和检修人员的上岗培训、在岗培训及继续教育等的培训教材，也可作为超超临界火力发电机组工作的电气设备及其系统生产人员、技术人员、管理干部和大专院校有关师生的参考教材。

图书在版编目(CIP)数据

660MW 超超临界火力发电机组培训教材．电气分册/望亭发电厂编．—北京：中国电力出版社，2011.9（2025.1 重印）
ISBN 978-7-5123-1489-4

Ⅰ.①6… Ⅱ.①望… Ⅲ.①火力发电-发电机组-技术培训-教材②火力发电-电气设备-技术培训-教材 Ⅳ.①TM621

中国版本图书馆 CIP 数据核字(2011)第 041236 号

中国电力出版社出版、发行
（北京市东城区北京站西街 19 号 100005 http://www.cepp.sgcc.com.cn）
北京世纪东方数印科技有限公司印刷
各地新华书店经售
*
2011 年 9 月第一版 2025 年 1 月北京第四次印刷
787 毫米×1092 毫米 16 开本 21.5 印张 508 千字
印数 6001—6500 册 定价 **48.00** 元

《660MW超超临界火力发电机组培训教材》

编　委　会

主 任 委 员　陈海斌

副主任委员　齐崇勇　杨惠新

丛 书 主 编　林　伟

编　　　委　朱卫风　林　伟　陈海宁　秦明宝　郭海军

胡龙弟　徐国飚　包献忠　朱建平　王建中

高　炜　陆　烨　陆建棋　李浩侃　曹　萍

瞿才良　罗志浩

序

自1882年中国有了商品电以来，中国电力工业的历史车轮已然驶过了三个世纪。斗转星移，大浪淘沙，在今天知识爆炸的时代，新一代的电力工作者需要怎样的知识来传承光荣，成就梦想？需要怎样的书籍来实现自我提升，成为一名真正具有竞争力的电力工作者？人生哲理、科学理论、生活常识，这些都很重要。阅读它们可以使人明智、静心、修身、达理，不断走向完美。但要成为一名优秀的电力运行工作者，除了这些之外，更为重要的是一定要有过硬的专业素质，以及坚定而执着的专业精神，这就需要有一套专业对口、学践结合、操作性强、通俗易懂的职业学习丛书，这就是我们出版《660MW超超临界火力发电机组培训教材》丛书的主要宗旨。

当前，加快转变经济发展方式已成为影响我国经济社会领域各个层面的一场深刻变革。在火电行业，大容量、高参数的火电机组因为其较低的能耗和排放成为了行业发展的主流。随着单机百万容量机组的投产发电，标志着我国的电力工业已经步入百万级时代。但是，就目前情况而言，600MW级的机组仍是我国电网供电的中坚力量。因此，加强对600MW级机组基础理论的研究，深入开展600MW级机组的管理创新和技术创新，不断提高600MW级机组运行技术水平，对于促进中国电力工业更加健康快速地发展，确保国民经济稳定运行具有重要的现实意义。

2009年6月，望亭发电厂通过科学论证、大胆规划、辛苦建设，在国内率先成功投运了由上海电气集团制造的660MW超超临界燃煤机组。投运至今，各项性能指标在同类型机组中处于先进行列，并成为中国华电集团600MW级标杆机组。“追求卓越，勇于创新”的企业精神造就了今天望亭发电厂的再度辉煌，有着崇尚科学、不断精益优良传统的“望电人”紧紧依托自身日积月累、扎实深厚的技术底蕴，立足660MW级超超临界燃煤机组基建生产运行所掌握的第一手宝贵经验，加紧研究、认真总结、不断提炼，迅速建立起一套体系完善、环节精益、过程闭环、统筹兼顾的运营管控理论模式，锻炼出一支业务精、作风硬、素质强的职工队伍，为更好地发挥机组运营潜效、不断提升内生效益奠定了理论和技术基础，为实现超超临界机组在中国更好地发展和运营做出了自己应有的贡献。

本套丛书编撰历时两年有余。两年来，在望亭发电厂党委和厂部的关心支持下，集聚厂内技术骨干的编撰团队克服了生产任务繁重、技术资料缺乏、编撰经验不足等诸多困难，充分发挥“望电人”严谨求实的工作作风，勤钻研、巧思考、多实践，力求在内容上理论联系实际，在表述上做到通俗易懂。本套丛书包括《汽轮机分册》、《电气分册》、《锅炉分册》、《脱硫脱硝分册》、《化学分册》、《燃料分册》、《热控分册》。针对发电厂工作的特点，本套丛书对660MW超超临界燃煤发电机组设备的原理只做简单介绍，着重以岗位运行知识为基础，以提高技能操作能力为目的，根据电厂一线人员在660MW超超临界燃煤发电机组调试、运行、维护过程中的经验，介绍发电设备及系统的运行维护及故障处理，有效提升了本书的实用性，使该书成为国内少有的能够全面、系统地反映该类型机组的培训教材。

时代在变，创新的精神和力量是永恒的。我们希望本套丛书的出版，能够成为一个契机和交流的载体，为推动低碳节能的660MW超超临界燃煤机组在中国更好更快地发展增添一份力量。

由于编撰人员的理论水平和实践经验有限，书中难免有缺点和错误，恳请读者批评指正。

2011年4月

前　言

随着电力工业技术的不断发展，用电量的持续增加和世界范围内环保形势的日趋严峻，大容量、高参数、高效率的超超临界大型发电机组正逐渐成为我国电力系统的主力发电机组。大型超超临界发电机组普遍采用低 NO_x 燃烧以及烟气脱硫脱硝技术，大幅度降低了二氧化硫、氮氧化物等污染物的排放。低煤耗、高环保的超超临界发电机组目前正成为我国电力行业“上大压小”、“节能减排”的首选机型。

为使广大电力生产岗位工人、技术人员和管理人员熟悉、了解和掌握660MW超超临界大型燃煤火力发电机组的性能及特点，中国华电集团公司望亭发电厂在中国电力出版社的大力支持下，组织各级技术人员耗时两年时间，精心编写了《660MW超超临界火力发电机组培训教材》。

针对发电厂工作的特点，本套教材对660MW超超临界燃煤发电机组设备的原理只做简单介绍，着重以岗位运行知识为基础，以提高操作技能为目的，根据电厂生产一线人员在660MW超超临界燃煤发电机组调试、运行、维护过程中的经验，详细介绍发电设备及系统的运行维护及故障处理，力求能以平实的语言及通俗的阐述，更好地满足660MW超超临界燃煤机组岗位运行、技能操作和继续教育的需要。本套教材也可供高等院校有关专业的相关师生参考。

本书为《660MW超超临界火力发电机组培训教材》电气分册，共九章，由陆烨主编，林伟主审，包献忠、俞德民、赵军、陈立民、严晓锋、张继春、沈依军、石亚兵、俞若华、周强、王军、傅心雁、俞岚、苏晨越、柏云龙、许黎、吴健、王孝明等参与本书编写，全书由陆烨负责统稿。

本分册在编写过程中，参阅了部分已正式出版的技术文献及制造厂、设计院、安装单位、调试单位的有关说明书、图纸等技术资料，在此一并表示感谢。

由于编者水平有限，加之编写时间仓促，错漏之处在所难免，敬请读者批评指正，并提出宝贵意见。

编　者

2011年4月

目　录

第一章

发　电　机

第一节　发　电　机

一、概述

（一）发电机工作原理

发电机是将其他形式的能源转换成电能的机械设备，它由水轮机、汽轮机、柴油机或其他动力机械驱动。水流、气流、燃料燃烧或原子核裂变产生的能量转化为机械能传给发电机，再由发电机转换为电能。发电机的形式很多，但其工作原理都基于电磁感应定律和电磁力定律，用适当的导磁和导电材料构成互相进行电磁感应的磁路和电路，以产生电磁功率，达到能量转换的目的。根据形式不同，发电机可分为直流发电机和交流发电机，同步发电机和异步发电机，单相发电机与三相发电机。根据发电机的原动机不同，可分为汽轮发电机、燃气轮发电机（一般是卧式的，转子为隐极式）、水轮发电机（一般是立式的，转子为凸极式）、柴油发电机等。原动机拖动同步发电机带对称负荷稳定运行时，原动机输入到发电机的机械功率称为输入功率。扣除发电机的机械损耗、铁耗和附加损耗后，通过电磁感应、定子磁场相互作用，将剩余的机械功率转变为电功率，称为电磁功率。目前大型发电机组一般有：全氢冷方式、定子绕组水冷其余为氢冷方式（水氢氢）、双水内冷方式（水水空）三种冷却方式。对于全氢冷及水氢氢冷却方式由于转子采用氢内冷，不会发生水内冷转子的绝缘引水管漏水而导致的故障，运行安全性较水内冷转子高。发电机通常由定子（包括定子铁芯、绕组、机座以及固定部分）、转子（包括转子铁芯绕组、护环、中心环、滑环、风扇及转轴等部件）、端盖及轴承等部件构成。下文将以 QFSN-660-2 型汽轮发电机为例详细介绍发电机结构。

（二）发电机型号及代表意义

国产的大功率汽轮发电机根据各厂产品型号、容量、电压、冷却方式的不同，现已形成不同的系列，如 TQN、QFQS、QFSS、QFS 和 SQF 等系列。发电机型号中，第一、第二个字母 TQ 表示同步汽轮发电机，QF 表示汽轮发电机；第三个字母 N 表示氢冷，Q 表示转子氢内冷，S 表示转子水内冷；第四个字母 S 表示定子水内冷。

如发电机型号 QFSN-X-2 所代表的意义是：

QF——汽轮发电机；S——定子水内冷；N——氢内冷；X——兆瓦额定容量；2——2 极。

（三）同步发电机额定值

额定容量 S_N（VA、kVA、MVA 等）或额定功率 P_N（W、kW、MW 等）：指发电机输

出功率的保证值。发电机通过额定容量值可以确定电枢电流，通过额定功率可以确定配套原动机的容量。补偿机则用 kvar 表示。

额定电压 U_N：指额定运行时定子输出端的线电压，V、kV 等。

额定电流 I_N：指额定运行时定子的线电流，A。

额定功率因数 $\cos\varphi_N$：指额定运行时发电机的功率因数。

额定频率 f_N：指额定运行时电机电枢输出端电能的频率，我国标准工业频率规定为 50Hz。

额定转速 n_N：指额定运行时发电机的转速，即同步转速。

除上述额定值外，同步发电机铭牌上还常列出一些其他的运行数据，例如额定负荷时的温升 τ_N、励磁容量 P_{fN}和励磁电压 U_{fN}等。QFSN-660-2 型汽轮发电机的主要技术参数见表 1-1。

表 1-1　　QFSN-660-2 型汽轮发电机的主要技术参数

发电机型号	QFSN-660-2	发电机型号	QFSN-660-2
额定容量 S_N(MVA)	733	定子额定电流 I_N(A)	21 169
额定功率 P_N(MW)	660	额定频率 f_N(Hz)	50
最大连续输出功率 P_{max}(MW)	690	额定转速 n_N(r/min)	3000
最大连续输出容量 S_{max}(MVA)	766.67	额定励磁电压 U_{fN}(V)	441
对应汽轮机 VWO 工况下输出功率(MW)	713.827	额定励磁电流 I_{fN}/空载励磁电流 I_{f0}(A)	4493/1480
对应汽轮机 VWO 工况下功率因数 $\cos\varphi$	0.9	定子绕组接线方式	YY
对应汽轮机 VWO 工况下氢压(MPa)	0.5	冷却方式	水、氢、氢
额定功率因数 $\cos\varphi_N$	0.9	励磁方式	自并励静止励磁
定子额定电压 U_N(kV)	20	通风方式	气隙取气

（四）电能在当今社会的重要意义

电力是以电能作为动力的能源，发明于 19 世纪 70 年代。电力的发明和应用掀起了第二次工业化高潮，成为 18 世纪以来世界发生的三次科技革命之一，改变了人们的生活。20 世纪出现的大规模电力系统是人类工程科学史上最重要的成就之一，是由发电、输电、变电、配电和用电等环节组成的电力生产与消费系统。它将自然界的一次能源通过发电动力装置转化成电力，再经输电、变电和配电供应到各用户。

电能是现代化建设和人民生活最必需、最重要的一种二次能源。各种能源资源都可用来发电，但现代电力系统中的正弦交流电，主要来自水力发电和火力发电；在一些先进发达国家，原子能发电现在已占相当比重。无论水力发电、火力发电还是原子能发电，都采用同步发电机发电。水轮发电机和汽轮发电机虽然都是同步发电机，但由于它们的原动机不同，转速相差很大，所以在结构、性能和主要参数等方面存在较大差别。大型火力发电厂都采用二极隐极式汽轮发电机，转速为 3000r/min，而原子能电站则采用四极隐极式汽轮发电机，转速为 1500r/min。

（五）发电机的发展史

1832 年，法国青年电学工程师皮克希试制成功了世界上第一台手摇永久磁铁旋转的交流发电机。在这台发电机中，皮克希装上了一种最初的换向器，使发电机中产生的交流电变为能为当时的工业生产所需要的直流电。1833～1835 年间，萨史斯顿和克拉克等人相继发明了旋转线圈电枢、静止磁铁结构等新装置，这些新装置的引入使发电机的运转部分质量大大减轻，从而提高了发电机的转速。此后，人们对发电机的原动力装置部分也进行了改进。到了 1844 年左右，在法、德、英等国家，就已经有庞大而笨拙的发电机发电，并可以通过最初的电动机给机器提供新的动力了。自从 1888 年第一台旋转电枢交流发电机（4800r/min）问世来，随着理论分析、实验研究的进步和新材料的发展，发电机单机容量越来越大，目前单机容量已达 1333MVA（3000r/min）和 1650MVA（1800r/min），且正在研制 2000～2500MVA 两极或四极的发电机组。大容量、高参数是提高火电机组经济性最为有效的措施。同时由于世界一次能源中煤的储量远远超过石油和天然气、环境保护对减少排放污染提出要求、京都协议书为控制地球温室效应确定减少 CO_2 排放目标等原因，高效洁净燃煤发电技术将成为今后世界电力工业的主要发展方向之一。1993 年应用新一代 600℃高温材料的首台温度 593℃的 700MW 机组在日本投运，标志着世界汽轮机技术的发展进入了一个新的“超超临界参数”发展阶段。相对于热力学的超临界概念，超超临界参数是一种商业性称谓，以表示汽轮机组具有更高的压力和温度，有的公司也将超超临界机组称为高效超临界机组。目前世界上各公司对超超临界参数没有统一的定义。发达国家的超超临界火电技术已有较成熟经验，各方面性能及经济效益很好，因此，超超临界火电机组受到了国内用户的欢迎，得到了全面发展的机遇和空间。目前我国超临界、超超临界机组容量都在 600MW 以上，表 1-2 为由不同制造厂商生产的容量 600MW 及以上汽轮发电机的具体参数。

表 1-2　　不同制造厂商生产的容量 600MW 及以上汽轮发电机的参数

安装厂名	平圩电厂	北仑电厂	石洞口电厂	望亭电厂
制造厂	哈尔滨（西屋）	日本东芝	ABB	上海电机厂
型号	QFSN-600-2	TAKS	50WT23E-600-2	QFSN-660-2
额定功率（MW）	600	600	644.4	660
功率因数	0.9	0.9	0.9	0.9
额定电压（kV）	20	20	24	20
冷却方式	水氢氢	水氢氢	水氢氢	水氢氢
绝缘等级定/转	B/B	B/B	F/F	F/F

（六）发展大容量机组的必要性

大容量火电技术，发达国家已有较成熟经验，1000MW 级机组也不断出现，而国内装备制造业这几年发展迅速。对于二极隐极式汽轮发电机而言，发展大容量机组在制造、基建和运行的经济性方面具有下列优点。

（1）可降低发电机造价和材料消耗率。根据国外资料，一台 800MW 机组比一台 500MW 机组单位成本降低 17％，一台 1200MW 机组比一台 800MW 机组单位成本降低 15％～20％，材料消耗率亦随单机容量的增大而降低，见表 1-3。

表 1-3　　100～600MW 汽轮发电机材料消耗率

单机容量（MW）	100	200	500
材料消耗率	1.0～1.5	0.85～1.0	0.6

（2）可降低电厂基建安装费用。一个电厂单位造价随着单机容量的增大而降低。以 200MW 机组电厂单位造价为 100%，500MW 机组电厂单位造价可降低 15%，1000MW 机组电厂单位造价可降低 30%。

（3）可降低运行费用，减少煤耗及单位千瓦运行人员和厂用电率。

（4）可减少电厂布点，有益于环境保护，减少污染。

近几十年来，世界各国汽轮发电机的单机容量都不断增大，发展速度都很快。在 20 世纪 50 年代，单机容量为 100～200MW；60 年代，单机容量就发展到 300、500MW 和 600MW；70 年代，单机容量又发展到 800MW 和 1200MW 级水平。近年来，由于出现能源危机现象，核技术和核动力又得到发展。据报道，世界上核燃料资源要比矿物燃料资源多 28 倍，所以，今后原子能发电是有发展前途的，目前世界上核电站中已投运的最大发电机组，有美国的 1100MW 四极汽轮发电机和西德的 1310MW 双水内冷、四极汽轮发电机。

二、发电机的结构

发电机结构如图 1-1 所示，以下对各部分一一加以介绍。

（一）静止部分

1. 定子机座及隔振结构

机座的主要作用是支持和固定定子铁芯和定子绕组，如用端盖轴承，它还要承受转子重力。同时在结构上满足发电机的通风和密封要求。国产机组应用较多的是压入式径向通风系统，因它是轴向分段通风，故又称为多流式压气通风系统。其结构是用钢板做横隔板，将机壳和铁芯背部之间的空间沿轴分成若干段，每段形成一个环形小风室，各小风室相互交替地分为进风区和出风区。各进风区之间和各出风区之间分别用圆形或椭圆形钢管连通。进风区和出风区总数随发电机容量增大而增多，有 5 段、7 段、9 段、11 段之分，其中偶数段为进风区，奇数段为出风区。进风孔设在风扇内侧的高压风区，出风孔与风扇外侧的低压风区相连并通向冷却器。空冷发电机的冷却器布置在机座的下部。氢冷发电机为了减小通风阻力和缩短风道，气体冷却器常安放在机座内的矩形孔内，有水平布置（卧式）和垂直布置（立式）两种，应用较多的是垂直布置。水平布置的优点是可将 4 组或 6 组体积较长的冷却器分散安放在机座内圆和铁芯背部之间的圆周内，使机座保持简单的圆柱体结构；缺点是安装拆卸困难。垂直布置则相反，冷却器立放在机座两端或机座中部的两侧位置，机座的结构形状虽较复杂，但拆卸安装却较方便，可以用吊车将整个冷却器吊出或吊入机座。

机座是静止部分中最重的一个部件。根据加工、搬运和运输条件不同，可分为整体机座和可拆卸机座两种。后者一般是沿轴向将机座分为三段，故又称为分段机座。防震结构机座都采用双机座，即内机座（含有铁芯）和外机座。有的机组外机座还分为上、下两瓣。内、外机座和外机座的上、下两瓣均可分别运输到现场，在现场再装配成一整体机壳及横隔板（亦称内隔板）。钢板厚度与冷却介质有关。空冷发电机内气压低，密封要求低，钢板较薄；

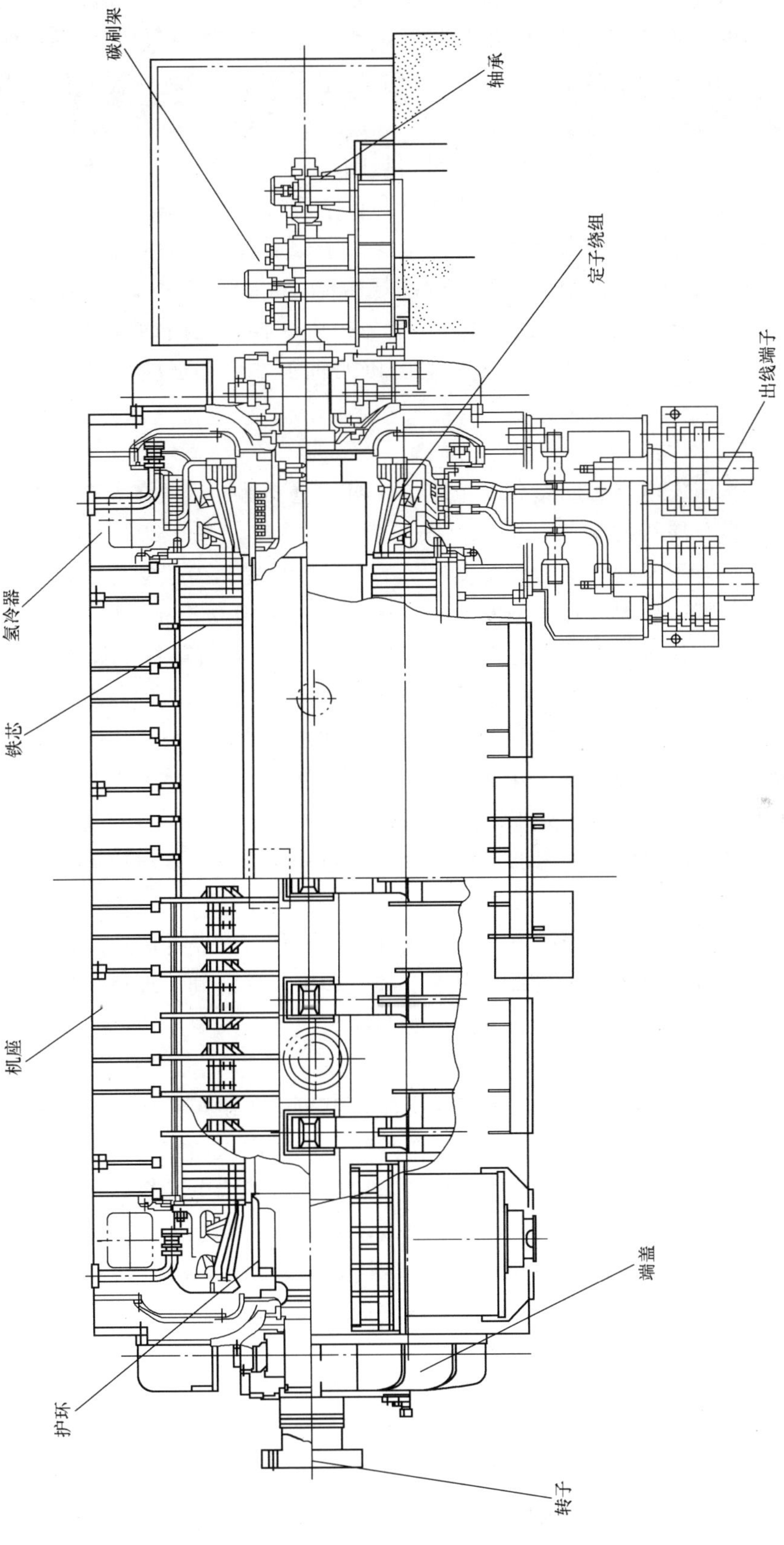

图 1-1 发电机结构图

氢冷发电机内氢压高，防爆和密封要求高，钢板较厚。定位筋均匀分布在机座内圆上，再焊接在沿轴向分布的内隔板上。具有防振结构的电机，采用弹性定位筋，内外机座间装有弹性隔振装置，机座刚性固定在基础上。机座侧面尚有定子绕组和铁芯测温元件的引线接线盒。

2. 端盖及轴承

端盖是保护定子端部绕组的，也是电机密封的一个组成部分。为了安装、检修、拆装方便，一般端盖分为两部分，氢冷电机多水平分开，空冷电机多垂直分开。轴承分有座式轴承和端盖轴承。机座和轴承间的准确同心对发电机的平稳运转是绝对必要的，因此，加工和安装时应特别精细以确保质量。空冷发电机内部气压低，密封要求不高，励侧多用座式轴承。氢冷发电机端盖在防爆和密封性能方面的要求与机座一样，也用钢板焊成，外部焊有加强筋，以提高端盖的径向和轴向刚度。氢冷发电机的轴承常装在强度高的端盖上，称为端盖轴承。

3. 定子铁芯

定子铁芯是构成发电机磁回路和固定定子绕组的重要部件。现在大型汽轮发电机定子铁芯的质量约占电机总质量的30%～35%，铁损约占总损耗15%～20%，因此降低铁损对提高发电机效率是很有意义的。随着大型发电机的发展特别是百万机组的出现，为了减少铁芯内的磁滞和涡流损耗，一般现在大型发电机的定子铁芯采用0.5mm厚扇形高导磁率、低损耗的无取向冷轧硅钢片叠装而成，在硅钢片两侧表面涂有F级环氧绝缘漆。定子铁芯轴向用反磁支持筋螺杆和对地绝缘的高强度反磁钢穿心螺杆，通过两端的压指、压圈及分块连接片用螺母拧紧成为整体，经过数次冷态和热态加压并加固螺母而成为一个结实的铁芯整体。在铁芯的两边端齿上开有分隔槽，并用黏结胶将边端黏结形成整体。在两端压圈与反磁性分块连接片之间设有用硅钢片叠压并加以黏结起来形成内圆为阶梯形看台式的磁屏蔽，这些措施有效地减少了端部漏磁引起的附加损耗，故端部温升较低，使发电机具有良好的进相运行的能力。

定子铁芯内设有许多径向通风道组成，氢气表面冷却、多路并联通风、对应转子进风和出风相互间隔的十多个风区。还在铁芯内圆上进风和出风区之间、环绕气隙上部5/6的圆周上镶嵌风区隔环以减少串风，提高通风散热的效能。

4. 定子绕组及绕组装配

大容量汽轮发电机定子绕组和一般三相交流发电机定子绕组一样，都采用三相双层短距分布绕组，目的是为了改善电动势波形，即消除绕组内的高次谐波电动势，以获得近似的正弦波电动势。发电机定子三相绕组接成星形或多星形，可使线电动势内不出现3次和3的倍数次谐波电动势；绕组采用短节距，可以消灭或削弱5、7和11等高次谐波电动势。由于定子绕组中除3次谐波电动势外，以5、7次谐波电动势为最大，故节距一般缩短1/6～1/5，这样对基波电动势值的影响很小，但可显著削弱5、7和11等高次谐波电动势并改善电动势波形。

水内冷机组的定子绕组是由实心股线和空心导线交叉组成，均包有玻璃丝绝缘层。上层线棒的导电截面积要比下层的大。槽内股线间进行了540°的罗贝尔空换位，也起到减少绕组附加损耗的作用。线棒的空实心股线均用中频加热钎焊在两端的接头水盒内，而钎焊在水盒上的水盒盖则焊有反磁不锈钢水接头，用作冷却水进出线棒内水支路的接口。套在线棒上或汇流管上水接头的四氟乙烯绝缘引水管，都用卡箍箍紧。采用中频加热钎焊水盒的工艺盒卡箍箍紧水管的结构，进一步提高了定子绕组水路的气密性。定子绕组的空心导线内通过冷却水以冷却铜线，因此绕组温升很低，但定子绕组对地绝缘仍采用F级环氧云母带连续绝缘，确保使用寿命。

定子绕组在槽内固定于高强度玻璃布卷包模压槽楔内，示意图如图1-2所示。在铁芯两端用割有倒齿的、行之确有实效的关门槽楔就地锁紧，防止运行中因振动而产生的轴向位移。定子绕组的端部全部采用钢—柔绑扎固定结构。它由充胶的层间支撑软管、可调节绑环、径向支撑环、绝缘楔块和绝缘螺杆等结构件以及绑带、适形材料等将伸出铁芯槽口的绕组端部固定在绝缘大锥环内，成为一个牢固的整体。在绕组端部靠近铁芯出槽口的可调节绑环上，汽、励两端各设有一道气隙挡风环（板），用以限制进入气隙的风量。

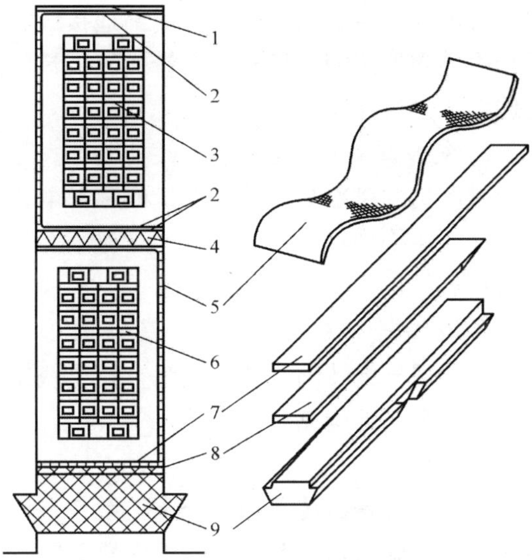

图1-2 定子绕组槽内固定示意图

1—槽底垫条；2—适形垫条；3—下层线棒；4—层间垫条；5—侧面波纹板；6—上层线棒；7—楔下垫条及调节垫条；8—斜楔；9—定子槽楔

5．定子出线

发电机定子出线导电杆是装配在出线磁套管内的，组成了出线瓷套端子。结构设计使定子出线穿过装在出线盒上的绝缘瓷套管，将定子绕组出线端子引出机座外，并保证不漏氢且不漏水。每相绕组由若干个绕组组成，如果每相绕组全部串联，三相接成Y形，有6根引出线。如果每相绕组并联成两路，三相接成双Y，有12根引出线。如接成3Y，每相三条并联支路在电机内部连在一起，引出线仍为6根。目前大型发电机组出线瓷套端子共有6个，其中3个主出线端子通过金具引出；另外3个斜装的为中性出线端子，由中性点母板及编织铜排连接起来形成中性点；出线瓷套端子和中性点母板均为水内冷。出线瓷套端子对机座和对水路都是气密的。以每个出线瓷套端子为中心，从出线盒向下吊装着若干个同心的电流互感器提供给仪表测量或继电保护用。

6．定子水路

总进、出水汇流管分别装在励端和汽端的机座内，对地设有绝缘，运行时需接地。它们的进、出水口及排气管分别放在汇流管上方，这是为了防止绕组在断水情况下失水。但它们的法兰设在机座的上侧面，便于和机座外部总进出水管相连。排放水管口分别放在机座两端的下方，具有特殊设计的结构，它对机座是密封的但能适应温度变化而产生的变形，对机座和相连接的外部管道都是可靠绝缘的。在外部总进、出水管上装有测温及报警元件。在用水冷专用绝缘电阻表测量定子绕组绝缘电阻时，要求总进、出水汇流管对地有一定的绝缘电阻。

冷却水从励磁机端或集电环端的总进水汇流管流过连接的聚四氟乙烯绝缘引水管流入定子线棒，再从线棒出水接头通过绝缘引水管流入总出水汇流管。每根上层或下层线棒各自形成一个独立的水支路，另有冷却水从励磁机端或集电环端的总进水汇流管进入，也通过绝缘引水管流经绕组引线，即绕组端部连接线、主引线及出线瓷套端子或中性点母线后，进入出线盒中的小汇流管，再从外部管道流入汽端总出水汇流管，然后一起引出到外部总出水管，流回定子水箱。

7. 氢冷却器

发电机的氢冷却器卧放在机座顶部的氢冷却器外罩内。在汽、励两端的氢冷却器外罩内各有一组氢冷却器，每组分成两个独立的水支路。当停运一个水支路时，冷却器能带 80% 的负荷运行。

（二）转子部分

转子部分由转轴、转子绕组、转子绕组的电气连接件、护环、中心环、风扇、联轴器和阻尼系统等部件构成。

1. 转轴

转轴通常是由转子和转子本体组合在一起构成的一个整体。发电机转轴由高机械性能和导磁性能良好的合金钢锻件加工而成。在转轴本体大齿中心沿轴向均匀地开了多个横向月形槽，又在励磁端轴柄的小齿中心线上开有两条均衡槽，以均衡磁极中心线位置的两条磁极引线槽。这些都是为了均匀转轴上正交两轴线的刚度，从而降低倍频振动。在大齿上开有阻尼槽，使发电机在不平衡负载时可以减少在横向槽边缘处的阻尼电流，避免由此引起的尖角处的温度急剧升高，有效地提高了发电机承受负序的能力。为削弱运行时在近磁极中心的气隙磁通和转子轭部磁通局部饱和，改善磁场波形，在靠近大齿的两个嵌线槽分别采用了不等距分布。转子旋转时，转子中心所受机械应力最大，为了消除对转子有危害的内应力，提高转轴机械强度，防止转轴可能出现裂纹和减少热加工过程可能出现的偏差，必须对转子材料性能进行认真地检验和分析。

2. 转子绕组

转子绕组由冷拉含银无氧铜线加工而成，因此既抗蠕变，又防氢脆。每圈导线由直线、弯角和端部圆弧所组成。转子本体采用气隙取气斜流通风方式。绕组在槽内的直线部分沿轴向分成十多个进、出风区相间的区段，在宽度方向各为两排反方向斜流的径向风孔。在转子绕组的槽楔上加工形成风斗，风斗有两种形式：放在进风区的为吸风风斗，在出风区的为甩风风斗。来自定子铁芯径向风道的氢气，被转子进风区的吸风风斗从气隙吸入转子绕组中两条反向的斜流风道，再从绕组底部进入左右两侧反向的斜流风道，进入出风区，热风则从左右两条对称的斜流风道出来，相遇于一个甩风风斗后被甩出槽楔，排入气隙的转子出风区，再进入定子的径向风道，这样就形成了与定子相对应的进、出风区相间的气隙取气斜流通风系统。发电机通风示意图如图 1-3 所示。

3. 转子槽楔、护环、中心环、风扇环

转子槽楔由铝合金制成，在径向开通风道，并在顶部加工成风斗形，具有气隙取气进、出风斗的作用，槽楔上的风斗结合楔下垫条中特殊风孔型式形成一斗两路，并具有两路流量均匀分配的通风方式。转子绕组顶部由具有良好的耐应力腐蚀能力的整体锻制的高强度反磁合金钢护环来支撑，护环热套在转子本体端部的配合面上，为悬挂式结构。中心环、风扇环均为合金钢锻件，风扇叶片为铝合金锻件。单级螺桨式风扇对称布置在转子两端向定子铁芯背部及转子护环内部送风。

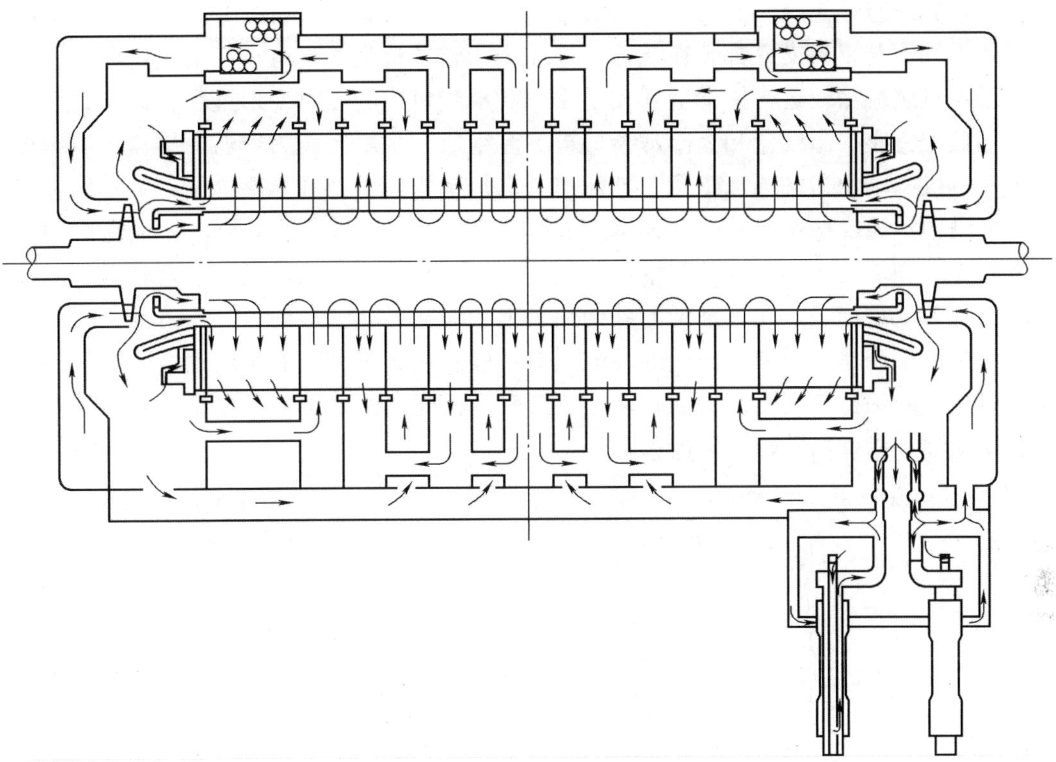

图 1-3 发电机通风示意图

4. 转子阻尼系统

阻尼绕组有全阻尼和半阻尼。全阻尼是转子各槽的槽楔下都压有一根全长的阻尼条。大齿上浅槽内也有放阻尼条的浅槽，所有阻尼条在端部用铜皮包绕后连接在一起，构成形似鼠笼的短路环。半阻尼只在转子两端装设梳齿形的阻尼环，其梳齿伸进每个槽及大齿上阻尼槽内的槽楔下，由槽楔压紧。阻尼条用扁铜条或铜板制成，阻尼环结构如图 1-4 所示。装设阻尼绕组的效果有：减小涡流回路的电阻，提高阻尼作用和发电机承受不对称负荷能力；改善端部护环和齿间的接触状态，使端部电流分布均匀并使温升降低，对护环起着保护作用；防止定子电压波形变坏和励磁绕组开路时出现过电压现象；产生阻尼力矩，减小转子振动。转子本体大齿上月牙槽边缘处的负序涡流发热的温度最高，而发电机负序能力的大小主要取决于这个部位的温升。

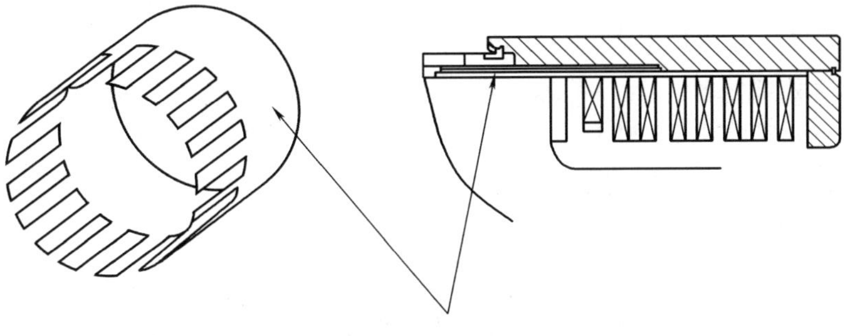

图 1-4 阻尼环结构图

(三) 端盖轴承

发电机轴承与密封支座都装在端盖上，缩短了转轴长度并具有良好的支承刚度，由于轴承中心线距机座端面较近，使端盖在支承重力和承受机内氢压时变形最小，以保证可靠的气密性。端盖与机座、出线盒和氢冷却器外罩一起组成“耐爆”压力容器，端盖为厚钢板拼焊而成。发电机的轴承为椭圆瓦轴承，轴瓦与其定位销均与下半轴承座绝缘；上半轴瓦与端盖之间也加设轴承绝缘垫块。端盖轴瓦示意如图 1-5 所示。为防止轴电流，除轴瓦对端盖绝缘外，密封支座和端盖之间、端盖与轴承外挡油盖之间都设有绝缘；励端端盖轴承、油密封及外挡油盖均为双重绝缘。在各轴承的外挡油盖上均设有可测轴振的传感器。油密封结构为单流单环结构，单流是指起密封作用的油流只有一股。稍高于氢压的密封油在转轴和非旋转的浮动密封瓦之间保持一层连续的油膜，防止转轴和机壳之间的氢气泄漏。此外，密封瓦的空侧供有浮动油，以确保其轴向自由移动。

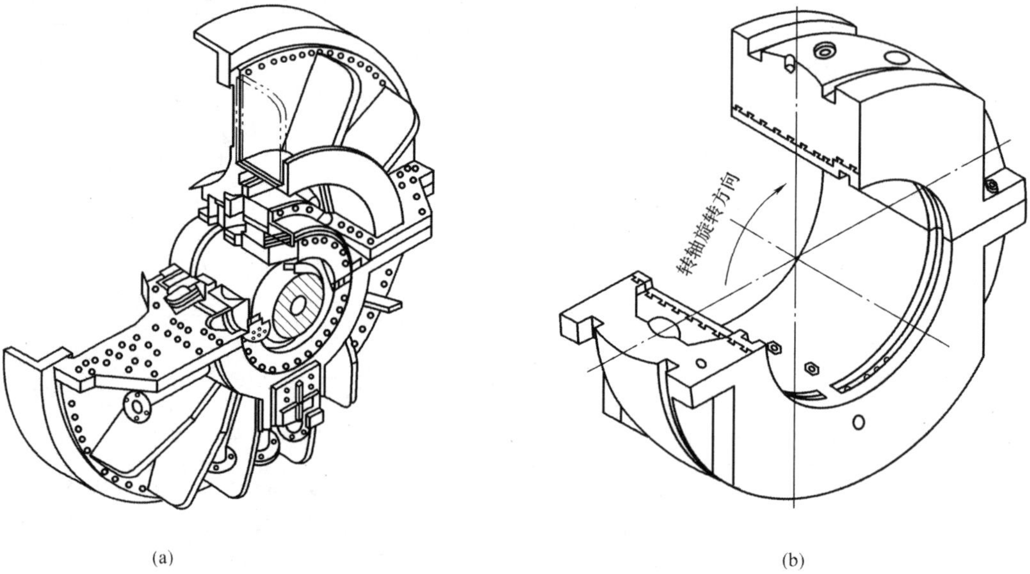

图 1-5 端盖轴瓦示意图

(a) 端盖示意图；(b) 轴瓦示意图

(四) 发电机监测系统

发电机的监测包括温度监测、振动监测、对地绝缘电阻监测、漏水监测、氢气湿度监测和机内放电无线电射频监测和发电机局部过热监测等。监测发电机内部温度的测温元件分两大类，即电阻测温元件及热电偶。它们既可通过温度巡测仪自动显示并记录温度，亦有一小部分可与其他参数如氢压、氢气纯度、轴振和出力曲线的监控一起接到汽轮机自动控制 ATC，通过电液调速装置 DEH 自动监测或监控汽轮发电机组运行情况。氢、水、油系统的一些开关量则从氢水油系统监测柜的端子引出，由 ATC 报警。此外励磁系统的一些开关量参数也通过 DEH 显示或报警。

(五) 集电环装置

集电环是将静止励磁电流提供给旋转的发电机转子绕组的一种装置，其结构如图 1-6 所示，主要由集电环转轴、刷握及刷架、集电环风扇及通风系统、电刷组成。

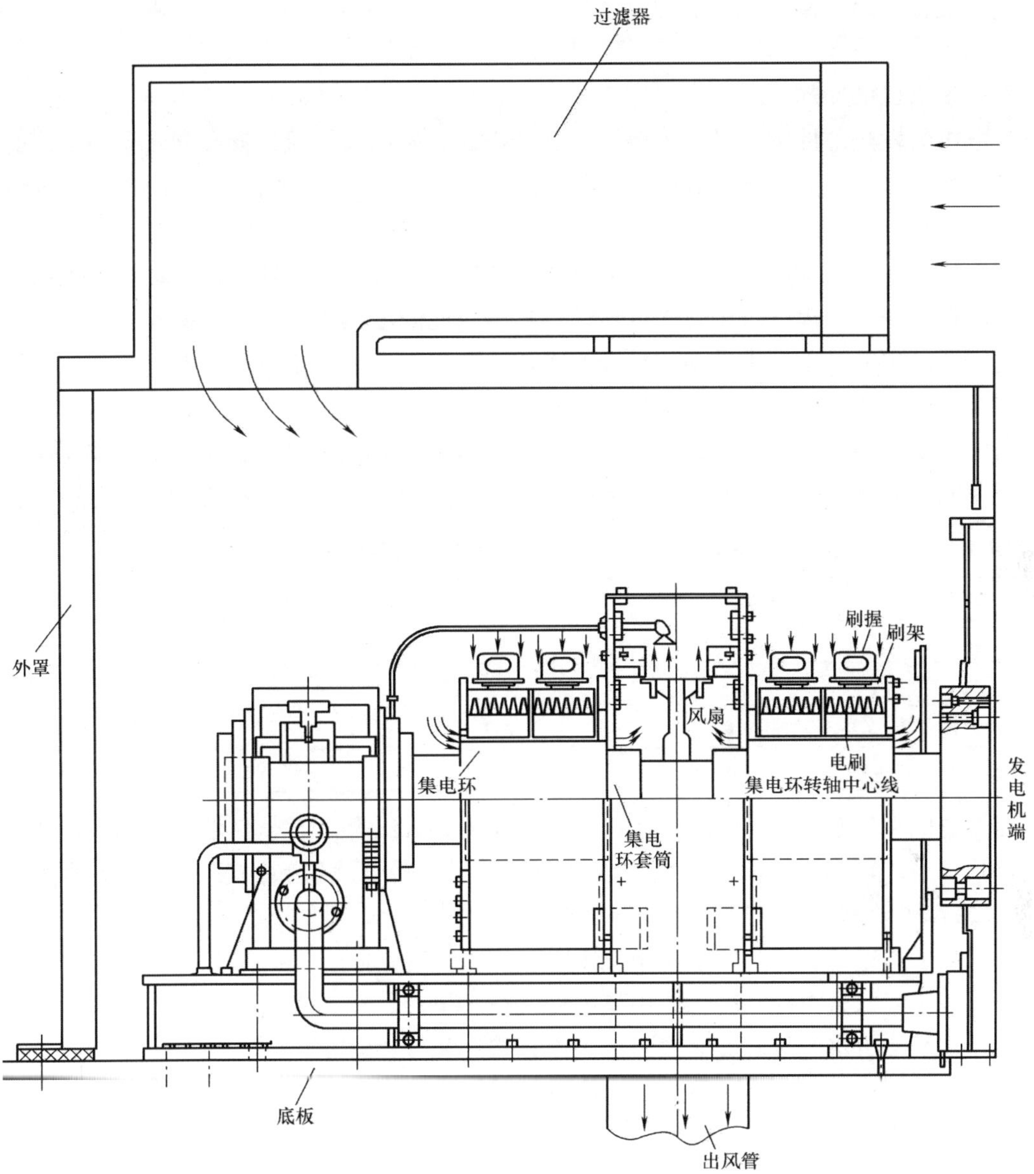

图 1-6 集电环装置结构图

集电环装置在同轴上由两个集电环单件构成，集电环是经加工和热处理热套于集电环套筒上的合金钢锻制环形构件。因受电刷允许用线速度的限制，集电环的外径不能太大。集电环的宽度则取决于励磁电流的大小和电刷的允许用电流密度。

集电环套筒是经热处理的合金锻制环形构件，将集电环套筒热套在集电环后才形成一个完整性能的集电环构件。这两个环形构件的接触表面均为镀银的，使接触面的电阻降到最低，有利于使励磁电流通过时该接触面产生的热量降到最低，以达到降低集电环温度的目的。每只集电环的周向上装有 6 个刷盒座，每个刷盒座上可插入 2 只刷握，每只刷握能装 6 块电刷。

集电环间配有一个离心风扇，能提供足够的冷却风量，带走两个集电环、电刷等所产生的热量，使它不超过额定工况下的限制温度。冷却空气必须清洁，不含有碳粉、尘沙、油渍等污黏物质。

三、发电机的冷却

发电机的发热部件主要是定子绕组、定子铁芯（磁滞与涡流损耗）和转子绕组。必须采用高效的冷却措施，使这些部件发出的热量散发出去，保证发电机各部分温度不超过允许值。

在汽轮发电机的发展过程中，冷却方式的发展一直占有主导地位，冷却效果关系到整个发电机的技术经济指标以及运行的可靠性。各国对此问题极为重视，在试验的基础上不断取得新的进展，主要是采用了冷却效果好的冷却介质，并发展了把冷却介质引入载流导体内的直接冷却方式，即所谓绕组的内部冷却方式。

目前用于大型发电机冷却的介质有氢气、水和油。它们的冷却能力要比空气强，表 1-4 列出了空气、氢气、油和水的冷却能力的比较。从表中可以看出，水的冷却能力最好。

表 1-4　　各种冷却介质的冷却能力比较（设空气＝1.0）

冷却介质	相对比热	相对密度	相对流量	相对冷却能力
空气	1.0	1.0	1.0	1.0
氢气	14.35	0.35	1.0	5.0
油	2.09	0.848	0.012	21.0
水	4.16	1.0	0.012	50.0

在发电机冷却系统中，冷却介质可以按不同的方式组合。对于容量为 600MW 的汽轮发电机，其定子、转子绕组都采用内冷方式。按定子、转子绕组和铁芯的冷却介质的不同组合，600MW 的汽轮发电机主要有以下 5 类：

（1）定子绕组氢外冷，转子绕组氢内冷，铁芯氢冷；

（2）定子绕组氢内冷，转子绕组氢内冷，铁芯氢冷；

（3）定子绕组水内冷，转子绕组氢内冷，铁芯氢冷；

（4）定子绕组水内冷，转子绕组水内冷，铁芯氢冷；

（5）定子绕组水内冷，转子绕组水内冷，铁芯空冷。

四、发电机密封油系统

汽轮发电机转轴和端盖之间的密封装置叫油封，它的作用是防止外界气体进入发电机内部或阻止氢气从机内漏出，以保证发电机内部气体的纯度和压力不变。氢冷发电机都采用油封，为此需要一套供油系统称为密封油系统。密封油系统结构如图 1-7 所示，该系统及装置应具有以下功能：

（1）向密封瓦供应不含空气和水分的压力油；

（2）运行中密封油压始终大于机内氢压一个数值，一般取为 0.08MPa 左右；

（3）即使系统故障，也有足够的备用手段，保证不间断供油。

采用油进行密封的原理是：在高速旋转的轴与静止的密封瓦之间注入一连续的油流，形成一层油膜来封住气体，使机内的氢气不外泄，外面的空气不能侵入机内。为此，油压必须高于氢压，才能维持连续的油膜，一般只要使密封油压比机内氢压高出 0.015MPa 就可以封

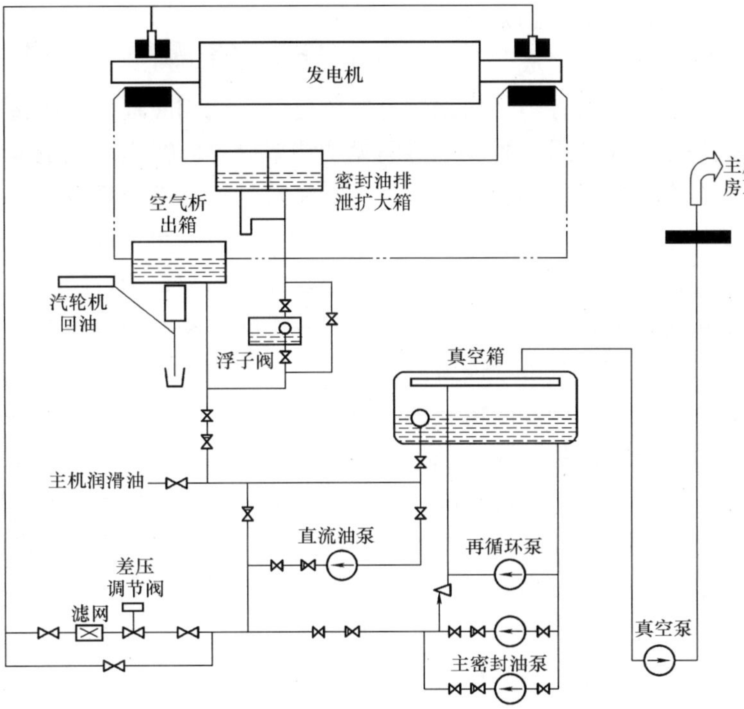

图 1-7　发电机密封油系统结构图

住氢气。从运行安全上考虑，一般要求油压比氢压高 0.03～0.08MPa。为了防止轴电流破坏油膜、烧伤密封瓦并减少定子漏磁通在轴封装置内产生附加损耗，轴封装置与端盖和外部油管法兰盘接触处都需加绝缘垫片。目前应用的油密封结构足以使机内氢压达 0.4～0.6MPa。油密封从结构上可分为盘式（径向轴封）和环式（轴向轴封）两种。600MW 机组都采用环式油密封。环式油密封主要有：单流环式、双流环式和三流环式三种。

第二节　发电机励磁系统

一、概述

同步发电机是电力系统的主要设备，它是将旋转形式的机械功率转换成电磁功率的设备，为完成这一转换，它本身需要一个直流磁场，产生这个磁场的直流电流称为同步发电机的励磁电流，供给同步发电机励磁电流的电源及其附属设备统称为励磁系统。它一般由励磁功率单元和励磁调节器两个主要部分组成，如图 1-8 所示。励磁功率单元向同步发电机转子提供励磁电流，而励磁调节器则根据输入信号和给定的调节准则控制励磁功率单元的输出。励磁系统的自动励磁调节器对提高电力系统并联机组的稳定性具有相当大的作用，尤其是现代电力系统的发展导致机组稳定极限

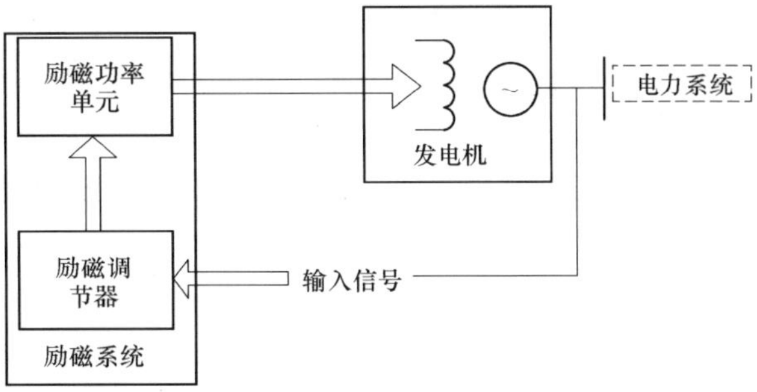

图 1-8　励磁系统图

降低的趋势，也促使励磁技术不断发展。

励磁系统是发电机的重要组成部分，它对电力系统及发电机本身的安全稳定运行有很大的影响。励磁系统的主要作用有：①根据发电机负荷的变化相应地调节励磁电流，以维持机端电压为给定值；②控制并列运行各发电机间无功功率分配；③提高发电机并列运行的静态稳定性；④提高发电机并列运行的暂态稳定性；⑤在发电机内部出现故障时，进行灭磁，以减小故障损失程度；⑥根据运行要求对发电机实行最大励磁限制及最小励磁限制。同步发电机励磁系统的形式有多种多样，按照供电方式可以划分为他励式和自励式两大类。

自20世纪60年代以来，随着半导体技术及其应用的迅速发展，目前，已能生产出可靠性高、性能好的高电压、大电流半导体整流元件，半导体励磁系统相应地获得迅速发展，并成功地在大容量和特大容量同步发电机中加以应用。在半导体励磁系统中，主要是用硅不可控整流器或硅可控整流器来代替直流励磁机换向器构成同轴交流励磁机静止（或旋转）的半导体励磁系统，以及用它来直接代替励磁机（即取消旋转机械）构成全静止的各种半导体励磁系统（又称为静态励磁系统）。半导体励磁系统是唯一有发展前途的励磁系统，和以往常用的同轴直流励磁机的励磁系统比较，它的特点是：反应速率很快，有助于电力系统稳定运行；装置占地面积较小；生产较易，维护检查方便。随着半导体技术的继续发展，将进一步提高它的可靠性并降低成本。大型同步发电机半导体励磁系统中同样地采纳了半导体型自动调节励磁装置，并向集成电路全固态型的自动调节励磁装置的方向发展。

二、汽轮发电机低励和失磁的危害

（一）汽轮发电机的进相（低励）运行

汽轮发电机的进相运行就是低励磁运行。发电机在此工作状态下运行时，它的功率因数是超前的，它从系统中吸收感性无功功率（规定发电机发出感性无功为正，吸收感性无功为负）并发出有功功率。

发电机通常是发出有功功率和电感性无功功率，以供给电感性负荷。随着电力系统的发展、电压等级的提高、输电线路的加长，线路的电容电流也愈来愈大，也相当于发出电感性无功功率。在系统轻负荷，即电感性负荷轻时，线路上的电压会上升，如在节假日、午夜等低负荷的情况下，如果不能有效地减少或吸收剩余的无功电流（无功功率），发电厂高压母线上的电压就可能超过额定电压15%～20%。此时，若利用部分发电机进相运行，以吸收剩余的无功功率，使高压母线上的电压保持在允许限额以内，则可少装设其他吸收剩余无功的调压设施。

发电机通常在过励磁方式下运行，如果减小励磁电流，使发电机从过励磁运行转为欠励磁运行，即转为进相运行，发电机就由发出无功功率转为吸收无功功率。励磁电流愈小，从系统吸收的无功功率愈大，功角δ也愈大。所以，在进相运行时，允许吸收多少无功功率，发出多少有功功率，静稳定极限是限制条件之一。此外，进相运行时，定子端部漏磁和转子端部漏磁的合成磁通增大，引起定子端部发热增加，因此，定子端部允许发热值也是进相运行时的允许出力限制条件之一。

（二）汽轮发电机的失磁运行

汽轮发电机的失磁运行，是指发电机失去励磁后，仍带有一定的有功功率，以低滑差与系统继续并联运行，即进入失磁后的异步运行。同步发电机突然部分的或全部的失去励磁称为失磁，是较常见的故障之一。

引起发电机失磁的原因主要有以下几种：

（1）励磁回路开路，如磁场开关误跳闸、自动励磁调节器的自动开关误动、自动励磁调节器失调、可控硅励磁装置中的元件损坏等；

（2）励磁绕组短路；

（3）运行人员误操作等。

发电机失去励磁以后，由于转子励磁电流或发电机感应电动势逐渐减小，使发电机电磁功率或电磁转矩相应减小。当发电机的电磁转矩减小到其最大值小于原动机转矩时，而汽轮机输入转矩还未来得及减小，因而在剩余加速转矩的作用下，发电机进入失步状态。当发电机超出同步转速运行时，发电机的转子与定子三相电流产生的旋转磁场之间有了相对运动，于是在转子绕组、阻尼绕组、转子本体及槽楔中，将感应出频率等于滑差频率的交变电动势和电流，并由这些电流与定子磁场相互作用而产生制动的异步转矩。随着转差由小增大，异步转矩也增大（在未达某一临界转差之前）。当某一转差下产生的异步转矩与汽轮机输入转矩（其值因调速器在电机转速升高时会自动关小汽门而比原先数值小）重新平衡时，发电机就进入稳定的异步运行。

发电机失磁后，虽然能过渡到稳定的异步运行，能向系统输送一定的有功功率，并且在进入异步运行后若能及时排除励磁故障、恢复正常励磁，亦能很快自动进入同步运行，对系统的安全与稳定有好处，但发电机失磁后能否在短时间内无励磁运行，受到多种因素限制。发电机失磁后，从送出无功功率转变为大量吸收系统无功功率，这样，在系统无功功率不足时，将造成系统电压显著下降。国内外试验资料表明，发电机失磁后吸收的无功功率，相当于失磁前它所发出的有功功率的数量。由于失磁后发电机转变成吸收无功功率，发电机定子端部发热增大，可能引起局部过热。发电机失磁异步运行时，转子本体上的感应电流引起的发热更为突出，往往是主要限制因素。此外，由于转子的电磁不对称所产生的脉动转矩将引起机组和基础振动。因此，某一台发电机能否失磁运行、异步运行时间的长短和送出功率的多少，只能根据发电机的型式、参数、转子回路连接方式（与失磁状态有关）以及系统情况等，进行具体分析，经过试验才能确定。

对于大容量发电机，由于其满负荷运行失磁后从系统吸收较大的无功功率，往往对系统的影响比较大，所以大型发电机不允许无励磁运行。失磁后，通过失磁保护动作于跳闸，将发电机解列。目前国内的600MW及以上汽轮发电机都装有失磁保护，当出现失磁时，一般经0.5～3s就动作跳开发电机，也就是不允许其异步运行。

（三）失磁后励磁电压和励磁电流的变化

发电机失磁后，励磁电流变为零，随后摆动。励磁电压与励磁回路故障类型和接线方式有关，若电压表接在磁场开关和励磁绕组之间时，有以下几种指示：

（1）励磁回路短路时，电压表即刻下降为零；

（2）若励磁绕组经硅整流闭路时，电压表即刻下降为零，随后忽正忽零摆动；

（3）磁场开关误跳，励磁绕组经灭磁电阻（或消弧栅）闭路时，电压表即刻下降为负值，随后正、负摆动；

（4）励磁绕组经备励电枢绕组闭路时，电压表慢慢下降为负值，随后正、负摆动。

（四）低励（或失磁）的危害

发电机在失磁（或低励）过程中，由于各个电气量的变化，在一定条件下，将破坏电力系统的稳定运行，威胁发电机本身的安全运行。

1. 对电力系统的危害

（1）低励或失磁的发电机，要从电力系统中吸收无功功率，引起电力系统电压下降。如果系统中无功功率储备不足，将使系统中邻近的某些点电压低于允许值，还可能使系统因电压崩溃而瓦解。

（2）当一台发电机发生低励或失磁后，由于系统电压下降，将引起系统中其他发电机，在自动励磁调节器的作用下，增加其无功输出，从而使某些发电机、变压器、线路过电流，其后备保护可能动作，扩大故障的波及范围。

（3）当一台发电机低励或失磁后，由于该发电机有功功率的摆动以及电力系统电压下降，可能导致相邻正常运行的发电机与系统之间或电力系统的各部分之间失步，使系统产生振荡。

发电机的额定容量愈大，在低励或失磁时，引起电力系统无功功率缺额愈大。电力系统的容量愈小，补偿这一缺额的能力愈差。因此，发电机的单机容量与电力系统总容量之比愈大，对电力系统的影响就愈不利。

2. 对发电机的危害

（1）由于发电机低励或失磁故障出现转差，在发电机转子回路中出现差频电流。此电流在转子励磁绕组中产生的损耗，如果超出允许值，将使转子过热。流过转子表层的差频电流，还可能在转子本体、槽楔、护环的接触面上发生严重的局部过热甚至灼伤。

（2）发电机低励或失磁前所带的有功功率愈大，进入异步运行之后，从电力系统中吸收的无功功率就愈大。因此，发电机在重负荷下失磁后，由于过电流，将使发电机定子过热。

（3）对于大型汽轮发电机，在重负荷下失磁运行，其转矩和有功功率要发生剧烈的周期性摆动。转差也作周期性变化，其最大值可能达到4%～5%，使发电机发生周期性的严重超速。这些都直接威胁机组的安全运行。

（4）低励或失磁运行时，定子端部漏磁增强，将使发电机定子端部的部件和边端铁芯过热。

三、他励式励磁系统

他励式励磁系统的供电电源与发电机及其所接入的电力系统的运行状态基本上无关或不直接有关，所以运行独立性较高。例如，采用同轴励磁机的励磁系统中，励磁机是励磁供电电源装置，它将原动机（汽轮机或水轮机）的机械能转换为电能经整流变为直流后供给发电机励磁，也就是说，励磁能源是从原动机来的。当发电机及其所接入的电力系统中发生运行状态的突变（如外部突然短路、甩负荷等）时，虽然原动机转速相应有所变化，但从励磁系统供电电源上看，仍能保持本身运行的独立性，基本上不受上述突变状态的影响，而且还能满足发电机及其电力系统在状态发生突变的情况下对励磁系统的要求，如实行强励、强减、灭磁等。下面分别介绍几种他励式励磁系统。

（一）同轴直流励磁机的励磁系统

他励式同轴直流励磁机励磁系统中，直流励磁机与发电机同轴，都由原动机拖动，直流励磁机将机械能转换为直流电能，由它的整流子经碳刷引出，再由碳刷、滑环引入发电机励磁绕组（即转子绕组）。根据直流励磁机磁场绕组供电方式可分为自并励（分励）、他励、复励式三种。又根据自动调节励磁装置的输出而接入励磁机磁场绕组的方式可分为有附加励磁绕组（见图 1-9）及无附加励磁绕组（见图 1-10）两种。正常运行时，由自动调节励磁装置改变主励磁机的励磁电流，以实现发电机励磁的自动调节。当自动调节励磁装置退出运行时，则用手动变阻器改变主励磁机励磁电流调节发电机的励磁，主励磁机为自并励接线时，改变主励磁机并励磁场电阻（见图 1-9）。

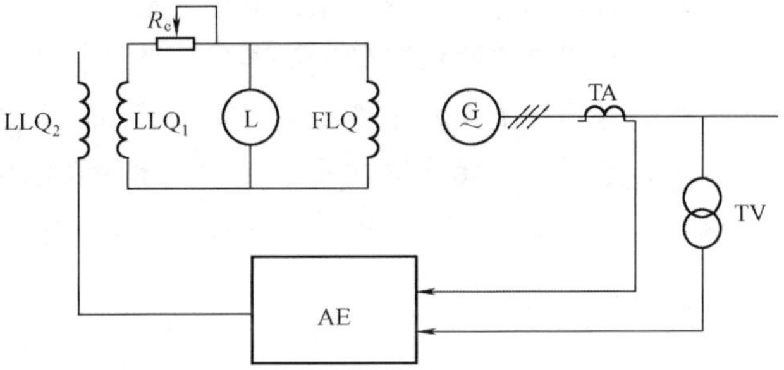

图 1-9 自并励

主励磁机为他励式接线时，改变副励磁机输出回路变阻器（见图 1-10）；主励磁机为复励式时，改变副励磁机输出回路变阻器（见图 1-11）。副励磁机的端电压在运行中一般不作调整，发电机的强行励磁及强行减磁一般用继电强行励磁装置及继电强行减磁装置来实现。

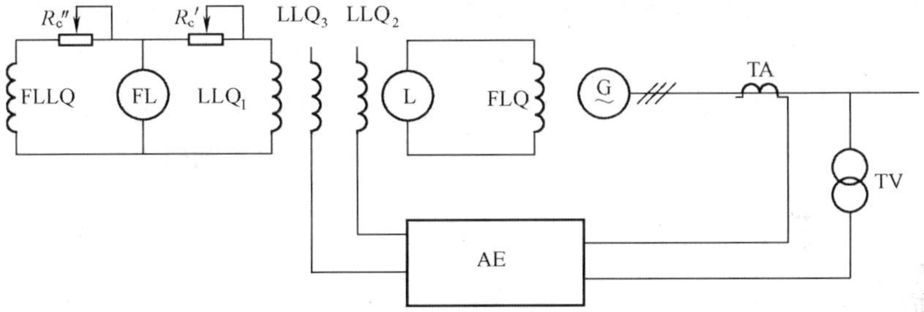

图 1-10 他励式

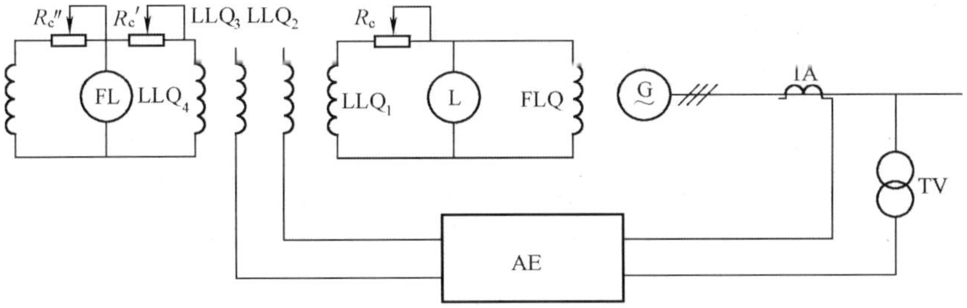

图 1-11 复励式

这种励磁系统的特点如下。

（1）属于他励式系统，励磁系统结构简单，有较多的制造和运行经验，设备投资及运行维护费用少。在维护得当的条件下，运行可靠，可满足发电机的一般运行要求。

（2）因直流励磁机有机械整流子，发电机还有滑环，所以维护工作量较大。当碳刷调整不当及维护不好时，换向器可能出现不能允许的火花，从而降低了运行可靠性。因为励磁机与发电机是同轴的，励磁机检修时必须停机进行。

(3) 因直流励磁机励磁绕组时间常数较大，所以励磁系统反应速度慢。

(4) 他励式直流励磁机的励磁系统工作稳定性较好，但需要装设副励磁机；复励式直流励磁机的励磁系统工作稳定性也较好，所需的副励磁机容量较小，但线路复杂。上述两种方案可用于对励磁系统无快速性要求的大型水轮发电机。自并励直流励磁机的励磁系统不用副励磁机，工作稳定性较差，但可在磁路中加装磁桥以提高其稳定性，它适用于中小容量汽轮发电机或水轮发电机。

(二) 经齿轮减速的直流励磁机的励磁系统

经齿轮减速的直流励磁机的励磁系统是用降低励磁机转速的办法来改善换向器的工作条件，以求得制造更大容量的直流励磁机。它的转速一般取为 500～1000r/min。这种励磁系统与同轴直流励磁机励磁系统的特点相仿，缺点是添置了齿轮减速的传动装置，因此增加了机组长度和占地面积，而且噪声比较大。此外，制造这种减速装置也比较困难，长期运行会有磨损，所以国内没有采用这种励磁方式。根据资料报道，国外已在 12.5 万～60 万 kW 的汽轮发电机上使用了这种励磁方式。

(三) 电动机—发电机组的励磁系统

电动机—发电机组励磁系统的励磁方式是用接在不由主发电机单独直接供电的厂用电母线或另外的独立电源上工作的感应电动机直接拖动的直流发电机（即直流励磁机）来供给主发电机的励磁。在一般情况下，用它作为发电厂中几台发电机共用的备用励磁系统。由于电动机拖动的是低转速的直流励磁机，可以提高直流励磁机的极限容量，所以近年来国内外也有用它作为 100～200MW（或再大些容量）汽轮发电机的工作励磁系统。

这种励磁系统的优点是：

(1) 在有备用励磁设备的情况下，检修时可不必使主发电机停止运行；

(2) 机组位置可根据实际情况随意安排。

这种励磁系统的缺点及解决方法介绍如下。

(1) 励磁能源由厂用电母线供给，当系统发生故障引起母线电压下降时，电动机的转矩随电压的平方降低，从而影响主发电机的励磁。解决的办法是加装飞轮或改由与主发电机同轴的辅助发电机来供电以提高工作的可靠性。

(2) 设备费用及运行费用大，机组效率也比较低。顺便指出，由于半导体大功率整流元件的发展，近年来，国内已在试验使用硅整流器代替电动机—发电机组作为工作励磁系统或备用励磁系统运行，这种系统取消了旋转电机。它是静态励磁系统的一种。

(四) 同轴交流励磁机静止不可控硅整流的励磁系统

这种励磁系统中，发电机的励磁是由同轴交流励磁机（旋转磁极式交流同步发电机）经不可控硅整流器 U 整流后供给的。同轴交流励磁机的励磁一般有以下几种提供方式。

(1) 如图 1-12 所示，由同轴交流副励磁机 GE（或称中频副励磁机）经晶闸管整流装置 U 供给。交流副励机是感应子发电机，它的励磁在启动时由外界直流电源（例如用厂用电源经整流后）供给，待建立电压后转为自励，并维持恒定电压运行，这个任务由自励恒压装置 ZH 来完成。

(2) 如图 1-13 所示，由同轴永磁式发电机作为交流副励磁机 GE，经晶闸管整流装置 U 供给交流励磁机 GE 励磁。因为副励磁机是永磁式的，故启动时不需外界直流电源来励磁，

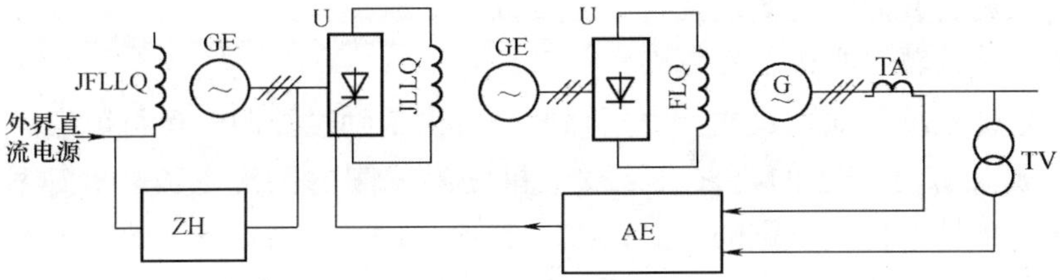

图 1-12　需外界直流电源的励磁系统

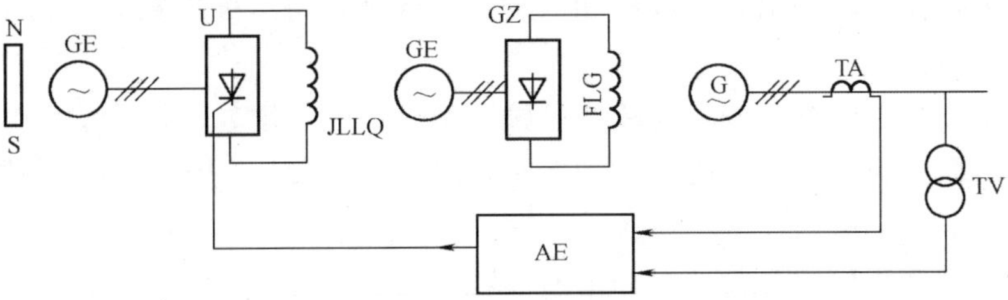

图 1-13　副励磁机是永磁式的励磁系统

也无需自励恒压装置。

(3) 如图 1-14 所示，同轴交流励磁机采用自并励方式励磁，即由励磁机机端的励磁变压器 TE 经晶闸管整流器 U 供给本身的励磁，从而省去副励磁机。

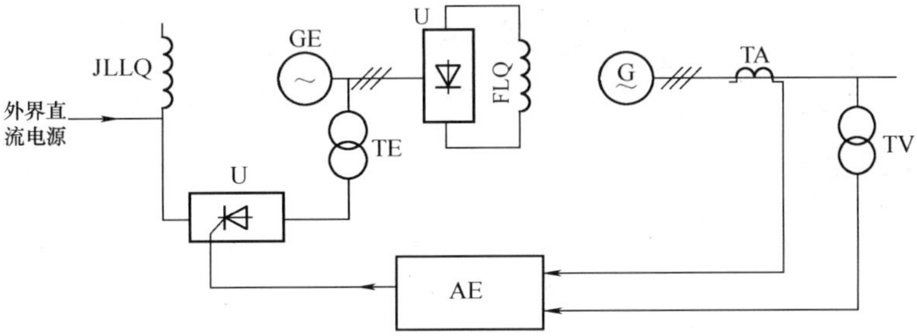

图 1-14　自并励方式的励磁系统

(4) 同轴交流励磁机也可采用自复励的励磁方式，如图 1-15 所示。

正常运行时，发电机的励磁调节通过半导体型自动调节励磁装置来改变晶闸管整流器 U

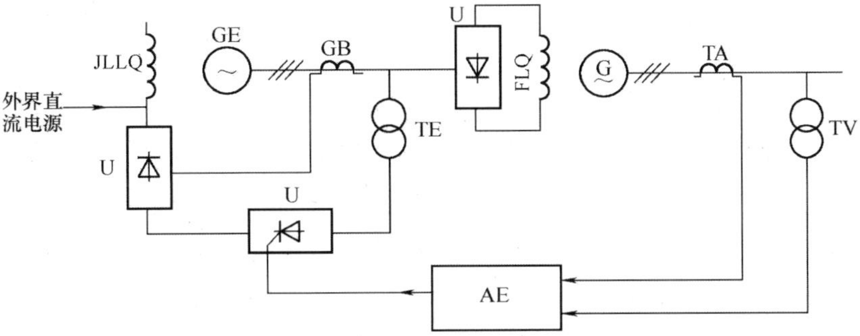

图 1-15　自复励方式的励磁系统

的导通角而完成的，并同时能实现强行励磁及强行减磁。

这种励磁系统的特点有以下几方面。

（1）这种励磁系统是他励式的，由同轴原动机供给励磁能源，运行可靠。

（2）硅整流器 U 是静止的，它供给发电机励磁线圈的励磁电流要经碳刷、滑环导入。因此它仍属于有旋转电机、有刷的励磁系统。实际上，这种励磁系统的供电电源是用同轴交流励磁机 GE 和硅整流器 U 代替同轴的直流励磁机。由于取消了机械整流子，维护工作量大为减小。硅整流元件是静止的，所以能较容易地使用新型的冷却方式来增大单个整流元件的容量，从而可以在滑环极限容量以内加大励磁机容量，将这种励磁系统用于 100MW 以上的大型汽轮发电机上。

（3）交流励磁机时间常数较大，故此种励磁系统反应速度较慢。为提高该励磁系统的反应速度，减小时间常数，交流励磁机的频率用 100～150Hz，并用较低的短路比；交流副励磁机的频率用 400～500Hz。

（4）这种励磁系统所用设备较多，占地面积较大。

（5）如图 1-12 所示的励磁方式，采用感应子发电机作为中频副励磁机，当它带上晶闸管负荷时，其输出电压的波形发生畸变，影响励磁系统的运行可靠性，故目前倾向于采用永磁式发电机作为副励磁机，而且永磁发电机不需要外界起励电源。

（五）同轴交流励磁机静止晶闸管整流的励磁系统

如图 1-16 所示为同轴交流励磁机静止晶闸管整流的励磁系统的原理图。

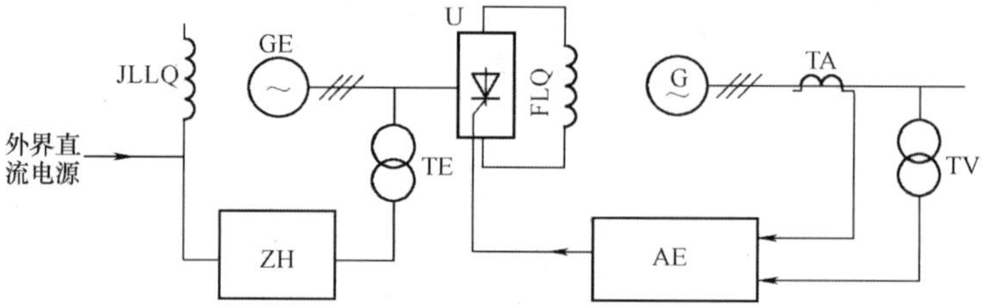

图 1-16　同轴交流励磁机静止晶闸管整流的励磁系统

发电机励磁由同轴的交流励磁机 GE 经晶闸管整流器整流后供给，不设副励磁机，变流励磁机采用自励恒压方式运行，在各种运行状态下，励磁机端电压保持不变。机组启动时，交流励磁机先由外界直流电源起励，建立起始电压，然后自动转为自励恒压运行。发电机正常运行时的励磁调节及强励、强减等均由自动调节励磁装置改变晶闸管整流器 U 的导通角来实现。

这种励磁系统的特点有以下几方面。

（1）因为发电机励磁电流的调节是通过自动调节励磁装置控制在发电机转子回路中的晶闸管整流器 U 来完成的，从而避免了交流励磁机的时间常数，所以这种励磁系统反应速度快，可达较高的顶值电压及电压上升速度，有助于电力系统稳定运行。它属于高起始反应的励磁系统。

（2）晶闸管整流器为全控整流桥式接线时，可实现（无触点式）逆变灭磁。

（3）省去副励磁机，缩短了机组长度。但是，交流励磁机容量较大，功率因数低，造价高。大功率晶闸管整流元件成本也高，所以整个励磁系统投资较大。

这种励磁系统适用于要求励磁电压顶值及电压上升速度较高的大容量同步发电机，国外已在60万～75万kW的大型汽轮发电机上采用了该励磁系统。顺便指出，国外还有经减速齿轮装置与发电机主轴连接的交流励磁机静止晶闸管整流的励磁系统。

（六）同轴交流励磁机旋转不可控硅整流的励磁系统

同轴交流励磁机静止硅整流以及静止晶闸管整流的励磁系统中供给发电机励磁绕组FLQ的励磁电流必须通过碳刷及滑环导入。根据资料报道，国外已制成同步发电机水冷转子所用的电流强度很大的滑环和可以分离的绝缘刷握，将滑环的极限容量提高，目前可达8500～10 000A。但是，随着单机容量的不断增大，发电机所需励磁电流也相应增大，超出滑环极限容量的特大容量汽轮发电机必须采用同轴交流励磁机旋转硅整流的无刷励磁系统。除此之外，要求无火花场所装设的发电机，例如要求防爆或防对无线电干扰处也需采用无刷励磁系统。

下图示出了这种励磁系统原理图。该系统的组成元件与同轴交流励磁机静止硅整流励磁系统相似，但该励磁系统中同轴交流励磁机系采用旋转电枢式的三相交流同步发电机，与它连接的硅整流器U也装在轴上，和发电机励磁绕组FLQ（即转子绕组）一起旋转，这样，交流励磁机GE的电枢绕组输出到硅整流器U，U输出到FLQ都用埋入轴内的导线直接固定连接，而无需通过碳刷和滑环。因之，这种励磁系统称之为有旋转电机的无刷励磁系统或旋转硅整流器的励磁系统。

根据交流励磁机的励磁供给方式可分为：

（1）由交流副励磁机JFL（永磁式发电机）经晶闸管整流器KGZ整流后供给，如图1-17所示；

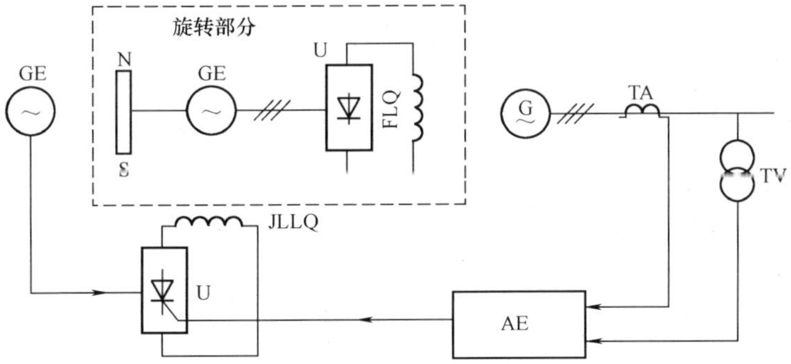

图1-17　同轴交流励磁机旋转不可控整流的励磁系统（一）

（2）由厂用电母线经晶闸管整流器U整流后供给，如图1-18所示；

（3）由串联变压器T、励磁变压器TE经自动调节装置来供给，如图1-19所示。

上述方式（1）不需外界电源起励，运行独立性好，适用于大容量汽轮发电机；方式（2）在无永磁式发电机时采用，方式（3）不用副励磁机，但有敏感于发电机定子电流的复励分量，该系统有复励特性，适用于励磁容量不大的同步发电机中，发电机励磁的自动调节通过自动调节励磁装置改变硅可控整流器的输出（交流励磁机GE励磁绕组JLLQ中的电流）来实现的。

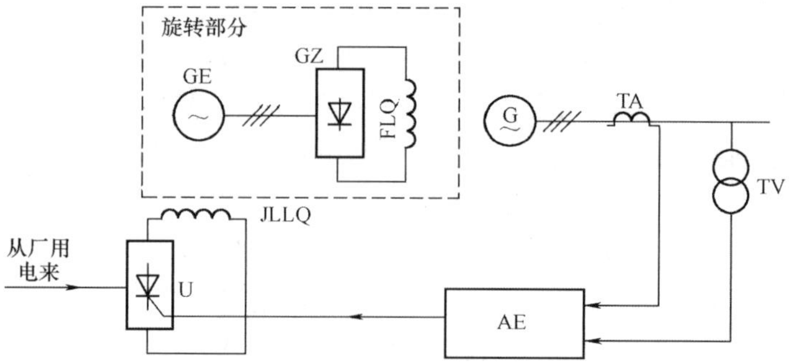

图 1-18　同轴交流励磁机旋转不可控整流的励磁系统（二）

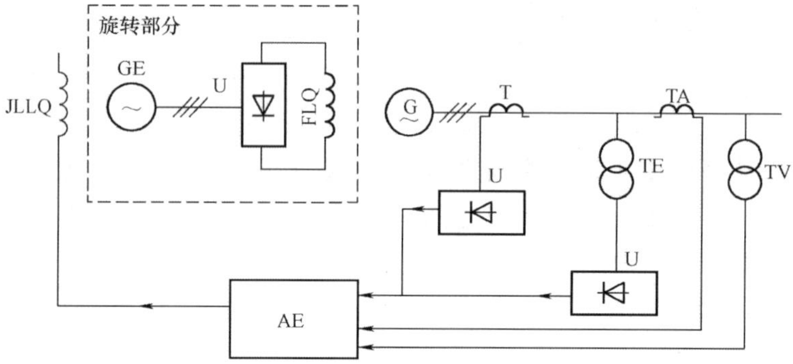

图 1-19　同轴交流励磁机旋转不可控整流的励磁系统（三）

此类励磁系统的特点如下所述。

（1）属于他励式的励磁系统，励磁电源可靠。

（2）由于无碳刷、滑环，励磁电流从理论上来说可达很大，不受滑环极限容量的限制，也不必考虑电刷电流的分配和腐蚀问题，所以，维护工作量大为减少。

（3）交流励磁机时间常数较大，所以，励磁系统反应速度较慢。

（4）发电机励磁绕组 FLQ 的回路内不能装设灭磁电阻、磁场开关等设备，所以，不能直接灭磁，只能采用对励磁机励磁绕组进行灭磁的方法，故灭磁速度慢。

（5）硅整流器及其相应的保护元件（快速熔断器、电阻、电容器等）都装在发电机轴上高速旋转，故要求这些元件能承受较大的离心力。

（6）励磁系统旋转部分的参数（如转子电压、电流、温度、绝缘电阻等）的测量和监视需用无线电发送或用辅助滑环引出，随轴转动的用来保护硅整流器的熔断器的监视也比较麻烦。这种励磁系统多用于大容量的汽轮发电机，中小容量的汽轮发电机也有采用的。在国外，已将这种励磁系统用在 1300MW 的汽轮发电机上。还应指出，根据有关资料报道，如果在这种励磁系统内增加适当的反馈控制，可较大地改善励磁调节的动态性能，便于获得时间常数小和高起始反应的优点。

四、自励式励磁系统

自励式励磁系统属于全静止的半导体励磁系统，又称为静态励磁系统。它的励磁能源是从发电机端通过励磁变压器或同时通过串联变压器（或称功率电流互感器）取得并经静止的半导体硅（可控或不可控）整流器整流后供给发电机励磁。仅由励磁变压器供电的称为自并励系统，同时由励磁变压器及串联变压器供电的称为自复励系统。这种励磁系统的一般特点如下所述。

（1）励磁能源不是直接从原动机取得，所以不必要装设将机械能转换为电能的旋转电机（指直流或交流励磁机），因此可以缩短主机轴系长度。励磁系统本身不带来噪声并且系统接线简单，制造容易，投资少，在运行中设备故障率低，维护工作量小。

（2）发电机启动前无励磁能源，故需装置外界起励装置。

（3）发电机及其所连接的电力系统的运行状态对励磁系统工作影响较大。

（4）从硅整流器输出到发电机励磁线圈不能用导线直接连接，必须经碳刷、滑环导入，因此这种系统属于无旋转电机的有刷励磁系统，它的应用将受到滑环极限容量的限制。

如图1-20所示为自并励励磁系统的原理图。它的励磁能源仅由并联在机端的励磁变压器取得，故称为自并励。晶闸管整流器U在发电机励磁绕组FLQ回路内，所以励磁系统反应速度快，它属于高起始反应励磁系统。为了能在故障时迅速灭磁，把故障限制在最小范围内，以及为了在突然加电容负荷及突然卸去电感性负荷对所产生的过电压能迅速控制，晶闸管整流器需采用三相全控桥式接线。发电机励磁调节通过自动调节励磁装置AE改变晶闸管整流器U的导通角来实现。为了使发电机端电压严重下降时励磁系统能接近正常工作，自动调节励磁装置中设有低电压触发单元，当机端电压下降到60%～70%额定值时，给U的触发脉冲为最小导通角，使U处于全导通状态。

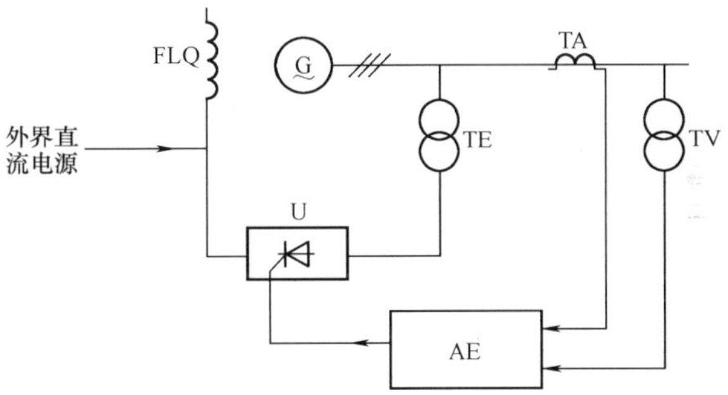

图1-20　自并励励磁系统的原理图

这种励磁系统的强励能力受电力系统中故障的影响，尤其是机端附近发生短路时，对于大中容量发电机来说，其转子时间常数较大，即使机端短路时，转子电流的衰减仍具有一定的时间，配合快速动作的继电保护装置及断路器可将故障发电机迅速切除，以保证系统的稳定运行。当电网中发生短路时，短路点至发电机端之间（升压变压器及线路）有电抗存在，短路电流衰减也具有一定的时间，与适当的线路保护、断路器配合，可以快速地、有选择地将故障部分切除，从而保证发电机稳定运行。这种励磁系统在电网短路时能保证发电机暂态稳定的能力取决于其强励顶值及故障切除时间。研究表明，在同样的快速保护及强励顶值的条件下，自并励发电机与他励式半导体励磁的发电机暂态稳定极限是相接近的。对于中小型发电机，其转子时间常数较小，若又接在容量较小的独立电网中，保护切除故障的时间又较慢，可能导致发电机失磁。应当结合电力系统的具体情况，根据一般分析并计算其暂态稳定效果，若与常规电机励磁系统相当时，可优先采用本励磁系统。由于该种励磁系统有接线简单、造价低、运行维护方便、主机轴系短、反应速度快等优点，因此国外某些制造厂生产的大容量汽轮发电机（在滑环极限容量内）优先采用了这种励磁方式。本文将以望亭发电厂660MW超超临界机组所采用的由ABB公司生产的UNITROL 5000型励磁装置为例对此类励磁系统做详细介绍。

五、UNITROL 5000型励磁装置主要结构和功能

（一）UNITROL 5000型双通道自动励磁电压调节装置

UNITROL 5000型励磁调节器是数字式控制系统，用于大型静态励磁系统的控制和调节。调节器采用了全冗余双通道控制器，每个通道都可以是在线或备用模式，除自动电压调节功能之外，每个通道还具有PSS各种限制保护监控及手动控制等软件功能。两个通道（A10）和（A20）的结构一样，均由一个控制板（COB）和测量单元板（MUB）构成，分别形成一个独立的处理系统。每个通道含有发电机端电压调节、磁场电流调节、励磁监测/保护功能控制的软件。此外，一些接口回路如快速输入/输出（FIO）模块和功率信号接口模块（PSI），被用来提供测量和控制信号的电磁隔离。

1. 主要的控制单元

（1）控制板（COB）。

在控制板COB中集成了自动电压调节各种限制、保护和控制功能，COB所使用的CPU是增强型的微处理器AN80186AM，在32MHz时钟下工作。一个专用的集成芯片（ASIC）负责交换和储存数据、控制脉冲生成、A/D（数/模）和D/A（模/数）转换以及与励磁系统内的其他装置接口（ARCnet网络控制器）。

COB支持与本地控制单元（LCP）、手持编程器（SPA）和CMT调试软件的通信。此外它提供串行端口，具有自诊断功能（看门狗）。为了便于快速诊断和故障查找，COB配有一个瞬时记录器和故障记录器，这些记录可通过CMT处理，故障记录器和瞬时记录器还可以与实时时钟保持同步。

（2）测量单元板（MUB）。

测量单元板能提供对实际测量值的快速处理、电气隔离以及信号转换。测量单元板（MUB）能实现下述功能：滤波和数字化交流采样；计算磁场电流和电压、晶闸管整流器的输入电流和电压、有功和无功；以加速功率和频率为输入信号的电力系统稳定器（PSS）。

（3）功率信号接口（PSI）。

功率信号接口（PSI）用于电气隔离，实现磁场测量信号与测量单元板（MUB）的信号匹配。

（4）励磁调节器的电源。

所有的电路板的供电电源取自于24V直流母线。24V直流母线源自于两个全冗余电源组，即由电厂直流源供电的DC/DC电源组、由励磁变压器的二次侧供电的AC/DC电源组。

2. 励磁系统内的通信

励磁系统内的通信是通过ARCnet网实现的，另外，测得的数值和就地控制面板（LCP）的报警以及本地控制的命令也通过这条通信线路发送。

3. 人机界面

（1）手持编程器（SPA）。

多功能的手持编程器（SPA）用于服务和维护。这个面板具有就地操作、设定参数、显示报警以及应用程序编程的功能。此外，它也具有故障记录仪的功能，报警是实时显示的。面板是通过薄膜键来控制的，通过光缆将其与控制板COB连接起来。

（2）就地控制面板（LCP）。

就地控制面板具有优良的人机界面，可用于对励磁系统进行就地操作和监视，也可将其安装于集控室内，用于远方控制。就地控制面板提供下述功能。

1）测量和处理信号有 8 条显示线，每条显示线有 40 个字符（240×64），可同时显示 8 个模拟量信号，也可以以棒图的形式同时显示 4 个模拟量信号（显示比例为 0～120%），在 LCP 上可显示信号多达 32 个。通过功能键可设置显示模式，通过滚动键或翻页键进行信号选择，用光标键可选中某个显示量。

2）报警通知。在出现警报的情况下，励磁系统的报警显示先于测量信号的显示。所显示的报警内容包括报警序号和 40 个字符的警报描述；LCP 可按时间先后顺序同时显示 8 个报警信息，如果出现 8 个以上的报警，可通过操作滚动键来显示，最多可以显示 80 个报警信息。在报警功能键上有一个报警指示灯，每次发生报警时它就闪烁。按确认键之后，若警报还存在，指示灯始终发亮：警报消失后，报警指示灯自动熄灭。

3）信号和报警信息的打印，LCP 内存储的信息可通过其串行接口 RS232 打印出来。

4）所选模式的指示，每个被选模式键都配有一个指示灯用以指示该模式被选中。

5）就地操作，LCP 上有 16 个功能键用于操作，每个键都配有一个 LED 用于指示该键的状态。

（3）CMT 调试和维护工具。

CMT 是基于 Windows 专用调试软件，用于 UNITROL 5000 系统的测试、调试和维护。CMT 具有以下功能。

1）模拟就地控制面板对调节器进行操作。

2）提供录波功能，用于调试过程中的波形记录和调整 AVR 的参数。实际上它取代了常规的测试设备，如示波器、录波仪等。CMT 可同时指示 6 个测试信号的波形，包括提供信号的缩放比例以及它们的扫描速度。所有的波形可储存、打印。

3）提供故障录波功能，记录故障瞬时测量信号的变化过程用于励磁系统故障诊断。CMT 可同时记录 6 个测量信号，每个通道的采样数量为 1000 个，记录时间取决于扫描速度。

4）提供事故记录功能，可用于记录多达 100 个事故及时间，也可通过手持编程器（SPA）来获取事故记录。

5）实际显示软件框图，如逻辑控制、PID 调节、限制器保护和监测等功能模块。这有助于实时地观察某一个具体功能模块的输入和输出信号，并能修改系统参数（如 AVR 参数）。

6）具有编程功能，能够修改应用程序。

4. 与电厂控制系统的接口

常规 I/O 接口方式（利用光电耦合输入和继电器输出）数字量和模拟量命令以及一些状态信号是通过快速输入/输出板（FIO）传递的。每个快速输入/输出板（FIO）包括：

（1）16 个带光电隔离的数字量输入信号，用于－24V 回路；

（2）18 个输出继电器，带有转换触点用于状态指示和报警；

（3）4 个多功能模拟量输入，输入信号为 10V 或 20mA；

（4）3 个温度测量回路用于励磁变压器温度测量，测温电阻为 PT100，励磁系统还提供了两个独立的内部跳闸信号。用于发电机保护的两个跳闸信号直接作用于磁场断路器的跳闸回路。

5. 电压调节、监测和保护功能

（1）给定调节。

利用数字输入命令或模拟输入信号或者通过串行通信线路，可控制 AVR 给定值的增、减或预置。给定值在上下限之间的移动时间是可调整的，与给定值范围无关。

（2）有功和无功功率补偿。

为了补偿由单元变压器和/或传输线路上的有功或无功功率引起的电压降，将与静态的有功功率和无功功率成正比的信号叠加到发电机电压给定值。为了保证多台并联运行的发电机之间的无功功率合理分配，还必须具有无功功率补偿功能，具体实现方法是：将发电机电压给定值减去与静态无功功率增加成正比的信号。功率补偿范围在－20％～＋20％之间，且是可调的。

（3）U/f 限制器。

为了避免发电机组和励磁变压器的铁芯磁通过饱和，在系统中配置了 U/f 限制器。在调节器内预置了 U/f 特性曲线，如果发电机电压对某一频率而言太高了，则调节器自动地减小给定值以降低发电机电压使其符合 U/f 特性曲线。

（4）软起励。

软起励功能是为了在起励时防止机端电压超调，励磁接收到开机指令后即开始起励升压，当机端电压大于 10％额定值后，调节器以一个可调整的速度逐步增加给定值使发电机电压逐渐上升直到额定值。

（5）自动跟踪和切换。

在每一个 COB 板上有一个自动电压调节器 AVR 和一个励磁电流调节器 FCR。自动跟踪功能保证了从自动电压控制模式（AUTO）到磁场电流调节器式（MANUAL）的平稳切换。切换可能是由于故障引起的自动切换（如 TV 断相）或人工切换。AVR 的控制信号与 FCR 的控制信号之间的差值被用作调节器的跟踪控制。

双自动通道配置切换通常是指两个独立的自动通道之间的切换，跟踪信号来源于运行通道控制信号和备用通道控制信号的差值。只有不能切换到备用通道自动方式时，才切换到手动方式。若两个通道都不能正常工作时，励磁系统就会发出跳闸命令。

（6）限制器的优先权。

限制器的优先权是指过励限制或欠励限制的优先权。为了避免两个限制器同时处于激活状态，可设定一个优先标志，选择哪组限制器（过励限制或欠励限制）先起作用。

（7）PID 控制器。

PID 控制器的输入是实际值和给定值之差。PID 控制器的输出电压，即是所谓的控制电压 U_C 作为门极控制单元的输入信号。PID 控制器的调节参数可以在两组设定值内自动选择，这取决于 U/f 限制器。

（二）晶闸管整流器

功率整流装置的一个功率柜退出运行时能满足发电机强励和 1.1 倍额定励磁电流运行的

要求。当有 2 个功率柜退出运行时，能提供发电机额定工况所需的励磁容量。整流装置的每个功率元件都设有快速熔断器保护，以便及时切除短路故障元件，可检测熔断器熔断并给出信号。

整流装置冷却风机有 100％的备用容量，在风压或风量不足时，备用风机能自动投入。整流装置的通风电源设有两路，可自动切换。任一台整流柜故障或冷却电源故障，发出报警信号。风机的无故障寿命为 42 000h，采用 2×2 冗余，具有 10 年的平均无故障时间。晶闸管桥按 n-2 的冗余配置，整流装置并联元件具有均流措施，整流元件的均流系数不低于 0.9。

每一个整流桥柜内包括下列模块。

(1) 一块 UNS0880 晶闸管界面卡（CIN），用于晶闸管桥的监视、控制、保护，具有以下功能：晶闸管传导监控、整流柜温度监控、母线连接、每一个晶闸管支路的电流控制、就地转换器显示（CDP）的晶闸管桥电流的测量值的模拟输出、风扇控制的数字输入/输出、可控硅整流器元件如晶闸管的熔丝等的监控。

(2) 一块 UNS0881 脉冲驱动界面卡（GDI），晶闸管桥的最终脉冲放大卡。

(3) 二个 UNS0884 电流传感器（CUS），用于晶闸管桥的支路电流的测量，输出信号直接连接到晶闸管界面卡（CIN）。

(4) 一个 UNS0885 晶闸管桥显示器（CDP），这是一个就地晶闸管桥参数显示器，有以下功能：晶闸管转换器的分路故障指示、晶闸管转换器电流显示、晶闸管界面卡（CIN）状态指示。

功率整流器包括三个 UNL13300 晶闸管桥（＋G31、＋G32、＋G33），每个桥的主要部件包括：6 个盘形晶闸管；6 个脉冲变压器（5kV 测试电压）；6 个快速熔丝，由微型开关监控；1 个交流过电压浪涌保护回路；带冗余的（2＋2）的风扇组，由交流电动机驱动并带风量继电器监控；监测温度的空气出口温度探测器。

（三）起励和灭磁单元

在静态励磁系统中，励磁电源取自发电机机端。同步发电机的励磁电流经由励磁变压器、磁场开关和晶闸管整流桥供给。一般情况下，起励开始时，发电机的起励能量来自发电机残压。当晶闸管的输入电压升到 10～20V 时，晶闸管整流桥和励磁调节器就能够投入正常工作，由 AVR 控制完成软起励过程。如果因长期停机等原因造成发电机的残压不能满足起励要求时，则可以采用外接辅助电源起励方式，当发电机电压上升到规定值时，起励回路自动脱开。然后晶闸管整流桥和励磁调节器投入正常工作，由 AVR 控制完成软起励过程。

励磁系统软起励的过程曲线如图 1-21 所示。

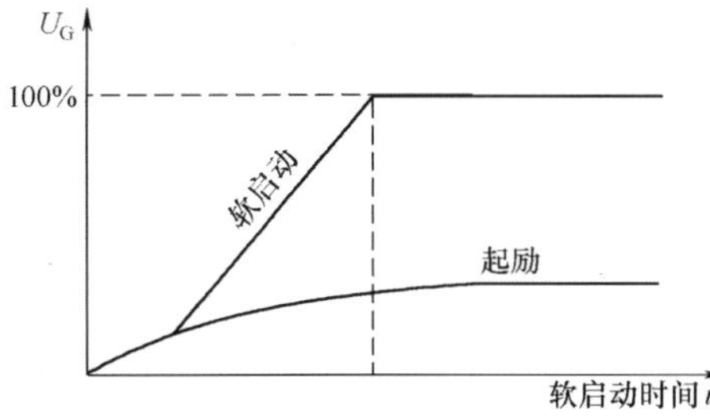

图 1-21 励磁系统软起励的过程曲线

并网后，励磁系统工作于 AVR 方式，调节发电机的端电压和无功功率，或工作于叠加调节方式（包括恒功率因数调节、恒无功调节以及可以接受调度指令的成组调节等）。灭磁设备的作用是将磁场回路断开并尽可能快地将磁场能量释放，灭磁回路主要由磁场断路器、灭磁电阻、晶闸管跨接器及其相关的触发元件组成。发电机磁场断路器采用直流灭磁方式，转子过电压保护装置采用晶闸管跨接器方式，灭磁电阻采用碳化硅。正常停机采用逆变灭磁方式，事故停机采用跳开磁场断路器灭磁方式。磁场断路器用于连接整流器输出及发电机转子磁场。如果磁场断路器跳闸，主触头打开，放电触头闭合，将放电电阻与转子接通，磁场电流通过放电电阻衰减到零。磁场电流的衰减速度将由发电机转子时间常数及放电电阻来决定。通过磁场断路器的操作回路可以对其进行就地及远方电动操作。就地是通过内部控制箱上的瞬动断路器来实现的。磁场断路器也可以进行手动分、合闸操作。磁场断路器设备包括磁场断路器、放电电阻、跳闸电路监视继电器、就地/远方操作切换断路器、就地分合闸断路器、远方分合闸操作继电器、分合闸指示灯、分合闸机械指示等。

六、励磁系统操作与调整

UNITROL5000 励磁系统主要有以下几种控制方法。

(1) 控制室用键盘命令在 DCS 上进行远方控制。此命令是通过励磁系统以二进制信号发出。

(2) 从控制室用屏幕监视器控制命令进行远方控制。此命令是通过励磁系统以二进制信号或通过 Field bus 总线发出。

(3) 使用集成在励磁系统中的就地控制单元（就地控制屏）进行就地控制。

正常情况下励磁系统由控制室远控操作。直接安装在励磁系统前面板上的就地控制屏仅在调试、试验或紧急控制时选用。运行人员必须熟悉系统控制和显示元件的设计，必须熟悉励磁系统各命令的作用，并能够熟练地使用这些控制及显示单元。

（一）控制命令

表 1-5 列出了可用的远控或就地控制命令。右边的（反馈指示）一列表示反馈指示是否在控制室显示。

表 1-5　可用的远控或就地控制命令列表

命　令	远　控	现地控制	反馈指示	命　令	远　控	现地控制	反馈指示
励磁回路断路器合上	×	×	×	无功功率调节器运行	×	×	×
励磁回路断路器断开	×	×	×	无功功率调节器退出	×	×	×
励磁投入	×	×	×	PSS 投入	×		×
励磁退出	×	×	×	PSS 退出	×		×
通道 1 运行	×	×	×	控制方式—现地控制		×	×
通道 2 运行	×	×	×	控制方式—远方控制		×	
运行方式—自动		×	×	指示灯测试		×	
运行方式—手动		×	×	释放		×	
工作调节器给定点　升高	×	×	最大位置	起励断路器合上	×		×
工作调节器给定点　降低	×	×	最小位置	起励断路器断开	×		×

表1-5中带阴影的就地控制命令，表示只有同时在就地控制盘按下ENABLE键才有效。在励磁系统投入之前，必须保证所需要的全部电源已经送电，保证能安全启动，且必须进行下述的检查：

（1）系统的维护工作已完成；

（2）控制和电源柜已准备好待运行并且适当地被锁定；

（3）发电机输出空载，临时接地线拆除；

（4）磁场断路器的控制电源及调节器电源已送电；

（5）没有报警信号和故障信息；

（6）励磁系统切换到远方控制方式；

（7）励磁系统切换到自动运行方式；

（8）发电机达到额定转速（检查显示仪表上的转速）。

（二）远方控制

许多控制命令和反馈指示可以在控制室实现对励磁系统进行有效的远方控制。当励磁系统断路器置于REMOTE方式，从控制室发出的命令就是有效的。励磁系统和发电机的命令及它们的作用详述如下。

1. 磁场断路器合上/断开

只要没有跳闸信号，命令ON就可以闭合磁场断路器。命令OFF可以断开磁场断路器，同时励磁退出，并将灭磁电阻切换到与转子绕组并联，使发电机通过整流器和灭磁电阻迅速灭磁。当发电机主断路器已经断开（发电机空负荷条件下运行），磁场断路器才能由远控来切断。

2. 励磁投入/退出

命令EXCITATION OFF用来立即切断发电机励磁。此时，励磁系统整流器转换为交流逆变运行（磁场能量反馈），同时将灭磁电阻切换到与转子绕组并联，以使发电机通过整流器逆变和灭磁电阻迅速放电。在断开励磁命令的同时，磁场断路器也断开。60s以后，加到整流器上的触发脉冲被闭锁，整个励磁系统被完全闭锁和切断。

命令EXCITATION ON是用来使发电机的励磁投入运行。励磁系统向发电机转子馈电，所以发电机电压能迅速建立到额定值。只要跳闸命令TRIP在作用，励磁接通命令就无效。当励磁接通命令发出时，如果磁场断路器仍在断开位置，它将自动闭合，只有在磁场断路器闭合以后才能励磁，励磁电流才开始流动。起励成功必须满足下述的一些前提：

（1）磁场断路器必须已经在接通ON位置；

（2）没有断开命令和跳闸信号；

（3）发电机转速应当大于额定转速的90%；

（4）如果励磁变压器直接由发电机机端供电，就必须有建立励磁的辅助电源。

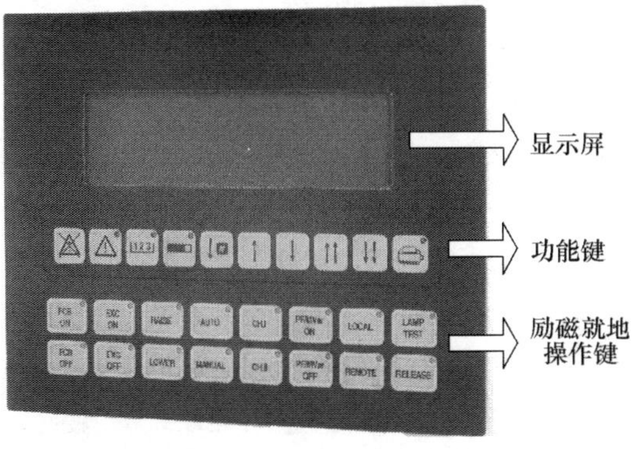

图1-22 UN5000励磁系统就地控制面板

（三）就地控制

1. 就地控制面板介绍

UN5000励磁系统调节器柜上的就地控制面板LCP布置情况如图1-22所示，它包括16

个带 LED 的特殊系统显示及控制键、10 个运行方式及内部功能控制键以及一个具有 8 行每行 40 个字符的 LCD 显示屏。励磁系统的基本控制可以使用具有状态信息的 16 个键来进行。

数字式显示和矩形条显示：初始化运行以后，显示 8 个预定义的模拟量。这 8 个模拟量见表 1-6。

表 1-6　　发电机励磁系统模拟量列表

通道号	数值	单位
数值 1	发电机电压	kV
数值 2	发电机电流	kA
数值 3	有功功率	MW
数值 4	无功功率	Mvar
数值 5	励磁电流	A
数值 6	自动通道的设定点	kV
数值 7	手动通道的设定点	A
数值 8	发电机电压的实际值	%

2. 功能键介绍

（1）通道信息显示键标识为

。

当按下此键时，8 个带有通道编号、信号名称、数值和单位的模拟信号出现，并且黄色发光二极管 LED 点亮。使用滚动键可以显示更多的模拟信号。

（2）综合显示键。

综合显示功能键为。当按下此键时，首先出现 4 个带有通道编号、信号名称、数值和单位以及组合矩形显示条的模拟信号。同时，黄色发光二极管 LED 点亮。使用滚动键可以显示更多的模拟信号。

（3）故障显示键。

此键有各种报警及跳闸信号，它们说明励磁系统的故障，标识为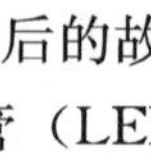。当按下此键时，如果故障存在（红色 LED 发光二极管点亮），可出现 1～8 个故障信息。第一个故障总是出现在第一行，而随后的故障随着故障序号依次出现在下面的行。使用滚动键可以显示更多的依次发生的故障。

这些故障信息可以分组为励磁报警、保护切换以及跳机。关于第一个故障信息，控制盘自动切换到显示相应的故障信息。发生的第一个故障出现在第一行，随后的故障依次显示在下面。此外，当报告第一个故障时，复位键（RESET）上的发光二极管（LED）闪光。

（4）消除故障信息。

消除故障信息功能键标识为，全部报警存储在控制盘内。此外，特殊指定的报警也存储在微处理器内，这些只能靠按下复位键并持续一段时间来复位。

当短时轻按下复位（RESET）按钮，如果存储在微处理器内的报警动作，LED 会从闪光变为连续发光。如果产生新的故障报警，LED 会再次开始闪光。这可以消除存储在控制盘内的故障显示。如果没有报警动作，按键上的发光二极管（LED）会熄灭。

当按下复位（RESET）按钮超过1s，如果仍有报警动作时，LED会从闪光变为连续发光。如果产生新的故障报警，LED会再次开始闪光。这可以复位存储在控制盘内的报警，也可以复位存储在微处理器内的报警。如果没有报警动作，按键上的发光二极管（LED）会熄灭。

（5）显示和打印控制。

显示和打印控制可用光标键实现，光标键标识为，按此光标键，可以选择显示屏上的1～8行或者1～4行的位置。当前行是高亮度的并带有反向对比度显示的通道编号。当显示达到最后一行时，就跳回到第一行。光标键仅在模拟信号显示时有效（数字显示或矩形条显示）。

（6）滚动键。

滚动键标识为，当显示模拟信号（数字显示或矩形条显示）时按下滚动键，显示的（反向对比度表示的）通道编号及它的模拟量数值随之改变。

当显示故障信息时按下滚动键，处在第2～8行的所有故障信息，由某一位置向上或向下移动。第一行显示的第一个故障总是保持在原来位置。

（7）换页键。

换页键标识为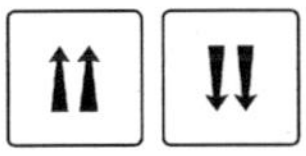。当按下换页键时，通道号变化10个位置或者故障号变化6个位置。除此之外，其他功能类似于滚动键。

（8）打印键。

打印键标识为。当按下打印键时，第1～8行的模拟量值通过RS232串行接口传送到打印机（如果已连接）。如果故障信息已经激活，这些信息也被传送到打印机。如果正在传送数据并且打印机已经接收到它们，则黄色发光二极管LED点亮。如果该二极管闪烁，则是打印机的缓冲器暂时充满。

为了延长液晶显示器LCD的使用寿命，液晶显示器的显示及背景光不需要按任何键，在60min后被关掉和消失。之后，如果按下就地控制盘上的10个功能键之一，或者如果产生一个故障信息，则就地控制盘上的液晶显示器将再次被接通工作。

（四）励磁系统投运

发电机励磁系统投运序列见表1-7。

表1-7　　发电机励磁系统投运序列表

序号	动　作	显　示	控　制
1	磁场断路器合上	指示灯ON亮	磁场断路器已合上
2	励磁系统投入	指示灯ON亮	在5～20s内建压
⇒发电机空负荷运行			
3	励磁系统准备低负荷运行。使用上升/下降键可以将发电机电压调整到电网电压		发电机电压调整到设定点

续表

序号	动　　作	显　示	控　　制
4	当电网电压与发电机电压同步时，闭合发电机的主电路断路器		发电机的无功功率接近于零
⇒发电机低负荷运行			
5	使用上升/下降键设定发电机的无功功率到期望的运行极限以内		调整发电机的电压，发电机产生一定的无功功率

1. 励磁系统的投入步序

(1) 发电机—变压器组已转热备状态；

(2) 现场无检修工作，人员已撤离；

(3) 控制柜及功率柜等柜门已全部锁住；

(4) 励磁系统的调节、控制、起励及风扇和加热器等的动力电源已投入；

(5) 就地控制显示屏及DCS画面无报警信号，同时已复归励磁系统各报警信号；

(6) 将励磁系统“远方/就地”切换开关切换为“远方”；

(7) 将励磁系统方式切换为自动；

(8) 机组转速大于2950r/min；

(9) 在DCS画面必须复归励磁系统；

(10) 检查励磁系统具备投入条件；

(11) 合上磁场断路器，在DCS画面检查磁场断路器已合上；

(12) 励磁投入，检查机端电压在5～20s起励至正常电压值；

(13) 检查定子无电流。

2. 运行中的维护检查项目

(1) 在DCS画面上检查励磁系统无报警信号；

(2) 无限制器动作；

(3) 励磁的电流及电压无超限；

(4) 发电机转子温度正常，无报警；

(5) 就地检查运行通道正常，备用通道跟踪良好；

(6) 检查励磁系统就地显示屏无报警信号；

(7) 检查励磁小室温度正常；

(8) 就地检查各整流柜电流分配均匀；

(9) 就地检查各整流柜温度正常；

(10) 发电机电压稳定正常，无功功率必须稳定；

(11) 在发电机进相运行时必须首要考虑好发电机稳定运行，无功功率不得超过机组进相试验极限值；

(12) 在机组运行当中尽量避免手动方式，应使用自动方式；

(13) 就地检查励磁调节柜等部件无异常声音；

(14) 检查各碳刷运行正常，无冒火等现象；

(15) 定期检查励磁变运行情况；

(16) 定期进行碳刷电流测量。

(五) 励磁系统停运

发电机励磁系统停运序列见表 1-8。

表 1-8　　发电机励磁系统停运序列表

动　　作	显　示	控　　制
发电机与电网解列：通过发电机电压设定点来减小无功功率； 通过汽轮机 DEH 系统减小有功功率； 断开发电机主断路器		
励磁系统退出，磁场断路器断开	指示灯 OFF 亮	发电机电压在几秒钟内下降到零

1. 励磁系统的停运步序

励磁系统的停运步序介绍如下：

(1) 发电机在停运当中准备停机前，有功降到初始负荷，将无功降到最低值；

(2) 汽轮机打闸逆功率联跳发电机出口断路器；

(3) 联锁跳闸磁场断路器；

(4) 转子磁场通过跨接器与非线性电阻接通，灭磁；

(5) 就地检查硅整流装置正常与否。

2. 事故紧急停机

某些外围设备发生多处故障的特殊情况可导致励磁系统既不能在远方控制也不能在就地控制，但仍有可能在紧急情况下切断励磁系统，即按下“紧急停机”按钮。紧急停机可断开发电机和励磁系统，但励磁系统的电源电压并没有被切断。发电机主断路器在闭合位置时，会闭锁远方切除励磁系统的操作（需首先跳发电机主断路器）。只有在正常停机命令无法切除励磁系统时才可使用“紧急停机”命令。

(六) 自动控制与保护

UNITROL 5000 励磁系统自动控制配置有手动紧急备用通道的双通道系统，如图 1-23 所示。

1. 主通道之间切换

UNITROL 5000 励磁系统具有两个完全独立的调节器和控制通道（通道 1 及通道 2）。两个通道完全相同，因此可以自由地选择通道 1 或通道 2 作为工作通道。备用的通道（不工作的通道）总是自动地跟踪工作通道。基本上，除了下述情况以外，通道的切换可以在任何时间进行。

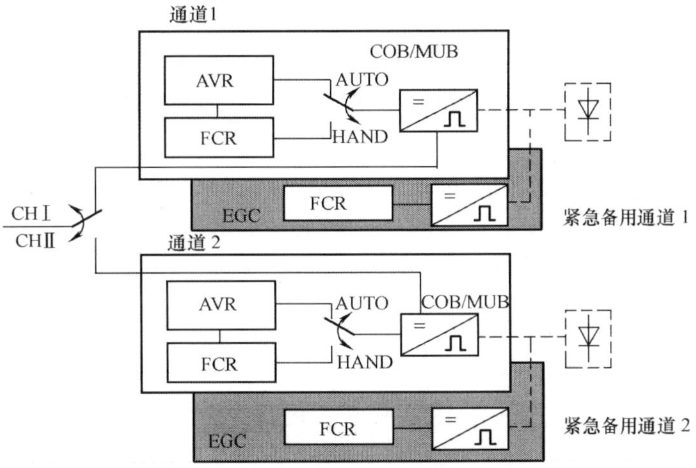

图 1-23　带有手动紧急备用通道的双通道系统

（1）如果工作通道检测到故障，将自动地紧急切换到第二个通道。而后，直到故障修复才可能再切回到工作通道。如果不工作的通道故障，不能实现从工作通道到不工作通道的手动切换。

（2）若一个通道发生故障，发电机电压同时也发生动态扰动，立即自动切换到不工作的通道，此不工作的通道将跟随发电机电压的动态扰动。为了防止这种情况的发生，不工作的通道相对缓慢地跟随发电机电压，并具有一段延时。

2. 通道自动/手动方式切换

UNITROL 5000励磁系统的特点是每个主通道都有一个自动调节器（自动方式）和一个手动调节器（手动方式）。在自动方式中，发电机电压受到调节，因此，在发电机机端产生恒定的电压。而在手动方式中，发电机励磁（磁场电流）保持恒定，随着发电机负荷的变化，发电机励磁（磁场电流的设定点）必须手动调整，以使发电机电压不变。基本上，由于不工作的调节器总是跟随工作调节器，所以在任何时间，手动/自动方式之间的切换都是可行的，但应特别注意以下几点。

（1）如果在自动方式下检测到故障，紧急切换到手动方式，直到故障已经消除才能自动地切回到自动方式。

（2）如果手动方式有故障，从自动到手动方式的切换就会被阻止。

（3）发电机能够在自动方式极限但又允许的运行范围内运行，但这个范围已经超出手动方式允许的运行范围。在此情况下，手动调节器可以不再跟随自动调节器。反馈指示允许手动调节器跟随检查校验。

（4）由于故障，自动切换到手动方式，再切换到故障之前的运行方式，这种情况是可能发生的。为此，手动调节器的跟随控制，具有延迟和相应减缓励磁电流改变的作用。

（5）从自动向手动方式的切换，手动调节器相对延缓跟随的特性必须予以考虑，在这里直接跟随励磁电流的变化，切换被延迟一个很短的时间。这样，在各种情况下都能保证无扰动切换。手动方式作为特殊运行的调节器（作为备用调节器），只具有励磁电流调节功能（无发电机电压调节功能）。在手动方式下，发电机的励磁必须由熟练的操作人员来监视。只要发电机电压和电流互感器信号存在，在手动方式下低励限制器也能防止发电机危险的低励磁，在极端情况下，低励磁将导致滑极。此外，在空载及转速降低情况下，U/f 限制器使励磁电流降低，以防止发电机和与之相连接的变压器过饱和。这些运行的变量如发电机电压、电流及无功功率必须由运行人员监视，如果需要，可通过改变励磁电流的给定值来调整。

3. 紧急备用通道

除两个主通道之外，励磁系统还附加了两个紧急备用通道。与主通道的手动方式相类似的紧急备用通道，装有一个励磁电流调节器。除此之外，紧急备用通道还装有过电压保护和独立于主通道的触发脉冲控制器，插入到主通道的过电压保护插件起后备保护作用。紧急备用通道的励磁电流调节器的作用与主通道的励磁电流调节器是相同的，也就是紧急备用通道仅仅是调节励磁电流，而不是调节发电机电压。

紧急备用通道的励磁电流调节器自动地跟随主通道。因此，在主通道发生故障的情况下，自动地进行无扰动切换。从主通道向紧急备用通道的手动切换只能由被授权的特殊操作人员进行。两个调节器的跟随调整使其能够切回到主通道。

4. 叠加控制

如果选择自动方式，并且发电机已连接到电网，就可以切换到无功功率调节器（Q）/功率因数调节器（$\cos\varphi$）。无功功率调节器（Q）/功率因数调节器（$\cos\varphi$）是电压调节器的上位调节器，并且在运行中只是缓慢地起作用。因此，电网的短时故障不会影响此上位调节器，而是电压调节器在起作用。自动方式的所有限制器和原来一样起作用，如果需要的话可以控制电压调节器包括上位调节器。叠加控制原理框图如图 1-24 所示。

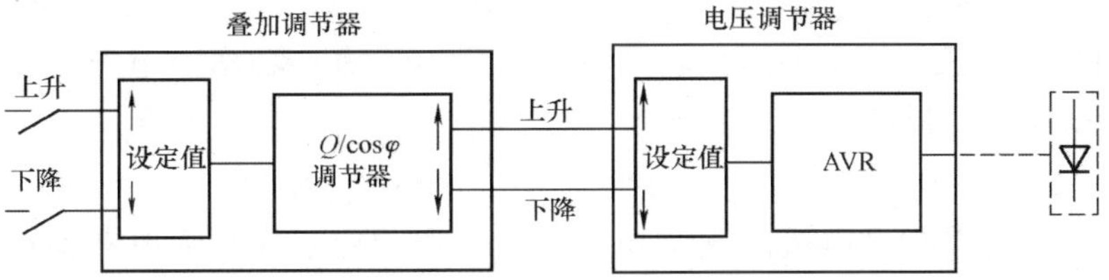

图 1-24　叠加控制原理框图

无功调节器/功率因数调节器的特点是可以对其自身的给定点进行设置（给定点积分器）。当上位调节器断开时，给定点设置总是跟随实际值（当前的无功功率 Q/当前的功率因数）。这就意味着发电机的运行点从电压调节器过渡到上位调节器不能立即起作用，而只是在上位调节器的设定点由升高/降低命令调整后，无功功率 Q/功率因数也相应地改变。

控制室中升高/降低（↑/↓）命令可以控制自动、手动/自动、手动等运行方式以及上位调节器给定值的设定。如果某个运行方式被激活，设定点只由这些命令来调整。

（1）自动方式。

在自动方式下，发电机电压设定点由升高/降低命令来调整。在空负荷运行时，改变此设定点从而调整发电机电压；在负荷运行时，改变此设定点来调整无功功率。如果运行到发电机定子和转子的极限，相应的极限调节器在限制的方向上干预和阻止升高/降低命令起作用。

如果发电机电压设定点达到它的最小或最大设定值，“调节器达到最小位置/最大位置”（“Active regulator MIN-POS / MAX-POS”）的信息会出现。如果同时给出升高和降低命令，则设定点不会被调整。当励磁接通时，发电机电压设定点自动设定到它的额定值。

（2）手动方式。

在手动方式下，励磁电流设定点由升高/降低命令来调整。在空负荷运行时，改变此设定点从而调整发电机电压；在负荷运行时，改变此设定点来调整无功功率。在手动方式，只有低励磁限制器（防止发电机滑极）和 U/f 限制器（防止磁路饱和）是可用的。此升高/降低命令并不像自动方式一样由限制器阻止它超过极限。因此，必须按照功率图小心地确保不超过转子和发电机的运行极限。

如果励磁电流设定点达到它的最小或最大设定值，“调节器达到最小位置/最大位置”（“Active regulator MIN-POS/MAX-POS”）的信息会出现。如果同时给出升高和降低命令，则设定点不会被调整。当励磁接通并且发电机的主断路器在断开位置时，励磁电流设定点自动设定到它的空载励磁电流值。

5. 电力系统稳定器（PSS）

电力系统稳定器（PSS）是 UNITROL 5000 测量单元板 MUB 的一个标准软件功能。PSS 通过引入附加反馈信号来抑制同步发电机的低频振荡，提高电网的稳定性。PSS 的控制算法是基于双输入型的 PSS 模型，附加反馈信号为机组的加速功率信号，由电功率信号和转子角频率信号综合而成。

发电机的有功功率达到某一设定值时，就可以手动投入电力系统稳定器 PSS（此工作必须由专业的操作人员进行），发电机电压则被限制在设置的给定范围内（如在 90%～110% U_{GN}）。PSS 可以在任意时间手动退出，并且如果发电机有功功率及电压超出设定值或者与电网解列，PSS 将自动退出。

6. 限制器

限制器的目的是维护发电机的安全稳定运行，避免由于保护继电器动作而造成非正常事故停机。如图 1-25 所示为额定端电压时凸极同步发电机的典型功率圆图和对应的运行极限位置。由图中可以看出，在过励区域设置有最大励磁电流和感性定子电流两个过励限制器；在欠励区域设置有容性定子电流、无功限制（P/Q 限制）和最小励磁电流三个欠励限制器。

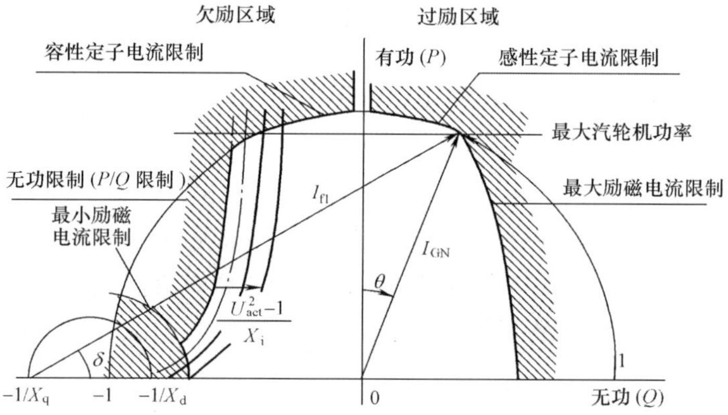

图 1-25 凸极同步发电机的典型功率圆图

限制器的工作原理是：每个限制器都有其限制量和限制值，当限制量的数值达到限制值时，相应的限制器就会产生一个限制量与限制值之间的偏差信号。过励区域限制器动作后，会把励磁电流减小到一个最大允许水平；而欠励区域限制器动作后，则会将励磁电流增加到所需要的最小水平。在正常工况时，发电机运行在功率图的允许范围内，PID 控制器的输入是机端电压的偏差信号，即主偏差信号。如果运行工况变化使过励限制器偏差信号低于主偏差信号，它的优先级将高于主偏差信号，这样，PID 控制器就得到各偏差信号中的最小值。这种原理也同样适用于欠励限制器，但方向相反。

（1）励磁电流限制。

最大励磁电流限制器用于防止转子回路过热，它设计具有反时限特性。限制器有两个限制值：一个是强励顶值电流限制器，另一个是连续运行允许的过热限制值。与过热限制值关联的两个控制参数分别是转子等效加热时间和转子等效冷却时间。

同步发电机正常运行过程中（无限制器动作），最大励磁电流限制器的限制值是强励顶

值电流限制值 I_{max}，即 AVR 可以在必要时提供强励顶值电流。在系统故障需要强行励磁来排除故障时，如果励磁电流的实际值超过过热限制值，调节器就会启动一个剩余功率积分器，将电流偏差值 Δi_2（其中 $\Delta i_2 = I_{field} - I_{therm}$）对时间积分，其结果正比于励磁绕组的加热能量。如果励磁电流持续高于过热限制值，那么积分器的输出 $\int \Delta i_{2dt} = \Delta E$ 将会增加。当积分器的输出值超过 ΔE_{max} 时，最大励磁电流限制器的限制值将从 I_{max} 降低到 I_{therm}。上述工作由过热检测器完成。当励磁电流降到正常值 以下后，剩余功率积分器启动反向冷却积分，按冷却时间常数 $T_{cooling}$ 降低其输出。

如果系统继发故障，允许再次强励，如果此时冷却时间尚未结束，则剩余能量达到 ΔE_{max} 所需的时间（即在此强励电流下允许运行的时间）比第一次强励时间要短。如果冷却时间已经结束（限制器复位），限制器将允许励磁电流在强励允许的正常时间段中保持在顶值水平，可以用外部信号干预过热限制值 I_{therm}，如表示发电机冷却气体的温度信号，该信号可以被附加到过热限制值 I_{therm} 上。最大励磁电流限制器在不同情况下有两种限制特性，如图 1-26 所示。

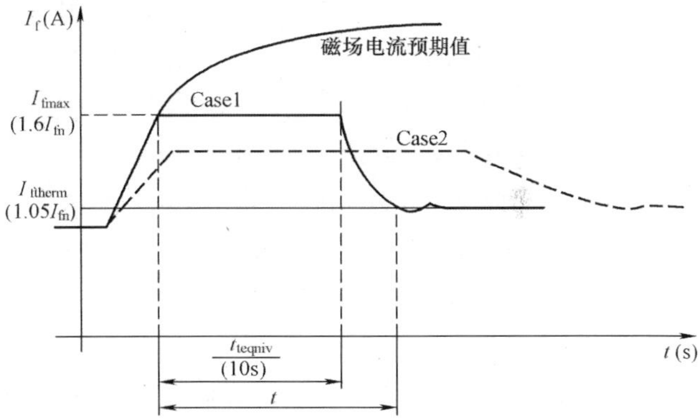

图 1-26　最大励磁电流限制器的两种限制特性

最小磁场电流限制器的主要任务是防止失磁。这个功能通常用于水轮发电机组，它有可能在功率图的欠励侧做深度进相运行，即近于零励磁电流运行。在这种情况下，最小励磁电流限制器保证励磁电流不小于最小限制值。该限制值是维持变流器正常工作所必需的，同时还可用于防止转子极靴过热。最小磁场电流限制器只有一个最小限制值，瞬时动作。

（2）定子电流限制。

定子电流限制器用于防止发电机定子过热，在过励和欠励侧均有效，其工作原理与最大励磁电流限制器的工作原理相似。主要差别在于定子电流限制器没有一个确定的最大定子电流限制值，当时间趋于零时，限制值理论上可趋于无限大（$I_{max} = \infty$），通过适当的参数整定，可以得到接近于定子绕组最大允许热能 ΔE_{max} 的反时限特性。

定子电流限制器分欠励侧和过励侧两部分，其限制量均为定子电流的平均值。当发电机过励时，欠励侧定子电流限制器截止，反之亦然。通过检测负载的功率因数，可保证定子电流限制器双方向（过励和欠励）动作的正确性。显然，定子电流限制器不能影响发电机的有功电流分量。如果发电机的有功电流分量高于定子电流限制器的限制值，为避免误动作，限制器会自动将发电机无功功率调整为零。

（3）P/Q 限制器。

P/Q 限制器本质上是一个欠励限制器，用于防止发电机进入不稳定运行区，该限制器的限制曲线由对应五个有功功率点（$P=0\%$，$P=25\%$，$P=50\%$，$P=75\%$，$P=100\%$）的五个无功功率设定值确定，曲线与发电机的定子电压水平有关，发电机电压变化时，限制曲线随之偏移。

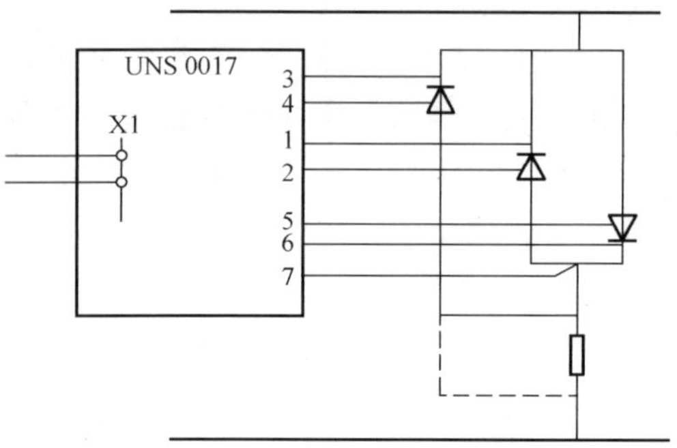

图 1-27 灭磁回路原理图

7. 灭磁和过压保护

触发单元是静态灭磁装置（跨接器）的一部分，具有多个独立的放电晶闸管触发回路，如图 1-27 所示。

发电机的受控灭磁回路可以是双冗余的，与磁场断路器的跳闸线圈同时接通。另外，设有一个电压检测回路，在励磁电压超过预设值时它会自动触发晶闸管。因此跨接器作为独立的过电压保护装置，可保护晶闸管桥和磁场绕组免受危险过电压尖峰的冲击。

8. TV 故障检测

对 TV 故障的检测是通过比较发电机机端电压与励磁变压器二次侧电压的测量值实现的。如果两个电压的差超过整定值（发电机机端电压额定值的 15%），逻辑控制器将启动切换：如果两个通道公用一组 TV，从自动方式切换到手动方式；如果双通道使用各自独立的 TV，而且运行通道出现 TV 断线，从运行通道的自动方式切换到备用通道的自动方式；如果两组 TV 都出现故障，则切换到手动。

9. 过流保护

过流保护分反时限过流保护和瞬时过流保护。过流保护的特性与所介绍的最大励磁电流限制器的特性相似，但过流保护的特性曲线高于最大励磁电流限制器的特性曲线。

10. 失磁保护（P/Q）

发电机运行点在超出其稳定极限时，失励保护动作，跳发电机。利用功率圆图上的五个点设定保护曲线，保护曲线与 P/Q 限制器的限制曲线相似。但 P/Q 保护曲线在 P/Q 限制曲线基础上左移 5%～10%。由于同步发电机的稳定极限与机端电压有关，P/Q 保护曲线也与发电机端电压成比例校正。发电机工作点超过保护曲线时，触发定时器，经过可整定的延时后发出跳发电机命令。定时器延时启动信号也可用于报警。发电机失磁保护原理图如图 1-28 所示。

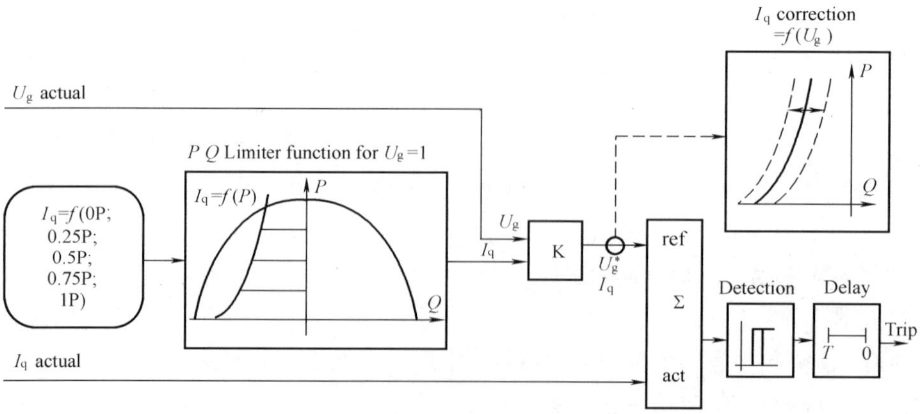

图 1-28 发电机失磁保护原理图

11. 过励磁保护（U/f 触发器）

过励磁保护（V/Hz 触发器）用于防止同步发电机和变压器过磁通。发电机过励磁保护原理图如图 1-29 所示。过励磁保护首先根据发电机频率和设定值计算出当前的机端电压允许值，如果发电机实际电压超过允许值，就会触发定时器延时。在延时结束前，如果电压仍没有返回到允许值，则发出跳闸信号。

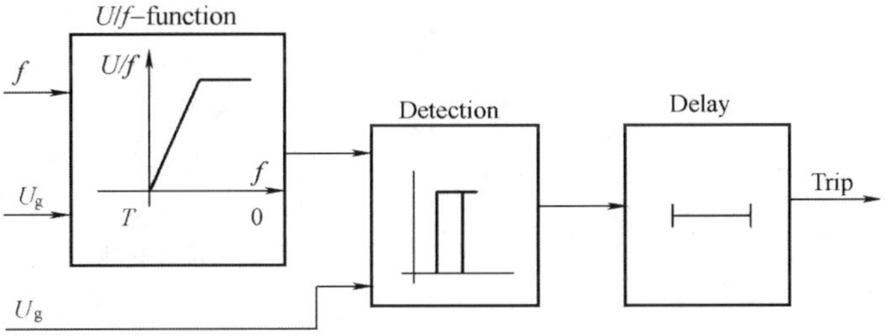

图 1-29　发电机过励磁保护原理图

（七）异常处理

对异常的一般处理原则如下所述。

（1）运行人员在故障报警发生后，应首先检查报警显示和就地控制盘上报警信号以及模块上的其他报警。

（2）根据报警显示查找故障原因。

（3）按“报警复位”按钮，依然保持的故障此时表现为固定灯光。

（4）检查这些故障指示并作出进一步的处理。

（5）再按一次“报警复位”按钮，重新启动报警系统。

励磁系统典型报警和故障及处理见表 1-9。

表 1-9　　励磁系统典型报警和故障及处理

显示信息	操作员信息	处　理
励磁变温度高报警	励磁变压器的温度已经升到高于该报警级别； 通过减少励磁电流来试图避免因最大的变压器过温引起的跳闸	检查变压器是否长期过温； 检查变压器四周的冷却情况和环境温度（也可能是内部出现了故障）； 仔细检查变压器的温度； 通知检修处理
转子温度高报警	监视由励磁电流和励磁电压及计算得的磁场电阻一起计算的转子温度值。如果该值超过转子温度报警的设置值，就触发报警信号	检查转子是否已经长期过载并且转子的冷却系统是否工作正常； 通知检修处理
整流桥过温报警	由 UNITROL 5000 测量的散热器的温度低于设置的最大温度值 10K 以内。通过减少励磁电流来避免因最大的过温引起的跳闸	检查空气流没有受到外物的阻碍； 检查风机是否正常（风机只有在励磁投入时工作）； 检查散热器是否干净； 检查过滤器是否太脏； 检查环境温度<40℃； 通知检修处理

续表

显示信息	操作员信息	处　理
OCI报警	在设置的延时期间，励磁电流高于设置的限制值。意味着在设定的延时内，励磁电流限制器不能限制励磁电流到设定的值。引起切换到手动方式或备用通道	切换到备用通道或手动方式。通知检修处理
备用通道 ARCnet 故障	出现两通道间的串行通信连接中断。通过 CH FAIL 由硬件连接（TCHFN）仍然可能实现紧急切换，如切换到手动方式	通知检修处理； 检查通道间的串行通信连接； 检查其他的故障和报警引起通信中断，如某一通道的电源消失； 如果没有其他的原因用来判别通信中断，更换 COB 板（一次仅一块）
机端 TV 故障	发电机电压测量值已经低于整流桥电源电压减去设定的裕度值。这就意味着发电机电压测量部分存在问题。 由于机端电压的 du/dt 过大，动态 TV 监测系统已经动作。该故障信息引起切换到第二通道或手动方式	通知检修处理。 检查从 TV（发电机端电压）到软件信号的电压。如果正确，动态 TV 故障监视器的设置值可能太灵敏了。 检查机端电压信号的比例值额定电压时必须是 100%。 检查其测量单元与 I/O 接口。如报警仍然出现，更换这些板子（一个接一个）
FCB故障	如果反馈信号“磁场断路器闭合”信号在闭合命令触发 1s 内未收到，就发该信号	通知检修处理； 如果磁场断路器没有闭合，检查磁场开关控制回路的接线； 检查磁场断路器的绕组是否损坏； 如果磁场断路器闭合，检查磁场断路器的反馈回路的接线
控制键盘未连接	控制键盘没有连接。如果励磁处于本地控制方式，将自动切换到远方控制； 如果励磁系统已经是在远方控制方式，只出现报警信息	通知检修处理； 检查控制键盘与 COB 板的连接； 更换控制键盘或 COB 板
备用跳闸	两通道系统中，备用通道中已经产生某种跳闸信号 EXC _ TRIP。对于该通道，这种事件只记录进故障录波器中作为报警信号	通知检修处理； 用控制键盘选择备用通道或连接 PC 机（用 CMT 软件），并读取进入故障录波器中的信息
辅助交流电源故障	电源单元的输入电压有问题。系统可以保持连续运行（还有来自备用蓄电池的电源），但为了保证完全的冗余工作，该问题尽可能快地处理	通知检修处理； 检查交流电源断路器； 检查电源单元的 AC 输入电压； 检查电源单元的内部熔丝； 检查整个交流电源回路的配线（在电源单元上的 LED“AC ON”表示交流电源投入）； 通知检修处理； 注：对自并励励磁来说，报警只有在 EXCITATION OFF 命令后释放

续表

显示信息	操作员信息	处　理
磁场断路器外部跳闸	来自电源单元的＋24V 电源出错。虽然系统可以保持连续运行，但应立即处理。因为系统不再响应远方命令（命令和显示的功能不完善）。万一出现一个跳闸命令时，只有磁场断路器打开，晶闸管的触发脉冲既不闭锁也不设置到整流桥停止位置	通知检修处理； 测量电源单元的＋24V 电源电压； 如果没有 24VDC，检查整个 24VDC 线路的配线更换电源单元； 如果有 24VDC，检查磁场开关的状态显示功能是否正确。更换电源单元； 只有在励磁投入且励磁电源出现后，该报警才可能出现
辅助直流电源故障	电源单元的 DC 输入电压有问题。虽然系统可以保持连续运行（还有 AC 电源供电），但必须立即处理。这是因为磁场断路器不能动作、起励也不能动作	通知检修处理； 检查直流电源断路器； 检查电源单元的 DC 输入电压； 检查电源单元的内部熔丝； 检查整个直流电源回路的配线（在电源单元上的 LED“DC ON”表示直流电源投入）； 检查电源单元与信号处理器件
转子接地报警	单独的“转子接地故障继电器”电平 1 产生响应，系统可继续保持运行，但应尽快进行处理	通知检修处理
整流器过热报警	测得的整流器温度达到由参数“最大整流器温度”确定的值；此整流器可继续保持运行	检查冷却系统； 检查测温装置； 如果环境温度高于规定的最大值，应减低励磁电流； 通知检修处理
整流器冷却报警	其冷却冗余度已经丢失，备用冷却（备用风扇）已启动	检查风扇是否由于气流限制而产生过载； 检查风扇轴承是否发生故障； 检查风扇电动机自动开关是否由于过载或被手动误断开； 通知检修处理

第三节　发电机运行

一、概述

发电机的运行应以其出力曲线为依据，该曲线规定了在不同工况下汽轮发电机组输出的容量。在制订发电机出力曲线时，考虑了多方面的因素，包括将定子、转子绕组和铁芯中的热点温度限制于切实可行的运行温度上，而这些温度不是能直接从测温元件得到的。出力曲线是设计计算和试验分析相结合所取得的综合性结果。发电机有关标准公认由测温元件探测得到的温度可能不是最热点的温度。由于不能直接得到最热点的温度，温度的检测点应尽量靠近预计的热点，但是在最热点与测温点之间的温度梯度不是不变的。它的变化取决于氢压、出力、冷却方式和通风系统。所以测得的温度不适宜作为调节发电机的出力的依据。

发电机的安全运行，应该依靠发电机及其辅机系统的各种自动监控装置，因此发电机必须在有关系统及其监控装置全部安装完毕、调试合格后方能投入运行。但是运行的安全性还取决于运行人员的高度责任感和主观能动性。运行人员必须严密注视并跟踪运行时各种主要参数模式，以便及早发现隐患及时处理，而不要依赖于自动报警。如在同一工况下发现定子绕组的温度或温差有明显不同于正常方式时，应立即加以警惕，防患于未然。因此，在启动阶段应该逐项验证各种运行参数的记录的可靠性，并保存作为今后运行中监测的依据。

二、发电机运行特性

（一）概述

同步发电机对称负荷下的运行特性曲线是确定发电机主要参数、评价发电机性能的基本依据。和其他电机一样，同步发电机在分析中习惯上也采用标幺值系统，其基值选定如下：

容量基值，单位 VA；电压基值，单位为 V；电流基值，单位为 A；阻抗基值，单位为 Ω；转速基值，单位为 $rad \cdot s^{-1}$；励磁电流，单位为 A。

由试验方法测定的同步发电机运行特性包括空负荷特性（$I=0$）、短路特性（$U=0$）、负荷特性、外特性和调节特性等，下面将简单介绍这些特性。

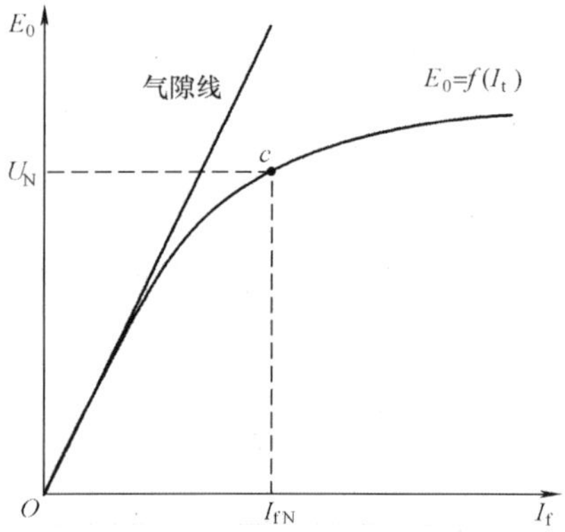

图 1-30　空负荷特性曲线

（二）空负荷特性

空负荷特性是发电机转子在额定转速下旋转、f 为常数和 I 为零的条件下，电动势和励磁电流之间的关系，即 $E_0=f(I_t)$，空负荷特性曲线是电机的一条基本特性曲线，如图 1-30 所示，它不仅表示了电动势和励磁电流的关系，也表示了励磁电流和磁通的关系，即 $I_t \propto F_t$，$E_t \propto \varphi$，所以，空负荷曲线也是电机磁性材料的磁化曲线。空负荷特性可以通过计算或试验得到，试验测定的方法与直流发电机类似。同步发电机的空负荷特性也常用标幺值表示，空负荷电动势以额定电压为基值，额定励磁电流为励磁电流的基值。用标幺值表示的空负荷特性具有典型性，不论电机容量的大小、电压的高低，其空负荷特性彼此非常接近。

空负荷特性在同步发电机理论中有着重要作用：①将设计好的发电机的空负荷特性与实际空负荷特性试验后测定的数据相比较，如果两者接近，说明发电机设计合理，反之，则说明该发电机的磁路过于饱和或者材料没有充分利用。②空负荷特性结合短路特性（在后面介绍）可以求取同步发电机的参数。③发电厂通过测取空负荷特性来判断三相绕组的对称性以及励磁系统的故障。

（三）短路特性

短路特性是在定子三相绕组短接，转速 $n=n_e$、f 为常数、$u=0$ 的条件下励磁电流 I_t 和三相稳定短路电流 I_k 间的关系，即 $I_k=f(I_t)$。

短路特性可用试验方法求得。因定子绕组电阻 r_1 较电抗 x_a 小得多，故短路电流几乎为一个纯感性电流，I_k产生的电枢反应为纵轴电枢反应，有去磁作用。发电机稳定短路时，气隙内的合成磁通和漏磁电动势都很小，铁芯处在不饱和状态，所以，I_k和 I_t 为直线关系。

（四）负荷特性

负荷特性是发电机在转速 $n=n_e$、f 为常数、保持负荷电流 I 及功率因数 $\cos\varphi$ 不变的条件下，励磁电流 I_t 和端电压 U 之间的关系，即 $U\text{-}f$（I_t）。

负荷特性可用试验方法求得。若用可变电阻作电阻负荷，用同步电动机作可变电感或可变电容负荷，调节励磁电流时，保持负荷电流 I 及功率因数 $\cos\varphi$ 不变，即可绘出负荷特性图，如图 1-31 所示。

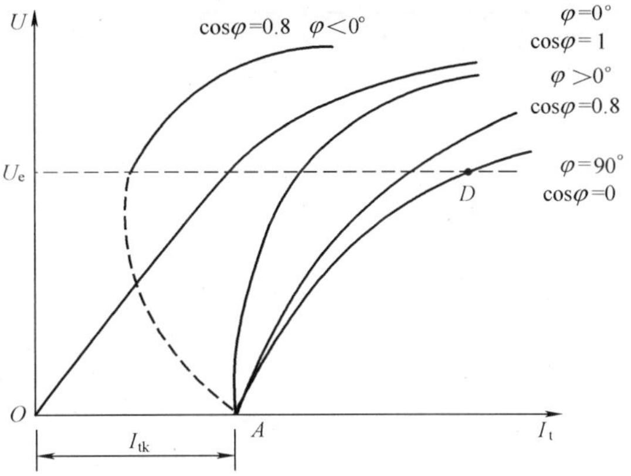

图 1-31 负荷特性曲线

图 1-31 中绘出了 $I=I_e$，$\cos\varphi=1$，$\varphi=0$；$I=I_e$，$\cos\varphi=0.8$，$\varphi>0$；$I=I_e$，$\cos\varphi=0.8$，$\varphi<0$ 的三条特性曲线。A 点为三相稳定短路点，此点 $I=I_e$，$\cos\varphi=0$，$\varphi=90°$，$U=0$，OA 段是产生短路电流为定子额定电流时所需的励磁电流。感性负荷时，电枢反应为去磁作用，负荷特性低于空负荷特性；容性负荷时，电枢反应为助磁作用，负荷特性高于空负荷特性。最有实用意义的是纯感性负荷特性，即 $I=I_e$，$\cos\varphi=0$，$\varphi=90°$。图中 AD 曲线即为零功率因数负荷特性曲线，其中 A 点 $U=0$，D 点 $U=U_e$。

（五）功角特性

发电机电动势 E_q 与端电压 U 之间的夹角 δ 称为发电机的功率角，简称功角。发电机正常运行时，发电机电动势 E_q 总是超前端电压 U，设此超前 δ 为正。由电工学原理可知，电磁功率 P_e 的表达形式为：$P_e=UE_q\sin\delta/X_d$。当发电机端电压不变时，则 X_d 也不变。若励磁电流不变，则发电机电动势也不会改变，因此，当发电机端电压 U 和励磁电流都不变，而只改变原动机输入时，发电机的输出功率 P 与功角 δ 之间的关系为一正弦函数变化关系，其关系曲线称为同步发电机的功角特性。

三、发电机允许运行方式及规范

1. 发电机正常运行

（1）额定运行方式。

发电机按照铭牌规定数据运行的方式，称为额定运行方式。发电机可以在这种方式下或在容量限制曲线的范围内长期连续运行。发电机额定方式下的长期运行，主要是受机组的发热情况限制。在正常运行时，发电机不允许超过铭牌的额定数据运行。

（2）带负荷速度。

发电机在容量曲线范围内的任何负荷下运行都是允许的。其负荷变化速度原则上遵照汽轮机负荷曲线。

（3）电压、频率允许的变动范围。

在额定负荷状态下，发电机允许的电压、频率变动范围应以发电机厂家提供的相关数据为准。如QFSN-660-2型发电机能安全连续地在48.5～51.5Hz频率范围内运行，当频率偏差大于上述频率值时，允许的时间不低于表1-10所列数值。

表1-10　　频率变化允许的时间表

频率（Hz）	允许时间	
	每次（s）	累计（min）
48.5～51.5	连续运行	
48.5～48.0	>300	>300
48.0～47.5	>60	>60
47.5～47.0	>20	>10
47.0～46.5	>5	>5

QFSN-660-2型发电机发电机在额定功率因数、电压变化范围为±5%和频率变化范围－3%～＋2%时，应能连续输出额定功率，机组频率偏离上述范围时，各部分允许的温升限值见表1-11。

表1-11　　频率变化允许的温升表（660MW，功率因数0.9，氢压0.5MPa时）

电压（kV）	20.0	20.5	21.0	19.5	19.0
频率（Hz）	47.5	47.5	51.5	51.5	51.5
有功功率（MW）	660	660	660	660	660
定子铁芯温升（K）	50	52	47	40	38
定子绕组出水温升（K）	23	22	21	24	25
转子绕组最高温升（K）	63	65	55	52	51

2. 发电机非正常运行

（1）短时过负荷能力。

在事故状态下，发电机允许定子绕组在短时内过负荷运行，同时也允许转子绕组有相应的过负荷（过电压）。

（2）不平衡负荷。

在不平衡负荷状态，发电机中含有了负序电流分量，相电流及端电压偏离了平衡负荷时的理想关系。不平衡负荷将在转子表面导致额外的损耗和局部发热。各厂家均规定了持续不平衡负荷（I_2）及短时不平衡负荷（I_2^2t）的允许值，同时在持续不平衡负荷运行状态，任何一相的电枢电流不允许超过额定值。发电机的不平衡电枢电流也会引起转子倍频转矩脉振，这个脉动转矩同时也出现在定子铁芯上。铁芯隔振结构能有效地减小这种脉动转矩对机座及基础的影响。

（3）失磁运行。

从失磁起的60s内应将发电机负荷降到60%的额定负荷，在失磁起的90s内应降到40%的额定负荷，带0.4倍额定有功，定子电流1.0～1.1倍的允许运行时间为15min。发电机在失磁后异步运行时会产生三个方面的影响：一是使电网出现大幅度功率振荡；二是使汽轮发电机轴系承受一个滑差频率的扭振；三是对发电机本身的影响。其中对发电机本身的影响主要有两方面：一是由于定子旋转磁场与转子的滑差而在转子上感生损耗，滑差过大时还会在转子绕组上感应高电压；二是由于这种工况相当于深度进相运行，发电机定子端部磁场会在定子压圈等结构件中产生损耗和过热；但各部分温升不会超过进相运行的水平。尽管失磁异步运行对发电机本身不会产生破坏，出于对轴系损伤的担心，建议尽量不要在失磁状态下异步运行，当然也不推荐失磁运行能力。对大机组来说，它可能引起电网和轴系的振荡，对轴系（特别是对汽轮机）带来的不利影响是难以定量估计的。

（4）断水运行。

当定子绕组冷却水流量小于一定数值时，发电机定子将被视为“断水”。在额定负荷下，定子绕组内冷却水允许断水运行持续 30s；在一定条件下，定子绕组内冷却水允许断水低负荷运行持续 1h。

（5）强励。

当电力系统中发生短路或其他故障使系统电压严重下降时，可以通过发电机强励来使电力系统保持稳定。出于励磁系统安全及转子发热等因素考虑，强励时间不应太长，一般应不超过 20s。

（6）进相运行。

发电机的进相运行就是低励磁运行，它是调节系统无功过剩、改善首端电压的一种安全、经济、有效、方便的运行方式。一般而言，发电机均应有一定的进相能力，如 QFSN-660-2 型发电机在额定冷却工况下，电压变化范围在±5%范围内，发电机应能带额定负荷、功率因数为 0.95（超前）长期连续运行，各部件温度和温升不超过最高值。

四、同步发电机并联运行

在一般发电厂中，总是有多台同步发电机并联运行，而更大的电力系统亦必然由多个发电厂并联而成。因此，研究同步发电机投入并联的方法以及并联运行的规律，对于动力资源的合理利用、发电设备的运行和维护、供电的可靠性、稳定性和经济性等，具有极为重要的意义。

（一）投入并联的条件

发电机等效同步发电机并联投入电网时，为避免发生电磁冲击和机械冲击，总体要求就是发电机端各相电动势的瞬时值要与电网端对应相电压的瞬时值完全一致。具体分解开来包含五点，即波形相同、频率相同、幅值相同、相位相同、相序相同。

前四点是交流电磁量恒等的基本条件，最后一点是多相系统相容的基本要求。设电网端和发电机端分别用下标 1 和 2 区别。可以想象，若两者波形不同，如 U_1 为正弦波，而 E_{02} 非正弦，则并联后在发电机与电网间势必要产生一系列高次谐波环流，从而损耗增大、温升增高、效率降低。发电机等效电路图如图 1-32 所示。

波形相同了，若频率不等，即 $f_1 \neq f_2$，则相量 U_1 和 E_{02} 之间存在相对运动，且周而复始，从而产生差频环流，在发电机内引起功率振荡。

频率和波形都一致了，但若是幅值或相位不相等，即 $U_1 \neq E_{02}$，也会在发电机与电网间产生环流。特别地，若在极性相反，

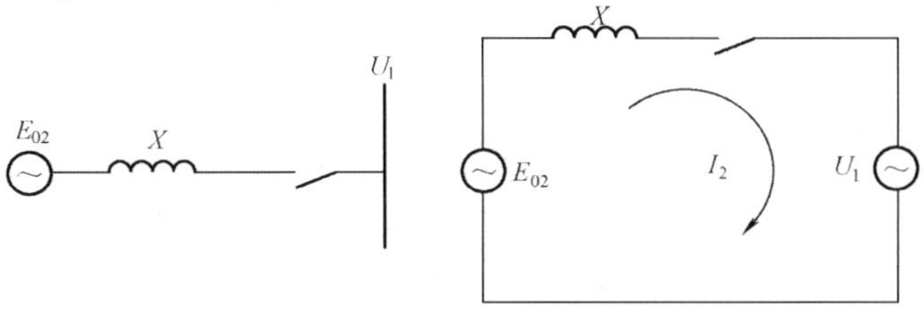

图 1-32　发电机等效电路图

即相位相差180°时合闸，则冲击电流可达（20～30）I_N，从而产生巨大的电磁力，损坏定子绕组的端部，甚至损坏转轴。以上条件都满足了，若相序不同，合闸也是绝不允许的，因为仅一相符合条件，但是另两相之间巨大的电位差产生的巨大环流和机械冲击，将严重危害发电机安全，毁坏发电机。由于波形相同和相序相同是发电机设计、制造和安装予以保证的，因此，在实际并联操作中，主要是注意频率相同、幅值相同、相位相同的满足。这其中，频率条件的满足又是最基本的。

（二）投入并联的方法

1. 准确同步法

将发电机调整到完全符合并联条件后的合闸并网操作过程称为准确同步法。调整过程中，常用同步指示器来判断条件的满足情况。最简单的同步指示器由三组相灯组成，并有直接接法和交叉接法两种。

2. 自同步法

用准确同步法投入并联的优点是合闸时没有明显的电流冲击，但缺点是操作复杂，而且也比较费时间。因此，当电网出现故障而要求迅速将备用发电机投入时，由于电网电压和频率出现不稳定，准确同步法很难操作，往往要求采用自同步法实现并联运行。自同步法的步骤是：先将发电机励磁绕组经限流电阻短路，当发电机转速接近同步转速（差值小于5%）时，合上并网开关，并立即加入励磁，最后利用自整步作用实现同步。自同步法的优点是操作简便，不需要添加复杂设备，缺点是合闸及投入励磁时均有较大的电流冲击。

需要说明的是，上面介绍的并网方法，无论是准确同步法还是自同步法，都是指手动操作过程。实际上，随着检测技术和控制技术的不断进步，尤其是计算机检测与控制技术的应用，手动并网操作已很少使用了，而是广泛采用自动并网装置。这些装置不但使并网合闸瞬间的各项要求能最大限度地得到满足、电磁冲击最小、杜绝了手动操作的种种不足，而且可对电网故障作出最快速、最恰当的反应，提高了电力系统的综合自动能力和运行可靠性。本书自动装置章节中将对此类装置做详细介绍。

五、影响发电机安全经济运行的重要因素

（一）温度极限

发电机的负荷受各结构件的热点温度和绕组绝缘温降所限制。定子绕组铜线、转子绕组铜线和定子铁芯等结构件中任何一项都可能成为限制发电机负荷、功率因数或机内氢气压力的因素。一般最热点的温度是不能直接测到的，测温点应尽可能靠近预料的最热点，但所测得的温度与实际最热点温度梯度是个变量，它与特定的设计结构以及负荷有关，因此不能合理地用它来衡量发电机带负荷的能力。发电机各部位及冷却介质的限制应参考厂家提供的发电机运行工况参数表。

（二）定子绕组温度

发电机定子绕组的温度用测温元件测量。测温元件包括电阻温度元件（RTD）及热电偶（TC）测温元件。热电偶测温元件埋在定子绕组水支路的上、下层线棒的出水接头处，以测量上、下层线棒的出水温度。同时，又有电阻测温元件埋置在槽内绕组上下层之间测量槽内线棒层间的温度。从两者温度的变异，监视定子水支路有无异常迹象。

（三）定子的差胀

定子绕组的输出负荷不仅受到温度的限制，也受到定子绕组内部以及定子绕组和铁芯之间周期性差胀的影响。差胀与绕组的温升有关，需要限制发电机的最大负荷，限制差胀。发电机的出力曲线表示了发电机运行负荷的限值，在此限值之内，差胀是许可的。

（四）定子铁芯温度

在超前功率因数下运行，发电机的磁通分布在定子铁芯两端，边端的几十毫米范围内的局部区域产生了很大的损耗。这种情况下，不是定子或转子绕组的温度，而是定子铁芯局部温度成为限制运行的因素。发电机的出力曲线对此也提供了限制运行的曲线，以保持安全的定子铁芯温度。

（五）冷氢温度及湿度

发电机内部冷氢温度，是由氢气冷却器吸取热量的能力和带走的热量决定的。氢气平均温度和冷却水平均温度之间的温差取决于所吸取的损耗。当发电机的负荷增大时，不改变氢气压力或冷却水的条件，氢气和冷却水之间的温差必然增大，冷氢温度随之升高。当负荷一定时，如氢气压力增大，发电机内的氢气温升降低，通过冷却器的氢气温降亦有所减小，这将使冷却氢气的温度略微降低。

氢气的湿度过高特别是停机时会引起结露，将严重威胁定子绝缘及转子护环的安全运行。机内湿度折算到大气压力下应控制露点在－25～－5℃。正常运行情况下应投用氢气干燥器，或补入干燥的氢气以降低湿度。所供应氢气的湿度不得高于－35℃露点。

（六）定子绕组进水温度

如供给定子水冷却器的冷却水的流量与温度保持不变的话，定子绕组的水流量不变则其进水温度是由其冷却器本身热交换器性能参数决定的。定子冷却水的最高进水温度由发电机运行工况参数规定，在任何负荷下，都要通过改变水冷却器的冷却水量以维持定子进水温度在规定限值范围以内。

（七）发电机出力曲线

发电机出力曲线将定子和转子绕组及定子铁芯中热点的温度限制在切实可行的运行值，并且限制了绕组绝缘温降，这些功率因数由计算和厂内试验得出。图 1-33 为 QFSN-660-2 型发电机的出力曲线（660MW，20kV，21169A，功率因数 0.90）。

在过励、零功率因数和额定功率因数之间运行，转子绕组的温度限制了出力，这段曲线表示了对应于所设计的氢气压力，励磁电流为铭牌数据不变时的运行出力。

在额定功率因数（过励）和欠励功率因数为 0.95 之间的范围内，定子绕组的温度限制了出力，在该部分曲线运行对应于定子电流不变。在这段范围内，励磁电流将随着负荷和功率因数而改变，但总是低于额定值的。

欠励时，在功率因数从 0～0.95 的范围内，定子铁芯及其边端的机构零件的温度是限制运行出力的因素。

（八）轴的找正

汽轮机、发电机和励磁机或集电环装置的轴是刚性连接的，在安装时，这些轴必须严格找正，找正时必须考虑到运行中轴抬高值对轴线同心度的影响。轴线不同心，可能引起比正常轴应力高的应力，并使轴承的负荷重新分配，两者都可能因超额过多而导致机械事故。发

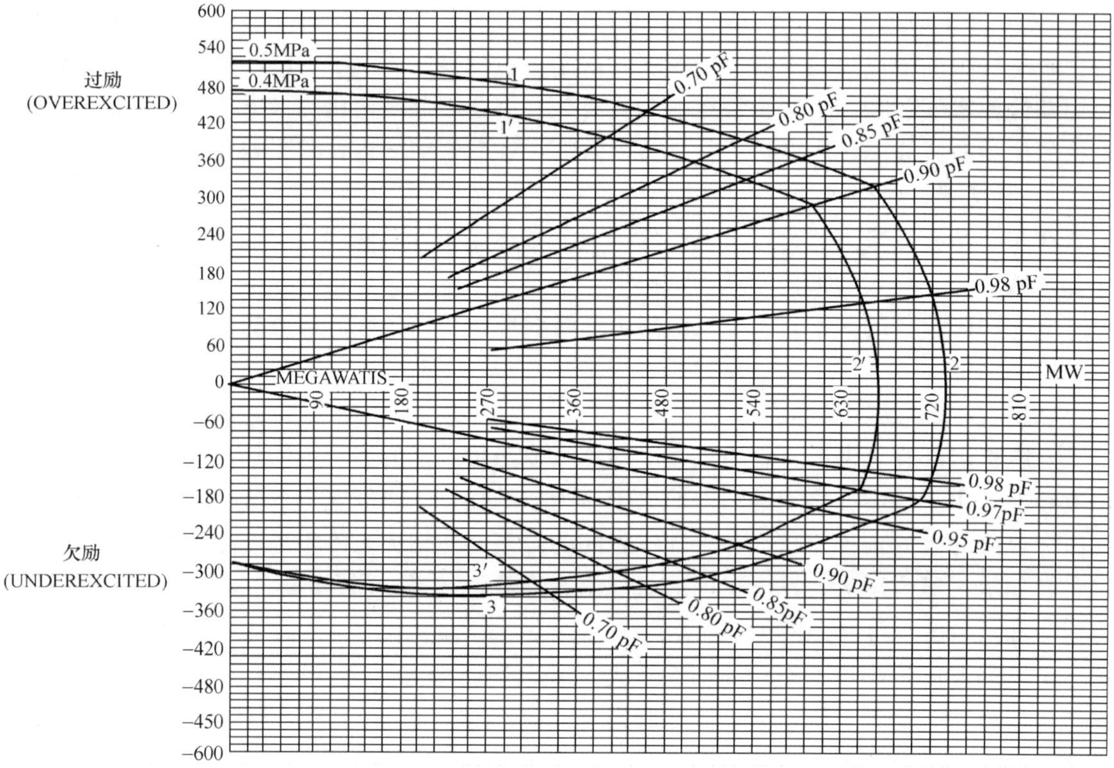

图 1-33 QFSN-660-2 型发电机的出力曲线

电机轴抬高值的变化与其支撑部分的温度有关，支撑它的端盖和机座的温度直接随冷氢温度变化。发电机轴的抬高值直接随冷氢温度变化，因此负荷变化时应控制发电机的运行参数，使发电机和汽轮机轴之间可能产生的不同心度最小。由于冷氢温度变化的影响，对发电机和汽轮机轴相对抬高值的研究表明，在带负荷正常运行时，冷氢温度不得超过发电机运行工况参数表的规定，在限定时间的非正常运行工况下，温度可能略为超过最大值，但一般无不利的影响。

（九）机座变形

冷氢温度和氢气压力的变化使机座端部产生变形，相应影响到机械接合和密封垫片，这可能使漏氢量增加，并需要更多的维护。密封垫片的性能也因高温而产生不利的影响，应控制发电机的运行参数，保持基本上不变的氢气温度和压力，以限制机座和密封垫片的变形。

（十）氢气冷却器

按所提供的规定方法调节氢气冷却器出水管道的阀门来控制冷却水的流量，以防止冷却器中水压过高，过高的水压可能会引起冷却管的损坏。因此在关闭这些阀门时应细心操作，以避免水压超过发电机运行工况参数表的最大工作压力。控制氢气冷却器的冷却水流量提供了一种在不同负荷时调节冷氢温度的方法。调节冷却水的流量，使冷氢温度维持在大体上不变的数值。氢气温度恒定运行方式下的差胀总是比绕组温度恒定运行方式的差胀要稍微大些，然而，氢气温度恒定运行方式在负荷低于额定时，具有维持绕组总温度低的优点，这对绝缘使用寿命是有利的。

运行时由于工作氢压高于冷却管水压，一般难以察觉冷却管的漏水现象。冷却器的损伤会导致大量氢气泄漏到冷却器的循环水管路中，因此氢气冷却器的外部水管路必须设有氢气监测器和报警器，以及安全放气措施。当氢气监控系统发出机内漏水报警，如在低氢压运行时，冷却器漏水也可能是一个原因，应给予注意。运行中可通过依次关闭每只冷却器的水路加以判断。如确为冷却器漏水，应加以关闭，待发电机检修时处理。少数水管的漏水，可用堵塞两端管口的方法，使此只冷却器仍能继续投运。

（十一）定子绕组内冷水冷却器

发电机带负荷时，定子绕组内就必须有冷却水循环流通，正常情况下，定子绕组一旦通水，发电机中的氢压都必须维持其高于水压，以防止漏水的潜在危险。但在密封油系统出故障只能维持低氢压运行时，必须保持最低水压不低于 0.15MPa，即使水压大于氢压，也只允许在短暂运行而不推荐长期运行。定子内冷水的冷却器共两个，设计上为并联连接，互为备用。每个水冷却器都能承担额定工况运行的冷却能力。投入备用水冷却器之前，必须先放开阀门排气。注意：不仅仅在发电机新机启动时要严格按要求进行排气，凡是定子绕组冷却水系统中的水泵一旦发生过停泵，那么定子绕组冷却水系统就必须按要求进行排气，以防止定子绕组内气堵。

（十二）电刷

定期检查电刷的运行情况。当出现火花时，检查电刷压力是否分布均匀，刷辫与刷块之间有无松动现象等。定期检查接地碳刷与转轴的接触状况。

六、发电机启动前检查项目及要求

新建机组或机组大、小修后第一次启动前应做详细检查以确保机组能正常投用，下面以水氢氢机组为例介绍启动前检查内容，其他类型机组也可参考其中的某些条款。

（1）氢、水、油系统正常投运。确认轴承、密封油、氢和水系统运行正常，发电机内氢压、水压和油压正常。

（2）检查发电机组的机械连接，确认无任何松动现象，连接可靠。

（3）检查电气连接，确认发电机组的主开关及发电机转子回路开关处于断开位置。

（4）检查定子绕组、转子绕组的绝缘电阻。

（5）滑环、电刷应清洁完整，电刷应能在刷盒内上下自由移动，电刷压力正常。

（6）检查发电机各处的温度、氢质、油质和水质。检查发电机的温度、氢纯度和氢气及油的杂质以及定子绕组冷却水进水温度和水电导率不超过相关规定。

1）氢气冷却器的出风温度应均衡，冷氢温差在任何负荷下不得超过 2K。用装置在冷却器出风口的电阻测温元件测出的冷氢温度亦不得超过铭牌规定数值。

2）控制氢气纯度和湿度并投入排烟风机。氢气纯度一般不低于 95%，发电机进行性能及效率试验时应维持在 98%，降到 90%时报警，只有当氢侧泵停运时才允许纯度维持在 90%左右，此时如纯度降至 85%又将报警。投入氢源的氢干燥器使供氢的湿度不得高于 −35℃露点，投入发电机的氢气干燥器使机内氢的湿度折算到大气压力下的露点应介于 −25～−5℃。启动前必须投入空侧回油箱上的排烟风机，防止氢气带入主油箱以确保安全。

3）第一次启动及每次启动带负荷前，应监视定子绕组的温度。此时各监测点温度的不同可能表示出温度测量回路有问题，运行前必须予以校正，以免影响正常运行时的判断。为便于与正常运行时的数据进行比较，运行人员应注意将启动前各监测点的温度记录保存下来。

4）密封冷油温度一般应维持在40～49℃之间。空侧与氢侧进油温差不大于2.2K（从冷油器出来的空气侧和氢气侧密封油温度之差）。轴振不正常时则应维持在43～49℃，两侧油温差不大于1K。

5）密封油、轴承油的含水量不得大于0.05%，否则应处理油质。

（7）氢气冷却器。应向氢气冷却器供给所需的冷却水量，各机型发电机说明书中“发电机运行工况参数表”规定了氢冷却器有关数据包括进水最高温度、最高工作压力和总水量等要求。应将各只冷却器调节到基本相同的水量，防止由于水速过大而损坏水管。调节水量及氢温的幅度不能过大以免机座变形产生剧烈振动。

（8）密封油冷却器及定子绕组内冷水的冷却器和油、水加热器。确认密封油冷却器及绕组水冷却器的冷却水有足够的水量，油温控制反应要灵敏能迅速控制氢气侧、空气侧油温及两者的油温差。水温控制反应要灵敏，能稳定地控制绕组入口水温在规定范围之内。如启动时油温或水温远低于“发电机运行工况参数表”中规定的最低温度，可临时在密封油流动的条件下启用系统中的油加热器或水加热器。

（9）启动及运行时氢、水、油系统等各种工况应满足发电机厂家的要求。

（10）轴承座对地绝缘。轴承在励端应为双层绝缘，故在机组各转轴对接后或在运行中和未停车时也能测量轴承绝缘电阻。

在运行期间，用1000V绝缘电阻表定期测量轴承对地绝缘电阻，至少每月一次并作记录，建议运行中每10天测量一次绝缘电阻。绝缘电阻表一端接地，另一端轮流接到每个被测端子直接测量绝缘电阻，包括轴承座绝缘电阻、轴瓦绝缘电阻、密封瓦绝缘电阻。预期绝缘电阻应大于1MΩ，小于0.5MΩ会导致轴电流通过而损坏轴承，建议安排停机处理。绝缘电阻值变小表明绝缘性能恶化，并且需要维修至少达到最小的允许值之后方可继续使用。每次拆卸轴承和重新装配绝缘，都应当立即测定绝缘电阻，这些检查必须在发电机加励磁之前进行。测轴承绝缘时一次只能测两道并联的绝缘中的一道。因为如有一道绝缘损坏，就不可能再检查另一道绝缘的好坏。在此情况下如怀疑绝缘有所损伤，就应使用其他的方法检查绝缘。

（11）相序的校核。发电机与系统并网前，应校核发电机的相序，确认与它连接的汇流排相同。

（12）启动时对测温元件的监测。当定子绕组水系统已投入工作时，建议对定子绕组出水测温元件和绕组层间测温元件作如下监测（以发电机测温元件端子板的读数为准校验主控制室的仪表读数）。

1）定子上层线棒冷却水支路（简称A类水支路）。从励端或集电环端的上层定子线棒的端头流入线棒，经线棒槽部再流过线棒的汽端端部，最后通过绝缘引水管而流到汽端的总出水汇流管。内冷水只冷却了一根线棒即上半匝绕组。

2）定子下层线棒冷却水支路（简称B类水支路）。从励端或集电环端的总进水汇流管通过绝缘引水管流入下层定子线棒的端头流入线棒，经线棒槽部再流过线棒的汽端端部，最后通过绝缘引水管而流到汽端的总出水汇流管。内冷水只冷却了一根线棒即下半匝绕组。

3）定子绕组连接线及出线（瓷套管内导电杆）的串联式独立水支路（简称C类水支路）。从励端或集电环端的总进水汇流管通过绝缘引水管流入定子绕组的连接线，通过绝缘引水管流入位于机座下部出线盒中的主引线再经过绝缘引水管流入出线瓷套管内的导电杆（主出线），最后再通过绝缘引水管流入出线盒内的小出水汇流管形成并联水支路，此汇流管则从外部接通汽端出水汇流管的底部成为与A类B类并联的独立的C类水路。中性点的连接母线亦为水内冷，各自与中性主出线的水支路相串联。

上述A、B、C类水支路上的出水测温元件都装在出水汇流管的水接头上。监测要点如下所述。

（1）因为上、下层线棒具有不同的截面与不同的电流密度，且线棒内涡流损耗上、下层也不同，故上层线棒即A类水支路中出水平均温度与下层线棒即B类水支路中出水平均温度有几度差异是正常的情况。而并联引线及主出线即C类水支路的截面与电流密度又与A、B类不同，而且水路长度甚至在本类中也有所不同，故出水温度有所不同亦是正常的，但重要的是要监测所有出水测温元件及槽内层间测温元件。

（2）监测定子出水温度的方法优先采用：为每个测温元件制订一条出水温升对应于定子电流的温升曲线。这样，在任何负荷状态下都能将实测的温度与预计的温度相比较。因此，任何趋势比如由于氧化铜沉积而导致空心导线被局部堵塞都能很快地检查出来；宁可采用这种监测方法，而不用仪器来精确地指出温度变化或发生的问题。

（3）除实施2）的监测方法外，还可采用比较同类水路中最高温度与最低温度的方法。如果上层线棒或下层线棒的温差或总温度超过表1-12中的限值，就必须采取消缺措施。上层线棒的出水温度只应和上层线棒的进行比较，而下层线棒只应和下层线棒进行比较，即同类水支路才能进行比较。

表1-12　　线棒出水及层间温度限额表

测量元件及监测方式		限　值
报警项目	上层或下层线棒同类水支路出水热电偶测温元件的最高与最低的温差	最大允许8K
	绕组层间电阻测温元件最高与最低的温差	最大允许10K
	绕组层间电阻测温元件的最高温度	最大允许90℃
	总出水管出水热电偶测温元件的最高温度	最大允许85℃
	总进出水管出水热电偶对进水热电偶测温元件的温升	最大允许31K
	上层或下层线棒出水温度热电偶测温元件的最高温度	最大允许85℃
	并联引线、主引线、主出线等独立串联水支路出水热电偶测温元件出水对进水的温升	最大允许31K
报警跳闸项目	上层或下层线棒同类水支路出水热电偶测温件的高低温差	最大允许12K
	绕组层间电阻测温元件的最高与最低的温差	最大允许14K
	上层或下层线棒同类水支路出水热电偶测温元件的最高温度	最大允许90℃
	并联引线、主引线、主出线等独立串联式水支路出水热电偶测温元件的最高温度	最大允许90℃

（4）层间温度与出水温度要相互对照。如果任一定子绕组层间电阻测温元件显示了异常读数，就应检查相应绕组的出水测温元件，以判断线棒是否有异常过热，或控制室读数不

准，并保存这些数据。如绕组出水热电偶测温元件出现不正常读数，对相应的层间测温元件亦可照此办理。

（5）独立的C类水支路，正常运行时一般低于A、B类水路3～5℃，若发现C类水路温度高于A、B类水路温度，则需要认真检查，防止水路气堵。

为了校验所有的测温元件以便正确判断元件读数所反应出的故障，在定子水系统第一次冲洗时和在发电机刚投运未投励磁之前即启动时必须同时测录在接线柱上和主控室仪表上各出水口测温元件以及每个层间测温元件的读数，两者读数应该很接近，并以此判定测量仪表及线路是正常、可投运的。

启动后用逐级增加负荷法来检查定子绕组水支路异常情况，介绍如下。

（1）当新机组第一次点火带低负荷启动时，在汽轮机许可带负荷的条件下以5%一挡的增量逐级增加，争取加到15%满负荷，在每个阶段温度稳定后要连续测录并保存所有的层间电阻测温元件和出水热电偶测温元件的数据。层间电阻测温元件和出水测温元件的读数应在同一负荷值下读取。

（2）线槽内的层间电阻测温元件的同类读数最高与最低温度的温差不得超过3K，否则应找对应的测温元件进行对比，直到发现存在的问题并予以解决。对于全部由定子绕组上层线棒组成的水支路及全部由下层线棒组成的水支路中各类出水测温元件读数中最高与最低温度的温差期望不超过3～4K，而其他的由定子绕组的并联引线即绕组连接线、主引线和主出线串联而成的水支路的最高与最低温度应与其最长和最短水支路中出水温度相对应。最高温度应低于线棒出水温度。

（3）当负荷以20%一挡的增量逐级增加至满负荷时，在每个阶段温度稳定后，要连续测录并保存所有的出水热电偶测温元件和层间电阻测温元件的数据。层间电阻测温元件和出水测温元件的读数应在同一负荷值下读取。

（4）在增加负荷的过程中，如发现任何一个测温元件的温度的增长比该类其他元件温度升得快，就应怀疑水路受堵。要设法找到故障原因，并将其排除，同时必须保存这些数据。如遇到罕见的一根线棒严重堵塞的情况，层间电阻测温元件对温度的反应就比较可靠。万一线棒全部断水，出水温度测温元件所反应的温度将不是线棒的出水温度而是总出水管的出水温度。

（5）在增加负荷的过程中，必须逐级记录每类水支路的出水和层间的各个测温元件的温度与相应的定子电流值，同时还要记录相应的层间的和各类水支路的高低温差供分析判断。

七、发电机调试及试运行时监测及注意事项

安装检查合格的发电机组先要经过调试及正式试运行才能投入正式商业运行，这个运行阶段有五种模式，都要监测相关运行参数，正常及非正常运行方式下同样也要监测这些运行参数。

（一）准备启动

准备启动前，发电机转子处于静止状态，此时投入并加热有关的辅助系统，为后期转子盘车低速运行做好准备，必须收集下列数据：

（1）轴承油、密封油和氢气的温度和压力，以及定子绕组冷却水的压力、温度和流量（包括励磁机内的空气温度和轴承油温、油压）；

(2) 氢气的纯度、湿度，油质和定子冷却水的水质；

(3) 轴承、高压进油管、密封支座和中间环等绝缘电阻等数据。

正常工况应调节有关参数，维持氢压大于水压，水温高于氢温，密封瓦进油处氢气侧油压微大于空气侧油压以防止氢纯度下降，同时确保继电保护动作正常。

在此阶段如进行气体置换，则还需收集 CO_2 置换空气时 CO_2 的纯度、压力和氢气置换 CO_2 的氢气纯度、压力等，并确认正确的取样位置，以确保气体置换的安全性。

无论是升速之前还是在机组解列降速之后或为某种维修工作的需要而使转子进入低速盘车状态，以上各参数应尽可能保持与转子准备启动的静态状况保持一致，具体参数要求应见发电机厂家提供的发电机运行工况参数表。

(二) 启动

当转子脱开盘车装置并升速到达同步转速时（工频），应先做一次冷态精密动平衡，其主要对象是单轴承无刷励磁机。争取发电机和励磁机的轴振水平低于出厂时的试验值。在此平衡水平上，可以将主断路器合闸，把发电机同期并入电网。此时除维持“准备启动”阶段的同样参数水平外，还必须监测下述参数，并将其维持在发电机运行工况参数表所规定的范围内。

(1) 轴瓦钨金温度及出油温度（包括励磁机或集电环装置)。

(2) 轴振及轴承座振动（包括励磁机或集电环装置)。

(3) 密封油温、密封油进入密封支座在空气侧和氢气侧的温差。

(4) 发电机冷氢温度（在升速过程中必须经常测试并调节控制冷氢温度和各冷却器出风的温差和励磁机或集电环装置的冷风、热风温度)。

(5) 定子线棒层间温度及出水温度。

监测时应注意以下事项。

(1) 上层或下层线棒之间的温度差或各出水支路上冷却水之间的温度差应不超过表 1-12 中数值，否则可能是测试仪表出了问题，必须在同期并网之前予以检查并消缺。

(2) 还要严格控制发电机同期并网的情况，发电机电压相位及相角差必须与电网同步时才能同期并网。如并网时相位不同步，将发生异常大的定子电流，从而产生特大的短路力矩，导致线棒位移，进而严重损伤定子线棒，亦可能损坏转轴及联轴器。

(3) 定子线圈冷却水的电导率不合格或冷却水流量不足，不得投励磁升电压或并网。

(4) 要严密监测机内有无漏水、漏油和漏氢等缺陷，必要时予以消缺。

(5) 要用每个冷却器出水回路上的调节阀控制水量，水压不要超越发电机运行工况参数表规定的上限值以免漏水。各冷却器出风处冷氢温度差要控制在 2K 之内。

(6) 轴振限值是指双幅相对位移值，凡是新机组经过认真地安装、仔细地二次灌浆、精心调试的，其轴振水平是能够达到轴振期望值的。在长期运行中，由于工况变化轴振会有所变化，从期望值到报警值之间的及在国标规定的限制之内的轴振都是无碍于安全运行的。运行时机组的跳闸值统一整定在 0.25mm，以确保机组安全。

(三) 带负荷运行

带负荷运行除了维持在“准备启动”和“启动”两种模式中的各种参数水平外，尚需监测下列参数：

（1）发电机负荷出力，使发电机出力总是处于出力曲线的限值之内。

（2）带负荷时定子线棒槽内层间温度及出水温度（包括A、B两类水支路以及层间的测温元件间各自的高低温差）与C类出水的温升和总出水管温升。

（3）带负荷时氢气的平均冷风温度和湿度，以及热氢温度（包括氢冷却器出口氢气温度差异值）。

（4）定子绕组水流量、压降及电导率。

（5）静止励磁系统要对集电环装置的运行工况进行监测。

注意事项如下所述。

（1）不得在机座内充空气的状态下投励磁升电压或并网。

（2）发电机的输出必须限制在各种氢压下发电机的出力曲线限值之内，若运行于出力曲线限度之外，将会使发电机定子及转子因过热而损伤。

（3）在任何负荷下，如定子绕组上层或下层线棒的出水高低温差中有达到12K或槽内层间的高低温差中有达到14K，必须立即降低负荷，以验明读数的真伪，如读数是真的，当温差再次达到限值则必须立即跳闸解列，否则会严重损伤定子绕组。

（4）在调试阶段测量轴振及轴承座振动时应同时测录底脚、底板和基础的振动。

（四）计划停机

计划停机时必须使转子处于低速盘车状态，如需要停止转动时，应将转子的大齿中心线处于垂直位置，以减少转轴的弯曲效应，监测参数同“准备启动”。

（五）与正常运行不同的运行方式

与正常运行不同的运行方式指的是发电机在迫近报警、跳闸或常规停机状态时的运行，应注意如下列两种情况。

（1）轴承低油压。当轴承供油压力降到发电机运行工况参数表的报警限值时，发电机就处于报警状态，当油压降低到跳闸限值时，发电机组就应该停机。此时保护跳闸系统自动地开始常规停机，这两种状态都说明润滑油系统必须加以核查并处理。

（2）轴承回油高温。当轴承回油温度升高到发电机运行工况参数表的报警值时，应对润滑油系统及轴瓦钨金温度加以核查找出原因予以消除。

八、发电机正常运行维护内容及要点

（一）概述

为了确保发电机安全、经济运行，应定期对发电机及其辅机系统进行检查维护。维护内容包括清理、检查、性能考核及试验，这些工作都是在运行中或停机时不拆定子端盖的情况下进行的。必须定期清理发电机，否则脏物、油腻、油污及其他异物积聚起来会引起火灾并污染环境，也可能掩盖本可以直接检查发现的事故隐患。除了目检外，应该听、摸、嗅并举。如发现了不正常现象应立即查清并处理该问题，否则会逐步演变成为大问题并最终导致对设备的严重损坏。

对运行的发电机及其辅机系统每班至少进行一次检查并记录下述情况于维护日志上：机械损伤，零部件松弛磨损，漏氢、油和水，电弧损伤，不正常的噪声，不正常局部发热。

运行工况参数应符合发电机运行工况参数表规定，正常运行时可定期测录表1-13中参数以防止不正常现象的扩展；对不正常的测试结果，应增加测量频次。

表 1-13 发电机定期维护表

序号	维护测录项目	周期
1	转子轴振及轴承座振动	每班1次
2	轴瓦钨金温度	每小时1次
3	轴承回油温度	每班1次
4	氢气侧及空气侧密封进油压力	每班1次
5	氢气侧及空气侧密封进油温度	每班1次
6	机内氢气压力	每班1次
7	机座内氢气纯度	每班1次
8	机座内氢气湿度及补充的氢气湿度	每班1次
9	漏氢率	每班1次
10	冷氢温度	每班1次
11	定子绕组内冷水电导率	每班1次
12	定子绕组内冷水流量	每班1次
13	定子绕组内冷水进出水压力	每班1次
14	定子绕组内冷水进出水温度	每班1次
15	定子内冷水水箱气表排气流量	每班1次
16	定子内冷水冷却器进出口压降	每班1次
17	每个氢气冷却器冷却水进出口压降	每班1次
18	密封油冷却器进出口压降	每班1次
19	端轴承、密封支座及外挡油靠等绝缘电阻	每班1次
20	转子轴电压	每班1次
21	设定转子接地自动检测	每月1次
22	定子及转子绕组绝缘电阻	停机时定期测量
23	定子槽内测温元件对地电位	每月1次
24	分相隔离封闭母线外套内氢含量	停机时定期测量

注意事项如下：

(1) 由于聚四氟乙烯绝缘水管会渗氢，应在排气管上装有气表以记录其流量。新机组投运前对定子水系统做过气密试验故在刚投运时测录所得的实际每日流量可作为该机的正常氢气泄漏量（定子水系统）的指标，如气表流量突然发生明显变化就应该分析原因并消缺。

(2) 当发电机处于充氢的状态下，必须始终投入空气侧回油箱上的排烟风机以防止油中的含氢气体排入主油箱。

(3) 当封闭母线外套内氢气体积含量超过1%应立即查明原因并加以消除。

(4) 应经常监视氢气密封系统，如漏氢量突然明显增加，必须立即查原因采取措施进行消缺。

(5) 每次当发电机运行超过2个月以上时，如遇停机的机会，建议对定子绕组进行正反冲洗，以确保水回路的畅通。

(6) 在运行中发现定子绕组温度或温差明显升高而分析认为是导线内有阻塞现象时，减少负荷使温度不超过报警值，并加强监视该处温度直到消除故障或停机检查为止。

（7）当发电机定子内冷水的电导率突然增大时应立即检查水冷却器有无漏水，还有补充水的水质是否良好，查明原因并消缺。

（8）如轴瓦的绝缘电阻小于0.5MΩ或轴电压突然增大时要注意防止轴电流烧伤转轴及轴瓦钨金的表面，要尽快安排停机，查明原因并消缺。

（9）冬季停机时应使发电机本体各部分的温度维持在5℃以上，防止冻坏定子绕组水系统。

（10）必须十分重视氢气湿度过高对绝缘及护环的严重危害性，要严格控制氢的湿度，如通过氢气干燥器处理或排污补鲜等办法维持符合发电机运行工况参数表中有关要求。

（11）加强对润滑油及密封油的维护，严格控制油中含水量及杂质。

（12）针对日常维护工作中所发现的问题，充分利用各种非计划停机的机会，在不影响停机周期的前提下，对各辅机系统及机座内部零件之外的零部件，进行维护性修理。

（二）发电机绝缘电阻测量

（1）在下列情况下应测量发电机定子及转子绝缘电阻：

1）发电机经检修后；

2）发电机每次停机后和启动前；

3）发电机长期处于备用状态时，应每半个月测量绝缘一次；

4）对频繁启停的发电机，不必每次启动前进行，但每半个月至少应测量一次。

（2）测量发电机定子回路绝缘电阻，可以包括连接在该发电机定子回路上不能用隔离开关断开的各种电气设备，采用1000～2500V绝缘电阻表测量，其绝缘电阻值不做规定；若测量的结果较前次有显著下降（考虑温度和湿度的变化，如降低到前次的1/5～1/3），应查明原因并将其消除。测量前必须将各来电部分可靠隔绝，且在主变压器高压侧接地的情况下进行，发电机中性点应与接地端解开（测量绝缘结束后应恢复），发电机出口电压互感器应在隔离位置。

（3）测量发电机转子绝缘电阻（含励磁回路）应采用500V绝缘电阻表测量，其绝缘值应不小于1MΩ。若连励磁系统测量转子绝缘应注意是否会损坏励磁系统元件，若有影响应将励磁系统与转子隔离后测量转子绝缘。单独测量励磁系统绝缘时应与励磁厂家确认是否需要将相关元件短接、应使用多少电压等级的绝缘电阻表，以防损坏励磁系统元件。

（4）轴承绝缘电阻的测量使用1000V绝缘电阻表，期望值应不小于1MΩ，小于0.5MΩ会导致轴电流通过而损坏轴承。

（5）测得的绝缘值低于规定值时，应查明原因，采取措施使其恢复，如一时不能恢复，是否允许启动由总工程师决定。

（三）发电机在冲转期间注意事项

（1）发电机在盘车、冲转升速、定速过程中必须检测振动情况，并注意机组内部有无碰撞声、摩擦声或其他异常声音；如发现异常情况，应立即停机。

（2）发电机升速过程中，必须注意不要在临界转速附近停留。

（3）发电机转速达到额定值后，还应检查下列项目：

1）氢压、静冷水压、密封油压及温度等均应正常；

2）发电机和冷却系统漏风情况，在漏风处应做标记，以便停机后加以堵塞；

3）轴承与油密封装置的回油温度与轴瓦温度。

（4）发电机开始转动后，即应认为发电机及其全部设备均已带电。

（四）发电机升压及并网前后注意事项

（1）发电机全速后，应合上主变压器高压侧断路器控制电源开关或熔断器。

（2）发电机升压前应调出有关 DCS 画面，确认有关断路器、隔离开关的状态符合要求。

（3）发电机定冷水导电率不合格或静冷水流量不足，不得投励磁升压和并网。

（4）发电机在升压过程中检查定子三相电压应平衡上升，三相电流为零，在发电机定子电压为额定值的 50%及全电压情况下，应分别测量定子三相电压平衡。

（5）发电机升压后，应及时确认励磁系统起励电源自动断开。

（6）调节器升压至空负荷输出值时，核对发电机定子电压在额定值位置，并记录调节器电流、电压值。

（7）利用接地检测装置检测励磁回路及转子回路有无接地现象。

（8）发电机并网后，首先应增加部分无功，观察三相定子电流是否平衡，并通过信号综合分析，确证三相均已合上。

（9）发电机并网后，有功负荷增加速度决定于热机增荷速度，定子电流的增加不受限制，正常情况下发电机并网后即可带 50%的额定电流，以后逐步增加至满负荷。在增加发电机负荷的过程中必须系统地监视发电机氢温升、铁芯温度、线圈温度、进出水温度等情况。

（10）发电机并网及满负荷后应对发变组一次回路进行详细检查。

（五）发电机正常运行中的监视、检查及维护

（1）按调度下发的有功负荷曲线、220kV 或 500kV 电压曲线的要求，及时调整发电机的有功、无功负荷，并使视在功率运行在发电机 P-Q 出力曲线允许的范围内。

（2）经常监视发电机运行工况，不要使运行参数超过规定值，并保持各保护、信号及各自动装置工作完好。

（3）按时抄录发电机表计，加强运行分析，及时发现异常运行情况，每天摘录运行台账。

（4）每周对发电机转子接地检测装置校验一次。

（5）每班应对发电机、集电环装置或励磁机、励磁调节器、继电保护装置等进行一次全面认真检查，发现缺陷及时记录、汇报、处理。每小时对发电机滑环电刷、大轴电刷进行一次检查，每日早班测量一次发电机滑环温度。

（6）发电机保护柜上各继电器完好，保护装置运行正常，无异常报警信号。

（7）发电机检查内容如下：

1）发电机本体清洁无异物，无漏水、漏气、渗油现象。

2）发电机本体各部分无异音、无异常振动、无异味。

3）发电机水冷系统、氢冷系统各参数运行正常，密封油差压正常。

4）检查发电机励磁小室进、出风口滤网清洁，无异物堵塞。

5）检查发电机大轴接地铜刷辫与大轴接触良好，无过热、颤振及放电现象。若大轴接

地电刷磨损严重，应及时更换，以免产生较高的轴电压，危及轴瓦安全或导致轴振异常上升。

6）发电机离相封闭母线无结露现象，外壳温度正常。

7）发电机中性点接地变压器，发电机电压互感器无异声。

8）发电机绝缘监测装置及发电机射频监测仪无报警。

（8）集电环装置的检查与维护。

1）运行前应检查集电环装置所有紧固件和制动件特别是转动部分，均要完好无损。

2）电刷在径向中心线要与集电环的径向相一致。电刷在刷盒内能自由上下移动而不能前后、左右晃动。

3）转动部分与静止部分不得有任何接触，如果发现必须及时消除。

4）刷盒底部与集电环表面之间距离最佳为3～4mm，但必须确保与旋转体之间不得有任何摩擦。

5）新的电刷或集电环装置必须注意到摩擦面相互之间的磨合。磨合前，不能通电流；良好磨合后，电流应逐步达到额定值。

6）集电环装置运行一段时间后，借助于停机期间应对集电环及相关的绝缘、刷架、主引线与刷架连接处的裸露部分、导风管道、过滤器等进行清理，以保证冷却的效果、绝缘的良好。

7）发电机电刷、滑环、恒压弹簧安装牢固，压力适当，电刷在刷握内无跳动或卡涩现象，无过热冒火现象，电刷引线压接良好，碳刷边缘无脱落现象，刷握与刷架上无积垢，定期测电刷尾部温度以判断运行是否正常；发电机滑环表面应无变色、过热现象，其温度不应大于100℃。

8）检查刷架处的空气过滤器正常。当此过滤器堵塞时，应及时清理。

（六）发电机电刷更换与维护安全注意事项

发电机电刷是励磁系统中传输能量的重要部件，对电刷进行有效维护是确保发电机安全稳定运行的一项重要工作，由于电刷维护工作是带电作业，维护人员必须掌握正确的操作方法，防止因操作不当而造成异常情况的发生。维护人员在电刷维护工作中应注意下列事项。

（1）发电机运行中电刷维护工作是一项带电作业项目，工作中应防止励磁回路接地、开路及短路的情况发生，工作必须由两人进行，一人操作一人监护。

（2）日常工作中应加强对电刷的维护管理，提高电刷的巡查质量，运行人员每班必须对电刷进行一次详细的检查，在电刷维护时应将尴尬位置较短电刷调换到容易观察位置，方便运行人员检查。

（3）运行中对较短电刷应加强检查，防止电刷铜辫子磨出而对发电机滑环造成损伤。

（4）检查中发现电刷出火或跳动严重应及时汇报，认真处理。

（5）应认真执行对发电机电刷的定期清洁及电流均流度维护测量工作。

（6）运行中个别电刷电流明显小于其他电刷的可能原因及处理方法如下。

1）电刷因油污侵扰而出现接触不良，处理：更换电刷。

2）电刷框上弹簧失去弹性，使电刷与滑环接触不良，处理：更换弹簧。

3）电刷在刷框中粘卡不能上下自如动作，使电刷与滑环接触不良，处理：检查电刷及刷框有无异物，如有则加以消除；检查电刷尺寸与刷框是否匹配，如电刷尺寸偏大时，可用0号砂纸进行碾磨处理。

4）刷框机械位置发生偏移造成时，处理：联系维修人员配合处理。

5）电刷铜辫子断开造成时，处理：更换电刷。

6）电刷型号不对造成时，处理：更换正确型号电刷。

7）相邻电刷为较长新电刷，而该电刷较短造成电流偏小时，处理：加强检查，跟踪监视。

（7）运行人员在更换某电刷前，应先测量确认该电刷电流与相邻电刷均流度一致后方可进行更换工作，当该电刷电流较其他电刷明显偏大时，应查找原因并设法使其电流下降至正常后，方可进行更换工作。

（8）取下发电机刷架及更换发电机电刷时，必须检查电刷无松动、滑脱现象，才可将电刷缓慢均匀拉出。

（9）装上发电机刷架前，必须将电刷全部固定在刷握内，身体正对需更换刷架，均匀用力。

（10）每个刷架上一次只允许更换1～2块电刷，每极一次更换不能超过6块电刷，电刷接触面积应大于70%。

（11）一般情况下，不允许同时取下2个及以上刷架更换电刷。

（12）电刷更换后应检查电刷在刷框中是否运动自如，同时再用钳型电流表测量确认电流均流度正常。

（13）电刷维护工作应注意个人安全，穿绝缘鞋，穿长袖牛仔工作服并将衣服袖口扣紧，女同志应将长发盘在帽内。使用工具的金属部分应用绝缘带包扎好，防止励磁回路发生接地或短路。

（14）电刷更换后应在电刷更换记录簿上按电刷编号做好详细的记录。

（15）维护人员在进行电刷维护工作时，应与监盘人员联系好，同时监盘人员做好相应的事故预想。

（16）发电机运行中电刷目视检查的主要内容如下：

1）电刷无冒火及跳动现象；

2）电刷弹簧压紧状态及位置正常；

3）短电刷长度在安全范围之内，电刷铜辫子未有磨出现象；

4）电刷铜辫子无断股、散股及变色现象，连接固定螺丝不松动；

5）电刷无过热、烧酥碎裂现象；

6）电刷、刷框及刷架无严重积灰；

7）电刷处无影响电刷正常运行的异物；

8）发电机滑环表面应无变色、过热现象。

（七）发电机进相运行时的注意事项

（1）发电机进相深度应以进相试验所得到的数据为准，发电机厂家提供的数据仅供参考。

（2）发电机进相运行时，AVR应在自动通道控制方式，严禁在手动通道运行方式及

AVR故障情况下实施进相运行。

（3）发电机进相运行时，AVR的低励限制、发电机失磁保护必须投入运行。

（4）当因220kV或500kV系统电压高需要大幅度降低励磁直至进相运行时，应严格监视发电机定子电压、电流、220kV或500kV系统电压、6kV母线、400V母线电压等参数，其中发电机定子电压应大于95%额定电压，6kV母线电压应大于5.7kV，400V母线电压应大于361V。监视、控制发电机端部各部分及铁芯温度、发电机定转子绕组温度与出水温度等不超限。

（5）发电机进相时应加强对发电机工况的检查，密切监视功角不大于70°，一旦出现发电机功角自动增大、各参数异常变化现象时，应立即增加励磁，必要时可降低有功功率。

（八）发电机水冷系统运行中的监视

（1）经常监视水冷系统总进出水压力、温度、流量、水质在允许的范围内运行。

（2）水内冷发电机应定期进行运行分析工作，包括：

1）定期分析定子绕组温升，以监视有无腐蚀阻塞现象；

2）定期分析水冷器的端差，以监视水冷系统有无结垢阻塞现象；

3）定期分析水箱“气表”读数，监视发电机水回路有无漏水现象；

4）按规定做好水冷系统的定期维护工作。

（九）氢气、密封油系统运行中的监视和维护

（1）发电机氢压降低至允许值的下限时，应进行补氢，提高氢压，但氢压不得超过允许值的上限。

（2）发电机内氢气纯度一般不得低于95%，正常应维持在97%以上，气体混合物的含氧量不得超过2%，氢气湿度正常应控制在$2g/m^3$以下（大气压下测量值），在额定氢压下机内含湿量不得超过$4g/m^3$。

（3）补氢一般通过自动补氢装置完成，自动补氢装置阀门前的氢压比额定运行氢压高0.2MPa以上，以0.6～0.8MPa为宜，最高不超过1.0MPa。

（4）当采用手动补氢方式运行时，应注意监视不同位置装设的压力表指示是否相同。

（5）氢冷器冷氢温度、冷却水进水温度应控制在允许变化范围之内，各氢冷器冷氢温差应在2℃以内。

（6）氢气干燥器在发电机运行时，不可脱离运行。当机内湿度大于$2g/m^3$（大气压下测量值）时，应立即检查干燥器是否失效，同时进行排污和补充新鲜氢气。

（7）发电机排污管处的液位指示器应定期检查。不论有无液位指示，均应每日排放一次并做好记录，一旦发现有大量油水积存，应及时放净并查明原因。

（8）发电机实际漏氢量应每月测试一次，其方法如下：

1）漏氢量测量时，发电机运行参数应等于或接近额定值；氢压应先保持在额定值，纯度、湿度在合格范围；

2）在既不补氢，也不排污的情况下，记录测量起始一直到测量结束整个过程中每小时的机内氢压（应用标准压力表）、氢温（冷热风多点平均值）、周围大气压和室温；

3）测试持续时间一般应达24h，特殊情况下不得少于12h；

4）漏氢量按下式进行计算，即

$$\Delta V_g = V\frac{10\ 320}{H}\left(\frac{P_1+B_1}{273+t_1}-\frac{P_2+B_2}{273+t_2}\right)$$

式中　V——发电机的充氢容积，m^3；

H——测试持续时间，h；

P_1、P_2——测试起始，结束时机内氢压的表压力，MPa；

B_1、B_2——测试起始，结束时周围环境的大气压力，MPa；

t_1、t_2——测试起始，结束时机内平均氢温，℃。

由上式计算出来的实测漏氢量表示每昼夜泄漏的氢气量，单位为 m^3/d，并已换算到规定状态（1atm，20℃）下的氢气体积。

5）正常运行中实测漏氢量不得超过制造厂家的保证值，如厂家保证值所指状态与上述状态不符，则可将实测漏氢量按厂家给定状态[设压力为 P_c(mmHg)、温度为 T_c(K)]，加以修正，即

$$\Delta V_c = \Delta V_g \times 2.59 \times \frac{T_c}{P_c}$$

6）发电机每昼夜的漏氢量一般不应超过工作氢压下机壳内总氢量的 5%。考虑到补氢在内，运行中每昼夜氢气消耗量最大不应超过工作氢压下机壳内总氢量的 10%。

九、发电机异常及事故情况下处理

（一）事故处理原则

(1) 发生事故时，运行人员应迅速解除对人身和设备的危险，找出发生故障的原因消灭事故，同时应注意保持非故障设备的继续运行，必要时设法增加非故障设备的负荷，以保持对用户的正常供电。

(2) 在处理事故过程中，运行人员应设法保障厂用电的正常供给。为了完成上述任务，运行人员必须坚守岗位，集中精力来维持设备的正常运行，防止故障的扩大和蔓延，正确迅速地执行上级命令。

(3) 事故恶化时，首先避免重大设备的损坏和人身伤害，确保安全停机；使电网不受侵害，尽快恢复电网稳定运行。

(4) 机组发生故障时，运行人员一般应当按照下面所述的方法进行工作排除故障：

1）根据仪表的指示和机组外部的象征，分析判断设备确已发生故障；

2）迅速消除对人身和设备的危险，必要时应立即解列（或停用）发生故障的设备；

3）迅速查清故障的性质，发生地点和设备损坏范围；

4）采取正确有效措施消除故障，同时应保持非故障设备继续运行。

(5) 在发生故障时，各岗位应互通情况密切配合，在值长的统一指挥下，迅速排除故障；在故障的每一个阶段都需要尽可能迅速地汇报单元长（班长）、值长和上一级领导，以利于及时采取正确的对策，防止事故扩大蔓延。

(6) 处理事故时，动作应当迅速正确。但不应急躁，在处理故障时，所接到的命令，均应复诵一遍，如没有听懂应反复问清，否则不可执行；命令执行后的情况，应迅速向发令者汇报。汇报和发布命令，应正确使用有关设备命名和调度操作术语。

(7) 值班员在处理事故时，受单元长（班长）和值长的领导，发生故障时，应及时与巡

检员联系，迅速参加排除故障的工作，同时将自己所采取的措施汇报单元长和值长。值长、单元长（班长）所有命令，值班员必须听从。

（8）专业人员及其有关技术领导在机组发生故障时，必须到现场指导处理事故，并给予运行人员必要的指示，但这些指示不应和值长的命令相抵触，否则值班员仍按值长命令执行。

（9）从机组故障开始到排除故障、恢复机组正常状态为止，值班人员不得擅自离开工作岗位；假如故障发生在交接班时，应延时交班，在未签名之前，交班人员应继续工作，并在接班人员协助下，排除故障，直至机组恢复正常运行状态或接到值长关于接班命令为止。

（10）与排除故障无关的人员禁止停留在发生故障的地点。

（11）值班人员发现难以分析、判断的现象时，必须迅速汇报上一级领导，共同观察、研究、查清。当遇到规程所没有规定的故障现象时，必须根据自己的知识经验判断，主动采取对策，并尽可能迅速地把故障情况汇报上一级领导。

（12）故障消除后，值班人员应将机组故障象征、时间、地点及处理经过情况、事实正确地记录在交接簿上。可以追记打印的故障应追记打印备查。

（13）班后故障分析会由值长或单元长（班长）主持，对事故的原因责任及以后采取的措施，进行认真的分析和讨论，从中吸取教训，总结经验。发生事故后，应做到四不放过（事故原因没查清不放过、责任人员没处理不放过、整改措施没落实不放过、有关人员没受到教育不放过）。

（二）发电机定子绕组温度报警

1. 发电机定子绕组温度报警

（1）如任何两个上层线棒或两个下层线棒的出水测温元件之间的高低温差达到8K，或任何两个层间电阻测温元件的高低温差达到10K，或并联引线、主出线串联独立水支路出水温升或总出水管出水温升达到31K，或上层或下层任一出水温度达到85℃，或层间电阻测温元件温度达到90℃则定子绕组温度应报警。

（2）如任何两个上层线棒或两个下层线棒的出水测温元件之间的高低温差达到12K，或任何两个层间电阻测温元件的高低温差达到14K，或任何一个出水测温元件温度达到90℃，不允许发电机继续高温运行，应立即降负荷使温差或温度低于限值。先核实读数的真伪，若验明读数是真实的，要安排发电机解列，再继续检查处理。

2. 报警后的处理

（1）定子线棒出水温度达到8K，但小于12K，或线棒、或总出水管出水温度最高达85℃，或并联引线、主出线出水温升达31K，或线棒层间温差达到14K，或层间最高温度达90℃。

在定子绕组温度报警后，下列检查步骤是为了确定在定子出水热电偶是否真正存在高的高低温差，是否存在假象的高的高低温差或高温，或高温升的其他原因，比如计量问题、错误的接线或发电机冷氢温度的影响等。层间电阻测温元件也存在着同样原因需要采取类似的检查步骤，但首先要检查相对应的出水温度读数的实际情况。除非能证明这些读数是不可靠的，最现实的办法是暂时把这些读数当作是正确的读数来处理。

1）在稳定负荷下，用控制室仪表测量并记录所有测温元件的温度读数。

2）为了校验控制室仪表，在发电机测温接线端子板上直接测量并记录上述测温元件的读数，将这组读数与1）中对应的读数进行比较，若出入较多，大多可能为监测系统出差错，对电阻测温元件要检查有无高电阻连接点。有三条引线的电阻元件中测温元件的电阻值等于测得的总电阻减去引线电阻值。

3）仔细检查发电机接线端子板上的接线柱，如有任何腐蚀或松动迹象都有可能引起读数不正确。直接测量热电偶和电阻元件如上述2）条所述，但需确保对接线柱的接触是良好的。如果接在接线柱上的热电偶读数或电阻元件读数与主控室中仪表盘上的读数存在差异，那可能是腐蚀或松动影响了读数的正确性。

其他检查腐蚀对热电偶读数产生影响的方法就是让发电机不带负荷。这样所有的热电偶温度应该是一样的。如果热电偶之间仍存在不正常的差异，可能是受到腐蚀的影响，尽早安排停机，置换掉机座内的氢气，然后把受腐蚀影响的接线柱拆下来加以清理。如果某些热电偶的读数显得不稳定，建议立即停机解列。当重新装好接线柱时用气体检漏仪检查接线柱的气密性，不要用“肥皂水检漏”，肥皂水的残迹又会导致接线柱受到腐蚀。

4）增加或减少15%～20%负荷，以5%为一级，逐级增加或减少（不得超过额定负荷），保持功率因数和电压恒定。维持每级负荷足够长的时间以便定子层间和出水热电偶元件温度读数稳定。此时这些读数应与各级负荷呈现有规律的变化。如果在各不同负荷的工况下，某元件或更多的元件始终显示不正常的温度，则说明这些热电偶及电阻温度元件存在问题。如果问题不是发生在发电机接线端子板与控制室仪表之间，就可能发生在发电机内部；在这种情况下，应安排停机，打开发电机做故障检查。

5）如执行了上述四个步骤后仍然弄不清楚过高的温差是否由于测试回路造成的，则发电机必须停机解列，打开内部作进一步检查。安排停机时间的早晚与热电偶读数的可信赖程度以及热电偶读数接近12K温差或85℃温度限值的程度有着密切的关联。

6）发电机解列后，待温度基本稳定时测量同一类水路的测温元件读数。温度读数如基本一致，则说明温度指示高的线棒水路有故障，反之则测温元件或其线路有问题。

在停机拆开发电机后建议做以下检查：测温元件绝缘电阻的检查；接线板背面的检查（注意拆装对气密的影响）；热电偶测温元件在出水管接头上埋设质量的检查；检查绝缘引水管和水接头是否堵塞；检查每个水支路中的水流量。

（2）出水温差接近12K或总温度接近90℃，或层间温差接近14K。

1）当接近跳闸限值时，应采取措施用降低负荷的办法不让上层或下层线棒的温差或绕组、并联引线、主引线和主出线串联的出水温度达到各自的限值。如绕组和并联引线、主引线和主出线串联的出水总温度接近90℃时，要检查进水温度是否在升温，同时把进水汇流管与出水汇流管间的水压降以及溶解的氧气值与规定的限值做比较。如果它们中间任一项不正常，定子内冷水流量可能受到影响，从而影响出水温度（溶解氧气能够在空心导线内壁形成机垢）。如确属这样，要采取紧急消缺措施，或与厂家联系。

2）为了保护发电机以避免遭受更大损失，如果两个上层或两个下层线棒的温差达到12K，或如果任何出水热电偶的温度无论是线棒或并联引线、主引线和主出线串联水支路达到90℃，还是总出水管出水温度超过85℃，建议将汽轮发电机组立即降负荷至少10%，使温差或温度低于限值以便核实读数的真伪。如确认是绕组内部问题，应立即安排跳闸解列，并检查原因。如为总出水管的出水温度过高则要先检查总进水管的进水温度是否过高，并对比分析其他出水温度的情况再做处理。

（3）并联引线、主引线和瓷套管内导电杆、中性点母线。

有时并联引线、主引线和出线瓷套管内导电杆、中性点母线因各个部件水阻差异较多，它们之间不能够相互比较。对这些温度应跟踪其趋势（定子电流对应于温度的曲线），如果它们偏离正常值超过 5K 者，应加以分析。这些出水温度的温升报警值应整定在 31K。当它们的总温度中有达到 90℃时建议将汽轮发电机组立即降负荷使温度低于限值以便核实读数的真伪。如确认读数是真的，发电机组应予以跳闸解列。

（4）温差显示异常。

如果高低温差显示出一种不正常的变化，或者有一个突出的测温元件呈现出高的或低的温度变化，对此必须持续地予以观测。在个别的测温元件中当一个温度对比其他温度发现有一个升温或降温时，也可能是一个内部问题正在发展的信号。一个特殊测温元件的温度模式变化还可能被遮盖于最高的或最低的温度之间，而直到已发生了严重事故仍不会出现高低温差的迹象。因此推荐计算机连续打印，并切换到一台趋向分析仪，保持持续的观测（不推荐切换到直观显示器，如果它会取消记录的印出的话）。为了今后的分析，必须保留记录。

温度的任何急变、不稳定性或持续的升温指明了一种不正常的状态，而且可能是一种内部出问题的信号。如发生这种现象，发电机应尽快解列。在任何情况下不允许出水真实温度达到 90℃而不降发电机跳闸解列，然后遵循（1）中 1）～5）条的步骤进行检查。

（三）发电机绝缘过热监测装置报警后的处理

（1）首先确认监测装置的报警确实无误。

可先按下监测装置的检测器前面板上的过滤按钮，如过滤器投入后电流值恢复到 75% 以上，报警消失，而再放开此按钮，电流又小于 75%，恢复警报，监测装置已判断发电机内部异常。如不属上述反应，则需根据监测装置说明书中的步骤检查仪器本身的失误。

（2）检查接到监测装置的管道上的滤油器有无过量的积油。

（3）检查发电机下部的浮子式液位控制器（检漏器）内是否经常积油，并检查有无过量的积油，用以了解机内氢气中是否带有大量的烟雾。

（4）在判断系机内异常情况后，送取样管到制造部门的试验室进行分析。关断电源，打开上盖板，拔下快速接头，将监测装置内的取样管取下来，送往制造部门进行分析。

（5）同时，检查发电机定子绕组出水测温元件、槽内的层间测温元件、冷氢及热氢的测温元件。若发现同类水路中槽内最高温度或其最高与最低的温差，或水支路内的出水温差在同一时期也出现比较明显的增值，甚至接近或达到报警限值应立即按“发电机定子绕组温度报警”的办法处理。此外，当任何槽内层间温度模式在同一时期内发生了比正常情况有明显的增高时，也应按“发电机定子绕组温度报警”的办法处理。

（6）如果出水温差达到 12K 时或槽内层间温差在同一时期达到 14K 的跳闸限值时，则应先解列再做检查。

（7）如果与监测装置报警的同一时期内的转子轴振有明显的增加，则需要检查转子有无匝间短路。

（8）如果同时出线定子铁芯温度超限或温度模式比正常时有明显的增加时，应分析定子铁芯有无过热的问题。

（四）发电机应紧急解列停机的情况

(1) 发电机、集电环装置内冒烟着火或发生氢爆炸；

(2) 机组发生剧烈振动（超过规定允许值）；

(3) 汽轮机主汽门关闭而主变压器高压侧断路器或发电机断路器并未跳闸；

(4) 危急人身生命安全。

（五）发电机着火时值班人员应立即采取的措施

(1) 立即停止机组运行，但内冷水应继续保持运行，直到火灾完全熄灭为止；

(2) 值班人员应立即切断各侧电源并使用灭火设备及时灭火，同时通知消防队救援，并指明具体着火的设备；

(3) 启动润滑油泵、顶轴油泵，避免一侧过热而导致主轴弯曲，禁止在火灾熄灭前，将发电机完全停下，而应保持发电机的惰走运行，随之投入盘车。

（六）发电机主变压器高压侧断路器或发电机断路器自动跳闸时值班人员应立即采取的措施

(1) 检查磁场断路器是否跳闸，如果未跳闸，判断为系统保护动作（如失步、低频、主变压器冷却器故障），严禁拉开磁场断路器，机组带厂用电运行。系统正常即可并网运行。

(2) 经检查如是由于人员误动使开关跳闸，则应立即将发电机并入电网。

(3) 如果发电机由于电网内短路过电流保护动作而跳闸，同时内部故障的保护装置未动作，经外部检查未发现明显的异常现象，则发电机即可并入电网运行。

(4) 当发电机由于内部故障引起保护装置动作跳闸时应：

1) 检查磁场断路器已跳闸，否则手动跳闸；

2) 检查 6kV 厂用母线备用电源快切是否成功，否则手动投入；

3) 检查确认使发电机跳闸的保护装置；

4) 跳闸前如强励及故障录波器动作，有电流冲击，发电机—变压器组保护动作，而电网运行正常，应停役检查故障点进行处理。

(5) 当发电机由于内部故障保护动作跳闸后，应测量定子绕组的绝缘电阻，并对发电机及其有关的设备和在保护区域内的一切电气回路（包括电缆在内）的状况，做详细的外部检查，查明有无外部象征（如烟、火、响声、绝缘烧焦味、放电或烧伤痕迹等）。

(6) 如跳闸之前强励及故障录波器均未动作，记录仪表无电流冲击现象，电网运行正常，应检查变压器冷却系统是否正常，热工保护是否启动保护出口或人为误动；如检查均正常则发电机可零起升压，升压时发现有异常情况，应立即停机，以便详细检查消除故障；如发电机升压时未发现有异常现象，则发电机可并入电网运行。

（七）发电机事故过负荷运行

(1) 在事故情况下，允许发电机的定子绕组短时过负荷运行，同时也允许转子绕组有相应的过负荷，允许过电流时间与过电流倍数满足

$$(I^2 - 1) \cdot t = 37.5\text{s}$$

式中 I——定子过电流的标幺值；

t——持续时间，使用范围 10～60s。

发电机磁场绕组能在额定负荷时承受表 1-14 所列短时过电压，并不发生有害变形。

表 1-14　　　　发电机磁场绕组在额定负荷时允许承受短时过电压表

时间（s）	10	30	60	120
额定磁场电压（%）	208	146	125	112

（2）当发电机定子电流达到过负荷允许值时，应首先检查发电机的功率因数和电压，并注意电流达到允许值所经过的时间。在允许的持续时间内，用减小励磁电流的方法，减低定子电流到正常值，但不得使功率因数过高和电压过低；如果减低励磁电流不能使定子电流降到正常值，则必须降低发电机的有功负荷。

（3）发电机事故过负荷，必须做好记录。

（八）发电机发生振荡和失步

1. 现象

（1）有功功率、无功功率、定子电流指示周期性剧烈摆动，并经常超过额定值；

（2）发电机端电压、厂用电压、系统母线电压周期性的摆动，并经常是电压降低，照明周期性地一明一暗，和发电机、主变压器轰鸣声合拍；

（3）强励断续动作；

（4）转子电压、电流周期性的摆动；

（5）汽轮机组转速波动，调速系统摆动；

（6）根据振荡中心位置的不同，振荡可能呈现下述特点。

1）单机振荡振荡中心落在发电机—变压器组内，发电机端电压和厂用电压周期性严重降低，失步发电机指示与邻机及线路指示摆动方向相反，摆动幅度比邻机及线路激烈。自并励的发电机可能失步伴随失磁使振荡幅度更为剧烈。

2）发电厂和系统振荡振荡中心落在线路内，系统母线电压周期性严重降低，本厂所有发电机摆动方向相同，摆动幅度基本一致。

3）系统振荡振荡中心落在本厂送出线路以外，本厂所有发电机摆动方向相同，摆动幅度基本一致，幅度相对较小。

2. 处理

（1）如调节器为“自动”方式运行，禁止切“手动”运行。如强励动作不得手动解除，应降低机组有功负荷；

（2）对于调节器为“手动”方式运行的发电机，应尽可能增加发电机的励磁电流，以创造恢复同期的有利条件；

（3）如由于发电机失磁造成系统振荡，而发电机失磁保护不动作时，应立即将发电机解列。

（九）发电机变成电动机方式运行

1. 现象

（1）“高压主汽门关闭”、“发电机逆功率”信号报警；

（2）有功功率指示反向、无功功率指示升高；

（3）定子电流指示降低；

(4) 定子电压和励磁电压、电流等指示正常。

2. 处理

(1) 逆功率保护动作发电机跳闸;

(2) 如保护拒动,则应立即将发电机解列。

(十) 发电机失磁

1. 现象

(1) 无功功率指示反向;

(2) 有功功率指示降低;

(3) 定子电流指示升高,并呈周期性摆动;

(4) 发电机定子电压通常降低;

(5) 功率因数指示进相。

2. 处理

(1) 发电机失磁保护跳闸时,按发电机跳闸处理;

(2) 发电机失磁保护尚未跳闸时,按下述步骤进行处理:

1) 立即快速减负荷至40%额定功率;

2) 监视厂用电电压在允许范围内;

3) 若发电机尚有部分励磁电流,引起发电机有功大幅波动及机组强烈振动时,应将发电机紧急解列;

4) 尽量增加其他未失磁机组的励磁电流,以提高系统电压和稳定能力;

5) 尽快查找失磁原因,予以消除,恢复机组励磁;

6) 监视发电机转子超温情况,转子温度超过110℃且热氢温度超过80℃,经处理无效时,将发电机故障解列;

7) 发电机失磁危及系统安全时,应立即将发电机紧急解列;

8) 发电机定子电流超过额定电流时,按发电机过负荷处理;

9) 处理过程中应加强对发电机风温、端部构件等温度的监视。

(十一) 发电机表计指示失常

1. 原因

(1) 表计本身故障,常发生于个别表计无指示或指示失常;

(2) 表计回路故障,常发生于几个表计同时指示失常,如发电机电压互感器回路故障时,将影响发电机定子电压、有功功率、无功功率、频率及 $\cos\varphi$ 的指示。

2. 处理

(1) 不盲目调节发电机负荷,根据其余表计监视发电机运行状况;

(2) 发电机有功指示失常时,应监视汽轮机的进汽量和其他有关热力参数;

(3) 告维修人员排除故障,必要时安装临时表计。

(十二) 发电机电压互感器二次电压消失

1. 象征

(1) "电压互感器断线"信号报警;

(2) 有功功率、无功功率、定子电压、频率指示降低或至零,其他表计指示正常。

2. 处理

(1) 应稳定发电机有功功率、无功功率不变;

(2) 立即至发电机保护屏检查后,并停用有关保护,如失磁、低阻抗等保护;

(3) 若电压互感器断线导致励磁通道发生切换,应检查另一通道自动运行正常,若已切至单通道手动运行,应加强监视,及时调整无功功率;

(4) 确认电压互感器无故障时,更换电压互感器熔丝,恢复正常后,投入相关保护,恢复AVR调节正常方式运行。

(十三) 发电机发生强行励磁

(1) 当发电机发生强励时,“AVR强励”动作光字牌亮,10s内不得进行手动调整,如系正常强励动作,系统情况正常后AVR自动恢复正常状态。

(2) 10s后强励动作结束,AVR自动由“自动”方式切至“手动”方式运行,手动控制励磁电流。

(3) 若强励10s后AVR未自动切换至“手动”方式运行,应立即手动将AVR切至“手动”方式,手动控制励磁电流,并加强监视。

(4) 强励动作后,应对发电机—变压器组回路进行检查。

(十四) 发电机非全相运行(主变压器高压侧断路器发生非全相运行)

1. 象征

(1) 定子一相或两相有电流或三相有严重不平衡电流;

(2) 中性点有负序电流(或负序电压大);

(3) 负序电流表指示异常增大。

2. 处理

(1) 发电机解列操作时,一般应留有一定数量的无功负荷(约5Mvar左右)在拉开主变压器高压侧断路器后,通过信号及观察三相定子电流是否平衡,判别三相断路器是否全部断开。若三相断路器中只断开一相或二相引起非全相运行时,应迅速降低励磁电流,使无功负荷降至零(励磁电流降至空负荷值)。

(2) 发电机并列操作时,当合上主变压器断路器后,应监视三相断路器合闸情况(根据信号或增加适当无功,监视三相电流是否平衡),若出现非全相运行时,应将励磁电流降至空负荷值,禁止增加有功负荷。

(3) 运行中发电机出现非全相运行时,应迅速降低发电机有功、无功负荷,将发电机三相定子电流不平衡值限制在额定值的10%以内。

(4) 发电机发生非全相运行后,严禁拉开发电机磁场断路器和关闭汽轮机主汽门,因为这样可以加大负序电流。

(5) 当发电机三相定子电流的不平衡值限制在允许范围以内后可通知维修人员消除断路器缺陷,或做好解列准备后,再试拉一次;若无效应采取停用主变压器断路器所在母线或由其他断路器解列发电机(也应确证三相断路器全部断开后,方可解列停机)。

(6) 若发电机发生非全相运行后,降低有功、无功负荷又发生障碍,无法消除发电机三相电流严重不平衡时,应迅速隔绝故障断路器所在母线,解除发电机非全相运行,以防损坏发电机转子。

（十五）发电机定转子接地处理

（1）运行中发电机定子发生单相接地故障时，定子接地保护应动作报警，当定子接地保护投入跳闸时，则保护动作跳闸。如定子接地保护未投入跳闸或虽投入跳闸但保护未动作，当判明定子接地信号并非由于电压互感器初级熔丝熔断或二次回路故障引起时，应区别情况进行下列处理：应立即寻找查明接地点，寻找接地的时间不得超过30min，逾时应申请停机解列，如确认发电机定子一点接地在发电机内部，应立即解列停机。

（2）当发电机转子绕组发生一点接地时，应立即查明故障接地点与性质，如系稳定性的金属接地，应尽早申请停机处理。当转子一点接地现象稳定后应手动放上转子两点接地保护连接片。

（3）当励磁系统发生两点接地时，必须立即解列停机，当转子绕组有层间短路而引起不允许的振动时，亦应解列发电机。

（4）在主变压器高压侧断路器外发生长时间的短路，且定子电流指向最大而电压剧烈降低时，如果发电机的保护拒动，应立即将发电机解列。

第二章 变压器

第一节 变压器概述

一、概述

应用于电力系统（包括发电厂和变电所）中供输电和配电用的变压器，统称为电力变压器。变压器是发电厂和变电所重要的电气设备之一，它不仅能够实现电压的转换，以利于远距离输电和方便用户使用，而且能实现系统联络并改善系统运行方式和网络结构，以利于电力系统的稳定性、可靠性和经济性。变压器外形如图 2-1 所示。

图 2-1 变压器外形

二、基本工作原理

变压器是应用电磁感应原理来进行能量转换的，其结构的主要部分是两个（或两个以上的）互相绝缘的绕组，套在一个共同的铁芯上，两个绕组之间通过磁场而耦合，但在电的方面没有直接联系，能量的转换以磁场做媒介。其中一个绕组接至交流电源，称为一次绕组；另一个绕组接负荷，称为二次绕组。当一次绕组接入交流电压 u_1 时，一次绕组中有交变电流 i_1 流过，并在铁芯中产生交变磁通 Φ，其频率与电源电压频率相同。铁芯中的交变磁通同时交链一次二次绕组，根据电磁感应定律，分别在一次二次绕组中产生交变的感应电动势 e_1 和 e_2。当感应电动势的正方向与磁通的正方向符合右手螺旋关系时，它们之间的关系为

$$u_1/u_2 = N_1/N_2$$

式中 N_1——一次绕组匝数；

N_2——二次绕组匝数。

交变磁通在绕组中的感应电动势与绕组的匝数成正比。一般情况下 N_1 不等于 N_2。

三、变压器分类

按单台变压器的相数来区分，电力变压器可分为三相变压器和单相变压器。在三相电力系统中，一般使用三相变压器。当容量过大受到制造条件或运输条件限制时，在三相电力系统中也可由三台单相变压器连接成三相组使用。在单机容量为 660MW 的发电厂，都采用发电机—变压器组单元接线，其中主变压器（常称为主变）的容量都在 700MVA 以上，多采用三相变压器，也有采用由三台单相变压器接成三相组的。

按电力变压器的每相绕组数分，有双绕组、三绕组或更多绕组等型式。双绕组变压器是适用性强、应用最多的一种变压器。三绕组变压器常在需要把 3 个电压等级不同的电网相互连接时采用。例如，系统中 220、110、35kV 之间有时就采用三绕组变压器来连接；660MW 发电机的厂用工作电源都由发电机出口支接，当厂用高压为 10.5kV 和 3kV 两个电压等级时，也常采用三绕组变压器。三绕组变压器的一般结构为：在每个铁芯柱上同心排列着三个绕组。中压绕组靠近铁芯，低压绕组处于中压绕组与高压绕组之间，高压绕组仍放在最外层，常用于功率流向由高压传送至中压和低压。660MW 机组的启动兼备用变压器，当高压和两级中压（10.5kV 与 3kV）绕组均为 Y 接线时，为提供变压器 3 次谐波电流通路，保证主磁通接近于正弦波，改善电动势的波形，常在该变压器上设有第四个△接线的绕组，即成为四绕组变压器。

大容量机组（单机 200MW 及以上）的厂用电系统，当只采用 6kV 一级厂用高压时，为安全起见，主要厂用负荷需由两路供电而设置两段母线。这时常采用分裂低压绕组变压器，简称分裂变压器。它有一个高压绕组和两个低压绕组，两个低压绕组称为分裂绕组，实际上这种变压器是一种特殊结构的三绕组变压器。望亭发电厂 660MW 机组的启动及高压厂用变压器就属这种型式。

分裂绕组变压器的结构特点是，绕组在铁芯上的布置应满足两个要求：①两个低压分裂绕组之间应有较大的短路阻抗；②每一分裂绕组与高压绕组之间的短路阻抗应较小且应相等。高压绕组采用两段并联，其容量按额定容量设计；分裂绕组都是低压绕组，其容量分别按 50%额定容量设计。其运行特点是：当一低压侧发生短路时，另一未发生短路的低压侧仍能维持较高的电压，以保证该低压侧母线上的设备能继续正常运行，并能保证该母线上的电动机能紧急启动，这是一般结构的三绕组变压器所不及的。

此外，自耦变压器也可能在某些大型电厂升压所中应用，用于连接电压级差不大的两个高压系统。自耦变压器的工作原理与普通变压器的工作原理有所不同。自耦变压器的两个绕组之间不仅有磁的联系，而且还有电路上的直接联系。通过自耦变压器传输的功率也由两部分组成：一部分是通过串联绕组由电路直接传输，另一部分通过公共绕组由电磁感应传输。单相双绕组自耦变压器，如果接成三相，以星形—星形连接最为经济而常用，但由于铁芯的磁饱和特性，在绕组的感应电动势中有 3 次谐波出现。为了消除 3 次谐波，以及减小自耦变压器的零序阻抗以稳定中性点电位，在三相自耦变压器中，除公共绕组和串联绕组外，一般还增设了一个接成三角形的第三绕组，第三绕组与公共绕组、串联绕组之间只有磁的联系，没有电路上的直接联系。自耦变压器的第三绕组通常制成低压 6～35kV，除用于消除 3 次谐波，还可用于对附近地区供电，或者用于连接调相机或补偿电容器等。

电力变压器为了加强绝缘和改善散热，其铁芯和绕组都一起浸入灌满变压器油的油箱中，故称为油浸式变压器，包括油浸自冷变压器、油浸风冷变压器、强迫油循环风冷变压器和强迫油导向循环水冷变压器等。此外，还有一类电压不大高的、无油的干式变压器，适用于需要防火等场合。在 660MW 机组厂房内的厂用低压变压器，出于防火要求而普遍采用干式变压器。

除了电力变压器，按用途分变压器还包括特殊用途变压器。特殊用途变压器是根据不同用户的具体要求而设计制造的专用变压器。它主要包括整流变压器、电炉变压器、试验变压器、矿用变压器、船用变压器、中频变压器、测量变压器和控制变压器等。

四、变压器的技术参数

变压器的技术参数有额定容量 S_N、额定电压 U_N、额定电流 I_N、额定频率 f_N、额定温升 t_N、阻抗电压百分数 U_d%等，都标在变压器的铭牌上。此外，在铭牌上还标有相数、接线组别、额定运行时的效率及冷却介质温度等参数或要求。

（一）额定容量 S_N

额定容量是设计规定的在额定条件使用时能保证长期运行的输出能力，单位为 kVA 或 MVA。对于三相变压器，额定容量是指三相总的容量。

对于双绕组变压器，一般一次、二次侧的容量是相同的。对于三绕组变压器，当各绕组的容量不同时，变压器的额定容量是指容量最大的一个（通常为高压绕组）的容量，一般在技术规范中应写明三侧绕组的容量。例如，某变压器，其额定容量为 50/28/28MVA，一般就称这个变压器的额定容量为 50MVA。

（二）额定电压 U_N

额定电压是由制造厂规定的，即变压器在空载额定分接头时，加在其线路端子上的电压，在此电压下能保证长期安全可靠运行，单位为 V 或 kV。对应一次侧额定电压 U_{1N}，在二次侧感应出的端电压即为二次侧额定电压 U_{2N}。如不做特殊说明，在铭牌上所标的额定电压，对于三相变压器，是指线电压；对于单相变压器，则是指相电压。额定分接头一般是指中间一个，如有 5 个分接头，3 为额定分接头，如 20±2×2.5%/6kV 是指分接头在 3 时的变比为 20/6kV。

（三）额定电流 I_N

变压器各侧的额定电流是由相应侧的额定容量和额定电压计算出来的线电流值，单位为 A 或 kA。

（四）额定频率 f_N

我国规定标准工业频率为 50Hz，故电力变压器的额定频率都是 50Hz。

（五）额定温升 t_N

在额定负荷下，绕组平均温度或上层油温与变压器外围空气的环境（对空冷变压器）或冷却水入口温度（对水冷变压器）之差的限值。

（六）阻抗电压百分数 U_d（%）

阻抗电压百分数在数值上与变压器的阻抗百分数相等，表明变压器内阻抗的大小。阻抗电压百分数又称为短路电压百分数，可以通过短路试验获得。阻抗电压百分数是变压器的一个重要参数，它表明了变压器在额定负荷运行时变压器本身的阻抗压降的大小，也对变压器短路电流的大小，有决定性意义。为便于变压器的并联运行，各种型式变压器的阻抗电压百分数必须符合相应的国家标准。阻抗电压百分数的大小，与变压器的设计参数有关，如绕组匝数、直径、轴向与轴向尺寸以及绕组之间的距离等。

第二节 变压器主要结构部件

较大容量的油浸式变压器一般是由铁芯、绕组、油箱、冷却装置、绝缘套管、绝缘油以及附件所构成，附件包括油泵、控制箱、温度计、气体继电器、有载或无载开关及操动机构、压力释放阀、吸湿器、变压器智能在线监测系统、油流继电器、蝶阀等设备。

一、铁芯

铁芯是变压器的磁路部分，将一次电路的电能转化为磁能，再转换至二次电路的电能。铁芯上套有绕组的部分叫铁芯柱（图 2-2），连接铁芯柱的部分叫铁轭。铁芯的基本结构有两种类型，一种芯式，它的特点是绕组套在铁芯柱上，铁轭只盖住绕组的端面；另一种是壳式，它的特点是铁芯柱和铁轭包围着绕组。

芯式单相变压器如图 2-2 所示，它有两个铁芯柱，用上下两个铁轭（2、3）将铁芯柱连接起来，构成闭合磁路。两个铁芯柱上都套有高压绕组（5）和低压绕组（4）。通常，将低压绕组放在内侧，即靠近铁芯，而把高压绕组放在外侧，即远离铁芯，这样符合绝缘等级要求。

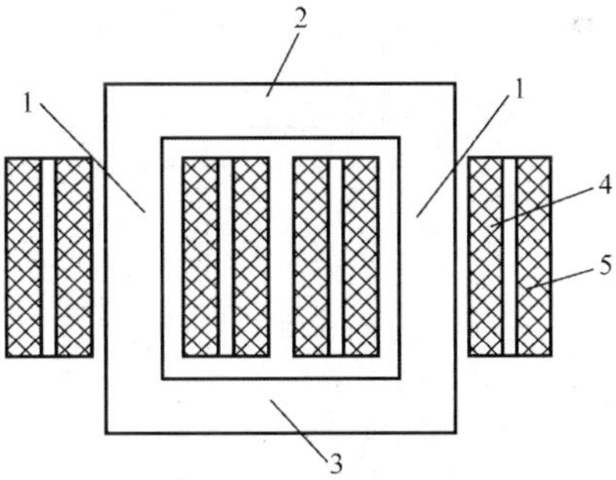

图 2-2 单相芯式变压器

1—铁芯柱；2、3—铁轭；4—低压绕组；5—高压绕组

芯式三相变压器由三相三铁芯柱式和三相五铁芯柱式两种结构，分别如图 2-3 和图2-4所示。如图 2-4 所示的三相五铁芯式也称三相三铁芯柱旁轭式，它是在三相三铁芯柱式基础上构成的。它的优点就是就是降低了变压器的高度。由于三相五柱式铁芯各相磁通可经旁轭而闭合，故三相磁路可看做是彼此独立的，而不是像普通的三相三柱式变压器各相磁路相互关联。因此当有不对称负荷时，各相零序电流产生的零序磁通可经旁轭而闭合，故其零序励磁阻抗与对称运行时励磁阻抗相等。中、小容量的三相变压器都采用三相铁芯柱式。大容量三相变压器常受运输高度限值，故多采用三相五柱式。

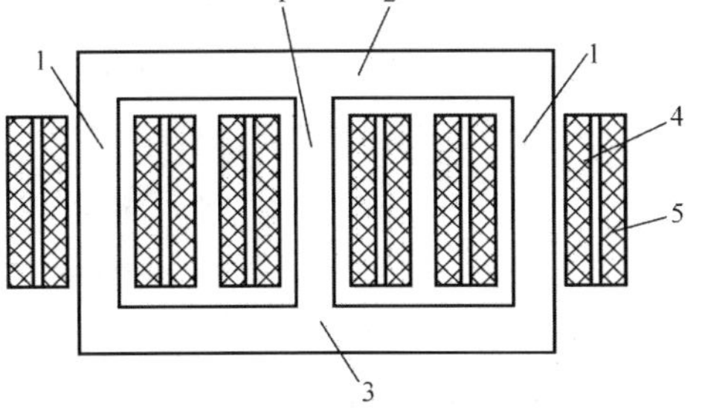

图 2-3 三相三铁芯柱式变压器

1—铁芯柱；2、3—铁轭；4—低压绕组；5—高压绕组

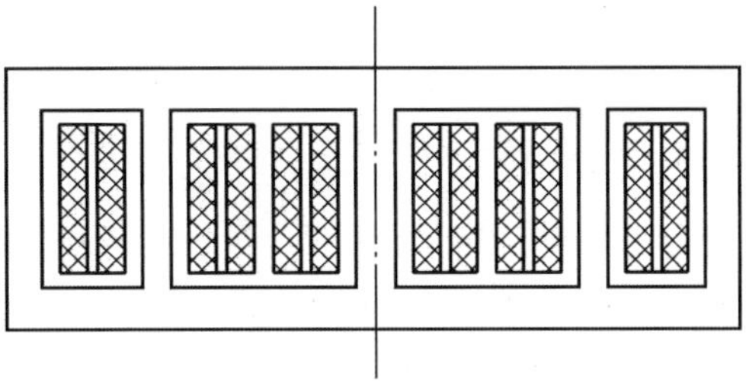

图 2-4 三相五铁芯柱式变压器

壳式变压器铁芯基本结构，如图 2-5 和图 2-6 所示。如图 2-5 所示铁芯为单相壳式变压器铁芯，具有一个铁芯柱和两个分支铁芯柱（也称旁轭），中间一个铁芯柱的宽度为两个分支铁芯柱宽度之和。把全部绕组放在中间的铁芯柱上，两个分支铁芯柱好像外壳似的围绕在绕组的外侧，因而有壳式变压器之称。不过，有时亦称其为单相三柱式变压器。

如图 2-6 所示铁芯为三相壳式变压器的铁芯，可以看做由三个独立的单相壳式变压器并排合放在一起。

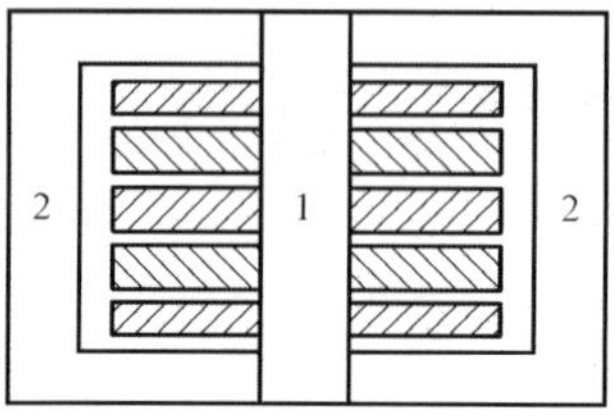

图 2-5 单相壳式

1—铁芯柱；2—旁轭

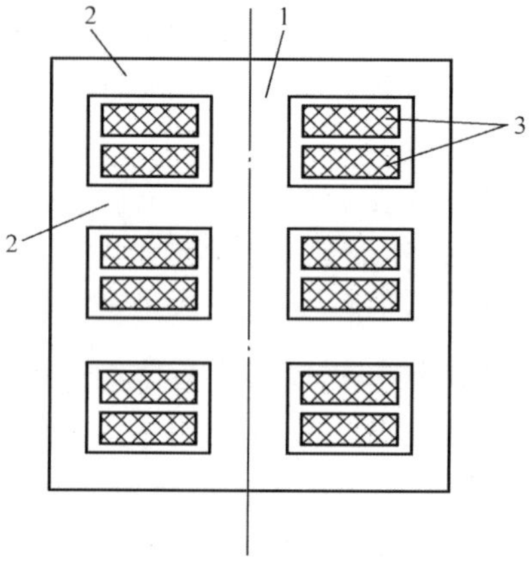

图 2-6 三相壳式

1—铁芯柱；2—分支铁芯柱；3—绕组

芯式变压器结构比较简单，高压绕组与铁芯的距离较远，绝缘较易处理。壳式变压器的结构比较坚固，制造工艺较复杂，高压绕组与铁芯柱的距离较近，绝缘处理较困难。壳式结构易于加强对绕组的机械支撑，使其能承受较大的电磁力，特别适用于通过大电流的变压器。

电力变压器一般采用芯式铁芯。为了减少励磁电流，降低交变磁通在铁芯中引起的涡流损耗和磁滞损耗，变压器的铁芯采用导磁性良好的硅钢片叠成。硅钢片的厚度一般是 0.35mm 或 0.5mm，叠装硅钢片时，常采用交错式装配方法。随着电力工业的迅速发展，节约能源已成为国际上研究的重要课题。在国外，电工钢片正逐渐被非晶合金、高硅材料和薄片材料取代。目前国内采用的是优质 Q147-30 型冷轧晶粒取向硅钢片，采用 45°全斜接缝叠装。变压器铁芯采用一点接地，以消除铁芯在绕组电场作用下与油箱之间的电位差，避免断续放电造成变压器油分解，铁芯通过小套管从油箱上部引出引线至变压器下侧可靠接地，以便于铁芯绝缘状况的测量。

二、绕组

变压器绕组是由圆截面或矩形截面导线绕制而成，呈圆筒形状，按其高压绕组和低压绕组在铁芯上相互间的布置分，有同心式和交叠式两种基本形式。同心式绕组，高压绕组和低压绕组均做成圆筒形，但圆筒的直径不同，然后同轴心地套在铁芯柱上。交叠绕组，又称为饼式绕组，高压绕组和低压绕组各分为若干线饼，沿着铁芯柱的高度交错地排列着。交叠绕组多用于壳式变压器，芯式变压器一般都采用同心式绕组。为了绝缘方便，通常低压绕组装得靠近铁芯，高压绕组则套在低压绕组的外面，低压绕组与高压绕组之间，以及低压绕组与铁芯之间都留有一定的绝缘间隙和散热油道，并用绝缘纸筒隔开。同心式绕组根据绕制特点又可分为圆筒式、螺旋式、连续式和纠结式等几种型式。

（1）圆筒式绕组。圆筒式绕组是最简单的一种绕组，它是用绝缘导线沿铁芯高度方向连续绕制，绕制完第一层后，垫上层间绝缘纸再绕第二层。这种绕组一般用于小容量变压器的低压绕组。

（2）螺旋式绕组。上述圆筒式绕组实际上也是螺旋式的，不过这里所讲的螺旋式绕组，每匝并联的导线数较多，是由多根绝缘扁导线沿着径向并联排列（一根压一根），然后沿铁芯柱轴向高度像螺纹一样一匝跟着一匝地绕制而成，一匝就像一个线盘。各匝不像圆筒式绕组那样彼此紧靠着，而是各匝之间隔一个空的沟道或垫以绝缘纸板，可构成绕组的盘间（匝间）散热油道。螺旋式绕组当并联导线太多时，就把并联导线分成两排，绕成双螺旋式绕组。为了减小导线中的附加损耗，绕制螺旋式绕组时，并联导线要进行换位。这种绕组一般为三相容量在800kVA以上、电压在35kV以下的大电流绕组。

（3）连续式绕组。连续式绕组是用扁导线连续绕制成若干线盘（也称线饼）构成，相邻线盘间的连接是交替地在绕组的内侧和外侧，都用绕制绕组的导线自然连接，没有任何接头。这种绕组应用范围较大，一般用于三相容量为630kVA以上、电压为3～110kV的绕组。

（4）纠结式绕组。纠结式绕组的外形与连续式相似，主要不同是：连续式绕组的每个线盘中电气上相邻的线匝是依次排列的，而纠结式绕组电气上相邻的线匝之间插入了绕组中的另一线匝，以使实际相邻的匝间电位差增大。纠结式绕组焊头多、绕制费时。采用纠结式绕组的目的是为了增加绕组的纵向电容，以便在过电压时，起始电压比较均匀地分布于各线匝之间。纠结式绕组一般用于电压在110kV以上的高压绕组。

绕组是变压器运行时的主要发热部件，为了使绕组有效地散热，除绕组纵向内、外侧设有油道外，对双层圆筒形绕组，在其内外层之间，多用绝缘的撑条隔垫开，以构成纵向油道；对线饼式绕组，如螺旋式、连续式、纠结式等绕组，每两个线饼之间也用绝缘板条隔开，构成横向油道。纵向和横向油道是互相沟通的。

现代大容量的变压器均采用铜制作导线，导线外面的绝缘是纸或漆、天然丝、玻璃丝、棉纱等，绕组的内架是用酚醛纸板制作的圆筒。

三、分接开关

变压器分接头切换开关，简称分接开关，是用来调节绕组（一般为高压绕组）匝数的装置。电力变压器的高压绕组常有几个抽头，称它们为分接头。不同的分接头对应不同的绕组匝数，这些分接头与分接开关相连。变压器为适应电网电压的变化，在其高压绕组（或中压绕组）设有一定数量的抽头（即分接头）。如果切换分接头必须将变压器从电网切除后进行，即不带电才能切换，称为无载调压，这种分接头叫无载调压分接开关；如果可以在带负荷下进行，则为有载调压，这种开关称为有载分接开关。需要改变电网电压时，通过分接开关接通不同的分接头，以改善绕组的匝数来进行调压。

四、油箱及变压器油

变压器的器身（绕组及铁芯）放在充满变压器油的油箱内。中、小型变压器的油箱由箱壳和箱盖组成，变压器的器身就放在箱壳内，将箱盖打开就可吊出器身进行检修。大、中型变压器，由于器身庞大和笨重，起吊器身不便，都做成箱壳可吊起的结构，这种箱壳好像一只钟罩，当器身要检修时，吊去较轻的箱壳，即上节油箱，器身便全部暴露出来了。其结构要求具有一定的机械强度，除应满足变压器在运行时的散热冷却要求外，还应满足变压器在检修和运输时的一些要求。根据变压器的容量和散热要求，可采用平板式油箱、管式油箱、散热器式油箱和专门油冷却器式油箱等。

变压器里面的油也叫变压器油，是从石油中提炼出来的优质矿物油，既是绝缘介质又是冷却介质，它是各种烃、树脂、酸和其他杂质如氧化物、硫化物、氮化物和灰分等的混合物，其成分与石油的来源及其进化过程有关。在空气中的氧和高温作用下油不断地进行氧化，油的性质在运行中经常改变，所以只要对能体现其性质的特征规定原始标准，运行中就拿这些标准做参考，若离开这一标准一定范围说明油质有问题。变压器油分为新鲜油和运行油两种，对其要求标准也不一样。

按规定，变压器油的标准有十几样，这里选几项解释。

（1）黏度。黏度说明油的流动性的好坏，是油的重要特性之一。黏度愈低，流动性越大，变压器的冷却越好。当油老化时，黏度就增高。运行中常用安氏度计量变压器油的黏度，并称它为条件黏度。条件黏度为给定温度下油的流出时间，与在温度20℃时同一体积的水的流出时间之比。规程规定：50℃时变压器油的黏度不超过1.8（新油）。黏度和温度关系很大，所以表示黏度值时总是说明相当于什么温度。

（2）闪光点。在一定条件下油被加热到一定温度，其蒸汽与空气形成混合物，若将小火苗移近，该混合物着火，此温度叫闪光点。闪光点也是油的主要特性之一，它标志着油的蒸发量。当油蒸发时体积就缩小，黏度增大，并出现爆炸性气体。闪光点不能低于135℃。

五、其他附件

（一）绝缘套管

变压器的引出线从油箱中穿过油箱盖时，必须经过绝缘瓷套管，将带电的引出线和接地的油箱绝缘。绝缘套管主要由中心导电杆和瓷套组成。导电杆在油箱内的一端与绕组连接，在外面的一端与外线路连接。绝缘套管的结构主要取决于电压等级，电压低的一般采用简单的实心瓷套管。电压较高时，为了加强绝缘能力，在瓷套和导电杆间留有一道充油层，这种套管称为充油套管。电压在35kV以上时，采用电容式充油套管，也简称为电容式套管。电容式套管，除了在瓷套内腔中充油外，在中心导电杆（空心铜管）与安装法兰之间，还有电容式绝缘体包着导电杆，作为法兰与导电杆之间的主绝缘。电容式绝缘体是用油纸（或单面上胶纸）加铝箔卷制成型。卷制时，是在油纸（绝缘纸）每卷到一定厚度，例如1～2mm时，夹卷一层铝箔，这样从内到外表面就形成多个同心的圆柱形电容串联。目的是利用电容分压原理，使径向和轴向电位分布趋于均匀，以提高绝缘击穿能力。

（二）储油柜、油位计和呼吸器

1. 储油柜

储油柜又叫油枕，通过连通管与油箱相通，其作用是保证油箱内始终充满变压器油，用以减少油与空气的接触面积，从而降低变压器油受潮和老化的速度，使变压器油具有良好的性能。油箱内的变压器油，当温度变化时，其体积会膨胀或收缩。为了使油箱内的油面能自由地升降，而又不会有大面积油面与空气接触，对大、中型变压器，都要求在变压器箱盖上部加装一只圆筒形的钢制储油器（也称油枕或油膨胀器），如图 2-7 所示。储油器 2 底部有管道与其下部的主油箱 1 连通。主油箱内总是充满变压器油，变压器油一直充到储油器内适当高度，储油器内的油面高度随油箱中油温变化而变动。在储油器的一侧装有油位表，以便观察油位的高低。

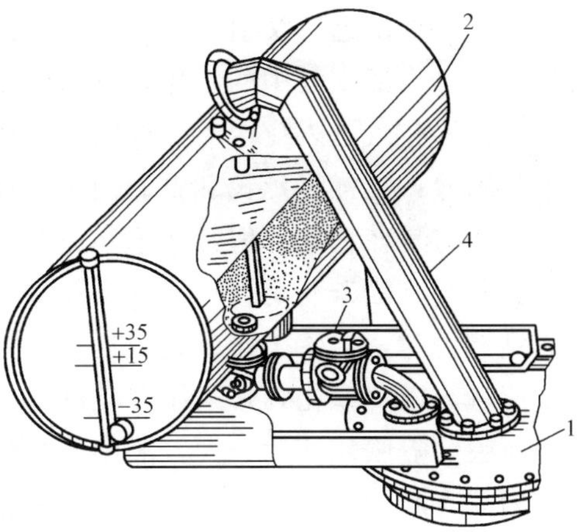

图 2-7 油枕

1—主油箱；2—储油器；3—气体继电器；4—连通管

2. 油位计

在中小型变压器上，常在油枕端侧装设一只可直接观察油位的玻璃油位计。在中、大型变压器上，玻璃油位计已不能满足要求，而装设其他形式的油位计。如图 2-8 所示为大容量变压器上用得较多的一种指针式油位计，也称度盘式油位计。

这种度盘式油位计的原理是机械传动和电磁耦合的原理。其设在油枕外部的指示表与内部传动机构之间用非磁性金属板隔开，是气密的（即不透气的），保证了油枕处的密封性。浮子随油枕内的油位升降而升降，通过连杆（支臂）和齿轮将浮子的升降转变为转子磁铁的转动。以上机构均设在油枕内腔。与油枕内侧的转子磁铁对应的定子磁铁（实为从动磁铁）在油枕外部，它通过非磁性金属板与油枕内转子磁铁耦合，因而油枕此处是完全不漏油和不透气的。油枕内侧转子磁铁的转动，带动外部从动磁铁转动相同的角度，与从动磁铁相连的指针也转动同样的角度。刻度盘上标有数字，用以指示油位情况。油位计上还装有微型开关，当指针轴转到限位角度时，微型开关动作，接通电路，发出报警信号。

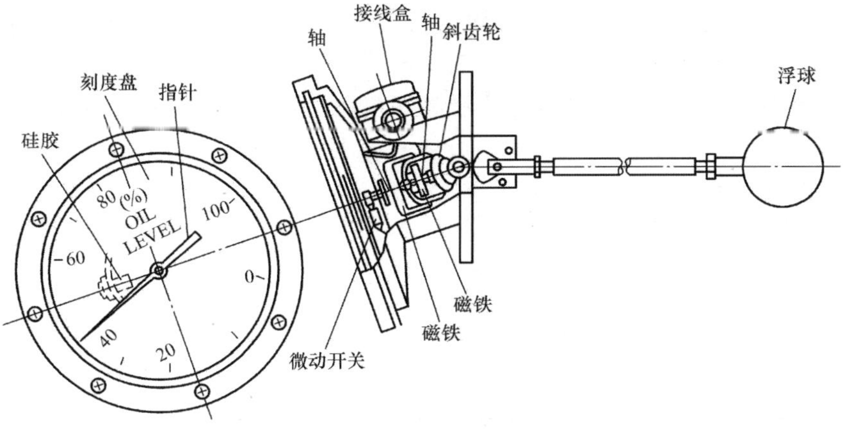

图 2-8 油面计

3. 呼吸器

为了能使储油器内的油面自由地升降，而又防止空气中的水分和灰尘进入储油器内油中，中、小型变压器的储油器通过一根管道，再经一个呼吸器（又称换气器）与大气连通。呼吸器内装有干燥剂（或称吸湿剂），通常采用硅胶。呼吸器包括硅胶容器、带油槽的过滤器和位于顶部的连接法兰。当变压器油枕内的油位升降时，外界空气通过油槽和过滤器进入，滤除进入的空气中的灰尘，然后使清洁后的空气通过硅胶；由硅胶吸收掉所有的水分，仅使干燥的空气进入变压器油枕内。利用油封使硅胶与大气隔开，从而使硅胶仅吸收进入空气中的水分，这样可延长硅胶的使用寿命。吸湿室内装的干燥剂是浸有氯化钴的硅胶，其颗粒在干燥时是蓝色的，但是随着硅胶吸收水分接近饱和时，粒状硅胶就转变成粉白色或红色，据此可判断硅胶是否已失效。受潮后的硅胶可通过加热烘干而再生，当硅胶颗粒的颜色变成钴蓝色时，再生工作就完成了。大型变压器为了加强绝缘油的保护，使油不与空气中的氧相接触，以免氧化，常采用在储油器中加装隔膜或充氮气等措施。隔膜式油枕（储油器），采用薄膜（隔膜）使油与大气隔离。油枕为水平圆柱体，在中分面的法兰夹着一层薄膜，把油枕内部空间分隔成上、下两部分。薄膜以下是变压器油，薄膜以上是空气。薄膜的材料是尼龙布上覆盖着腈基丁二烯橡胶，具有极低的透气性和较高的抗油性及低温适应性（−43℃）。薄膜在60℃油温驱动薄膜10万次后仍正常。油枕的油箱能承受全真空，因此在油枕安装好后，仍能实现真空注油。薄膜的空气侧接有一个呼吸器与大气相通。

（三）安全气道

安全气道又叫防爆管，它是一个长钢筒，出口装有玻璃或酚醛纸板，下部与油箱连通。其作用是当变压器内发生严重故障时，箱内的油产生很大的压力，气流可冲破玻璃或酚醛纸板而向外喷出，以降低油箱内的压力，防止油箱爆炸。压力释放装置在保护电力变压器方面起重要作用。充有变压器油的电力变压器，如果内部出现故障或短路，电弧放电就会在瞬间使油汽化，导致油箱内压力极快升高。如果不能极快释放该压力，油箱就会破裂，将易燃油喷射到很大的区域内，可能引起火灾，造成更大破坏，因而必须采取措施防止这种情况发生。

大、中型变压器上已普遍采用阀式压力释放器，也称减压器。压力释放器装在变压器油箱顶盖上，它类似锅炉上的安全阀。当油箱内压力超过规定值时，压力释放器密封门（阀门）被顶开，气体排出，压力减小后，密封门靠弹簧压力又自行关闭。压力释放器的动作压力，可在投入前或检修时将其拆下来测定和校正。压力释放器动作压力的调整，必须与气体继电器动作流速的整定相协调。如压力释放器的动作压力过低，可能会使油箱内压力释放过快而导致气体继电器拒动，扩大变压器故障范围。

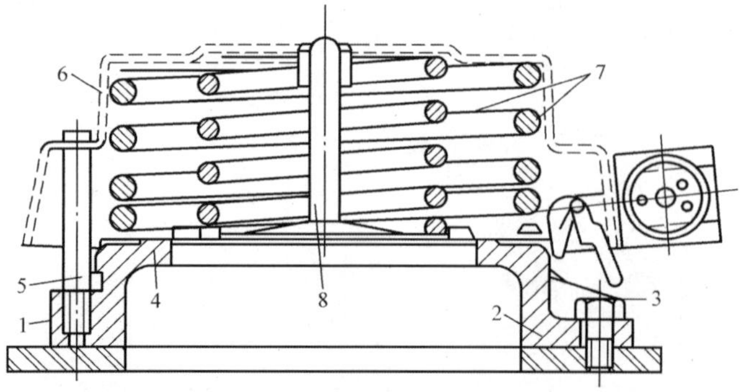

图2-9 压力释放器

1—螺杆；2—阀座；3—阀盘；4—阀盘内封环；5—阀盘外封环；6—罩盖；7—弹簧；8—动作指示器

如图2-9所示为一种快速动作的压力释放器。它利用一个可调节的弹簧7压住阀盘（盘状门）3，当油箱内部压力高于弹簧压力时，阀盘被顶起，即排气阀打开。正常状态下，油箱内压力作用到阀盘上的总推力是阀盘内密封环4（直径较小）以内的总面积上的压力。一旦阀盘起座（顶起），作用在阀盘上的总推力是阀盘外密封环5（直径较大）以内的总面积上的压力，阀盘起座力更大。因此，一旦阀盘起座，就能在几毫秒之内达到全开。罩盖6中装有鲜明颜色编码的动作指示器8，阀盘打开时，将动作指示器上端推至露出罩外，并利用指示器套管的O形环将其保持在开启位置，在较远处仍清晰可见，表示它已动作过。该指示器不会自动复位，但可手动复位，方法是将其下推至落在阀盘3上。压力释放器动作后，其触点动作，此触点可以与气体继电器跳闸触点并联，作为重瓦斯保护的后备。压力释放器安装在油箱盖上部，一般还接有一段升高管使释放器的高度等于油枕的高度，以消除正常情况下的油压静压差。

（四）气体继电器

在储油柜与油箱的连通管道上装有气体继电器，是变压器内部故障的保护装置，气体继电器又称瓦斯继电器，其外形图如图2-10所示。变压器内存在气体是变压器运行不正常的征兆，产生气体的原因一般是由于变压器内部过热或放电使固体或液体绝缘材料分解，还可能由于外界气体通过管路进入变压器或变压器注油前未进行妥善脱气处理造成。在正常运行中，气体继电器内充满绝缘油。因为有浮力，浮子在最高位置，如变压器内出现故障，气体继电器的工作情况如下。

图2-10　气体继电器外形图

1. 聚集气体

局部过热引起绝缘油和固体绝缘材料逐步分解产生气体，气体向上移动，聚集在气体继电器中，并排出其内部液体，液面及上浮子随之下降。和上浮子相连的永磁铁沿一个干簧继电器滑动，当浮子下降至其整定位置时，触头动作，通常发出报警信号。若气体继续不断产生，液面下降至联管内径最高点处，连续产生的气体就进入储油柜内，下浮子位置仍保持不变。

2. 绝缘油泄漏

由于渗漏造成绝缘油大量减少，上浮子随液面下降而下降，其原理与聚集气体相同。如绝缘油继续减少，储油柜及联管中的油就通过气体继电器放出，液面下降造成下浮子位置下降，当下降至整定位置时，永磁铁使干簧继电器触头动作，通常发出分闸信号。

3. 绝缘油流动

由于内部高能量放电，气体产生的速率较高，形成的压力波引起绝缘油很快流向储油柜。快速流动的油作用在油路挡板上，如果油的流速超过整定值，挡板就向油流方向快速移动，因此使下浮子移动至其整定位置，触头动作，通常发出分闸信号。

（五）变压器智能在线监测系统

变压器智能在线监测系统能实现变压器高压侧套管在线监视、油中故障气体和油中微水在线检测功能。在线监测系统设备配备专家系统，通过专家系统的分析，能够提供可靠、有效、明确的结果并建议可采取的措施。当变压器存在缺陷而发生局部过热或放电时，会使油分解产生氢气和其他烃类等气体，产气的速率、成分和产气量随放电能量的大小而变化。变压器油中故障气体监测系统连续在线监测绝缘油中故障气体，包括氢气、一氧化碳、乙炔、乙烯，收集和记录数据，并经过4～20mA信号上传。变压器油中微水监测系统连续在线监测油中水分含量，收集和记录数据，并经过4～20mA信号上传。

第三节 变压器冷却方式

油浸式电力变压器的冷却系统包括两部分：一为内部冷却系统，它保证绕组、铁芯的热散入油中；二为外部冷却系统，保证油中的热散到变压器外。

一、油浸变压器的冷却方式

油浸变压器的冷却方式可分为油浸自冷式、油浸风冷式、强迫油循环风冷式、强迫油循环水冷式等几种。

（一）油浸自冷式

油浸自冷式冷却系统没有特殊的冷却设备，油在变压器内自然循环，铁芯和绕组所发出的热量依靠油的对流作用传至油箱壁或散热器。这种冷却系统的外部结构与变压器容量有关，容量很小的变压器采用结构最简单的、具有平滑表面的油箱；容量稍大的变压器采用具有散热管的油箱，即在油箱周围含有许多与油箱连通的油管（散热管）；容量更大些的变压器，为了增大油箱的冷却表面，则在油箱外加装若干散热器，散热器就是具有上、下联系的一组散热管，散热管通过法兰与油箱连接，是可拆部件。

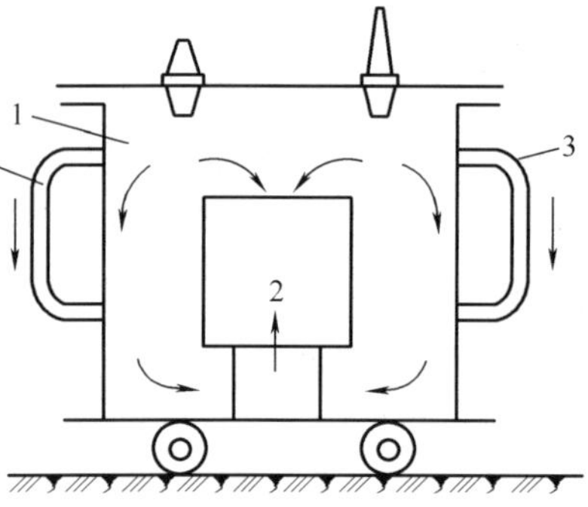

图2-11 油浸自冷式变压器油流路径

1—油箱；2—铁芯；3—散热器

图2-11为带有散热管的油浸自冷式变压器的油流路径。变压器运行时油箱内的油因铁芯和绕组发热而受热，热油会上升至油箱顶部，然后从散热管上端入口进入散热器，散热器的表面与外界冷空气相接触使油得到冷却。

冷油在散热管内下降，由管端再流入变压器油箱下部，自动进行油流循环，使变压器铁芯和绕组得到有效的冷却。

油浸自冷式冷却系统结构简单、可靠性高，广泛用于容量10000kVA以下的变压器。

（二）油浸风冷式

油浸风冷式冷却系统，也称油自然循环、强制风冷式冷却系统。它是在变压器油箱的各个散热器旁边安装一个至几个风扇，把空气的自然对流作用改变为强制对流作用，以增强散热器的散热能力。它与自冷式系统相比，冷却效果可提高150%～200%，相当于变压器输出能力提高20%～40%。为了提高运行效率，当负荷较小时，可停止风扇而使变压器以自冷方式运行；当负荷超过某一规定值，如70%额定负荷时，可使风扇自动投入运行。这种冷却方式广泛应用于10 000kVA以上的中等容量的变压器。

（三）强迫油循环风冷式

强迫油循环风冷式冷却系统用于大容量变压器。这种冷却系统是在油浸风冷式的基础上，在油箱主壳体与带风扇的散热器（也称冷却器）的连接管上装有潜油泵。油泵运转时，强制油箱体内的油从上部吸入散热器，再从变压器的下部进入油箱体内，实现强迫循环。冷却的效果与油的循环速度有关。

如图 2-12 所示为大型变压器中使用的强迫油循环风冷式冷却系统中的一种冷却器结构。其油泵装在冷却器下部，泵送油从上至下通过冷却器。在油泵附近管路上装有流量指示器，用于监视油泵的运转情况，它装在冷却器的下部位置是为了便于观察。油泵与油浸电动机是整体制造在一个封闭金属壳内的，因此永远不会从轴或其他零件中漏出。为了增强散热器（冷却器）的散热能力，在散热管外焊有许多散热片，并在每根散热管的内部有专门机加工的内肋片。600MW 以上机组的主变压器冷却方式基本上都是采用强迫油循环风冷式，每台变压器配有 n 组冷却装置，每台变压器在额定工况下运行需有 $n-1$ 组冷却器投入运行，一组备用，可根据变压器温度或负荷或运行冷却器故障情况自动启停控制。

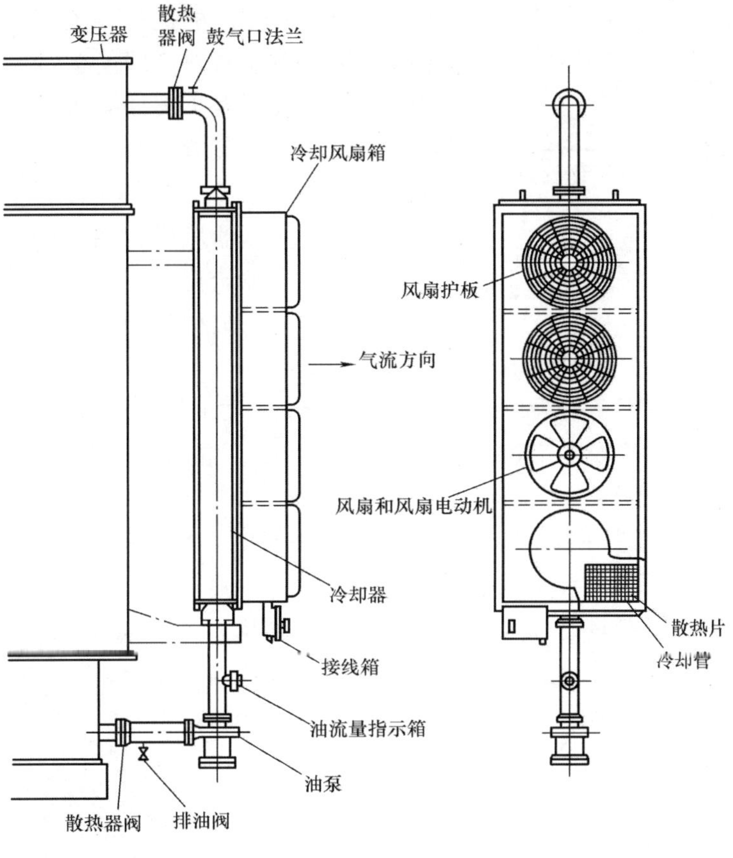

图 2-12 强迫油循环风冷式冷却系统结构

图 2-13 为一种大型强迫油循环风冷壳式变压器中的油循环通道。

（四）强迫油循环水冷式

强迫油循环水冷式冷却系统与风冷式的区别在于：油通过冷却器时利用冷却水冷却。因此，在这种冷却系统中，铁芯和绕组的热先传给油，油中的热又传给冷却水。在上述采用强迫油循环风冷或水冷的大容量变压器中，为了充分利用油泵加压的有利条件，加强绕组的散热，变压器绕组部分常采用导向冷却。导向冷却就是使油按一定路线通过绕组，而不是像一般变压器中油在绕组中按照自然无阻无定向地流动。为了达到导向冷却，在铁芯式变压器中

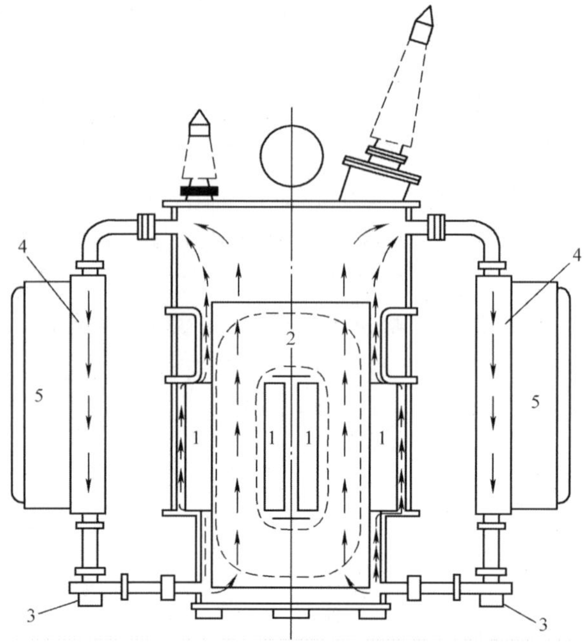

图 2-13 强迫油循环风冷壳式变压器中油循环通道
1—铁芯；2—绕组线圈；3—油泵；4—散热器；5—风扇框

或在铁芯垂直放置的变压器中，通常需要安装导引油通过绕组的结构部件。

二、干式变压器

干式变压器的铁芯和绕组不浸在可燃的绝缘油中，而用气体或固体做绝缘介质，其外形如图 2-14 所示。干式变压器同油浸式变压器相比较具有以下明显优点。

(1) 干式电力变压器避免了由于运行中发生故障而导致变压器油发生火灾和爆炸的危险。由干式变压器绝缘均为难燃材料，即使运行中变压器发生故障而引发火灾或有外来火源，也不会使火灾的灾情扩大。

(2) 干式电力变压器不会像油浸式变压器那样存在渗漏油问题，更无变压器油老化等问题，通常干式电力变压器运行维护和检修工作量大为减少，甚至可以免维修。

(3) 干式电力变压器一般为户内式装置，对特殊需要的场所亦可制成为户外式。对户内式而言，它可以和开关柜安装于同一室内，并可以和开关柜共用一个外壳，从而可减少安装面积。

(4) 干式电力变压器由于无油，故其所属附件也少，无储油柜、安全气道和油门等部件，当然也无密封等问题。

图 2-14 干式变压器外形图

由于干式电力变压器具有以上优点，需求量迅猛增加。在美国、日本和德国等工业发达国家干式电力变压器产量已占配电变压器产量的 20%以上，有的国家甚至占 50%左右，而干式变压器的成套变电站已占成套变电站的 80%～90%，我国干式变压器产量已占配电变压器的 10%以上。随着城市电网改造工程的加快，我国由于引进了国外的先进技术，不但干式变压器生产能力有了较大增长，而且干式变压器的技术水平也有了大幅度提高。目前，国内外变压器生产厂家主要根据绝缘材料的供应情况生产不同的变压器有所不同。多数生产厂家生产了绝缘材料耐热等级为 B、F 级的干式变压器，而国外有的厂家，如日本的日立公司、爱知电气公司等已产生了耐热等级为 H 级的浇注绝缘和绕包绝缘干式电力变压器，国内也有厂家产生了 H 级绝缘干式电力变压器。

我国生产的干式电力变压器，按其制造工艺可分为浸渍空气绝缘或普通干式电力变压器、浇注绝缘干式电力变压器和绕包绝缘干式电力变压器，后两者均为树脂绝缘干式电力变压器。

（一）浸渍空气绝缘或普通干式变压器

到目前为止，浸渍空气绝缘或普通干式变已有 40 多年生产实践经验。其绕组形式与绕制工艺基本上与油浸式变压器绕组相同，区别在于绕组的导线绝缘、绝缘结构材料。

日前国内外能与树脂绝缘变压器相抗衡的是新型的浸渍式干式变压器，这种产品的特点如下：

（1）绝缘耐热等级高，据分析，在相同容量相同损耗等技术参数的条件下，当由原 B 级绝缘提高到 H 级时，则产品技术经济指标可以提高；

（2）防潮问题可以得到较好解决；

（3）工艺比浇注工艺简单；

（4）防火性能比浇注变压器好；

（5）在高温中燃烧不产生大量烟雾，更适用于对环保和安全有特殊要求的场合。

（二）环氧树脂浇注绝缘干式电力变压器

环氧树脂浇注绝缘干式电力变压器是 20 世纪 60 年代发展起来的新产品，此种变压器的电气性能好，防潮、耐污、超铭牌额定值运行能力强。由于采用金属模具浇注绕组，因此其表面光滑，制造误差小。

树脂浇注绝缘的特点如下所述。

（1）阻燃。环氧树脂为基料的绝缘胶，由于其自身的难燃性，因而不会在发生火灾时助燃。

（2）防潮和耐尘。由于绕组表面喷涂了三防漆，形成了覆盖层，因而尘埃、潮湿等恶劣环境条件，对浇注绝缘干式电力变避器不会产生影响。

（3）结构坚固。绕组表面包封以绝缘胶的包封层，故绕组的机械强度提高，因而抗短路强度也相应提高，一般均能可靠地通过短路试验。

（4）超铭牌额定值运行能力强。浇注成型绕组的热容量大，因而其超铭牌额定值运行能力强。

（5）维护简便。浇注绝缘干式电力变压器无需像油浸式变压器那样，需要定期试验及长期停运后通电干燥处理等维护。浇注绝缘干式电力变压器是我国目前干式变压器生产厂家最多，年产量最大的产品。

（三）绕包绝缘干式电力变压器

绕包绝缘干式电力变压器也是树脂绝缘的一种，与浇注绝缘干式电力变压器的区别是绕组制造工艺方式不同。

绕包绝缘干式电力变压器由于不需要复杂的真空设备和浇注模具，因而是干式电力变压器生产工艺发展的重大进步。该产品是采用了耐热性高、机械性能和电气性能良好的绝缘材料和绕包绝缘技术相结合的新一代产品。

绕包绝缘干式电力变压器与浇注绝缘干式电力变压器相比较有以下优点。

（1）制造成本低，经济性好。

（2）绝缘胶包封层坚韧且有一定弹性，无论在低温下或温度突变时均不会产生开裂现象。

(3) 经旋转固化处理后，表面质量稍差于浇注绝缘。但在工艺合理的条件下，在垂直面上轻易粘积灰尘经长期运行的变压器，其绝缘性能和散热性能不会下降。因此，绕包绝缘干式电力变压器，可能有较大的发展。

(四) 复合式绝缘干式电力变压器

复合式绝缘干式电力变压器兼有浇注绝缘和浸渍绝缘干式电力变压器的某些优点，通常高压绕组部分采用浇注绝缘，而低压绕组部分采用浸渍绝缘。这种结构方式可减少浇注设备的投资，而且在长期不用后再投入运行时不需要进行干燥处理。

第四节 变压器允许温升

一、变压器温度分布

变压器运行时，绕组和铁芯中的电能损耗都转变为热量，使变压器各部分的温度升高，它们与周围介质存在温差，热量便散发到周围介质中去。在油浸式变压器中，绕组和铁芯热量先传给油，受热的油又将其热传至油箱及散热器，再散入外部介质（空气或冷却水）。

如图 2-15 所示，绕组和铁芯内部与它们的表面之间有小的温差，一般只有几度；绕组和铁芯的表面与油有较大的温差，一般约占它们对空气温升的 20%～30%；油箱壁内外侧也有一不大的温差；油箱壁对空气的温升（温差）较大，约占绕组和铁芯对空气温升的 60%～70%。变压器各部分沿高度方向的分布也是不均匀的。例如，运行时变压器油沿着变压器器身上升时，不断吸收热量，温度不断升高，接近顶端又有所降低。绕组和铁芯的温度也随高度增高而增高。在变压器中，温度最高的地方是在绕组上。

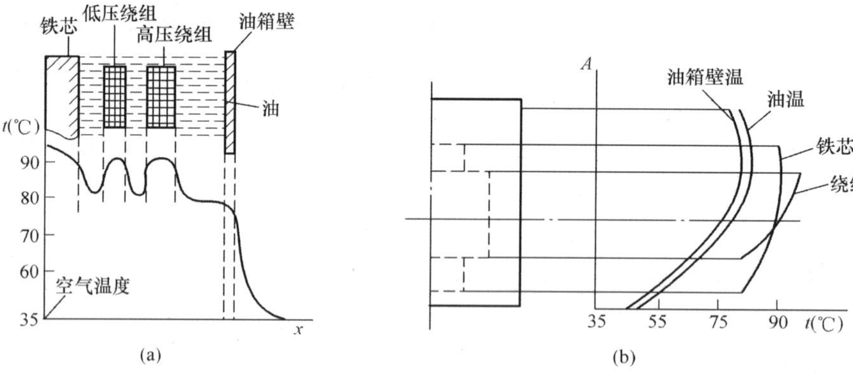

图 2-15 油浸自冷式变压器温度分布

(a) 油浸自冷式变压器各部分温度分布示意图；(b) 温度分布曲线图

二、变压器各部分允许温升

变压器的允许温升决定于绝缘材料。油浸电力变压器的绕组一般用纸和油作绝缘，属 A 级绝缘。我国电力变压器允许温升的国家标准是基于以下条件规定的：变压器在环境温度为 +20℃下带额定负荷长期运行，使用期限 20～30 年，相应的绕组最热点温度为 98℃。

对于自然油循环和一般的强迫油循环变压器，绕组最热点的温度高出绕组平均温度约 13℃；而对于导向油循环变压器，则约高出 8℃。因此，对于自然油循环和一般强迫油循环变压器，在保证正常使用期限下，绕组对空气的平均温升限值为 98－20－13＝65（℃）；同理可得出导向强迫油循环变压器的绕组对空气的平均温升限值为 70℃。

在额定负荷下，绕组对油的平均温升，设计时一般都保证：自冷式变压器为 21℃，一般强迫油循环冷却和导向强迫油循环冷却变压器为 30℃。

为了保证绕组在平均温升限值内运行，变压器油对空气的平均温升应为绕组对空气的温升减去绕组对油的温升，即：自冷式变压器，油对空气的平均温升为 65－21＝44（℃）；一般强迫油循环变压器，油对空气的平均温升为 65－30＝35（℃）；导向强迫油循环变压器，油对空气的平均温升为 70－30＝40（℃）。

在一般情况下，自冷式变压器，其顶层油温高出平均油温约为 11℃；一般强迫油循环和导向强迫油循环变压器，则高出约 5℃。所以，为保证绕组在平均温升限值内运行，变压器顶层油对空气的温升要求如下：

自冷式变压器，顶层油对空气的温升为 44＋11＝55（℃）；一般强迫油循环变压器，顶层油对空气的温升为 35＋5＝40（℃）；导向强迫油循环变压器，顶层油对空气的温升为 40＋5＝45（℃）。表 2-1 列出我国标准规定的，在额定使用条件下变压器各部分的允许温升。额定使用条件为：最高气温＋40℃，最高日平均气温＋30℃，最高年平均气温＋20℃，最低气温－30℃。

表 2-1 所列的温升是对额定负荷而言。但对强迫油循环变压器，当循环油泵停用时，一般仍可以自然油循环冷却方式工作，带比额定负荷小的负荷运行，这也是强迫油循环变压器的一种运行方式，此时顶层油对空气的温升限值就是 55℃。因此，我国电力变压器标准 GB 1094—1981的规定中，对顶层油的允许温升限值就不分冷却方式，定为 55℃。

表 2-1　　变压器各部分的允许温升　　K

温升＼冷却方式	自然油循环	强迫油循环风冷	导向强迫油循环风冷
绕组对空气的平均温升	65	65	70
绕组对油的平均温升	21	30	30
顶层油温对空气的温升	55	40	45
油对空气的平均温升	44	35	40

第五节　变压器绝缘老化

变压器的绝缘老化，是指绝缘材料受到热或其他物理化学作用而逐渐失去机械强度和电气强度的现象。只按电气强度并不能判断绝缘的老化程度，因为绝缘材料失去机械强度、变得干燥脆弱时，电气耐压强度仍可能很高；但在变压器运行时，若受振动和电动力的作用就可能很快损坏。因此，绝缘材料的老化程度，不能由电气强度的降低来定，还必须考虑机械强度的降低程度，而且主要由机械强度降低程度来确定。

变压器的绝缘老化，主要是由于温度、湿度、氧气和油中的某些分解物所引起的化学反应造成的，但绝缘老化速度又主要决定于温度。运行时，绝缘的工作温度越高，化学反应

（主要是氧化作用）进行得越快，绝缘老化的速度也越快，变压器的使用年限（寿命）就越短。

一、绝缘老化与温度关系

一般认为，变压器绝缘的机械强度降低至15%～20%时，变压器的寿命就算终结。现在还没有一个简单的准则来判断变压器的真正寿命，因此工程上通常用相对寿命和老化率来表示变压器老化的快慢。

对于标准变压器，在一直保持额定负荷和额定环境温度下运行时，相应的绕组最热点温度为98℃，变压器的寿命（约为20～30年）定为正常使用年限（寿命）。

绕组最热点维持在任意温度下的寿命与额定的98℃下的正常寿命之比，称为相对寿命。

相对寿命的倒数称为相对老化率，以表示任意温度下绝缘老化的相对速度。表2-2是各温度下的绝缘相对老化率。

表2-2　各温度下的绝缘相对老化率

温度（℃）	80	86	92	98	104	110	116	122	128
相对老化率	0.125	0.25	0.5	1	2	4	8	16	32

二、等值老化原则

如上所述，变压器运行时，如维持变压器最热点温度在98℃，变压器可获得正常寿命。实际上，绕组温度随负荷变化或随气温变化而变化，不会一直维持绕组最热点温度在98℃下运行。如果将绕组最高允许温度定为98℃，则大部分运行时间内绕组温度不会达到此值，变压器的负荷能力就未得到充分利用（不考虑增加寿命）。反之，如果不规定绕组的最高允许温度或者将该值定得过高，变压器又可能达不到预期的正常使用寿命（20～30年）。

为了正确地解决上述问题，可应用等值老化原则，即在一定时间隔（一昼夜、一季度或一年）内，有些时间允许绕组热点温度高于98℃，而另一些时间绕组热点温度低于98℃，只要使变压器在温度高于98℃的运行时间内多消耗的寿命与在温度低于98℃运行时间内少消耗的寿命相互补偿，则变压器的使用寿命和恒温98℃运行时的寿命相等，此即所谓等值老化原则。

第六节　变压器试验

变压器在运输途中会受到振动甚至撞击，大修时对变压器进行吊芯（或吊罩）时也可能受到碰撞，为了防止人为故障，在投入运行前对新装或大修后变压器应做以下工作。

一、试验及验收

为了提高大型变压器的制造质量，确保安全运行，变压器制造厂应有健全的质量保证体系和严格的质量管理措施。用户应对变压器设计、制造工艺、材料及附件选用、工厂试验及包装运输等各关键工序实施质量监督，及时发现产品缺陷和隐患并消除在制造过程中，严把质量关。工厂试验应在变压器整体预组装情况下进行，除包括按国标规定的各项型式试验、例行试验、特殊试验（包括绕组变形试验）外，对500kV变压器还应行12h空负荷试验、油流静电试验、转动油泵时的局部放电测量等。

变压器运输前的包装应符合铁路、公路或海运部门的有关规定，并加以切实的保护，保证变压器本体内部在运至现场的全过程中不受潮。在运输过程中应采用可靠的防受冲击措施，装设量程合适的冲撞记录仪，冲撞记录仪的记录作为变压器运至目的地后的交接内容，以验证变压器在运输过程中是否受到冲击，确保变压器内部结构相互位置不变，紧固件不松动。变压器运至现场后，除包括按国标规定的各项例行试验（测量绕组连同套管的介质损耗因数、直流泄漏电流、交流耐压试验、局部放电试验、额定电压下的冲击合闸试验等）外，应再次进行绕组变形试验，并将试验记录存档。变压器正式运行后，如经受过严重的外部故障后，应复做绕组变形试验，并与原始试验记录进行比较，验证变压器绕组是否发生变形，绕组承受短路冲击后的动、静稳定特性是否良好。

二、进行 3～5 次冲击试验

新装或大修后的变压器在带电投入空负荷运行中，会产生励磁涌流，其值可达 6～8 倍的额定电流。初始励磁涌流衰减较快，一般经 0.5～1s 后即可衰减到额定电流值的 0.25～0.5 倍，但完全衰减的时间较长，大容量的变压器可达几十秒。由于励磁涌流会产生很大的电动力，为了考验变压器的机械强度，同时考察励磁涌流衰减初期是否会造成继电保护装置误动，故需做冲击试验。

另外在拉开空载运行变压器时，有可能产生操作过电压。在中性点不接地或经消弧线圈接地的电力系统中，其过电压幅值可达 4～4.5 倍相电压；在中性点直接接地时，也达 3 倍相电压。为了检查变压器绝缘强度能否承受高电压或操作过电压，也需做冲击试验。冲击试验对新产品进行 5 次，对大修后的变压器进行 3 次。每次冲击试验均要检查变压器有无异音、异状。

三、短路试验

变压器制造商对变压器短路力及其效应不仅限于理论的研究或统计，还应通过大量的、各种不同型式的短路验证试验及现场短路事故的经验总结，验证计算方法、理论分析的准确性，加深对短路力的研究、理解，为用户提供高抗短路能力的电力变压器。制造商应向买方提供相同（或相似）容量变压器的实际短路冲击试验报告，或变压器绕组承受短路冲击的动、静稳定的计算报告和提高变压器绕组承受短路冲击能力的关键措施等。

四、空负荷试验

根据变压器的空负荷试验可以求得变比 k、空负荷损耗 P_0、空负荷电流 I_0 以及励磁阻抗 Z_m。将变压器二次侧开路，在一次侧施加额定电压。在试验时，调整外施电压以达到额定值，忽略相对较小的压降 I_{0Z1}，感应电动势 E_1、铁芯中的磁通密度均达到正常运行时之数值，忽略相对较小的一次侧绕组的铜耗，空负荷时输入功率 P_0 等于变压器的铁耗。

五、对气体继电器动作的判断和处理

新装或大修后的变压器在加油、滤油时，会将空气带入变压器内部，之后又未能及时排出。当变压器运行后，油温逐渐上升，形成油的对流，内部储存的空气被逐渐排出，从而使气体继电器动作。气体继电器动作的次数，与变压器内部储存的气体多少有关。遇到上述情况时，应根据变压器的声响、温度、油面以及加油、滤油工作情况综合分析。如变压器运行正常，可判断为进入空气所致，否则应取气做点燃试验，以判断是否是变压器内部有故障。

第七节 变压器过负荷能力

变压器的过负荷能力，是指为满足某种运行需要而在某些时间内允许变压器超过其额定容量运行的能力。按过负荷运行的目的不同，变压器的过负荷一般又分为正常过负荷和事故过负荷两种。

一、变压器正常过负荷能力

变压器运行时的负荷是经常变化的，日负荷曲线的峰谷差可能很大。根据等值老化原则，可以在一部分时间内允许变压器超过额定负荷运行，即过负荷运行，而在另一部分时间内小于额定负荷运行，只要在过负荷期间多损耗的寿命与低于额定负荷期间少损耗的寿命相互补偿，变压器仍可获得原设计的正常使用寿命。变压器的正常过负荷能力，就是以不牺牲变压器正常寿命为原则制定。同时还规定，过负荷期间负荷和各部分温度不得超过规定的最高限值。我国规定的限值为：绕组最热点温度不得超过 140℃，自然油循环变压器负荷不得超过额定负荷的 1.3 倍，强迫油循环变压器负荷不得超过额定负荷的 1.2 倍。

二、变压器事故过负荷

变压器的事故过负荷，也称短时急救过负荷。当电力系统发生事故时，保证不间断供电是首要任务，变压器绝缘老化加速是次要的。所以，事故过负荷和正常过负荷不同，它是以牺牲变压器寿命为代价的。事故过负荷时，绝缘老化率容许比正常过负荷时高得多，即容许较大的过负荷，但我国规定绕组最热点的温度仍不得超过 140℃。

第八节 变压器运行

一、变压器投运前检查验收内容

变压器在新投入或大修后投入运行前，应进行全面检查，确认其符合运行条件后，方可投入运行，其检查验收项目包含以下内容。

（1）变压器本体无缺陷，外表整洁，无严重渗漏油和油漆脱落现象。

（2）变压器绝缘试验应合格，无遗漏试验项目。

（3）各部分油位应正常，各阀门的开闭位置应正确，油的简化试验和绝缘强度试验应合格。

（4）变压器外壳应有良好的接地装置，接地电阻应合格。

（5）各侧分接开关位置应符合电网运行要求。有载调压装置在电动、手动操作时均应正常，指示位置（包括控制盘上的指示）应和实际位置相符。

（6）基础牢固稳定，轮子的制动装置应牢固。

（7）保护测量信号及控制回路的接线正确；各种保护均应进行实际传动试验，动作应正确，定值应符合电网运行要求；保护连接片处于投入运行位置。

（8）冷却风扇通电试运行良好，风扇自启动装置定值应正确，并进行实际传动试验。

（9）呼吸器应装有合格的干燥剂，应无堵塞现象。

（10）主变压器引线对地间和线间距离合格，各部分导线接头应坚固良好，并贴有试温蜡片。

(11) 变压器的防雷保护应符合有关规程要求。

(12) 防爆管内部无存油，玻璃应完整，其呼吸小孔螺丝位置应正确。

(13) 变压器的相位和联结组标号应能满足电网运行要求。三绕组变压器的二、三次侧有可能和其他电源并列运行时，应进行核相工作。相位漆标示应正确、明显。

(14) 温度表及测温回路应完整良好。

(15) 套管油封的放油小阀和气体继电器放气阀应无堵塞现象。

(16) 变压器上应无遗留物，邻近的临时设施应拆除，永久设施布置完毕后应清扫现场。

(17) 测定变压器大盖坡度及油箱到油枕连接管的坡度应合格。变压器瓦斯保护中的气体继电器侧有两个坡度。一个是沿气体继电器方向变压器大盖的坡度，应为1%～1.5%，为保持变压器大盖的坡度要求在安装变压器时从底部垫好。另一个则是变压器油箱到油枕连接管的坡度应为2%～4%（这个坡度是由制造厂家定好的）。设置这两个坡度，一是为了防止在变压器内储存空气；二是为了在故障时使气体能迅速可靠地冲入气体继电器，以保护气体继电器能正确动作。

二、变压器运行中检查内容

为了保证变压器能长期安全可靠的运行，减少不必要的停用和异常情况的发展，运行人员应经常对运行中的变压器进行定期监视和检查。

(一) 日常监视

除根据控制盘上的仪表或DCS上显示进行经常性地监视外，还应定期抄录和分析有关数据，变压器有关表计数据应每隔1～2h抄录一次。无温度遥测装置的变压器，应结合外部检查定期抄录变压器的上层油温及绕组温度。

正常情况下，对变压器的外部检查，一般至少每天一次；对负荷轻影响面小的变压器则可视情况适当延长检查周期；有条件者还应进行夜间巡视，便于发现一些较难发现的放电、接头烧红等异常情况。

对运行中的变压器还应检查如下内容：

(1) 气体继电器内无气体，储油柜集气盒内无气体。

(2) 油浸变压器油位、油温应正常。

(3) 外壳、油枕、压力释放阀、气体继电器及接缝处应不渗油，气体继电器内应无气体，储油柜集气盒内无气体，硅胶罐不漏油。

(4) 运行中的各冷却器温度应相近，油温正常，阀门开闭状态正常，风扇、油泵运转正常，油流继电器指示正常，冷却器控制箱内的信号灯及各电气元件均应正常。

(5) 以手触摸各散热器，应感觉其温度彼此相近。

(6) 有载调压装置的油位、油色正常，分接头指示就地与远方一致，控制柜内各电源小开关指示正常。

(7) 电缆头应无溢胶、漏油、放电、发热等现象。

(8) 变压器电磁声应正常。套管、绝缘子、避雷器等外部应清洁，无裂纹及放电痕迹。

(9) 变压器室内及附近应无焦臭味。

(10) 识读或抄录变压器测温计的读数并分析变压器运行温度正常，引出线无过热及示温片熔化现象。

（11）防爆门、压力释放阀不动作。

（12）吸潮剂颜色正常。

（13）在线监测装置有无报警信号出现。

（14）大风天气，应检查室外变压器的接头引线有无摆动和松动，导电体及绝缘子有无搭挂杂物。

（15）雷雨、大雾天气，应检查变压器绝缘子、套管有无放电、闪络现象。

（16）下雪天气，应检查绝缘子、引线的积雪情况，接头的发热情况和冰柱的挂接情况。

干式变压器是以空气为冷却介质的，比起油浸式变压器具有体积小、质量轻、安装容易维护方便、没有火灾和爆炸危险等特点，检查时还需注意以下事项。

（1）变压器室内屋顶无漏水、渗水现象。

（2）应经常监视温控仪温度显示值，及时掌握变压器运行情况，并注意有无异常声音及振动。

（3）变压器三相负荷不平衡时，应监视最大一相的电流和最高一相的温度，Dyn11 变压器允许的最大中性线电流可与低压线电流相同。

（4）当变压器有如风机运转不正常、温度显示异常、绕组树脂绝缘外观有微小裂纹等现象时，不准超铭牌运行，应查找原因。

（5）定期对变压器进行检查，检查时如发现灰尘聚集过多，则必须清除以保证空气流通和防止绝缘击穿，但不得使用挥发性的清洁剂，特别注意要清洁变压器的绝缘子、绕组装配的顶部和底部，并使用压缩空气吹净通风气道中的灰尘。压缩空气的流动方向必须与变压器运行时冷却空气的流动方向相反。

（6）变压器投入运行以后，禁止触摸变压器本体，以防止事故发生，无励磁调压变压器严禁带电调压。

（二）重点针对性检查

（1）对于变压器油位计、冷却系统、套管等薄弱环节、易损部件应重点检查。

（2）对于变压器重负荷、过负荷运行情况应加强检查。因为本身已处于非正常工况，即使没有发生异常运行，也应对承载大电流的部位加强检查。对于气候条件变化时所产生的运行特性和运行条件的薄弱环节也应重视。

（3）对初次投运或大修后的变压器，在最初的一段时间（一般约 7～10 天），会逐步暴露其薄弱部分，如漏油、接头发热、冷却系统故障等，应适当增加外部检查次数。

（4）对带缺陷运行的变压器，除重点监视其运行工况外，还应设法减轻其负荷，做好事态发展的事故预测，并加强外部检查。频发性缺陷和已发现的缺陷应针对性跟踪监视，以便及时掌握其发展情况。

三、变压器绝缘监督

（1）变压器在新安装或大修后投入运行前以及长期停用的变压器在重新投入运行前，均应测量其绝缘电阻，测得数值和测量时的顶层油温（干式变可记录当时变压器温度）应记入绝缘电阻记录簿内。

（2）测量绝缘电阻应使用 1000V 或 2500V 绝缘电阻表。

(3) 变压器绕组及与三相直接相连的一次回路设备的绝缘电阻值一般每千伏工作电压不应小于 2MΩ，测量结果应和以往记录做结合比较分析，如明显下降时，应分析查明原因并汇报值长。

(4) 由于运行人员不具备测量主变压器、厂高变、高备变等变压器高压侧绝缘的条件，上述设备的绝缘数据应由检修人员负责测量；这些变压器投运前，检修人员应向运行人员提供变压器绝缘数据，由运行人员确认合格。

(5) 测量主变压器低压绕组绝缘或启备变压器低压绕组绝缘时，必须将各来电部分可靠隔绝，且主变压器高压侧接地（合上接地开关或挂上接地线）的情况下进行，以确保人身安全。

四、瓦斯保护运行

(1) 变压器运行时轻瓦斯保护应投信号、重瓦斯保护应投跳闸，有载分接开关的瓦斯保护应投跳闸。重瓦斯保护停用应经总工程师批准。

(2) 检修人员应负责下列工作：

1) 气体继电器动作正确、可靠，并有完整的校验合格记录。

2) 瓦斯保护二次回路应正确、可靠，防止户外雨水渗入接线板及电缆头，绝缘应良好，绝缘电阻在以 1000V 绝缘电阻表测量时应不少于 5MΩ。

3) 变压器交付运行前，开启油枕和油箱之间的连通阀（即气体继电器的蝴蝶阀），油枕通大气的呼吸器应畅通，并放净气体继电器内的存气。

4) 气体继电器安装方向正确。对重瓦斯跳闸试验按钮应做好明显标志，使与放气旋钮有明显区别，以防误按。

(3) 检修人员在运行中或热备用中的变压器及其附属设备（如油泵、油阀门、气体继电器，硅胶罐等）上进行工作，有可能引起瓦斯保护误动作跳闸时，应事先向值长申请将瓦斯保护由跳闸改接信号，并在工作票内提出要求。

(4) 在停役变压器或其附属设备上做过如吊芯、滤油、换油、更换硅胶、油泵修理、调换气体继电器、气体保护二次回路更动等工作，认为在投入运行后有可能引起瓦斯保护误动作跳闸时，检修人员应在复役时书面向值长说明情况并提出具体要求（可在复役单内注明）。

(5) 变压器在运行中进行以下工作前，应将瓦斯保护由跳闸改投信号，工作结束经 24h 后检查气体继电器无气体时方可投跳闸；若有气体则应放去，直至连续 24h 无气体后再投跳闸。

1) 变压器带电滤油；

2) 冷却器的强油循环油泵经检修后投入；

3) 油阀门或油回路上进行检修工作。

(6) 运行中的变压器进行少量放油或带电加油、清理呼吸器或更换硅胶、储油柜集气盒放气、处理变压器假油位、开启或关闭油枕和油箱之间的连通阀门等工作前，应先将瓦斯保护由跳闸改投信号。待工作结束并恢复正常后，气体继电器内无空气且已充满油时，由检修通知值长将瓦斯保护投入跳闸。

(7) 瓦斯保护投跳前，运行人员应待下列检查均正常后方可将瓦斯保护投跳：油枕和油箱之间的连通阀应开启；气体继电器内应无气体；放上压板前，以高内阻电压表测量跳闸连接片两端无异极性电压。

（8）在地震预报期间，应根据变压器的具体情况和气体继电器的抗震性能，确定重瓦斯保护的运行方式。

五、变压器的操作

（1）变压器的投入与停用一般分为：全电压合闸和拉闸，以及零起升压和逐步降压两种方法，应区别情况按下列原则进行操作：

1）厂变的投入，均采用高压侧断路器全电压充电合闸方式，即先合高压侧断路器，后合低压侧断路器。停用时反之。

2）主变压器及高压厂用变压器的投入随发电机并列前的升压一起进行，停用时与发电机的解列同步降压。

3）主变压器的投入和停用操作前，应先合上主变压器高压侧中性点接地开关，以防止过电压。

（2）变压器无载分接头变换后，应测量接触电阻合格后方许投入运行。

（3）变压器并列运行，须满足下列条件：电压比相等、阻抗电压相等、绕组接线组别相同。

（4）电压比不同和阻抗电压不同的变压器，在任一台都不过负荷的情况下，可以并列运行。阻抗电压不等的变压器并列运行时，应适当提高阻抗电压大的变压器的二次电压，以使并列运行的变压器的容量均能充分利用。

（5）变压器在安装后，以及在进行过有可能使相位变动的工作时，均须经核相正确方许并列。

（6）变压器的并列操作，必须在其高压侧通过本厂的电气系统合环情况下进行，厂用变压器的并列应在其高压侧电源等电位情况下进行。

（7）对于电源取自不同厂用母线段的厂用变压器合环操作，应首先检查其高压侧已属实在本厂合环，然后调整其电源电压，使合环低压侧断路器两端电压尽量相等。

六、变压器有载分接开关的运行和维护

有载分接开关的操作应逐级调压，同时监视分接头位置及电压、电流的变化；长期不调和长期不用的有载分接开关，应在停电时，在最高和最低分接头间操作几个循环；有载调压开关带负荷调整电压有遥控自动、遥控手动、近控电动、近控手动四种方式。正常运行时，应投“遥控自动”位置；当有载电压开关“遥控自动”调节失灵时，应切换到“遥控手动”调节，如遥控调节失灵时，可以切换到“近控电动”调节，近控调节时必须注意集控室有专人与现场联系；每调整1挡分接头均要监视好厂用母线电压的变化，核对画面显示分接头指示与就地实际分接头位置指示是否相符。若电动调节机构故障，需要“近控手动”调节时，应先把“电动调节”电源切断后进行；在有载调压开关“遥控自动”调节过程中，调节电源跳闸或手动“紧急停止”按钮后，应到现场检查分接头实际位置，若位置指示没有到位（处在中间状态），首先应用“近控手动”摇到指示位置，再查明失灵原因消除缺陷后方可送上电动电源，恢复“遥控自动”调节方式。

第九节 变压器异常运行和故障处理

根据我国的实际情况，变压器和发电机与高压输电线路元件相比，故障几率比较小，但其故障后对电力系统的影响却很大。

一、变压器主要故障类型

（1）相间短路。这是变压器最严重的故障类型。它包括变压器箱体内部的相间短路和引出线（从套管出口到电流互感器之间的电气一次引出线）的相间短路，由于相间短路会严重地烧损变压器本体设备，严重时全使得变压器整体报废。因此，当变压器发生这种类型的故障时，要求瞬时切除故障。

（2）接地或铁芯短路，对这种故障的处理方式和相间短路故障是相同的，但同时要考虑接地短路发生在中性点附近时的灵敏度。

（3）匝间或层间短路。对于大型变压器，为改善其冲击过电压性能，广泛采用新型结构和工艺，匝间短路故障发生的几率有增加的趋势。当短路匝数少，保护对其灵敏度不足时，在短路环内的大电流往往会引起铁芯的严重烧损。如何选择和配置灵敏的匝间短路保护，对大型变压器就显得比较重要。

（4）铁芯局部发热和烧损。由于变压器内部磁场分布不均匀、制造工艺水平差等因素，会使铁芯局部发热和烧损，继而引起更严重的相间短路。

（5）油面下降。由于变压器漏油等原因造成变压器内油面下降，会引起变压器内部绕组过热和绝缘水平下降，给变压器的安全运行造成危害，因此当变压器油面下降时，应及时检测并予以处理。

二、变压器运行时异常及故障处理

变压器运行中发生的异常运行主要包括：上层油温或绕组温度超限；油位、油色异常；气体继电器报警、冷却系统故障等。当运行人员发现变压器处于异常运行状态时，应及时分析其性质、原因及影响，并采取适当的处理措施，以防止事态的发展，保证变压器和其他电气设备的安全运行。

1. 变压器上层油温或绕组超限

当运行中的变压器上层油温或绕组温度突然升高时，应从以下几方面进行分析处理。

（1）首先检查变压器的负载和冷却介质的温度是否发生较大幅度的变化，并与同工况情况下做比较。

（2）检查变压器冷却装置是否发生故障，如风扇、油泵是否运转正常，如有故障应相应降低变压器负荷后消除故障。

（3）同时应核对表计及其回路是否正常，将现场表计与遥测表计相比较，并暂以两者的高值作为控制变压器负荷的依据。若不能判断为温度表指示错误时，应适当降低变压器负荷，以限制温度上升，并使之逐渐降至允许值以内。

（4）若发现油温较正常情况高出10℃以上且有继续上升的趋势，而冷却装置和表计均正常，则很可能是变压器内部发生故障，应设法及时停用变压器，进行检查分析。

2. 油浸变压器油位过高

引起油浸变压器油位过高的主要原因有：

(1) 变压器长期受高温影响，油受热膨胀，造成油位上升；

(2) 加油时油温偏低，环境温度上升时引起油位高。

油位过高时，容易引起溢油或喷油，危及安全运行。因此检查中发现油位过高，要及时通知检修人员放油处理，同时适当降低变压器的负荷，对于采用隔膜式储油柜的变压器应检查胶囊的呼吸是否畅通，以及储油箱内气体是否排尽等问题，以避免产生假油位。

3. 油浸变压器油位过低

引起油浸变压器油位过低的主要原因有：

(1) 变压器漏油；

(2) 原来油位不高，变压器负载突然降低或环境温度突降。

当油位低于气体继电器时，气体继电器将动作报警，如油位低于变压器上盖，则变压器的引线暴露在空气中，这不但降低了绝缘能力，可能产生闪络放电，而且对变压器的绝缘强度也有影响。油位的继续下降将使铁芯甚至绕组与空气直接接触，后果更为严重。因此遇变压器油位明显下降时，应尽快查明原因，设法恢复正常油位。如果因漏油严重导致油位明显降低，则应禁止将气体保护由跳闸改信号，同时迅速消除漏油原因，恢复正常油位，否则将变压器退出运行。

4. 冷却系统故障

冷却系统发生故障时，可能迫使变压器降低容量，严重者可能被迫停用甚至烧坏变压器。

冷却系统故障的可能原因一般为：

(1) 电源故障或供电母线故障；

(2) 电源熔断器熔断或冷却装置电源断路器跳闸；

(3) 单台冷却器自动开关故障跳闸；

(4) 油泵、风扇损坏；

(5) 连接管道漏油。

对于风冷干式变压器，发生风扇电源故障时，应监视变压器绕组温度不超过规定值，必要时调整变压器所带的负荷。

对于强油导向风冷及强油循环冷却的变压器，如果其冷却装置供电电源全部中断，应设法尽快恢复冷却装置电源。在进行处理的同时，必须密切注意变压器的上层油温，适当降低负荷。如果短时内不能恢复电源，则停用变压器。如果是部分冷却器损坏或部分电源失去，应根据冷却器台数与相应容量的关系立即调整变压器的负荷使之不超过允许值，直至供电电源恢复或冷却器修复。大型变压器的冷却器一般设有备用冷却器，因此仅个别冷却器故障时，投入备用冷却器即可，无需调整变压器的负荷。注意当冷却装置电源恢复时，应逐台启动冷却器，避免同时启动全部冷却器，以免产生油流静电损坏绕组绝缘。

5. 变压器有载分接头调节失灵

(1) 遥控调节失灵时，应检查控制回路，如有故障应消除之；若查不出原因或故障一时无法消除，可联系妥当后，至近控箱近控调节。

（2）如近控亦失效且系统需要调节时，可做好联系进行手动操作。

（3）寻找故障原因并予消除。

6. 气体继电器动作报警

（1）如检查是由于变压器油位过低引起时，可按变压器油位不正常降低处理。

（2）如由于直流接地或气体继电器二次线绝缘不佳引起，应将瓦斯保护由跳闸改信号并消除故障。

（3）如外部检查正常，信号报警是由于气体积聚引起时，应立即将气体继电器内气体收集在取样袋内，并由化学人员鉴定气体性质，同时按表2-3原则进行处理。

表2-3　　气体性质及处理表

气体性质	故障性质	处　理
无色、无臭、不能燃烧	空气	放出空气，注意下次发生信号的间隔，若间隔逐渐缩短，应将瓦斯保护跳闸停用（如有备用变压器，换用备用变压器）
淡灰色、强烈臭味，能燃烧	变压器内部绝缘材料（纸或纸质板）故障	停用变压器进行检查
微黄色、燃烧困难	变压器内部木质材料故障	停用变压器进行检查
灰黑色或黑色可燃	油的故障	停用变压器进行检查

注意事项：

1）应迅速进行鉴定（因经一定时间颜色要消失）；

2）检查气体是否可燃时，不可将火种靠近气体继电器顶端（应离开5～6cm）；

3）如试验结果不能确定为空气，应通知化学部门化验油的闪燃点，若较上次低5℃时，应停用该变压器。

（4）有载分接头装设瓦斯保护的，在调节分接头时如伴随气体继电器动作报警，则有可能是分接头换接开关的平衡电阻损坏，应停止调节，设法停用变压器进行检查。

（5）若由于空气使主变压器气体继电器频繁动作报警时，有可能是强油循环装置不严密所致，应进行捉漏，条件许可时，可考虑调停工作冷却器，以观察报警时间是否延长。

（6）当检查结果并非上述原因时，应查明是否为气体继电器缺陷。

7. 瓦斯保护（重瓦斯）动作使断路器跳闸

（1）有备用变压器者，迅速投入备用变压器。

（2）试验气体继电器内气体性质，判断是否由于变压器内部故障引起，若系变压器内部故障，应隔绝付修；若非内部故障，且一般检查无异状时，可重新投入运行。

（3）如为大量漏油所致，应迅速消除漏油，并加油后恢复运行。

（4）如为瓦斯保护误动，可停用瓦斯保护后，继续将变压器投入运行，但禁止停用差动保护。

8. 变压器自动跳闸的处理

（1）有备用变压器者应迅速将其投入，如投入后又跳闸时，应查明故障点，消除后方可投入变压器。

（2）查明变压器跳闸原因。

（3）如无备用变压器或备用变压器无法投运时，则根据继电保护动作情况和跳闸时的象征分析故障性质。若变压器跳闸是由于继电保护、二次回路误动作、人员误碰、外部故障或其他设备故障（联锁跳闸引起）等原因所致，变压器可不经外部检查重新投入运行，如投入后又跳闸时，应彻底查明故障原因并予消除。

（4）如变压器有内部故障象征时，应隔绝电源交检修人员处理。

9. 压力释放阀动作报警

（1）如变压器已自动跳闸，则按变压器自动跳闸内容处理。

（2）现场检查确系压力释放阀动作（压力释放阀有喷油痕迹），联系值长停用检修。

（3）如由于直流接地或压力释放阀二次线绝缘不佳引起误报警时，应及时通知检修消除。

10. 变压器着火处理

（1）立即隔绝各侧电源，对发电机—变压器组还应灭磁。

（2）投入备用变用器。

（3）停用冷却设备。

（4）根据着火情况判断是否需将变压器放油（若油溢在变压器顶盖上而着火时，则应打开下部油门放油至适当油位。若是变压器内部故障引起着火时，则不能放油，以防变压器发生爆炸）。

（5）通知消防队，并按消防规程进行灭火。

（6）装有水灭火装置的变压器着火时，应立即使用水灭火装置进行灭火。

11. 停用变压器

遇到下列情况时，应紧急停运变压器：

（1）变压器内部明显异常声响，且有不均匀的爆裂声；

（2）在正常负荷和冷却条件下，变压器油温异常升高，并不断上升；

（3）变压器油枕喷油或从防爆门、压力释放阀喷油；

（4）大量漏油，使油位下降直至看不见油位；

（5）变压器油色发生变化，明显变黑，油内出现碳质；

（6）变压器套管严重破损，并有放电现象；

（7）变压器发生着火情况；

（8）变压器油的气相色谱分析结论认为不能继续运行时。

第三章

配 电 装 置

第一节 概 述

一、配电装置分类及其要求

配电装置是发电厂和变电所的重要组成部分。它按主接线的要求，由开关设备、保护和测量电器、母线装置和必要的辅助设备构成，用来接受和分配电能，是一种电工建筑物。配电装置按电气设备安装地点的不同，可分为屋内和屋外配电装置。按其组装方式，又可分为装配式和成套配电装置。电气设备在现场组装的称为装配式配电装置，在制造厂预先将开关电器、互感器等安装成套，然后运至安装地点，这样的配电装置称为成套配电装置。配电装置应满足以下基本要求。

（1）保证运行可靠。按照系统和自然条件合理选择电气设备，在布置上力求整齐、清晰、保证具有足够的安全距离，采取防火、防爆和蓄油、排油措施，考虑设备防冰、防阵风、抗震、耐污等性能。

（2）便于检修、巡视和操作。装设防误操作的闭锁装置及联锁装置，以防止带负荷拉合隔离开关、带接地线合闸、带电挂接地线、误拉合断路器、误入屋内有电间隔等。

（3）在保证安全的前提下，电气设备的布置应紧凑，力求节约土地、材料和降低造价。

（4）安装和扩建方便。

二、屋内外配电装置的最小安全净距

为了满足配电装置运行和检修的需要，各带电设备应相隔一定的距离。在各种间隔距离中，最基本的是带电部分对接地部分之间和不同相的带电部分之间的空间最小安全净距，即所谓 A、B、C、D、E 值，含义如图 3-1 所示。在这一距离下，无论是在正常最高工作电压还是在出现内、外过电压时，都不致使空气间隙击穿。A 值可根据电气设备标准试验电压和相应电压与最小放电距离试验曲线确定。一般来说影响 A 值的因素有：220kV 以下电压级的配电装置，大气过电压起主要作用；330kV 及以上电压级的配电装置，内过电压起主要作用。采用残压较低的避雷器时，A_1 和 A_2 值可减小。

在屋内、外配电装置中，各有关部分之间的最小安全净距，见表 3-1 和表 3-2。其中，B、C、D、E 等类电气距离是在 A 值基础上再考虑一些其他实际因素决定的。

在设计配电装置确定带电导体之间和导体对接地构架的距离时，还要考虑减少相间短路的可能性及减少电动力。例如，对绞线在短路电动力、风摆、温度等因素作用下，使相间及对地距离的减小；隔离开关开断允许电流时，不致发生相间和接地故障；减少大电流导体附

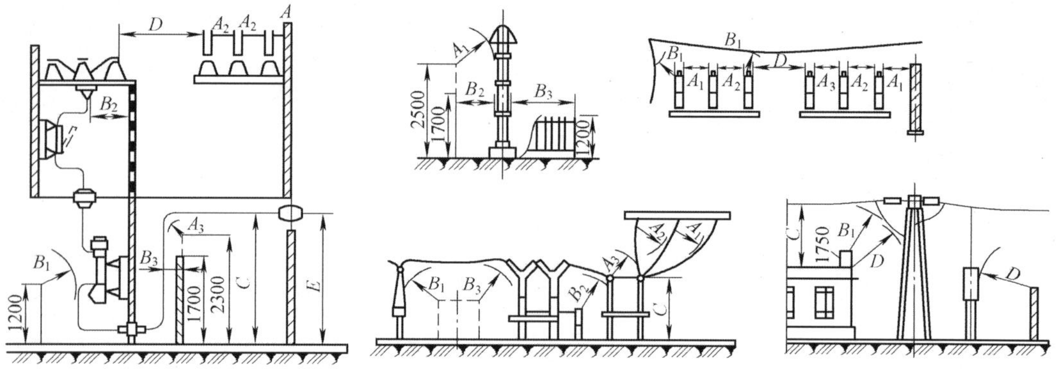

(a) (b)

图 3-1 屋内外配电装置安全净距

（a）屋内配电装置安全净距校验图；（b）屋外配电装置安全净距校验图

近的铁磁物质的发热。对于 110kV 以上电压级的配电装置，还要考虑减少电晕损失、带电检修等因素，故工程上采用的安全净距，通常大于表 3-1 和表 3-2 所列的数值。

表 3-1　　室内配电装置的安全净距　　mm

符号	适 用 范 围	额定电压（kV）									
		3	6	10	15	20	35	60	110J	110	220J
A_1	带电部分至接地部分之间； 网状和板状遮栏向上延伸线距地 2.3m 处、与遮栏上方带电部分之间	70	100	125	150	180	300	550	850	950	1800
A_2	不同相的带电部分之间； 断路器和断路器开关的断口两侧带电部分之间	75	100	125	250	180	300	550	900	1000	2000
B_1	栅状遮栏至带电部分之间； 交叉的不同时停电检修的无遮拦带电部分之间	825	850	875	900	930	1050	1300	1600	1700	2550
B_2	网状遮拦至带电部分之间	175	200	225	250	280	400	650	950	1050	1900
C	无遮拦裸导体至地面之间	2375	2400	2425	2450	2480	2600	2850	3150	3250	4100
D	平行的不同时停电检修的无遮拦导体之间	1875	1900	1925	1950	1980	2100	2350	2650	2750	3600
E	通向屋外的出线套管至屋外通道的路面	4000	4000	4000	4000	4000	4000	4500	4500	5000	5500

表 3-2　　室外配电装置的安全净距　　mm

符号	适 用 范 围	额定电压(kV)								
		3～10	15～20	35	63	110J	110	220J	300J	500J
A_1	带电部分至接地部分之间； 网状遮栏向上延伸线距地 2.5m 处、与遮栏上方带电部分之间	200	300	400	6500	900	1000	1800	2500	3800
A_2	不同相的带电部分之间； 断路器和断路器开关的断口两侧带电部分之间	200	300	400	650	1000	1100	2000	2800	4300

续表

符号	适用范围	额定电压(kV)								
		3～10	15～20	35	63	110J	110	220J	300J	500J
B_1	栅状遮栏至带电部分之间；交叉的不同时停电检修的无遮拦带电部分之间	825	850	875	900	930	1050	1300	1600	1700
B2	网状遮拦至带电部分之间	950	1050	1150	1400	1650	1750	2550	3250	4550
C	无遮拦裸导体至地面之间	300	400	500	750	1000	1100	1900	2600	3900
D	平行的不同时停电检修的无遮拦导体之间	2700	2800	2900	3100	3400	3500	4300	5000	7500
E	通向屋外的出线套管至屋外通道的路面	2200	2300	2400	2600	2900	3000	3800	4500	5800

三、屋内配电装置

（一）屋内配电装置特点

屋内配电装置的特点如下：

(1) 由于允许安全净距小和可以分层布置，故占地面积较小；

(2) 维修、巡视和操作在室内进行，不受气候影响；

(3) 外界污秽空气对电气设备影响较小，可减少维护工作量；

(4) 适宜于一些非标准设备的安装，如槽形母线、大电流母线隔离开关；

(5) 房屋建筑投资较大。

大、中型发电厂和变电所中，35kV 及以下（包括厂用配电装置）电压级的配电装置多采用屋内配电装置。

（二）屋内配电装置布置

屋内配电装置的结构，除与电气主接线及电气设备的型式（如电压等级、母线容量、断路器型式、出线回路数和方式、有无出线电抗器等）有密切关系外，还与施工、检修条件、运行经验和习惯有关。随着新设备和新技术的采用，运行、检修经验的不断丰富，配电装置的结构和型式将会不断地更新。

发电厂和变电所中的屋内配电装置，按其布置型式的不同，一般可分为两层和单层式。两层式是将所有电气设备依其轻重分别布置在各层中，单层式是把所有的设备都布置在一层中。

屋内配电装置的布置一般应满足的要求有：①同一回路的电器和导体布置在一个间隔内，以满足检修安全和限制故障范围。②尽量将电源布置在每段母线的中部，使母线截面通过较小的电流。③较重设备（如电抗器）布置在下层，以减轻楼板的荷重并便于安装。④充分利用间隔的位置。⑤布置对称，对同一用途的同类设备布置在同一标高，便于操作。⑥容易扩建。⑦各回路的相序排列尽量一致，一般为面对出线电流流出方向自左至右、由远到近、从上到下按 A、B、C 相顺序排列；对硬导体涂色，色别为：A 相黄色、B 相绿色、C 相红色。对绞线一般只标明相别。⑧为保证检修人员在检修电器及母线时的安全，电压为 63kV 及以上的配电装置，对断路器两侧的隔离开关和线路隔离开关的线路侧，宜配置接地开关；每段母线上宜装设接地开关或接地器，其装设数量主要按作用在母线上的电磁感应电压确定。在一般情况下，每段母线宜装设两组接地开关或接地器，其中包括母线电压互感器隔离开关的接地开关在内。母线电磁感应电压和接地开关或接地器安装间隔距离需经计算确定。⑨配电装置的布置为便于设备操作、检修和搬运，设置了维护通道、操作通道、防爆通道。凡用来维护和搬运各种电气设备的通道，称为维护通道；如通道内设有断路器（或隔离开关）的操动机构、就地控制屏等，称为操作通道；仅和防爆小室相通的通道，称为防爆通道。⑩配电装置室可以开窗采光和通风，但应采取防止雨雪、风沙、污秽和小动物进入室内的措施。⑪配电装置室应按事故排烟要求，装设足够的事故通风装置。

四、屋外配电装置

（一）屋外配电装置的特点

屋外配电装置的特点如下：

（1）土建工程量和费用较小；

（2）扩建比较方便；

（3）相邻设备之间距离较大；

（4）占地面积大，建设周期短，便于带电作业；

（5）受外界空气影响，设备运行条件较差，需加强绝缘；

（6）外界气象变化对设备维修和操作有影响。

（二）屋外配电装置的类型

根据电气设备和母线布置的高度，屋外配电装置可分为中型、半高型和高型等类。中型配电装置的所有电气设备都安装在同一水平面内，并装在一定高度的基础上，使带电部分对地保持必要的高度，以便工作人员能在地面安全地活动。中型配电装置母线所在的水平面稍高于电气设备所在的水平面，这种布置是我国屋外配电装置普遍采用的一种方式。高型和半高型配电装置的母线和电气设备分别装在几个不同高度的水平面上，并重叠布置。凡是将一组母线与另一组母线重叠布置的，称为高型配电装置。如果仅将母线与断路器、电流互感器等重叠布置，则称为半高型配电装置。由于高型与半高型配电装置可大量节省占地面积，因此，近年来，110kV和220kV配电装置高型和半高型布置得到广泛的应用，但亦应其检修和维护比较麻烦而并不受到运行维护人员的欢迎。

五、成套配电装置

成套配电装置的特点：①电气设备布置在封闭或半封闭的金属外壳中，相间和对地距离可以缩小、结构紧凑、占地面积小。②所有电器元件已在工厂组装成一整体，现场安装工作量大大减小，有利于缩短建设周期，也便于扩建和搬迁。③运行可靠性高，维护方便。④耗用钢材较多，造价较高。

国内生产的3～110kV高压成套配电装置，广泛应用在大、中型发电厂和变电所中。成套配电装置分为低压配电屏（或开关柜）、高压开关柜和SF_6全封闭组合电器三类，按安装地点不同，又分为屋内和屋外式。低压配电屏只做成屋内式，高压开关柜有屋内和屋外两种，由于屋外有防水、锈蚀问题，故目前大量使用的是屋内式；SF_6全封闭组合电器也因屋外气候条件较差，大都布置在屋内。本章将着重对3种成套配电装置进行介绍。

第二节 SF_6气体绝缘全封闭组合配电装置（GIS）

一、概述

SF_6 气体绝缘全封闭组合配电装置（Gas Insulated Substation，GIS）为采用 SF_6 气体作为绝缘介质的一种配电装置。它是将电气一次系统所有的高压电器元件，包括断路器、母线、隔离开关、电压互感器、电流互感器、避雷器、套管、电缆终端盒、接地隔离开关等，按电气主接线的连接方式组合在一起，并全部装在充有 SF_6 气体的封闭接地的金属筒中组合而成。GIS 采用的气体是绝缘性能和灭弧性能优异的六氟化硫（SF_6），因此，与传统敞开式配电装置相比，GIS 具有如下优点。

（1）大量节省配电装置所占面积和空间，电压越高，效果越显著。

（2）运行可靠性高。暴露的外绝缘少，因而绝缘事故少；内部结构简单，机械故障机会减少；外壳接地，无触电危险；SF_6 为非燃性气体，无火灾危险；气压低，爆炸危险性也小。

（3）运行维护工作量小。平时不需冲洗绝缘子；设备检修周期长，几乎在使用寿命内不需要解体检修。

（4）环境保护好。无静电感应和电晕干扰，噪声水平低。

（5）适应性强。因为重心低、脆性元件少，所以抗震性能好；因为是全封闭，不受外界环境影响，还可用于高海拔地区和污秽地区。

（6）安装调试容易。因为制造厂在厂内经过充分的性能试验，以组件形式出厂，又是单元整体运输，所以现场只需整装调试，安装方便，建设速度快。

GIS 的缺点有以下几方面。

（1）SF_6 全封闭电器对材料性能、加工精度和装配工艺要求极高，工件上的任何毛刺、油污和纤维都会造成电场不均。当个别点电场强度达到气体放电的电场强度时，就会发生局部放电，甚至可导致个别部位的击穿。绝缘气体的气压愈高，则局部放电降低击穿电压或沿面放电电压的影响愈强烈。

（2）需要专门的 SF_6 气体系统和压力监视装置，且对 SF_6 的纯度和水分都有严格的要求。

（3）金属消耗量大。

（4）目前造价较高。

GIS 由各个独立的标准元件组成，各标准元件制成独立气室，再辅以一些过渡元件（如弯头、三通、伸缩节等），便可适应不同形式主接线的要求，组成成套配电装置。一般情况下，断路器和母线筒的结构型式对布置影响最大。金属外壳内各标准元件用盆形绝缘子相互分隔形成独立气室。独立气室具有便于监视、易于分析发现故障点、限制故障范围以及检修或扩建时减少停电范围的作用。在两组母线汇合处设有伸缩节，以减少由温差和安装误差引起的附加引力。另外，装置外壳上还设有检查孔、窥视孔和防爆盘等设备。独立气室中装有防爆膜，以防止内部发生电弧性故障时，产生超压力现象致使外壳破裂。大容积的气室及母线管道，一般不会产生危及外壳的超压力现象，不需要装防爆膜。GIS 外形如图 3-2 所示。

图 3-2 GIS 外形图

目前 GIS 制造厂家国外主要有西门子、三菱、ABB，国内主要有西安西开高压电气股份有限公司、河南平高高压集团。如望亭发电厂的 GIS 设备为西安西开高压电气股份有限公司生产的 LWG9-252/Y 型 GIS，其全部设备、附件和材料都由生产厂家提供。该 GIS 共有 9 个间隔，其中 3 回输电线路，每回间隔包括 1 组断路器、1 组隔离开关（不接地）、1 组隔离开关（单接地）、1 组隔离开关（双接地，其中包括 1 组故障快速接地开关）、1 组六次级电流互感器、1 组出线套管（接架空线）、1 相同期电压互感器（二次级）；1 回母线联络间隔，该间隔包括 1 组断路器、2 组隔离开关（单接地）、1 组六次级电流互感器。2 回主变压器间隔及 1 回启动/备用变压器间隔，每间隔包括 1 组断路器、1 组隔离开关（不接地）、1 组隔离开关（单接地）、1 组接地开关、1 组六次级电流互感器、1 组出线套管（接架空线）；2 组主母线及母线电压互感器间隔（2 组母线电压互感器布置在 1 个间隔），每组包括 1 组主母线、1 组母线隔离开关（双接地，也可单接地，此时母线需另加 1 组接地开关）、1 组母线三相四次级电压互感器。

二、断路器

（一）断路器结构及原理

1. 总体结构

断路器是 GIS 中的主要元件，可以是单压式或双压式 SF_6 断路器，目前使用最多的是单压式。本节以 LWG9-252 型 GIS 断路器为例做详细介绍。LWG9-252 型 GIS 用单断口断路器（配液压弹簧操动机构），外形结构如图 3-3 所示。断路器为每极单断口结构。每台断路器由三个单极组成，每极包括灭弧室、操动机构。每极配用一台液压弹簧操动机构，主变压器、启动/备用变及母联断路器操动机构为三相电气联动操动机构，三相同时分、合闸；线路断路器为分相操动机构，可进行三相分、合闸，并能单相跳闸和单相自动重合闸。

2. 灭弧室

灭弧室为压气式变开距、双吹结构，它是由壳体、静触头系统、动触头系统、绝缘拉杆、直动密封等组成。在合闸位置，电流从上端的梅花触头经导体、主触头座、静触头、中间触头、动触头座，到下端的梅花触头。分闸时，由绝缘拉杆带动动触头一起向下运动，当动、静弧触头脱离时，其间产生电弧，与此同时压气缸中的 SF_6 气体压力已建立起来，强大的气体吹熄电弧。合闸时，绝缘拉杆向上运动，这时所有的运动部都按分闸操作的反

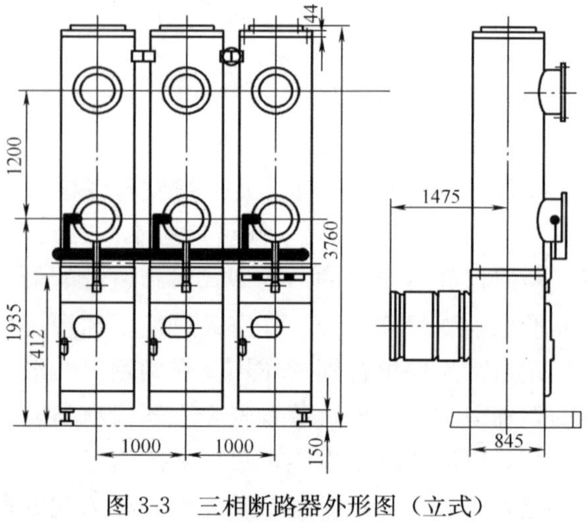

图 3-3 三相断路器外形图（立式）

方向动作，SF_6 气体进入压气缸，动触头最终到达合闸位置。简单的灭弧原理示意图如图 3-4 所示。

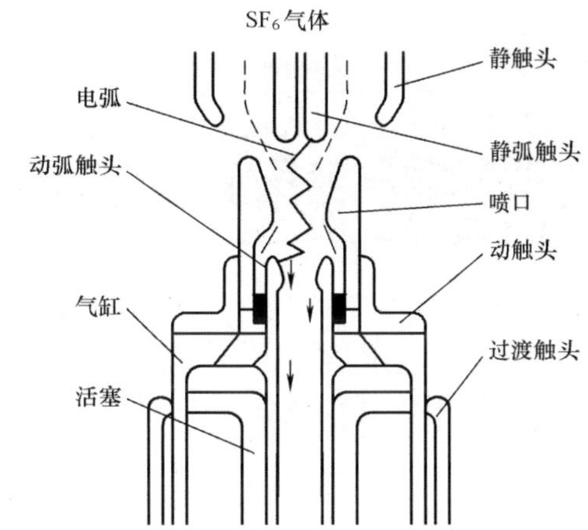

图 3-4 灭弧原理示意图

3. 液压弹簧操动机构

(1) 概述。

如图 3-5 所示液压弹簧操动机构，主要由以下五个功能模块组成。

1) 储能模块，由三组相同的储能活塞、工作缸、支撑环和蝶簧组成；

2) 监测模块，主要由限位开关、齿轮、齿条构成的储能弹簧指示器及泄压阀组成；

3) 控制模块，包括 1 个合闸电磁铁、2 个分闸电磁铁、换向阀和调整分、合闸速度的可调节流螺栓，元件位置如图 3-6 所示；

4) 打压模块：主要由储能电机、变速齿轮、柱塞油泵、排油阀和位于低压油箱的油位指示器组成；

5) 工作模块：主要由两端带有阶梯缓冲的活塞杆和工作缸组成，工作缸兼工作固定其他功能元件的基座。

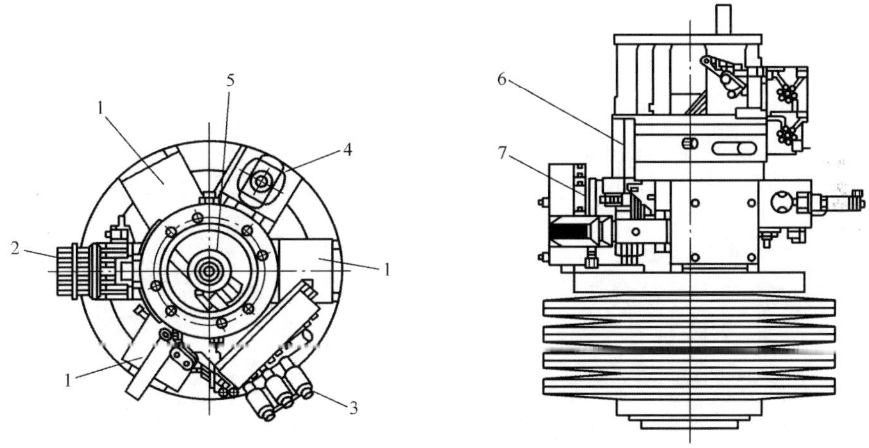

图 3-5 液压弹簧操动机构

1—储能模块；2—监测模块；3—控制模块；4—打压模块；5—工作模块；6—泄压阀操作手柄；7—弹簧储能位置指示器

(2) 储能。

液压蝶簧操动机构的工作原理如图 3-7 和图 3-8 所示。

当储能电机接通时，油泵将低压油箱的油压入高压油腔，三组相同结构的储能活塞在液压的作用下压缩蝶簧而储能。注意：储能时应特别注意储能电机仅适用于短时工作。为了防止储能电机过热而损坏，储能电机启动每小时不能超过 20 次。

(3) 合闸操作。

当合闸电磁阀线圈带电时，合闸电磁阀动作，高压油进入换向阀的上部，在差动力的作

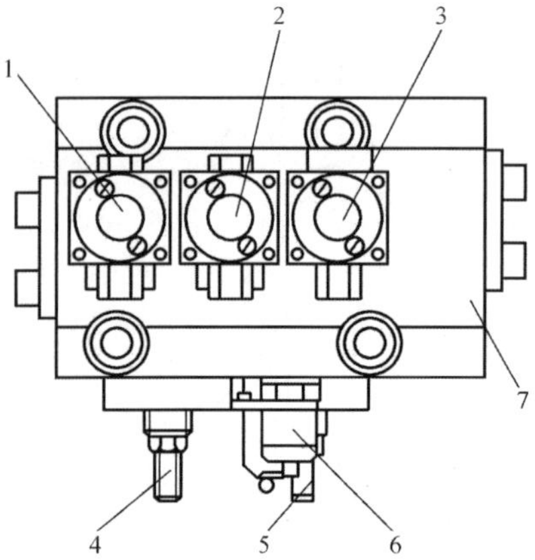

图 3-6 控制模块

1、2—分闸电磁阀；3—合闸电磁阀；4—分闸节流螺栓；5—合闸节流螺栓；6—堵头；7—换向阀

用下换向阀应向下运动，切断了工作活塞下部原来与低压油箱连通的油路，而与储能活塞上部的高压油路接通。这样，工作活塞在差动力的作用下，快速向上运动，带动断路器合闸。

（4）分闸操作。

当分闸电磁阀线圈带电时，分闸电磁阀动作，换向阀上部的高压油腔与低压油箱导通而失压，换向阀应立即向上运动，切断了原来与工作活塞下部相连通的高压油路，而使工作活塞下部与低压油箱连通失压。工作活塞在上部高压油的作用下，迅速向下运动，带动断路器分闸。

（5）机械防慢分装置。

为了保证可靠的防慢分，液压弹簧操动机构的换向阀本身就具有防失压慢分的功能，设置了机械防慢分装

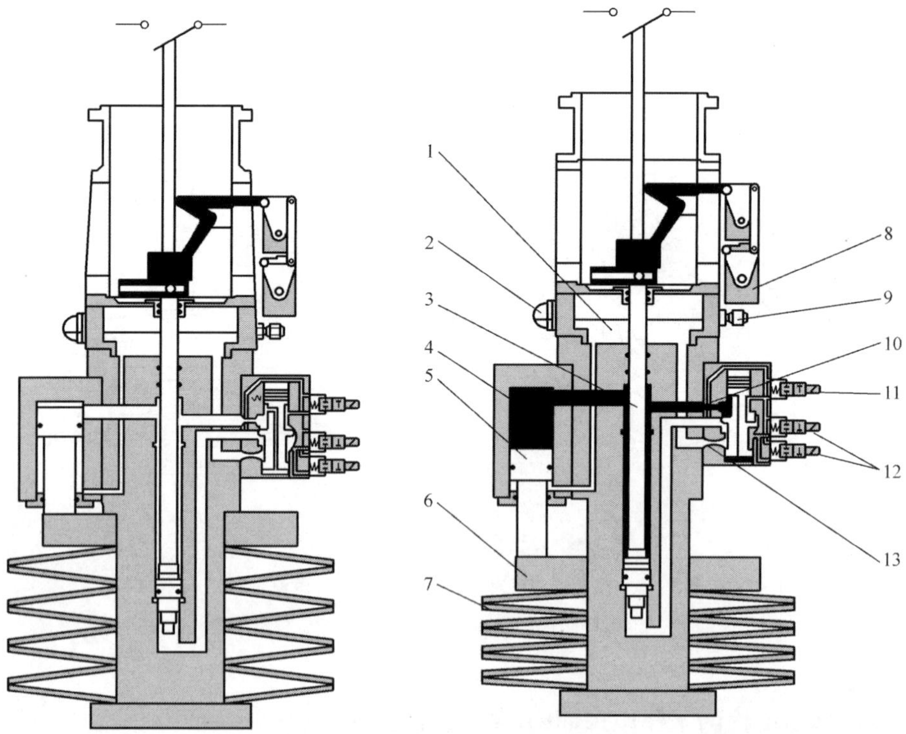

图 3-7 液压弹簧操动机构工作原理图

1—低压油箱；2—油位指示器；3—工作活塞杆；4—高压油腔；5—储能活塞；6—支撑环；7—蝶簧；8—辅助开关；9—注油孔；10—合闸节流阀；11—合闸电磁阀；12—分闸电磁阀；13—分闸节流阀

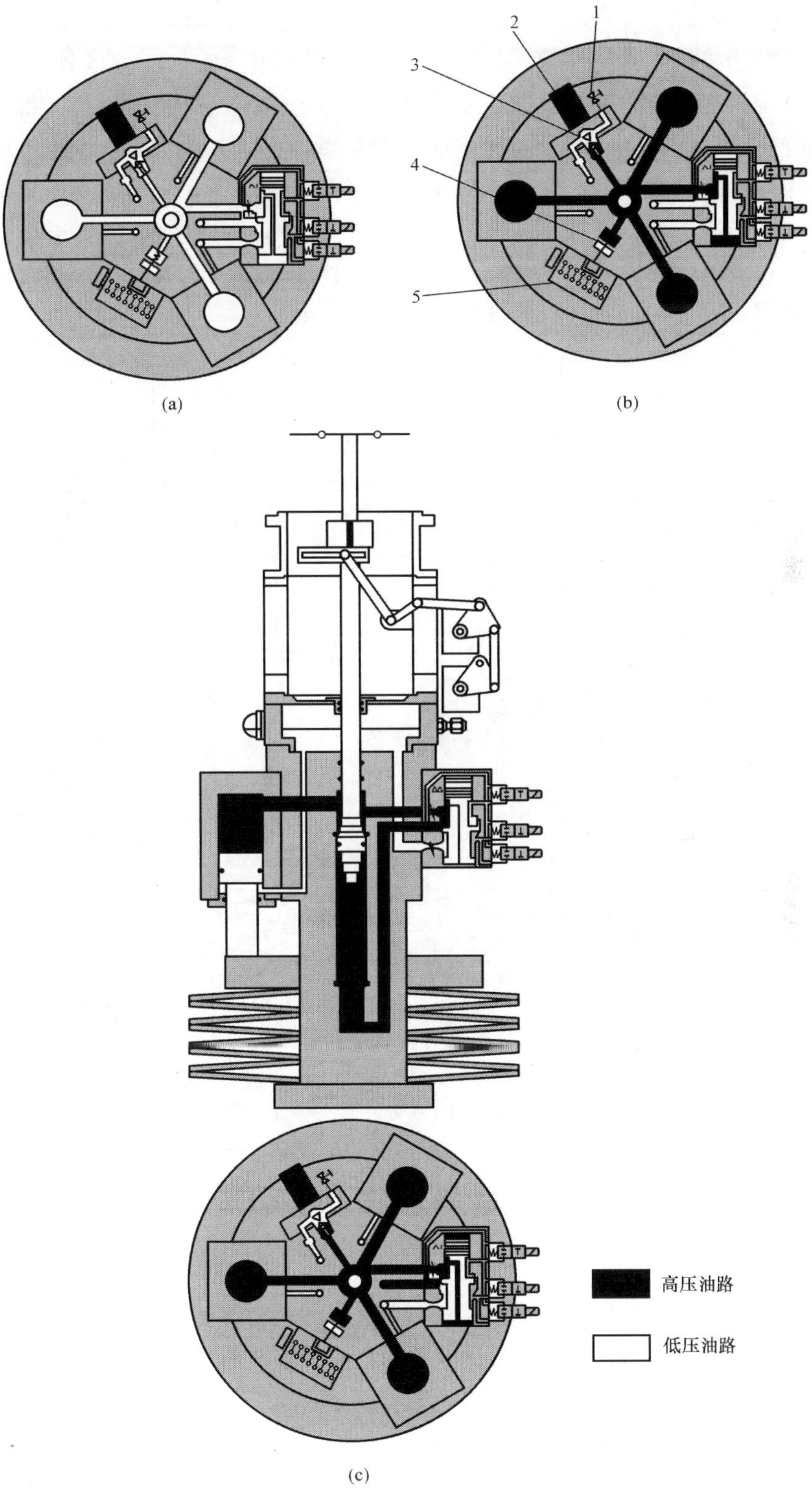

图 3-8 液压弹簧操动机构工作原理图示意图
(a) 未储能，分闸状态；(b) 已储能，分闸状态；(c) 已储能，合闸状态
1—排油阀；2—储能电机；3—柱塞油泵；4—泄压阀；5—行程开关

置，如图 3-9 所示。

图 3-9（a）为机构正常工作状态，图 3-9（b）为失压状态。断路器处于合闸位置，一旦机构液压系统出现失压故障，支撑环 5 受到弹簧力的作用，向上运动 h_2，推动连杆 3，连杆 3 带动拐臂 1 顺时针转动 h_3，支撑环向下慢分的活塞杆，使断路器始终保持在合闸位置。待机构的故障排除后重新储能，在储能活塞的作用下，支撑环 5 向下运动压缩蝶簧，连杆 3 在复位弹簧力的作用下带动拐臂 1 逆时针转动，脱离活塞杆，机构又恢复正常工作状态。注意：在安装时，或要进行慢分、慢合操作时，应将弹性开口销 2 拔出，否则有可能使拐臂 1 损伤。待工作完成后，切记应将其弹性开口销 2 再装上。

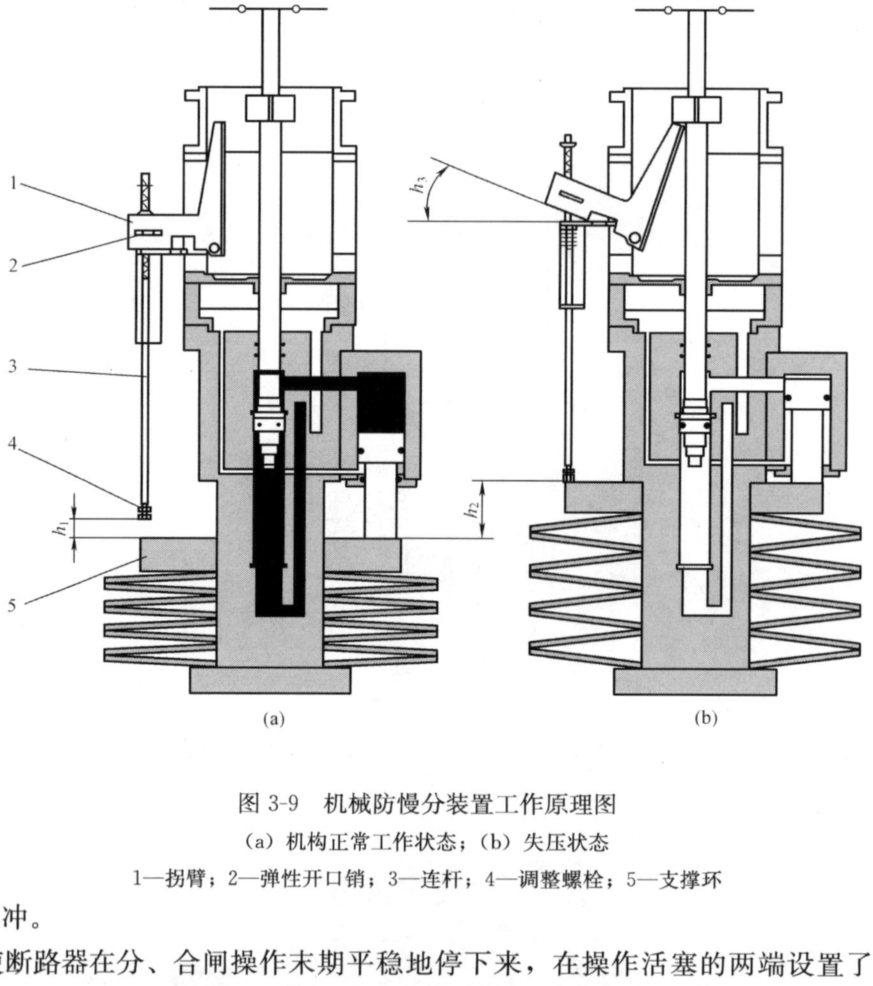

图 3-9 机械防慢分装置工作原理图
（a）机构正常工作状态；（b）失压状态
1—拐臂；2—弹性开口销；3—连杆；4—调整螺栓；5—支撑环

（6）缓冲。

为了使断路器在分、合闸操作末期平稳地停下来，在操作活塞的两端设置了阶梯缓冲器，通过逐渐缩小油流的截面积，吸收分、合闸操作的剩余能量，降低断路器本身的冲击，机械特性平滑，提高了机械可靠性。

（7）防跳跃。

防跳跃功能主要是靠电气控制回路实现。

（8）闭锁。

为了保证断路器具有所需要的开断能力，操动机构中的控制回路中设有两种闭锁装置，一种是 SF_6 气体压力操作闭锁，另一种是低油压操作闭锁，前一种是由 SF_6 气体密度继电器实现，而后一种则是通过固定在支撑环上的齿条，随储能弹簧上下运动，转动与其啮合的齿轮，与齿轮同轴的凸轮带动限位开关实现。

4. SF_6 气体系统

(1) 六氟化硫（SF_6）气体。

纯 SF_6 是惰性气体，它具有理想的稳定性、优异的灭弧能力和介质强度。SF_6 气体无毒、无味、不可燃，是最稳定的化合物之一。SF_6 气体密度约是空气的 5 倍，其导热率也比空气大得多。在大气压下，其介质强度约为空气的 2.4 倍。而在 0.3MPa 气压下与油的介质强度相当。SF_6 气体经电弧分解后，会生成低氟化合物。但是，这些分解物数量很少，而且，大部分在极短时间内又复合成 SF_6 气体，因此，对灭弧能力和介质强度也没有影响。由电弧能量形成的固态分解物是金属氟化物，呈灰色粉末状。在断路器内部的干燥条件下，这种粉末具有很高的介质强度。电弧能量只导致局部 SF_6 气体的热膨胀，而且，既不产生冲击压力波，也不会产生像在液体介质中那样的压力传递，而且在 SF_6 介质中无大量电弧分解物，悬浮于介质之中。因此，SF_6 断路器的性能非常稳定。

SF_6 气体的惰性和稳定性都无害于人体健康。经电弧分解的 SF_6 低氟化物有轻度的酸性，对眼、鼻有刺激，长时间接触有害健康。在检修断路器时，先将 SF_6 气体回收，将断路器打开，壳体内的金属氟化物粉可用吸尘器轻易地吸净。在此期间，维修人员应戴好活性炭过滤器的呼吸面具、化学型工业防护眼镜和防护手套，严格按照检修有关规程进行工作。在断路器进行大修时，短期接触 SF_6 分解物并不会危及人体健康。因为断路器的大修次数少，维修人员不可能反复地或连续不断地吸入 SF_6 粉尘。

(2) SF_6 气体监控系统。

如图 3-10 所示，三极本体 SF_6 气体系统各自独立，每极本体分别由三通阀 E 连向 SF_6 气体密度监控器和供气、检查口。三通阀 E 在运行情况下，应处于常开位置，以连通本体和 SF_6 管路系统，以便密度继电器随时监测断路器本体的气体密度。供气、检查口用 O 形密封圈和专用法兰密封。当 SF_6 气体密度降低，发出报警时，可由此口补给 SF_6 气体，即便是在带电运行的条件下，亦可由此口补气。同时也使用此口检查密度计动作值。

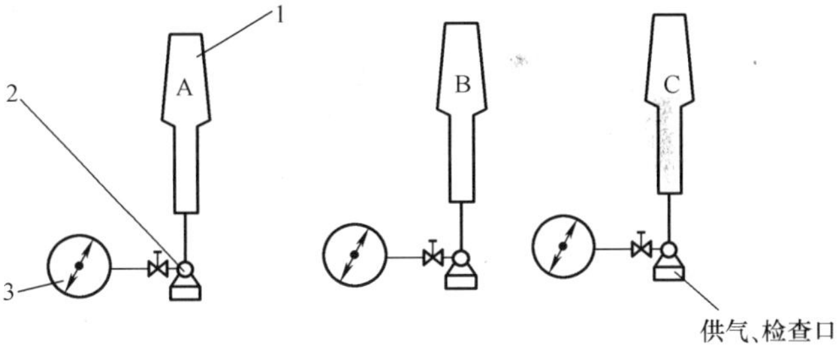

图 3-10　SF_6 气体监控系统

1—SF_6 断路器；2—三通阀 E；3—SF_6 密度监控器

SF_6 气体监控器（密度继电器）采用表计合一的结构，表计内部装双金属片进行温度补偿，能直观地监视气体变化（−20～+60℃范围内，误差为 2.5%，可以不必修正环境温度对 SF_6 气压的影响，直接充入额定气压的 SF_6 气体），其外形和工作原理如图 3-11 所示。

当 SF_6 气体压力低于 0.55MPa 时，发出补气信号；当 SF_6 气体压力低于 0.50MPa 时，发出闭锁机构操作信号。

(3) SF_6 气体泄漏监控报警系统。

SF_6 气体泄漏监控报警系统可以检测 GIS 内气体泄漏情况，具有如下主要功能：

1) 环境中 SF_6 气体含量检测功能；

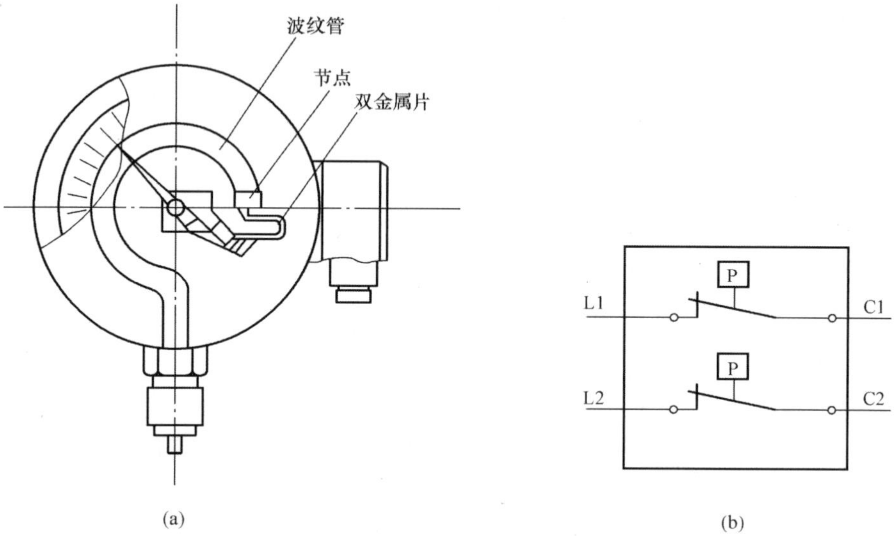

图 3-11 SF_6 气体密度监控器外形和工作原理

(a) 外形；(b) 工作原理

2）SF_6 气体泄漏报警点自主设置功能；

3）环境中氧气含量检测及显示功能；

4）SF_6 气体含量超标或缺氧报警功能；

5）报警时，风机自动启动功能；

6）定时排风功能；

7）强制排风功能；

8）温度、湿度检测及显示功能；

9）温度、湿度超限时可自动启动风机功能；

10）温度、湿度超限阀值可自动设置；

11）历史记录及事件存储和查询功能；

12）人体感应自动语音提示功能；

13）报警信号上传功能；

14）数据上传及远方遥控操作功能。

（二）操作

1. 概述

从控制室 NCS 监控系统、测控屏或断路器的就地控制柜上，对断路器进行电气合闸或分闸操作，如果断路器气室 SF_6 气体压力下降到闭锁压力以下，SF_6 气体密度继电器触点将闭锁操作回路，防止合闸或分闸。电气操作断路器之前应检查下列项目：

（1）断路器 SF_6 气体密度继电器的指示压力大约为 0.6MPa，SF_6 气体系统阀门在正确位置；

（2）直流控制电压和电机电源电压符合要求，所有控制开关闭合（除加热器回路按需闭合或打开）；

（3）分合指示器的指示位置。

断路器允许操作次数见表 3-3。

表 3-3　断路器允许操作次数

开断电流类别	允许操作次数	开断电流类别	允许操作次数	开断电流类别	允许操作次数
额定短路开断电流	约 20 次	额定电流	约 2000 次	空载	约 5000 次

当达到表中规定的任一档次数时，断路器应进行特别检修。

2. 紧急操作

如果储能弹簧已储能，储能指示器指示为储能到位，操动机构内的合闸或分闸电磁铁，无需电源就能操作断路器进行合闸或分闸。

注意：紧急操作时与闭锁回路无关，因此在操作前应检查 SF_6 压力是否正常，如果 SF_6 操作气压低于操作闭锁压力，禁止操作断路器。进行紧急操作时，切勿将手、身体和衣服与机构接触，否则有可能伤害人的身体。

3. 油泵启动及内部密封检查

液压系统所用的密封圈能保证其密封性。但阀内金属密封装置底座的极少泄漏将导致蝶形弹簧张力的损失，这些损失将由油泵的自动补压来补偿。

在断路器不操作的情况下，油泵每天可允许启动 10 次（300 次/月）。当一天中油泵启动次数超过 10 次以上时，应对操动机构进行检测。当测定油泵启动的次数时，可由油泵启动总次数减去开关操作（合闸或分闸）导致的油泵启动次数。在合闸及分闸位置，应至少在 8h 内持续进行密封检测。检测步骤是将断路器打到分、合闸的位置，并将碟簧系统充能。要防止油泵自动启动，应保证油泵在失电状态，要在检测记录中记录：时间和弹簧行程的差异。

弹簧的伸张程度允许每 24h 减少 30mm（油泵电机断开）。

注意操动机构的油泵电机是为短时操作而设计的，不适用于连续操作。为防止电机过热，允许每小时 20 次合分操作。

三、其余元件

（一）隔离开关

隔离开关的所有带电部件（如动、静触头）均安装在金属壳体内，隔离开关具有一套分合闸装置，由气动、电动弹簧操动机构进行操作。由于这种隔离开关的分合闸装置没有开断能力，因此与断路器及其他隔离开关和接地开关之间必须具有联锁。根据主接线的需要，隔离开关有时需具备一定的开合感性、容性小电流和母线转换电流能力。装在壳体中的隔离开关动触头是经过绝缘棒及密封轴伸出来经过连接机构与操动机构连接，每一壳体中充有一定压力的 SF_6 气体。

（二）接地开关

接地开关作为检修时的安全保护装置，其配置位置由系统主接线确定。为了防止误操作关合到带电主回路上，接地开关应与其相应的隔离开关、接地开关和断路器联锁。安装在壳体中的接地装置通过密封轴和连接机构连接，每一壳体内充有一定压力的 SF_6 气体。当接地开关合闸接地时，其电流回路是静触头、动触头、接地开关壳体及接地端子。一般而言接地开关不具有关合短路电流的能力，近来也有厂家制造出在误操作时具有关合短路电流能力的故障接地开关。

（三）电流互感器

GIS 内电流互感器主要由电流互感器绕组、壳体、连接法兰、密封端子等组成。电流互感器通过连接法兰与 GIS 进行连接，其二次绕组是通过密封端子引出至端子箱，再和各类继电器、测量仪表连接。

（四）电压互感器

电压互感器主要用于电气测量及保护，其一次绕组和二次绕组为同轴圆柱结构，一次绕组装有高压电极及中间电极，绕组两侧设有屏蔽板，使场强分布均匀。

（五）避雷器

避雷器为用于保护相应电压等级的 GIS 免受大气过电压和操作过电压损坏的保护电器。罐式氧化锌避雷器主要由罐体、盆式绝缘子、安装底座及芯体等部分组成，芯体是由氧化锌电阻片作为主要元件，它具有良好的伏安特性和较大的通流容量，在正常运行电压下，氧化锌电阻片呈现出极高的电阻，使流过避雷器的电流只有微安级，省去了传统的碳化硅避雷器不可缺少的灭弧间隙，使避雷器的结构得以简化。当系统出现危害电器设备绝缘的大气过电压或操作过电压时，氧化锌电阻片呈现低电阻，使避雷器的残压被限制在允许值以下，并且吸收过电压能量，从而对电力设备提供可靠的保护。

（六）就地控制柜（LCP）

就地控制柜是对 GIS 进行现场监视与控制的集中控制屏，也是 GIS 间隔内外各元件以及 GIS 与主控室之间电气联络的集中端子箱，主要功能包括：

（1）对断路器、隔离开关、接地开关实施就地操作；

（2）监视 GIS 各元件的位置状态；

（3）监视 GIS 各气室 SF_6 气体密度及压力源压力是否处于正常状态；

（4）监视断路器电气防跳及非全相跳闸功能；

（5）实现 GIS 间隔之间的元件以及 GIS 间隔内元件的电气联锁；

（6）作为 GIS 各元件之间以及 GIS 与主控室之间的中继端子箱，传输信号；

（7）显示一次主接线形式及各元件运行状态；

（8）监视控制回路电源是否正常，并通过电源开关、熔断器、保护开关，对 GIS 的二次控制、测量和保护元件起保护作用。

为保证电气系统正常运行，务必应维护好就地控制柜的完好。

四、运行要点

（1）运行人员在巡检 GIS 配电装置时，应主要检查和监视如下内容。

1）GIS 高压配电室通风系统的运行应正常。

2）应无可疑的噪声、气味、异常声音及其他异常情况。

3）断路器、隔离开关、接地开关等位置指示器应与实际运行状态符合。

4）断路器、隔离开关、接地开关等机构操作计数器指示、油泵电动机运行计时器应正常。

5）检查 GIS 各间隔气室的 SF_6 气体密度表计指示应正常，其密度表计无生锈和损坏、SF_6 气体管路和阀门有无变形现象，阀门开/闭位置应符合运行实际要求。

6）开关操动机构的弹簧储能状态应符合断路器运行状态的要求，其操动机构的联板、连杆应无脱落的开口销、弹簧、挡圈等连接部件。

7）检查就地控制屏上的各种信号指示灯是否正常，否则应根据有关规定作相应检查及处理。

8）检查就地控制屏上的断路器、隔离开关控制方式选择开关应置于“远方”位置，联锁/解除选择开关应在“联锁”位置，钥匙均已拔出。

9）检查GIS高压配电室SF_6气体泄漏监测系统运行正常，无异常报警。

10）检查GIS各操作箱、控制柜门密封垫的密封情况，内部应无水迹，换气口应无渗水，防潮加热器装置投入，运行正常。

11）检查GIS设备金属外壳、支架有无松动迹象，各接地点连接是否牢固，金属部件有否锈蚀氧化及生锈痕迹。

12）检查各进出线套管有无损坏，表面是否清洁，有无闪络的痕迹，各气室SF_6气体密度继电器指示是否正常。密度继电器及其所连的管路是否漏气，套管的引线夹头无过热及变色发红现象。

13）GIS配电高压室屋顶应无漏水现象，门、窗、锁、通信及照明完好，控制箱门可靠锁牢，室内无其他有碍设备安全运行的情况。

（2）断路器需检查内容。

1）检查断路器气室外观应无异常，设备完整、清洁，符合运行条件。

2）检查断路器气室的气体密度继电器和压力释放装置的防爆膜应完好无损。

3）检查断路器气室及其他相关气室的SF_6气体密度符合运行规定。

4）检查断路器操动机构弹簧储能正常。断路器操动机构的弹簧储能状态应符合断路器运行状态的要求。

5）断路器本体在运行中无过热现象。

6）检查就地控制屏上的开关、隔离开关控制方式选择开关在“远方”位置，“联锁/解除”选择开关在“联锁”位置，钥匙均应拔出。

7）检查就地控制屏内的防潮加热除湿器电源已投入。

8）检查断路器就地控制屏上动态模拟接线图指示正常。

9）检查断路器位置指示器应符合实际运行状态，断路器机构操作次数计数器正常。

10）检查断路器就地控制屏上信号指示灯正常，并无其他异常报警信号。

（3）隔离开关检查内容。

1）检查隔离开关气室外观应无异常，设备完整、清洁，符合运行条件。

2）检查隔离开关气室的气体密度继电器和压力释放装置的防爆膜应完好无损。

3）检查隔离开关所在气室内的SF_6气体密度符合运行规定。

4）隔离开关和接地开关、快速接地开关闭锁可靠，其就地屏上“联锁/解除”选择开关在“联锁”位置，控制方式选择开关在“远方”位置，钥匙均已拔出。

5）控制回路完好，隔离开关的控制、操作、信号电源均已投入。

6）检查隔离开关的机构箱及隔离开关本体的分合闸状态指示符合实际运行状态，机构操作次数计数器指示正确，隔离开关操动机构传动元件的连杆、轴、销齐全无脱落，无异常。

7）检查就地控制屏上信号指示灯正常，并无其他异常报警信号。

（4）GIS操作液压机构检查内容。

1）机构箱门开启灵活无变形、密封良好，无锈迹、异味、凝露、渗水等。

2）检查操动机构的连板、连杆有无脱落下来的开口销、弹簧、挡圈等连接部件。

3）储能电源开关位置正确，储能电机运转正常，其行程开关无卡涩、变形。

4）各机构位置指示器应与实际运行状态相符且到位。

5）隔离开关本体在运行中无过热现象。

6）操动机构弹簧完好、正常，分、合闸线圈无冒烟、异味、变色。

7）储能指示器指示正确，有关二次接线压接良好，无过热变色、断股现象。

8）加热器电源应正常完好，按规定投入正常。

（5）SF_6 金属套管检查内容。

1）外部清洁，套管无裂纹、破损，各部分螺丝紧固无松动现象，法兰、螺栓、接地导体的外部连接部分有无生锈，无妨碍运行的杂物，支架接地良好。

2）GIS各气室 SF_6 密度继电器良好，密度指示值符合运行要求。

3）检查时注意辨别GIS设备金属外壳、扶手等处温升是否正常，有无过热、变色，有无异常气味。

4）巡查时应留意辨别音质特性的变化。

5）检查其金属结构是否变形，油漆是否脱落，气体压力表有无生锈和损坏，SF_6 气体系统管路和阀门有无变形。

（6）GIS电流互感器应检查内容。

1）检查电流互感器气室外观应无异常，设备完整、清洁，符合运行条件。

2）检查电流互感器气室的气体密度继电器和压力释放装置的防爆膜应完好无损。

3）检查电流互感器所在气室及相关气室的 SF_6 气体密度符合运行规定。

4）电流互感器在工作中不应有异声，各部分螺丝紧固，无松动。

5）电流互感器端子箱内无潮气，二次回路接线完整，无发热现象。

6）电流互感器本体在运行中无过热现象。

（7）GIS电压互感器应检查内容。

1）检查电压互感器气室外观应无异常，设备完整、清洁，符合运行条件。

2）检查电压互感器气室的气体密度继电器和压力释放装置的防爆膜应完好无损。

3）检查电压互感器所在气室及相关气室的 SF_6 气体密度符合运行规定。

4）各接头处无过热松动现象。

5）电压互感器一次侧中性点、外壳及二次侧接地线应完整良好。

6）电压互感器本体在运行中无过热现象。

7）电压互感器端子箱内无潮气，二次回路接线完整，无发热现象。

8）电压互感器二次小开关投运正常。

9）控制室及就地控制屏上应无异常指示及报警。

（8）避雷器应检查内容。

1）避雷器上、下引线接头应牢固无松动、断股，均压环及铁帽应紧固。

2）瓷质设备完整，无破损或放电痕迹。

3）接地线良好，雷击计数器完好。

4）保护间隙安装牢固，无电弧烧伤痕迹，接地良好。

5）避雷器计数器指示与现场标示牌记录是否相符（若不符，应更改现场标示牌记录并分析避雷器有否动作过）。

6）避雷器装置应牢固，无倾斜现象，避雷针无倾斜现象，金属部分无锈蚀，接地良好，架空接地线安装应牢固，并可靠接地。

7）低位安装的避雷器遮栏应完好。

（9）SF_6 气体综合在线监测系统检查项目。

1）检查 GIS 高压配电室 SF_6 气体泄漏监测系统运行正常，控制室及就地屏上应无异常报警。

2）当 SF_6 气体泄漏监测系统发生异常报警时，在报警未消失和确认前不得进入 GIS 高压配电室。

3）现场报警显示屏及高灵敏探头应清洁无积灰。

（10）GIS 断路器、隔离开关运行规定。

1）在断路器未经分、合闸操作的情况下，其储能电机每小时可允许启动 20 次。超过后应通知检修对其操动机构进行检测。

2）运行人员至现场处理 SF_6 气体泄漏故障时除开启全部通风机外，还必须带好防毒面具，穿好防护服。

3）所有隔离开关、接地开关经分、合闸操作后，应分别检查其本体分、合闸指示、本体操动机构连杆位置、NCS 监控系统分、合闸变位指示及就地控制屏上的分、合闸指示等多项内容，以判断其分、合闸是否正常。

4）就地控制屏上的“联锁/解锁”选择开关，正常运行时应在“联锁”位置，钥匙应拔出。此时对应本间隔的 GIS 设备的电气硬闭锁投入；当该选择开关在“解锁”位置时，则对应本间隔的 GIS 设备电气硬闭锁解除，此时可任意对本间隔设备进行操作，不受闭锁制约。一般当远方 NCS 控制操作不能进行时，可进行就地有闭锁控制的操作。当 GIS 设备确需解除闭锁操作时，必须经值长批准后方可进行。

5）GIS220kV 各隔离开关操动传动机构均设有闭锁装置，当其处于“闭锁”位置时，该闸刀的遥控、近控及手动均无法操作。正常运行中，接地开关操动机构的闭锁装置应放“闭锁”位置并上锁，其余隔离开关操动机构的闭锁装置均放“解除”位置并上锁。

6）手动操作隔离开关时，只有联锁电磁铁吸合才能完全打开其挡板，操作手柄才能插入。当电磁铁不能吸合时，此时既不能电动操作也不能手动操作，应检查相关联锁回路及控制直流电源是否正常。

7）手动操作隔离开关过程中（线路接地开关除外），其手动操作手柄有闭锁，只有操作到位时（指示器指示在“操作完”位置）手柄才能取出，到位后应停止操作。

8）手动操作隔离开关时遇卡涩等情况时，应停止操作，查明原因并汇报班长，不得强行操作。

9）隔离开关电动操作过程中，不得人为断电，严禁手按接触器启动电机进行操作。

10）隔离开关连续合、分闸操作的时间间隔应大于30s。

11）当GIS设备中某一间隔发出“SF_6压力降低闭锁”信号时，该间隔上任何设备禁止操作，应立即到现场查明原因，待处理正常后方可进行操作。严禁在GIS断路器运行或热备用状态下对断路器操动机构进行任何工作。

（11）进入GIS高压配电室巡检时的注意事项。

1）操作GIS断路器时，严禁任何人员进入GIS高压配电室。

2）进入GIS高压配电室内巡查时，必须由两人进行巡查，不得单人巡查。

3）运行人员在巡检GIS高压配电室前，须开启GIS高压配电室所有通风扇15min后，方可入内进行检查。

4）巡查时尽量避免靠近各气室压力释放装置的防爆膜。

5）SF_6气体分解物是有刺鼻气味的有毒物质，运行人员若在巡视过程中发现SF_6气体压力下降，或听到有气体泄漏声响、并闻到异味或眼、口、鼻有刺激症状，应立即退出GIS高压配电室并开启全部通风设备。

6）巡检中，如遇到GIS一次设备操作，则应停止巡视并退出GIS高压配电室，待操作完成并无异常后，方可入内继续巡检。

7）SF_6气体泄漏时，如需运行人员进入GIS高压配电室内处理时，应开启风机通风30min后方可进入室内。在接近漏气设备时要谨慎，尽量选择从“上风”处接近设备，必要时要戴防毒面具、穿防护服。

（12）合GIS接地开关前的注意事项。

为了防止带电合接地开关，GIS接地开关合上前必须验电，但由于GIS设备电气元件都安装在充满SF_6气体的封闭金属壳内，除线路接地开关、主变压器、启动/备用变高压侧接地开关外，其余接地开关都无法直接进行验电，因此在合上GIS接地开关前，运行人员应注意以下事项。

1）GIS间隔断路器、隔离开关拉开后，应在NCS操作员站及测控装置屏上检查开断路器、隔离开关在断开位置，对应的数据指示到零。

2）由于线路断路器两侧接地开关、主变压器、启动备用变母线断路器侧接地开关、母联断路器两侧接地开关、母线电压互感器高压隔离开关两侧接地开关合上前无法直接验电，应采用间接验电的方法，即当合上线路断路器两侧接地开关、主变压器、启动变压器母线断路器侧接地开关、母联断路器两侧接地开关前，应检查LCP控制屏上断路器、高压母线隔离开关、线路隔离开关在断开位置，断路器、隔离开关就地机构及操作连杆的实际位置指示均应表示断路器、隔离开关在断开位置；合上母线电压互感器高压隔离开关高压侧接地开关前，应检查LCP控制屏上高压隔离开关在断开位置，高压隔离开关就地机构及操作连杆的实际位置指示均应表示高压隔离开关在断开位置；合上母线电压互感器高压隔离开关母线侧接地开关前，应检查LCP控制屏上高压隔离开关在断开位置，高压隔离开关就地机构及操作连杆的实际位置指示均应表示高压隔离开关在断开位置，各间隔对应的母线隔离开关就地机构及操作连杆的实际位置指示均应表示母线隔离开关在断开位置，且对应的母线隔离开关操动机构闭锁装置应置于“闭锁”位置。

3）合上线路接地开关前，应得值长通知线路确已停电，然后至GIS高压配电室外线路出线侧验电，验电完成后回GIS高压配电室内，检查LCP控制屏上线路隔离开关在断开位置，线路隔离开关就地机构及操作连杆的实际位置指示均应表示线路隔离开关在断开位置；合上主变压器或启动/备用变高压侧接地开关前，先至GIS高压配电室外变压器进线侧验电，验电完成后回GIS高压配电室内，检查LCP控制屏上主变压器或启动/备用变压器高压侧断路器在断开位置，断路器就地机构实际位置指示表示断路器在断开位置。

4）操作GIS接地开关均应在LCP控制屏上进行，将闸刀控制方式选择断路器置“就地”位置，“联锁/解锁”选择断路器置“联锁”位置，当接地开关操作完毕后，应在LCP控制屏及就地机构上检查接地开关确已操作到位。

5）操作GIS接地开关应严格执行操作票制度，按操作卡进行，严禁跳步骤执行，操作中发现疑问应停止操作，及时汇报值长、班长。

五、GIS异常运行及故障处理

（1）SF_6各气室SF_6压力及油压降低报警时，应立即到现场检查，并带好必需的防护用品，同时通知检修人员进行检查。

（2）当断路器、隔离开关、母线、TA、TV各气室压力降低报警时，应立即补气至正常压力，然后调整运行方式及有关保护，将故障气室隔离。当某一母线气室、隔离开关气室气体压力降低至报警值以下时将不得进行该母线气室、隔离开关气室内所属设备的倒闸操作。

（3）GIS任一设备失直流现象为：NCS操作员站上发出“自动开关分闸或跳闸”报警信号；对应开关控制屏上“自动开关跳闸”光字牌亮，可采取以下处理措施：

1）检查就地控制屏内所有直流小开关，查明小开关跳闸原因，试合已跳闸的小开关，恢复正常运行；

2）若小开关重新合上后又跳闸，则联系检修人员进行检查处理。

（4）GIS任一设备失交流。NCS操作员站发出“××失交流”及“自动开关分闸或跳闸”信号，可采取以下处理措施：

1）检查就地控制屏内所有交流小开关，查明小开关跳闸原因，试合已跳闸的小开关，恢复正常运行；

2）检查弹簧储能是否到位，断路器储能电源开关是否跳闸，储能电源是否消失；

3）若系储能电源小开关跳闸，可再合一次，检查其电机是否启动；

4）若为储能电源消失，则检查低压厂用电，恢复其电源；

5）处理过程中，应做好断路器油压降低的事故预想。

（5）220kV某一GIS开关气室SF_6气体密度降低，发出SF_6泄漏信号，其现象为：

1）NCS操作员站上发出“开关气室SF_6压力降低”报警信号；

2）对应开关控制屏上“开关气室SF_6压力降低”光字牌亮；

3）开关气室密度计指针近接于红色区域。

可采取以下处理措施：

1）此时断路器仍可保持正常分、合闸功能；

2）首先开启GIS高压配电室所有排风扇，保持室内通风良好；

3）联系检修人员补气至对应温度的相应压力，用SF_6检漏仪详细检查该开关气室的各密封部件以判明泄漏点，并向有关部门汇报以待处理，此时在运行中应特别注意该气室的气压、密度变化趋势。

(6) 220kV GIS除开关外其余气室SF_6气体密度降低，发出SF_6泄漏信号。其现象为：

1) NCS操作员站上发出“SF_6压力降低、G♯X气室”报警信号；

2) 对应就地控制屏上“G♯X气室SF_6压力降低”光字牌亮；

3) 某一气室密度继电器指针接近于红色区域。

可采取以下处理措施：

1) 开启GIS高压配电室所有排风扇，保持室内通风良好。

2) 联系检修人员补气至对应温度的相应压力。用SF_6检漏仪详细检查该气室的各密封部件以判明泄漏点，并向有关部门汇报以待处理，在运行中特别注意该气室的气压、密度变化趋势。

(7) GIS开关气室SF_6气体漏气严重，发出闭锁信号，其现象为：

1) NCS操作员站上发出“SF_6压力降低，断路器合、分闸闭锁”报警信号；

2) 对应开关控制屏上“开关气室SF_6压力降低，断路器合、分闸闭锁”光字牌亮；

3) 对应开关控制屏上“断路器A(B、C)油压正常、重合闸允许”光字牌熄灭。

可采取以下处理措施：

1) 进入GIS高压配电室前，必须开启所有排风扇15min后方许入室。若情况紧急应穿戴好防护用品后进入；

2) 此时断路器的合闸及分闸一、分闸二回路均被闭锁；

3) 上述现象可判断为发生大量漏气情况，此时将危及设备安全，不允许继续运行；

4) 将断路器改非自动，空出其所在母线，用母联断路器串供来隔绝该断路器。

(8) 断路器操动机构油压降低现象为：

1) NCS操作员站上发出“断路器A(B、C)相油压力降低”报警信号；

2) 控制屏上“断路器A(B、C)相油压正常重合闸允许”光字牌熄灭。

可采取以下处理措施：

1) 检查储能电机动力电源及控制回路是否正常。

2) 若均正常，应通知检修进行处理。争取在操作油压降至“断路器合、分闸闭锁”压力前，将其恢复至正常值。

3) 当操作油压继续下降至“合、分闸闭锁”压力时，将自动闭锁断路器的合、分闸，应立即汇报值长，将该断路器改非自动，同时做好开关故障拒跳的事故预想，并用母联断路器串供来隔绝该断路器。

(9) 断路器储能电动机过流、过时，现象为：

1) NCS操作员站上发出“断路器A(B、C)相电动机过流、过时”报警信号；

2) 就地控制屏上“断路器A(B、C)相电动机过流、过时”光字牌亮。

到现场检查断路器本体、液压操动机构，若正常则告检修处理。

(10) 隔离开关电动机过流。其现象为：

1) NCS操作员站上发出“DS/ES/FES电动机过流”报警信号；

2) 就地控制屏上“DS/ES/FES电动机过流”光字牌亮。

处理：到现场检查隔离开关本体及操动机构，若正常则告检修处理。

(11) 220kV 断路器操作时发生拒合(分),应进行下列检查:

1) NCS 监控系统发出操作指令时,合(分)闸小继电器是否动作,测控屏上断路器合(分)闸出口连接片是否投入;

2) 测控屏上“远方/就地”选择断路器是否在“远方”位置;

3) 就地控制屏上“远方/就地”选择断路器是否在“远方”位置;

4) 断路器操作控制电源、储能电源是否正常;

5) 连锁条件是否满足;

6) 保护动作是否复归;

7) SF_6 气压、操动机构油位是否正常;

8) 就地报警及位置指示电源是否正常;

9) 检查断路器蝶形弹簧储能是否完好;

10) 若发生断路器拒合时还应检查同期条件是否满足。

(12) 发生下列情况之一,应立即隔绝故障设备并查明原因:

1) GIS 某气室内部发出异常声响、振动,或大量漏气;

2) 断路器三相不一致报警,断路器未跳闸;

3) 220kV GIS 某一气室防爆膜破裂;

4) 设备故障对人身构成危险。

(13) 电流、电压互感器发生下列情况时,需立即将相应的一次设备停用:

1) 电流、电压互感器气室严重漏气;

2) 电压、电流互感器内部有严重放电声和异常声音;

3) 电压、电流互感器发生严重振动;

4) 电流、电压互感器冒烟、着火或有异臭时;

5) 电流、电压互感器引线与外壳或绕组与外壳间有火花放电,危害设备安全运行;

6) 严重危害人身与设备安全时。

第三节 高压开关柜

一、概述

高压开关柜主要指 3~35kV 成套配电装置,我国目前生产的 3~35kV 高压开关柜,分为固定式和手车式两类。手车式高压开关柜多为单母线结构,其结构基本相同,都采用空气和瓷(或塑料)绝缘子作绝缘材料,并选用普通厂用电气设备组成。固定式高压开关柜有双母线和单母线结构,断路器固定装在柜内。固定式与手车式相比,体积大、封闭性能较差、现场安装工作量大、检修不够方便,但其制造工艺简单、消耗钢材少、价廉、有双母线结构且检修经验丰富。目前使用较多的为手车式,因此本节将以 KYN28A-12 型开关柜为例着重介绍手车式高压开关柜,但高压开关柜的操作维护具有共通性。

二、设备结构组成

(一) 开关柜结构

KYN28A-12 型开关柜总体上由柜体和中置式可抽出式部件(断路器手车)两大部分组

成，柜体采用组装式结构，用拉铆螺母和高强度的螺栓连接而成，并由金属隔板分隔为 4 个独立的隔室，即断路器隔室、母线隔室、电缆终端连接室、继电器仪表室。除继电器仪表室以外，其他隔室均设有单独的泄压通道及泄压盖板，以确保开关柜及操作人员的安全。开关柜结构示意图如图 3-12 所示。

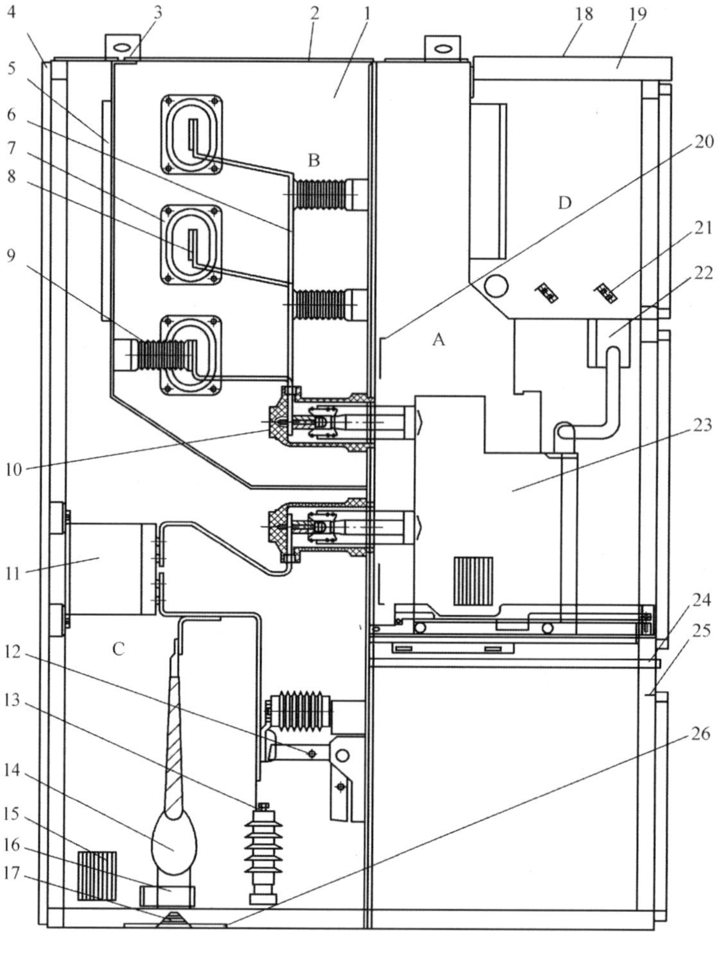

图 3-12 开关柜结构示意图

1—外壳；2—泄压盖板；3—吊装板；4—后封板；5—母线隔室后封板；6—分支母线；7—母线绝缘套管；8—主母线；9—支持绝缘子；10—一次静触头盒；11—电流互感器；12—接地开关；13—避雷器电缆；14—电缆；15—加热器；16—电缆夹；17—电缆密封圈；18—小母线顶盖板；19—小母线端子；20—活门；21—二次端子；22—二次插头；23—断路器手车；24—接地开关操动机构；25—可抽出式水平隔板；26—电缆盖板

A—断路器室；B—母线隔室；C—电缆终端连接室；D—继电器仪表室

1. 断路器隔室

断路器隔室装有特定的导轨，实现了手车确在柜内的隔离/试验位置和工作位置间的运动和相关连锁。其后壁上安装有遮盖一次静触头用的隔板（活门），在手车从隔离/试验位置移动至工作位置的过程中，上、下活门通过机械联动被自动打开。

当手车退出工作位置一定距离后，上下活门自动关闭并遮蔽住一次静触头如图 3-13、图 3-14 所示。同时由于上下活门不联动，在检修时可仅用挂锁锁定带电侧的活门，对带电导体实现有效隔离，从而确保检修人员的安全。

图 3-13　上下活门开

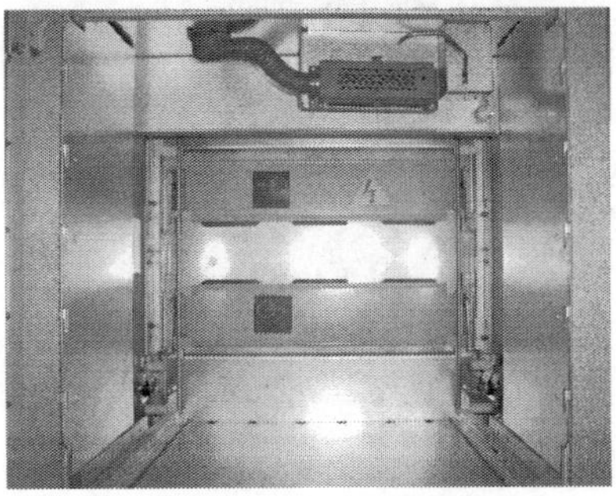

图 3-14　上下活门关闭并遮蔽住一次触头

正常工作情况下，手车在柜内的移动操作可在断路器隔室门关闭的情况下进行，同时透过面板门上的窥视窗可以清楚地观察到手车在柜内所处的位置、断路器的合/分闸状态及储能/释能状况。

2. 母线隔室

在母线隔室（见图 3-15）中，主母线由绝缘子支撑，分支母线通过螺栓连接于一次静触头盒和主母线。主母线和分支母线均为矩形截面的铜排，当用于大电流负荷时可采用双拼或三拼母排。根据需要，母线可用热缩套覆盖。相邻柜间贯穿主母线时，用绝缘套管与柜体绝缘，万一发生事故，可有效地把事故限制在本隔室内。

3. 电缆终端连接室

电缆终端连接室（见图 3-16）空间较大，既便于电缆（可为单芯电缆或多芯电缆）的安装，又便于电流互感器、接地开关、避雷器等一次元件的安装。本隔室中的电缆盖板可拆卸，为电缆现场施工带来了方便。

图 3-15　母线隔室

图 3-16　电缆终端连接室

4. 继电器仪表室

继电器仪表室（见图 3-17）内可安装继电保护的元件、仪表、带电监察指示器以及特殊要求的二次设备。隔室左、右侧均设有供敷设二次线用的走线槽，可使二次线与高压室有效隔离。隔室顶板上留有便于施工的小母线穿越孔，现场施工时，小母线顶盖板可供拆卸，

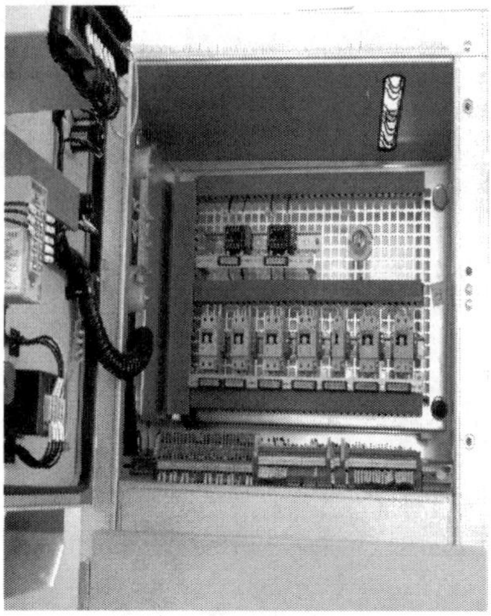

图 3-17 继电器仪表室

便于小母线的安装；电气设备安装网孔板可拉出柜外，为继电器的安装、检修提供了方便。

（二）VD4 真空断路器结构

VD4 真空断路器本体制成圆柱状，垂直安装在做成托架状的断路器弹簧操动机构外壳 1 的后部，断路器本体的导电部分设置在用绝缘材料制成的圆柱体 10 内，使得真空灭弧室免受外界影响和机械的伤害。断路器在合闸位置的主回路电流路径是：从上部接线端子 11 经固定在本体圆筒体的灭弧室夹架到位于真空灭弧室 13 内部的静触头，而后经过转动触头及滚动触头 14 至下部的接线端子 12，依靠绝缘连杆与接触压力弹簧来完成断路器的操作运动。断路器面板上的信号指示与控制设备、断路器的剖视图如图 3-18 所示。

断路器的操动机构是扭力弹簧式，一台操动机构操作三相断路器，拧紧扭力弹簧将储存足够的能量以供断路器操作。扭力弹簧有手动储能和电动机储能两种储能方式，电动机储能时间很短，适用于自动重合闸的操作。

真空灭弧室的灭弧原理：由于灭弧室的静态压力极低，约 10^{-5}～10^{-3}Pa，所以只需要很小的触头间隙就可达到很高的电介质强度。分闸过程中产生的高温产生了金属蒸气离子和

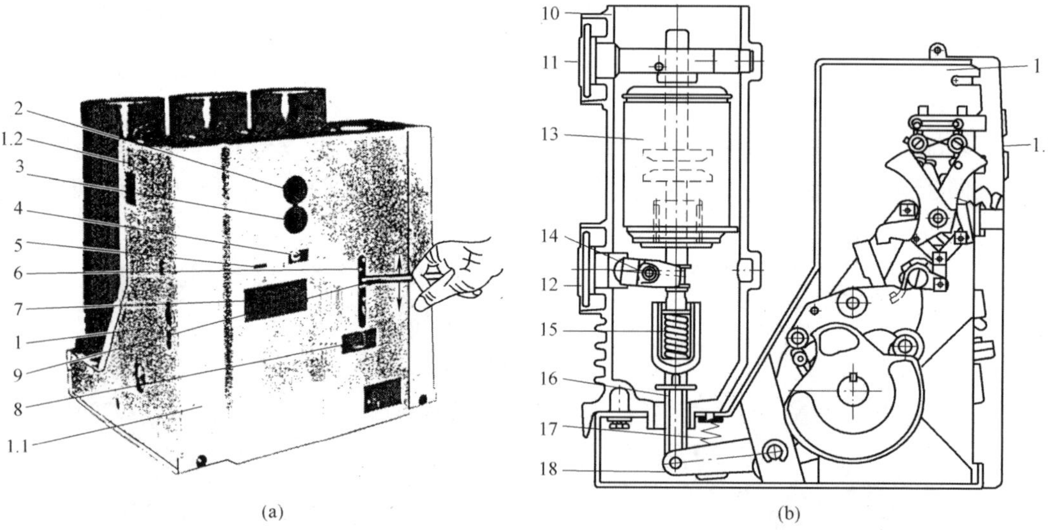

图 3-18 VD4 真空断路器控制及剖视图

（a）断路器面板上的信号指示与控制设备；（b）剖视图

1—断路器外壳；1.1—可移动的面板；1.2—两侧的起吊孔；2—手动合闸按钮；3—手动分闸按钮；4—断路器分合闸位置指示器；5—断路器动作计数器；6—储能手柄 9 的插孔；7—铭牌；8—储能状态指示器；9—储能手柄；10—绝缘材料制成的断路器本体圆筒；11—上部接线端子；12—下部接线端子；13—真空灭弧室；14—转动触头，630A（滚动触头，1250A）；15—压力弹簧；16—绝缘连杆；17—分闸弹簧；18—双臂移动连杆

电子组成的电弧等离子体，使电流将持续一段很短的时间，由于触头上开有螺旋槽，电流曲折路径效应形成的磁场使电弧产生旋转运动；由于阳极区的电弧收缩，即使切断很大的电流时，也可避免触头表面的局部过热与不对称的烧蚀。电弧在电流第一次过零时就熄灭，残留的离子、电子和金属蒸气只需在几分之一毫秒的时间就可复合或凝聚在触头表面屏蔽罩内，因此灭弧室断口的电介质强度恢复极快。

（三）VEP 真空断路器结构

VEP 固封式中置式真空断路器三相由三个极柱直接安装在框架上，断路器每极采用自动压力凝胶工艺 APG 用环氧树脂将真空灭弧室和上下接线端子等固封一体，成为极柱，极柱结构避免了粉尘、温度等对灭弧室绝缘的影响，提高了灭弧室绝缘的可靠性。图 3-19 为 VEP 真空断路器外形结构图。

断路器固封极柱外观、剖面图如图 3-20 所示。

VEP 真空断路器的操动机构采用模块化装配，操动机构由合闸模块、分闸模块、箱体和主轴模块及二次接线模块组成，图 3-21 为断路器内部结构和操动机构示意图。

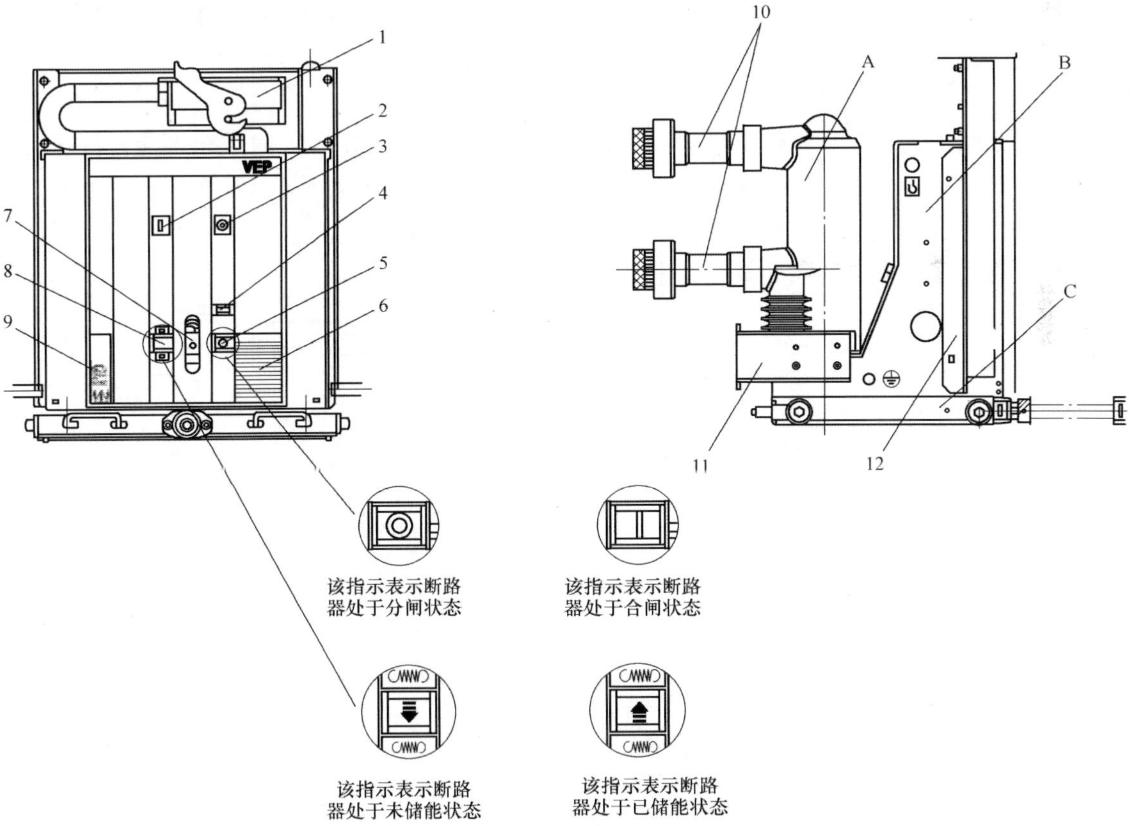

图 3-19 VEP 真空断路器外形图

1—二次插头；2—合闸按钮；3—分闸按钮；4—计数器指示；5—合分闸指示；6—铭牌；7—安全指示；8—储能指示；9—手动储能棒插孔；10—触臂系统；11—活门开启导板；12—防护板

A—极柱部分；B—箱体及操动机构；C—底盘车

图 3-20 VEP 真空断路器固封极柱及剖面图
(a) 固封极柱；(b) 剖面图

(四) 熔断器十接触器 (F+C) 柜

由熔断器与接触器组成的回路（F＋C 回路）安装在可抽出的底盘上，接触器为机械保持型，合闸后由机构闭锁，待接触器跳闸线圈励磁后才跳闸。对于熔断器断相，具有电气、机械保护和指示。F＋C 开关柜内设有独立的接地母线，当小车推到“试验”位置时，小车与接地母线自动连接。接触器具有“防跳”功能，在一次合闸指令下只能合闸一次。F＋C 开关柜一般适用于频繁启停的设备，如输煤皮带。

三、防止误操作联锁装置

高压开关柜内应装有安全可靠的联锁装置，以满足“五防”要求。

(1) 防止带负荷误拉、误合隔离触头。

断路器手车只有在试验或工作位置上时，断路器才能分、合闸，而且在断路器合闸后，断路器手车无法移动。

(2) 断路器与接地开关联锁。

只有断路器手车在试验位置或退出柜体，接地开关才能合闸，同时手车不能再推至工作位置。手车在工作位置时，接地开关不能合闸，防止带电合接地开关以及在接地开关未分开前合断路器。

(3) 防止误入带电间隔并具有带电显示器。

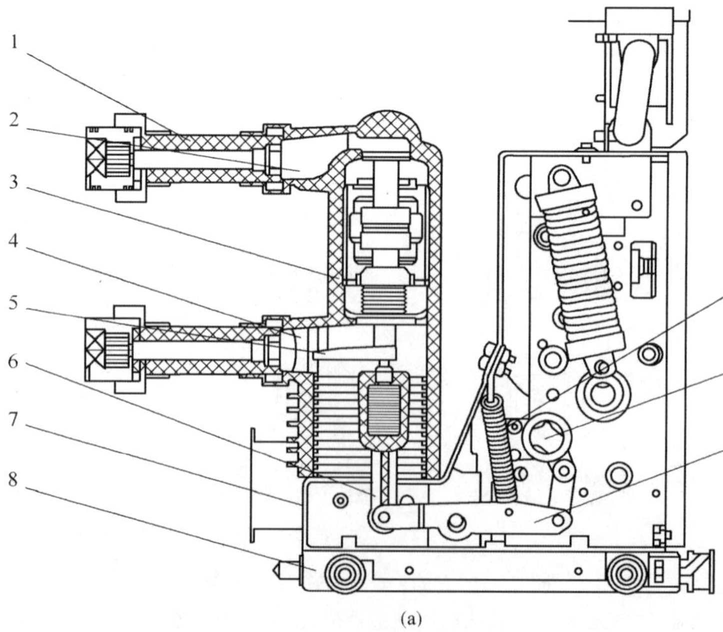

图 3-21 VEP 真空断路器内部结构图和操动机构图（一）
(a) 内部结构图

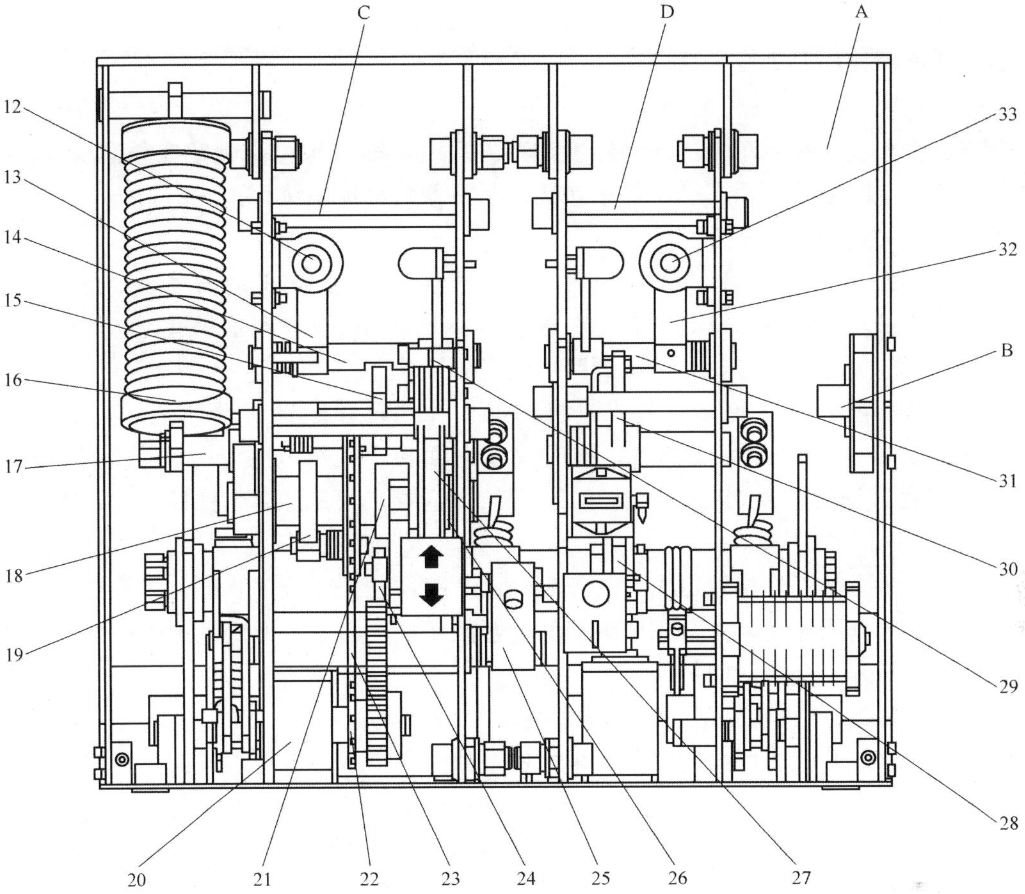

(b)

图 3-21 VEP 真空断路器内部结构图和操动机构图（二）

（b）操动机构图

1—独臂组件；2—上接线端子；3—真空灭弧室；4—下接线端子；5—软连接；6—绝缘拉杆；7—断路器框架；8—底盘车；9—连杆机构；10—主轴；11—分闸弹簧；12—合闸电磁铁；13、32—按钮；14—合闸半轴；15—掣子；16—合闸弹簧；17—储能拐臂；18—储能轴；19—传动轮；20—储能电动机；21—合闸凸轮；22—链轮；23—链条；24—合闸拐臂；25—手动储能操作块；26—凸轮；27—连板；28—脱扣拐臂；29—微动开关；30—扣板；31—分闸半轴；33—分闸电磁铁

A—箱体及主轴模块；B—二次线模块；C—合闸模块；D—分闸模块

当接地开关未合上时，电缆室的后门及上盖板均不能打开，采用电磁锁闭锁方式。只有当断路器处于断开位置及接地开关合上时，电缆室的后下门及后上盖板才能打开。电缆室的后下门与上盖板间有闭锁，后门未打开时则上盖板打不开。

（4）手车在工作、试验位置时，都有定位装置，且面板上有位置指示。

（5）只有当手车处于试验位置或抽出至柜外时，才能拔下二次插头；在工作位置时二次插头被锁定不能拔下。

（6）手车在试验位置时，一次静触头活门自动关闭。

（7）断路器手车在试验或工作位置，没有控制电压时，仅能手动分闸，不能进行合闸操作。

四、断路器操作原则及方法

（一）断路器手车在柜内的操作

断路器手车在从转运车上进入柜体断路器隔室时，即可被可靠锁定在隔离/试验位置与开关柜连接，此时断路器手车已可靠地连接到断路器的接地系统。

检查确认接地开关处于分闸状态。

插接二次插头，使手车处在试验位置时辅助回路保持接通。此时若接通操作电源，则仪表室面板上的试验位置指示灯亮，并可在主回路未接通的情况下对手车进行电气操作试验。

把所有柜门关好、锁好，并确认断路器处于分闸状态。

将手车操作摇把插入面板上的推进机构操作孔内，顺时针转动摇把，直到摇把明显受阻并听到清脆的辅助开关切换声，同时仪表室面板上工作位置指示灯亮，然后取下摇把。此时，主回路插接头接通，断路器处于工作位置，可通过控制回路对其进行合、分操作。

若准备将手车从工作位置退出，首先应确认断路器已处于分闸状态，然后插入摇把，逆时针转动直到摇把明显受阻并听到清脆的辅助开关切换声，手车便回到试验位置。此时，主回路已经完全断开，金属活门关闭。

（二）断路器在柜内的分闸、合闸状态确认

断路器的分合闸状态可由断路器手车面板上的分合指示牌及仪表室面板上的分合闸指示灯两种方法判定。

若透过柜体中部面板上的窥视窗看到手车面板上绿色的分闸指示牌（O），则判定断路器处于分闸状态，此时如果辅助回路二次插头接通电，则仪表面板上分闸指示灯亮。

若透过柜体中部面板上的窥视窗看到手车面板上红色的合闸指示牌（I），则判定断路器处于合闸状态，此时如果辅助回路二次插头接通电，则仪表面板上合闸指示灯亮。

（三）合、分接地开关的操作

若要合接地开关，首先应确定断路器手车已退到隔离/试验位置，并取下推进摇把，然后按下接地开关操动机构处的联锁弯板（断路器手车在工作位置时联锁弯板按不下），插入接地开关操作手柄，顺时针转动180°并听到接地开关三相闸刀切换的声音，则接地开关处于合闸状态；若逆时针转动180°并听到接地开关三相闸刀切换的声音，便是接地开关分闸。合或分接地开关动作完成后应及时取下操作手柄。

当联锁弯板按不下时，不可强行操作，应先确认断路器手车位置、有无其他闭锁，若有应解除后方可操作接地开关。同时在分合接地开关时，应确认开关柜后门或封板已关上，才可操作接地开关。后门开启时操作接地开关，可能导致接地开关联锁机构的损坏。

（四）接地开关合、分闸状态的确认

接地开关的合分闸状态可通过以下两种方式进行确认：

通过开关柜下面板的窥视窗观察接地开关位置指示装置来确认。若看到绿色的分闸指示牌（O），则确定接地开关处于分闸状态；若看到红色的合闸指示牌（I），则接地开关处于合闸状态。

通过观察接地开关操动机构处的状态指示标签来确认。若看到绿色的分闸指示标签

(O)，则确定接地开关处于分闸状态；若看到红色的合闸指示标签（I)，则确定接地开关处于合闸状态。

（五）断路器的操作原则

正常运行时6kV断路器手车在开关柜内应放在规定的位置上，不得停留在中间位置。断路器手车在开关柜内的位置含义见表3-4。操作断路器手车应使用专用工具，推手车应到位，推拉过程出现卡涩等情况，必须弄清原因，不得强行操作。操作（移动）手车前应检查开关柜前、后所有门已关好，其断路器在断开位置，手车移动过程中听到断路器不正常动作声或发生断路器合闸、拉弧等情况应立即停止操作，撤离现场。使用摇手柄传动操作手车时，手车到位后严禁继续转动手柄，以防损坏手车转动齿轮及转轴。拉出断路器手车前应检查其断路器在断开位置，在拉出手车的起始听到断路器释能后，必须再次检查断路器在断开位置，在试验（隔离）位置推断路器手车前应检查断路器在断开位置并处于释能状态，断路器手车至工作位置并送上控制电源后应查断路器已储能。装设在开关柜的手车、挡板、盘门、断路器、接地开关等元件位置及工作状态均设有“五防”机械闭锁装置，操作时应按闭锁程序进行、不得擅自破坏闭锁功能。开关柜盘门上的远方、就地控制切换开关，当断路器改热备用时，应放在“远方”位置，改冷备用时放“就地”位置。断路器一般正常合闸、分闸操作在DCS画面上进行，必要时也可以直接在操作柜盘门上操作。

表3-4　　断路器手车在开关柜内的位置含义

手车位置	含　　义
工作位置	手车推入柜内，断路器上、下动触头与柜内母线及出线静触头接通。有关二次触头也相应接通。开关柜仪表面板上模拟图指示“工作”位置，储能指示灯亮
试验位置	手车拉到柜内盘门处，断路器上、下动触头与柜内静触头分离，在一次触头间由金属活门与带电部分遮蔽。二次插头的操作按照电修工作票安全措施执行。开关柜仪表面板上模拟图指示“试验”位置

第四节　低压配电屏

一、概述

低压配电屏（柜）的电压等级为380/220V，主要用作发电厂低压厂用配电屏。我国目前生产的主要有固定式（如PGL型）和金属封闭抽屉式（如GCK1型、GBD型等）。

二、设备结构组成

（一）PGL型低压配电屏（柜）

图3-22为PGL-I型低压配电屏结构示意图。其框架用角钢和薄钢板焊成，屏面有门，维护方便。在上部屏门上装有测量仪表，中部面板上设有隔离开关的操作手柄和控制按钮等，下部屏门内有继电器、二次端子和电能表。母线布置在屏顶，并设有防护罩，其他电气元件都装在屏后。屏间装有隔板，可限制故障范围，低压配电屏结构简单、价廉，并可双面

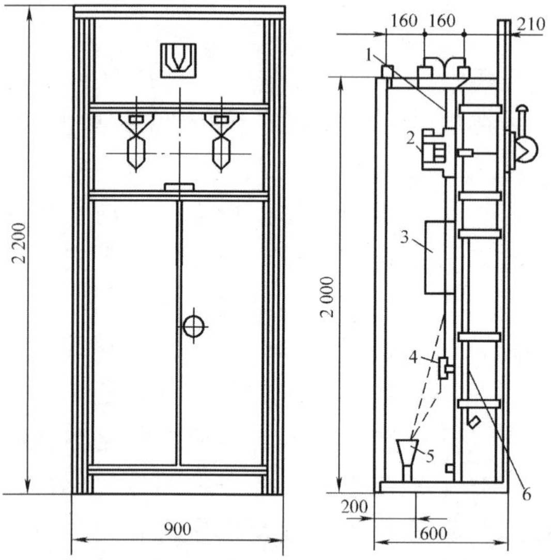

图 3-22 PGL-I 型低压配电屏结构示意图
1—母线及绝缘框；2—隔离开关；3—低压断路器；
4—电流互感器；5—电缆头；6—继电器

维护。一般几回低压线路共用一块屏。

（二）GCK1 系列低压配电屏

图 3-23 为 GCK1 系列低压配电屏结构示意图。其特点是：密封性能好，可靠性高，主要设备均装在抽屉内；当回路故障时，可拉出检修或换上备用抽屉，便于迅速恢复供电。抽屉式低压配电柜还具有布置紧凑、占地面积少的优点；但结构比较复杂、工艺要求较高，钢材消耗较多，价格较高。目前主要用于大机组的厂用电和粉尘较多的车间。

三、主要开关元件

（一）接触器

接触器是用来远距离接通或开断负荷电流，并适用于频繁起动及控制电动机的低压开关，但不宜用于具有导电性灰尘多、腐蚀性强或有爆炸性气体的环境中；按控制电源不同，可分交流接触器和直流接触器。接触器动触头的动作，靠电磁铁线圈通电时产生的电磁力。当电磁铁线圈失电后，由于励磁消失，衔铁在本身重力作用下（或返回弹簧的作用下），向下跌落，将触点分离。

接触器的灭弧室是由陶土材料制成，并根据狭缝熄弧原理（电弧在灭弧片中被拉长，同时冷却）使电弧熄灭。为了自动控制的需要，接触器除主触头外，还有为实现自动控制而接在控制回路中的辅助触点。

（二）低压自动空气开关

自动空气开关（简称自动开关或空气开关）是低压开关中性能最完善的开关，它不仅可以切断负荷电流，而且可以切断短路电流，被广泛用作低压配电变电所的总开关、大负荷电力线路和大功率电动机的控制开关等。但因受灭弧结构限制，不适用具有频繁操作的电路。自动开关是敞开地装在框架上，它的保护方案和操作方式较多，具有较完善的灭弧罩，断流能力较大，合闸操作方式较多，可直接由手柄操作、通过杠杆手动操作、也可由电磁铁操作和电动机操

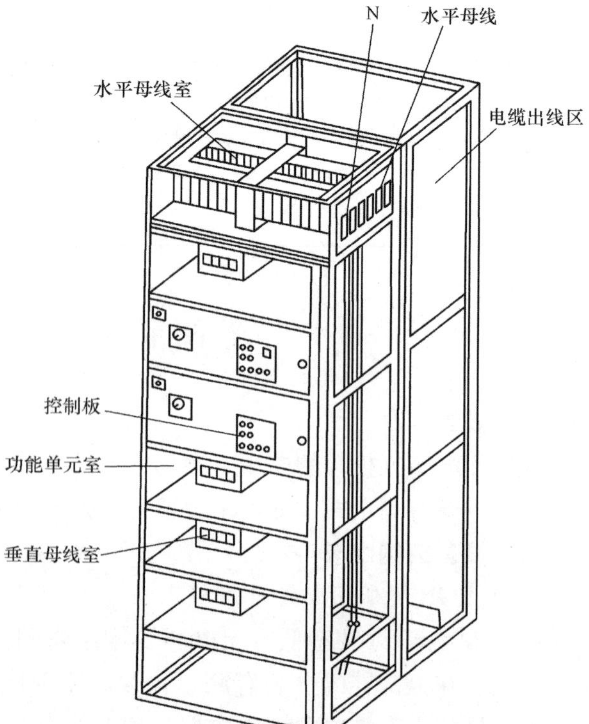

图 3-23 GCK1 系列低压配电屏结构示意图

作等，故又称万能式自动开关。

自动开关种类按电源种类可分为万能式（框架式）和封闭式（塑料外壳式）。自动开关的主触头，是靠锁键和锁扣维持在闭合状态的。过流脱扣器（瞬时脱扣）和热脱扣器（延时脱扣）的线圈串接在电路中。当电路发生故障时，较大的电流吸住衔铁的一端，另一端克服弹簧的拉力向上转动，并顶撞锁扣，释放锁键，触头即自动断开，电路切断。自动开关还装有失压保护，当电网电压降低大约至60%额定电压时，为了不致因电压过低而烧坏电动机等，或为了恢复电网电压必须切除不重要的用户时，失压保护立即动作。

（三）熔断器

熔断器通常俗称为“保险”，它是最简单的一种保护电器，使用至今已有100多年的历史。熔断器主要由熔管、支持固定熔管的载流部分和绝缘底座等几部分组成。熔断器的基本工作原理是：熔断器串联接入被保护电路之中，在该电路中的电流增大到一定数值后，熔管中的熔件（或熔丝）熔断形成电弧，电弧熄灭后则电源被切断。熔断器的断路时间 t 与通过熔断器电流 I 之间的关系曲线称为熔断器的保护特性曲线，如图3-24所示。

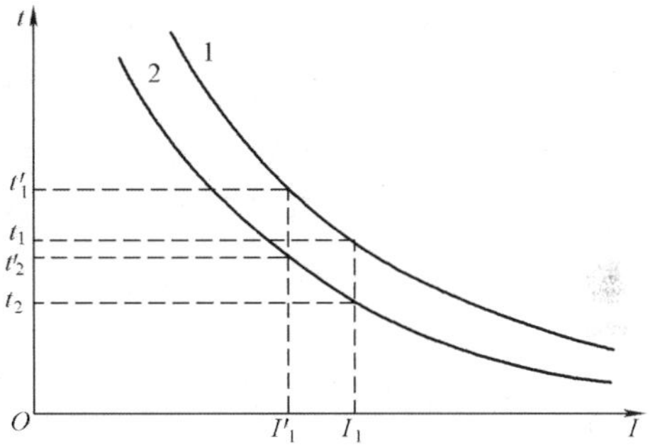

图3-24 熔断器保护特性曲线

在图3-24中熔断器保护特性曲线1和2所对应熔件的额定电流分别为 I_{N1}、I_{N2}，而且 $I_{N1}>I_{N2}$；当两个熔件通过电流为 I_1 时，它们的断路时间分别为 t_1、t_2 显然 $t_1>t_2$。如果适当地选择熔件额定电流，将它们串联使用，使额定电流小的熔件安装在接近负荷处。这样，当被保护电路中发生过载或短路故障时，熔断器则会有选择的熔断。从熔断器的保护特性曲线中还可以看到，同一个熔件（或熔丝）的断路时间与其通过的电流有关。当熔件所通过电流愈大时，其熔断时间愈短；但通过电流大至某个数值后，其熔断时间则维持不变。

（四）刀型开关

刀型开关是一种最简单的低压开关，它只能用手动方式操作。刀型开关主要用于不经常操作的电路中，使用时它常常与熔断器一起串联接入电路，以便在电路中发生过负荷或短路时由熔断器切断电源。

刀型开关的类型很多。按结构特征可分为单极、双极和三极；按操作手柄位置特征可分为中间手柄、旁边手柄和杠杆操作三种；按灭弧结构特征可分为带灭弧罩和不带灭弧罩的两种。

额定电流较大的刀型开关，在电路中常与自动空气开关等电气元件配合使用，运行中通过自动空气开关等设备控制电路的拉、合闸操作，而刀型开关只起隔离电压或切断小电流的作用。

第五节 封闭母线

一、概述

对660MW机组而言，其发电机出口电流达21000A左右，那么母线附近就存在强大的交变磁场，位于其中的钢构件由于涡流和磁滞损耗而发热。如果钢构件形成较大尺寸的闭合回路，还会感应产生环流，引起很大的功率损耗和发热。这个发热决不能忽视，钢构件温度升高，可能使材料产生热应力而引起变形或使接触连接损坏。由于钢构件中的集肤效应十分显著，使钢构中的涡流都集中在钢构表面的薄层内，在薄层中呈现很大的电阻，使涡流损耗发热成为钢构发热的主要原因，而磁滞损耗只占发热的很小部分。

钢构中的损耗和发热与钢构表面的磁场强度有关。在实际母线装置中，钢构的形状、大小和布置方式是多种多样的，而且互有影响（屏蔽作用），因此，磁场分布、损耗和发热情况有很大差别。在发电厂中，为了减少钢构损耗和发热，常采用一些措施，如加大钢构和载流导体之间的距离、断开载流导体附近的闭合钢构回路并加上绝缘垫、采用铜或铝作短路环进行屏蔽。还有采用分相封闭母线，即每相母线分别用铝质外壳包住，外壳上的涡流和环流能起双重屏蔽作用，使壳内和壳外磁场均大大降低，从而使附近钢构发热显著降低。

在电厂中，发电机至变压器的连接母线采用敞露式母线存在的主要缺点是：绝缘子表面容易被灰尘污染，尤其是母线布置在屋外时，受气候变化影响及污染更为严重，很易造成绝缘子闪络及由于外物所致造成母线短路故障。随着单机容量的增大，对其出口母线运行的可靠性提出了更高的要求，同时，在母线容量增大后，母线短路电动力和母线附近钢构的发热大大增加。采用电缆母线代之，虽可缓解上述问题，但其投资太大，很少采用。采用封闭母线（用外壳将母线封闭起来）是一种较好的解决方法。

封闭母线主要有以下几种形式：

（1）共箱封闭母线，三相母线设在没有相间隔板的金属公共外壳内；

（2）隔相式封闭母线，三相母线布置在相间有金属（或绝缘）隔板的金属外壳内；

（3）离相（分相）封闭母线，其每相导体分别用单独的铝制圆形外壳封闭。根据金属外壳各段的连接方法，可分为分段绝缘式和全连式（段间焊接）。

不隔相的封闭母线只能起防止绝缘子受污染或外物所造成的母线短路，而不能消除相间短路的可能性，也不能减小母线相间电动力和减少钢构的发热。隔相式封闭母线虽然可较好地防止相间故障，在一定程度上能减少母线电动力和减少母线周围钢构的发热，但是仍然发生过因单相接地而烧穿相间隔板造成相间短路的事例，因此，可靠性还不很高。一般不隔相或隔相封闭母线只用于大容量机组的厂用电系统或容量较小但污染比较严重的场所。

二、离相封闭母线

离相封闭母线主要由母线导体、支持绝缘子和防护屏蔽外壳组成，导体和外壳均采用铝管结构。沿母线全长度方向的外壳在同一相内全部各段间通过焊接连通。在封闭母线的各个终端，通过短路板将各相的外壳接成电气通路。离相封闭母线结构图和外形图分别如图 3-25、图 3-26 所示。

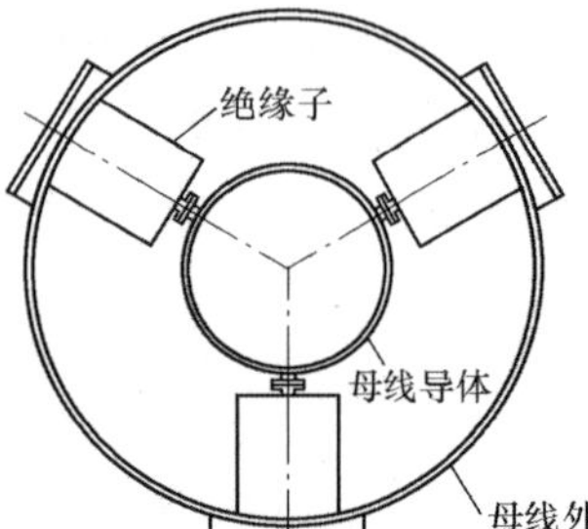

图 3-25　离相封闭母线结构

（一）外壳

分相母线外壳是一个用导电铝制成的连续圆筒，用螺栓固定到钢支撑结构上。外壳在回路的首末端装设短路板，以构成三相外壳间的闭合回路。外壳上的电流绝对值几乎与导线电流绝对值相等，但方向相反，因此外壳周围的磁场会降到很小，使母线区内的电感应加热效应很小。连续外壳还大大减少了与短路电流有关的机械力，从而可以减少绝缘体的数量。

图 3-26　离相封闭母线外形图

全连式离相封闭母线的外壳可采用一点或多点接地方式。在与设备连接处采用外壳带密封套的活动套筒或带橡胶波纹管的可拆伸缩装置。并在发电机出线与封闭母线 A、B、C 相和中性点的连接处共预留氢气检漏测点安装位置（与发电机氢气在线检测装置合用）。

（二）导线

导线采用圆筒形的高导电率铝线。筒形导线具有热量分布和电场分布几乎稳定不变的优点和导线对外壳放电距离稳定不变的优点。

母线在同一断面上用三个支持绝缘子支撑，每个绝缘子之间相差 120°。由一系列的绝缘体支撑在外罩的正中心上。母线带电体对外壳（地）空气净距不小于 240mm。

（三）支持绝缘子

支柱绝缘子绝缘水平短时工频耐压不低于 85kV，雷电冲击耐受电压不低于 185kV，绝缘子的沿面泄漏距离不小于 31mm/kV。

（四）附属设备

电压互感器柜、避雷柜为封闭防尘的分相插头式结构，中性点接地变压器柜为封闭防尘结构。电压互感器柜采用移开式金属铠装结构，其一次和二次侧均用插头连接。电压互感器柜内抽屉和高压母线间设有隔板，当抽屉拉出后插头孔处按 IEC 标准有挡板自动落下，保证在检测电压互感器时与高压母线带电部分完全隔开。

（五）空气循环干燥装置

离相封闭母线是一种密闭管道，当运行条件改变（如停机）或气候条件变化（如湿度大）时，其内部容易产生结露现象，从而降低母线的绝缘性能，甚至可能诱发单相接地事故，给电厂的安全运行带来隐患。为了解决离相封闭母线的结露问题，目前国内最普遍采用的是微正压装置，但由于密封件老化或母线检修等原因，运行时间较长后，有些母线内部很难建立微正压，就不能长期有效驱潮，易引起内部结露。使用封闭母线空气循环干燥装置可以较有效上述问题，现介绍如下。

如图3-27所示，装置采用闭式循环方式，空气循环干燥装置循环地抽出封闭母线内的空气，并从外界经空气滤清器补入少量空气，经干燥后又重新送入封闭母线，如此周而复始，使封闭母线内的水分越来越少，相对湿度不断降低，露点温度也随之下降，从而保证封闭母线的安全可靠运行。干燥装置投入运行后，母线内空气的露点可保持在−30℃左右。干燥装置设两个吸附筒，一个吸附，一个再生，轮流转换，转换时间为6～8h。动力部分采用

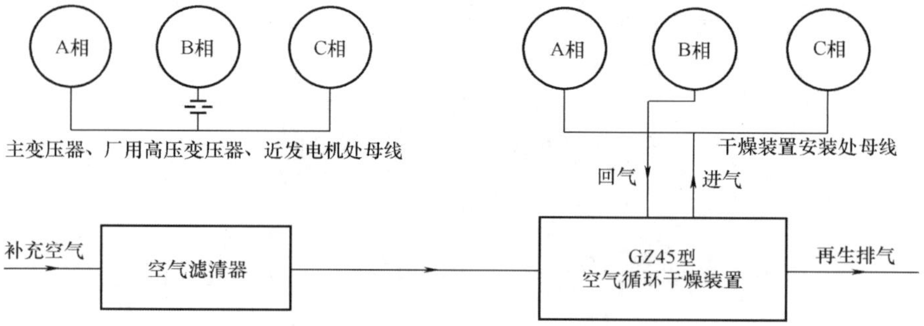

图3-27 封闭母线空气循环干燥装置

质量可靠的罗茨风机，能比较迅速地循环干燥封闭母线中的空气。干燥装置采用PLC控制，根据天气条件和运行情况，可选择工作模式为“手动”或“自动”。“自动”运行模式适用于空气湿度较低及机组正常运行时。在这种模式下，温、湿度传感器或精密湿度监控器采集的母线内空气参数，与设定的露点温度值或相对湿度值进行比较。当测量值大于设定值上限时，由PLC控制本装置自动投入运行，运行满一个周期后再次检测母线内空气露点温度或相对湿度是否低于设定值下限，如果低于下限，则退出运行，否则继续运行一个周期，直至母线内空气参数值低于设定值下限则停机。设备处于间断的工作状态，待机状态下设备功耗很低，既能节能，也有利于延长设备的使用寿命。采用“手动”运行模式，则装置的投入或退出由人工控制，但设备的自身运行循环仍是自动进行的。它适用于机组启动前或连续阴雨天气（如梅雨季节），这种模式下，封闭母线内的空气湿度可以维持在很低的状态。封闭母线空气循环干燥装置外形图如图3-28所示。

图3-28 封闭母线空气循环干燥装置外形图

（六）离相封闭母线优点

（1）减少接地故障，避免相间短路。离相封闭母线因有外壳保护，可有效消除外界潮气、灰尘以及外物引起的接地故障；母线采用分相封闭，也杜绝相间短路的发生。

（2）消除钢结构发热。离相封闭母线采用外壳屏蔽，可从根本上解决钢结构感应发热的

问题。

(3) 减少相间短路电动力。由于外壳上涡流和环流的双重屏蔽作用，使相间导体所受的短路电动力大为降低。

(4) 提高运行的安全可靠性。盆式绝缘子采用不饱和树脂（SMC）压制而成，母线封闭后采用空气干燥装置运行，从而防止绝缘子结露，同时采用测氢和测温等装置，其测量信号可就地显示或传至DCS系统，提高运行的安全可靠性。

(5) 封闭母线由工厂成套生产，运行维护工作量小、施工安装简便，而且不需设置网栏，简化了对土建的要求。

(6) 外壳在同一相内（包括分支回路）采用电气全连式，并采用多点接地，使外壳基本处于等电位，接地方式大为简化，并杜绝人身触电危险。

三、共箱封闭母线

共箱封闭母线主要由母线导体、支持绝缘子和防护屏蔽外壳组成，外形如图3-29所示。封闭母线外壳内应设置防止绝缘子结露的措施，比如采用智能自动恒温伴热电缆，自动恒温伴热电缆的工作与否应直接受母线温度控制。

图3-29 共箱封闭母线外形图

共箱母线具有如下优点：

(1) 可基本消除外界潮气、灰尘以及外物引起的接地故障；

(2) 外壳采用铝板制成，防腐性能良好，并且避免了钢制外壳所引起的附加涡流损耗；

(3) 外壳电气上全部连通并多点接地，杜绝人身触电危险，并且不需设置网栏，简化了对土建的要求。

第六节 避雷器及接地装置

一、过电压概述

电力系统过电压分为雷过电压（又称大气过电压）和内部过电压，其中雷过电压又分为直击雷过电压和感应雷过电压。雷直接击于输电线路或设备引起的过电压称直击雷过电压，雷击输电线路附近的地面或设备时，由于电磁感应引起的过电压称感应雷过电压。最危险的是直击雷过电压，雷击输电线路往往造成跳闸事故。内部过电压又分为操作过电压和谐振过电压。操作过电压是因断路器分合闸操作或接地故障引起的暂态电压升高；谐振过电压是因断路器操作引起电网回路被分割或带铁芯元件趋于饱和，导致某回路感抗和容抗符合谐振条件，可能引起谐振而出现的电压升高。内部过电压的能量来源于电网本身，所以它的幅值大体上随着电网额定电压的升高成比例增大，内部过电压的大小通常用过电压倍数表示。

二、避雷器

避雷器作用是限制过电压以保护电气设备，其类型主要有保护间隙、阀型避雷器和氧化锌避雷器。保护间隙主要用于限制大气过电压，一般用于配电系统、线路和变电所进线段保护。阀型与氧化锌避雷器用于发电厂和变电所的保护，在220kV及以下系统中主要用于限制大气过电压，在超高压系统中还用于限制内部过电压或作为内部过电压的后备保护。

（一）保护间隙

保护间隙一般由两个相距一定距离的、敞露于大气的电极构成，将它与被保护设备并联，适当调整极间的距离（间隙），使其击穿放电电压低于被保护设备绝缘的冲击放电电压，并留有一定的安全裕度，设备就可得到可靠的保护。

当雷电波入侵时，主间隙首先击穿，形成电弧接地。过电压消失后，主间隙中仍有正常工作电压作用下的工频电弧电流（称工频续流）。对中性点接地系统而言，这种间隙的工频续流就是间隙处的接地短路电流。由于这种间隙的熄弧能力较差，间隙电弧往往不能自行熄灭，将引起断路器跳闸，这就是保护间隙的主要缺点。

（二）阀型避雷器

阀型避雷器由装在密封瓷套中的间隙（又称火花间隙）和非线性电阻（又称阀片）串联构成。阀片的电阻值与流过的电流有关，具有非线性特性，电流愈大电阻愈小。

正常情况下，火花间隙将带电部分与阀片隔开，当雷电波的幅值超过避雷器的冲击放电电压时，火花间隙被击穿，冲击电流经阀片流入大地，阀片上出现电压降（残压）。只要使避雷器的冲击放电电压和残压低于被保护设备的冲击耐压值，设备就可以得到保护，而且残压愈低设备愈安全。

阀型避雷器分普通型和磁吹型两类。普通型避雷器的火花间隙由许多单个间隙串联而成，单个间隙的电极由黄铜板冲压而成，两个电极间用云母垫圈隔开形成间隙，间隙距离为0.5～1.0mm，这种间隙的伏秒特性曲线很平坦且分散性较小、性能较好。单个间隙的工频放电电压约为2.7～3.0kV。避雷器动作后，工频续流电弧被许多单个间隙分割成许多短弧，使其熄灭。

由于阀片电阻是非线性的，因而在很大的雷电压通过时电阻值很小、残压不高（不会危及设备绝缘）。当雷电流过去之后，在工频电压作用下，电阻值变得很大，因而大大地限制了工频续流，以利于火花间隙灭弧。利用阀片电阻的非线性特性，解决了既要降低残压又要限制工频续流的矛盾。

磁吹型避雷器的火花间隙也由许多单个间隙串联而成，但每个间隙的结构复杂，利用磁场使每个间隙中的电弧产生运动来加强去游离，以提高间隙的灭弧能力。磁场是由与间隙串联的线圈所产生，其原理如图 3-30 所示。磁吹线圈两端设置的辅助间隙的作用是为了消除磁吹线圈在冲击电流通过时产生过大的压降而导致的保护性能变差。在冲击电流作用下，主间隙被击穿，放电电流便经过辅助间隙、主间隙和电阻阀片而流入大地，使避雷器的压降不致过大。工频续流通过时，磁吹线圈上的压降减小，迫使辅助间隙中的电弧熄灭，工频续流也就很快转入磁吹线圈，产生磁场起吹弧作用。

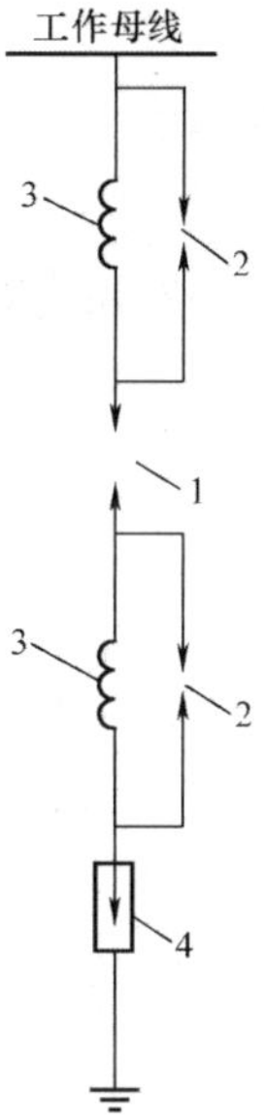

图 3-30 磁吹型避雷器原理图
1—主间隙；2—辅助间隙；3—磁吹间隙；4—电阻阀片

上述两种阀型避雷器的阀片的主要作用是限制工频续流，使间隙电弧能在工频续流第一次过零时熄灭。它们的电阻阀片都是金刚砂（SiC）和结合剂烧结而成，称为碳化硅阀片。

目前我国生产的普通型避雷器有 FS 型和 FZ 型两种，FS 型避雷器的通流容量较小，主要用于保护小容量的 3～10kV 配电装置中的电气设备。FZ 型避雷器，其特性较好、通流容量较大，主要用于保护大中型变电所和电容器等设备。110kV 及以上电压等级的阀型避雷器，在其顶部装有均压环，以减少对地电容引起的电压不均匀现象。

磁吹型避雷器主要有 FCZ 电站型和保护旋转电动机用的 FCD 型。

（三）氧化锌避雷器

氧化锌避雷器实际上也是一种阀型避雷器，其阀片以氧化锌（ZnO）为主要材料，加入少量金属氧化物，在高温下烧结而成。

ZnO 避雷器与 SiC 避雷器相比较，由于 ZnO 避雷器采用了非线性优良的 ZnO 阀片，使其具有许多优点。

（1）无间隙、无续流。在工作电压下，ZnO 阀片呈现极大的电阻，续流近似为零，相当于绝缘体，因而工作电压长期作用也不会使阀片烧坏，所以一般不用串联间隙来隔离工作电压。

（2）通流容量大。由于续流能量极少，仅吸收冲击电流能量，故 ZnO 避雷器的通流容量较大，更有利于用来限制作用时间较长（与大气过电压相比）的内部过电压。

（3）可使电气设备所受过电压降低。在相同雷电流和相同残压下，SiC 避雷器只有在串联间隙击穿放电后才泄放电流，而 ZnO 避雷器（无串联间隙）在波头上升过程中就有电流流过，这就降低了作用在设备上的过电压。

（4）在绝缘配合方面可以做到陡波、雷电波和操作波的保护裕度接近一致。

（5）ZnO 避雷器体积小、质量轻、结构简单、运行维护方便。

ZnO 避雷器的主要特性常用起始动作电压（转折电压）及压比等表示。转折电压就是从这一点开始，电流将随电压升高而迅速增加。压比是指 ZnO 避雷器通过大电流时的残压与通过 1mA 直流电流时的电压之比。压比越小，通过大电流时的残压就越低，则 ZnO 避雷器的保护性能越好。

目前生产的 ZnO 避雷器，大部分是无间隙的。对于超高压避雷器或需大幅降低压比时，也采用并联或串联间隙的方法；为了降低大电流时的残压而又不加大阀片在正常运行时的电压负担，以减轻阀片的老化，往往也采用并联或串联间隙的方法。

ZnO避雷器是一种新型避雷器，我国已用它来取代有串联间隙的普通型避雷器和磁吹型避雷器。

三、发电厂的接地装置

（一）电气设备接地分类

接地装置是由埋入土中的金属接地体（如角钢、扁钢、钢管等）和连接用的接地线构成。按接地的目的，电气设备的接地可分为工作接地、防雷接地、保护接地和仪控接地。

（1）工作接地是为了保证电力系统正常运行所需要的接地。例如，中性点直接接地系统中的变压器中性点接地，其作用是稳定电网对地电位，从而可使对地绝缘降低。

（2）防雷接地是针对防雷保护的需要而设置的接地。例如，避雷针（线）、避雷器的接地，目的是使雷电流顺利导入大地，以利于降低雷过电压，故又称为过电压保护接地。

（3）保护接地也称安全接地，是为了人身安全而设置的接地，即电气设备的外壳（包括电缆皮）必须接地，以防外壳带电危及人身安全。

（4）仪控接地指发电厂的热力控制系统、数据采集系统、计算机监控系统、晶体管或微机型继电保护系统和远动通信系统等，为了稳定电位、防止干扰而设置的接地。仪控接地亦称电子系统接地。

（二）发电厂的接地装置

接地装置由接地体和连接导体组成。接地体可分为自然接地体和人工接地体。自然接地体包括埋在地下的金属管道、金属结构和钢筋混凝土基础，但可燃液体和气体的金属管道除外；人工接地体是专为接地需要而设置的接地体。

人工接地体有垂直接地体和水平接地体之分。垂直接地体一般是用长约2.5～3m的角钢、圆钢或钢管垂直打入地下，顶端深入地下0.3～0.5m；水平接地体多用扁钢或者直径不小于6mm的圆钢或者用钢导体，埋于地下0.5～1m处或埋于厂房、楼房基础底板以下，可构成环形或网格形等接地系统。

发电厂要求良好的接地装置以满足工作、安全和防雷保护的接地要求。一般是根据安全和工作接地要求设置一个统一的接地网，然后在避雷器和避雷针下面增加接地体以满足防雷接地的要求。

发电厂的接地装置除利用自然接地体外，还应装设水平敷设的人工接地网。人工接地网应围绕设备区域连成闭合形状，并在其中敷设若干均压带（见图3-31）或敷设成方格网状。水平接地网应埋入地下0.6m以下，以免受到机械损伤，并可减少冬季土壤表层冻结和夏季地表水分蒸发对接地电阻的影响。

随着电力系统的发展，电力网的接地短路电流日益增大。在大接地短路电流系统的发电厂和变电所内，接地网电位的升高已成为重要问题。为了保证人身安全，除适当布置均压带外，还采取以下均压措施：

（1）因接地网边角外部电位梯度较高，边角处应做成圆弧形；

（2）在接地网边缘上经常有人出入的走道处，应在该走道下不同深度装设与地网相连的帽檐式均压带或者将该处附近铺成具有高电阻率的路面。

对于660MW及以上机组电厂，其220kV及以上电压等级配电装置、汽轮机房、锅炉

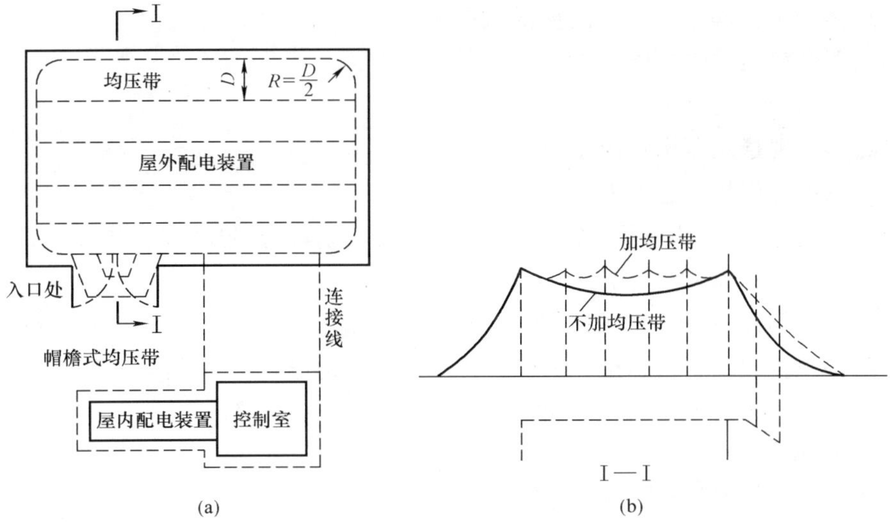

图 3-31　水平闭合式接地网及电位分布

(a) 接地网；(b) 电位分布

房等主要电气建筑物下面常将深埋的水平接地体敷设成方格网。一般在主厂房接地网和升压站接地网连接处设有可拆部件，以便分别测试各个主接地网的接地电阻。主接地网的接地电阻一般在 0.5Ω 以内。

地下接地网在一些适当部位连接有多股绞线引出地面，以便连接需要接地的设备或接地母线（总地线排），或与厂房钢柱连接并形成整个建筑物接地。室外防雷保护接地引下线与接地体的连接点通常设在地表下 0.3～0.5m。

发电厂中接地的交流系统必须设有接地线，并使其与接地体或接地网连接。大量电气设备或其他非载流金属部分都必须接地，如配电盘的框架、开关柜或开关设备的支架、电动机底座、金属电缆架、导线的金属外包层、开关和断路器的外壳或其他电气设备的外壳、移动式或手持式电动工具等。电气设备的接地，可用直接的金属接触固定在已接地的建筑金属结构上，也可用适当截面的接地线连接到已接地的接地端子或接地母线上，还可用单独的绝缘地线与电路导线敷设在同一条电缆走道、管道、电缆或软线内，再接到适当的接地端子或接地母线上。

第七节　配电装置运行维护及故障处理

一、配电装置运行维护

（一）高、低压断路器运行维护

（1）高、低压断路器送电前的检查项目：

1）断路器本体、操动机构及周围无妨碍运行的异物；

2）断路器的二次回路接线完好及机械传动、联锁部件无磨损、变形、卡涩等；

3）断路器的储能装置正常；

4）绝缘子无龟裂、破损、污垢等异常现象；

5）断路器的远方操作及联动试验良好；

6）断路器各机械联锁功能正常；

7）开关柜后门已关闭好；

8）断路器位置指示器指示应正确；

9）断路器的各保护装置投入正确；

10）断路器终结工作票或检修对断路器消缺后应检查断路器在释能状态，如发现断路器未释能应通知检修将断路器释能，然后进行复役操作。

（2）高、低压断路器运行中的检查项目：

1）开关柜完整无损、标志正确清楚、无任何异常信号；

2）无放电声、无异味、无过热现象；

3）无异常振动声音；

4）断路器运行状况与实际状况相符合。

（二）互感器运行与维护

（1）电压互感器带电压时二次侧不得短路，电流互感器在一次侧载流时二次侧不得开路。

（2）在下列情况下，可能引起有关继电保护和自动装置误动作，需事先慎重考虑，并采取相应措施。

1）停用电压互感器或其二次回路。

2）短接运行中电流互感器的二次侧。

3）加入或退出保护的电流回路。

（3）电压互感器有明显故障时，严禁将电压互感器手车拉出。禁止用电压互感器隔离开关隔绝故障电压互感器。

（4）电压互感器送电前的检查项目：

1）电压互感器一次侧中性点接地及外壳接地良好；

2）各部件清洁，无遗漏物；

3）套管无裂纹及放电痕迹；

4）各螺丝紧固，无松动现象；

5）二次熔丝完好。

（5）电流互感器送电前的检查项目：

1）各部分接线正确，螺丝无松动脱落；

2）各部件清洁，无遗漏物；

3）绝缘子、套管无裂缝及放电痕迹；

4）外壳中性点接地良好；

5）一次接头接触良好，无过热变色；

6）二次回路小线接妥，无明显的开路现象。

（6）电压互感器、变流器投入运行后，检查有关的表计指示是否正常。

（7）电压互感器、变流器运行中的检查项目：

1）无焦臭味；

2）无异声异振；
3）外部无变形变色；
4）各接头无脱落、松动，无发热及放电现象；
5）对于充油的电压互感器、变流器应检查油位正常、油色透明、无渗漏油现象。

（三）避雷器的运行与维护

（1）避雷器送电前的检查：
1）避雷器周围无异物；
2）套管清洁完整，无破碎及裂纹；
3）支持绝缘子清洁良好；
4）各引线接头牢固，无松动现象；
5）避雷器记录仪已装复。
（2）避雷器正常运行中的检查：
1）瓷质设备完整，无破碎、裂纹或放电痕迹；
2）接地线良好、记录仪动作正常；
3）保护间隙安装牢固，无电弧烧伤痕迹，接地应良好。
（3）避雷器雷击后的检查，除按上述各项检查外，还应检查下列内容：
1）避雷器内部有无放电异常响声，外部各元件是否完整；
2）记录仪动作情况；
3）避雷器动作后应做好记录。

（四）电力电缆运行与维护

（1）电力电缆运行规定：
1）电缆线路的正常工作电压，不应超过电缆额定电压的150％；
2）户内电缆头严禁用水冲洗。
（2）电力电缆的检查项目：
1）电缆不应浸于水中运行，电缆外皮应完好无损伤；
2）电缆头应清洁，无放电痕迹和放电现象；
3）电缆头上示温片齐全，无熔化现象；
4）电缆沟中应无积水，不应有酸、碱液体排入电缆沟；
5）电缆构架应牢固，无锈烂。

（五）封闭母线运行与维护

（1）投运前的检查项目：
1）收回工作票，拆除临时安全措施，检查现场应无遗留工具及杂物，检查封闭母线人孔盖已盖好；
2）测量封闭母线绝缘电阻应大于厂家规定值；
3）检查各支持部件牢固，无松脱现象；
4）检查封闭母线外壳短路板接地装置应牢固；
5）从观察孔观察母线无变形，无与外壳连接的金属物；支持绝缘子应清洁，无裂纹；
6）检查避雷器、电压互感器柜应无杂物，电压互感器的高低压熔断器应良好；

7）检查发电机中性点接地变压器一、二次接线良好，无结露现象，满足运行条件。

（2）运行中的检查项目：

1）封闭母线及其外壳的温升未超限；

2）共箱封闭母线镀银铜接头处温升未超限；

3）封闭母线的外壳应牢固，无松动或振动现象，接地线应完整、接地可靠；

4）从观察孔观察封闭母线应无结露或局部过热现象；支持绝缘子牢固，无裂纹、破损及放电痕迹；

5）检查发电机中性点接地变压器、避雷器、电压互感器无异常迹象；

6）检查空气循环干燥装置或微正压干燥装置运行正常。

二、配电装置故障处理

（一）断路器故障处理

（1）断路器故障跳闸后，必须进行详细的外部检查，如有必要时应做临时检修方可再投入运行。

（2）断路器在运行中遇到下列情况，应查明原因，停电改检修处理：

1）断路器内发出异声、振动声；

2）断路器内有焦臭味；

3）断路器内有明显的放电声。

（3）如断路器遥控合闸失灵，应检查有关二次回路、副触点、合闸绕组、机构有无问题，断路器是否储能等。必要时可将断路器拉至“试验”位置后进行校验，如正常则投入运行，若无效而又急于投入运行时，可考虑近控或手动合闸，但应事先校验遥控拉闸回路正常。

（4）如断路器遥控拉闸失灵，应检查有关二次回路、副触点、跳闸绕组、机构有无问题；若查不出原因可考虑近控或手动拉闸。无法拉闸时，应改变运行方式，以上一级断路器将其隔绝付修。

（5）断路器不能储能：

1）储能电动机不转动，弹簧不能储能，应检查控制回路是否断线，熔断器是否熔断，紧急时可用手动储能；

2）储能电动机不能停止，可能是限位开关动作失灵，通知检修处理。

（二）互感器故障处理

（1）仪用互感器本身或回路故障，有可能使其馈线的继电保护或自动装置误动作。因而在进行故障处理时，应采取防止误动作措施。

（2）电压互感器或变流器冒烟、着火或有焦臭味处理：

1）隔绝电压互感器和变流器电源；

2）隔绝电源后按消防规程规定进行灭火。

（3）电压互感器熔丝熔断，应详细检查其外部无异常后，按下列步骤处理：

1）停用有关继电保护，防止继电保护、自动装置误动作；

2）将电压互感器手车拉至“隔离”位置，检查并更换熔断器；

3）如电压互感器高压熔断器换上后再次熔断，应将该电压互感器隔绝检修处理。

(4) 母线电压互感器低压熔断器熔断：

1) 暂时停用有关自动装置（如快切装置）；

2) 更换低压熔断器，如成功，恢复正常，若再次熔断，应查明原因。

(5) 电流表指示突然为0（一相、两相甚至三相），通常与电流有关的表计指示亦降低和运行情况明显不符合。

1) 检查变送器电源是否正常；

2) 检查电流互感器有无发热或异常声响，适当降低负荷电流，在故障未消除前不断监视设备情况；

3) 尽快通知检修人员对二次回路进行检查，同时运行人员应检查接线端子无接触不良、对地击穿放电或端子被异物短接等情况，如有应做好安全措施后试行修复，在条件许可下争取停电处理；

4) 故障一时查不出或虽查出但不停电无法消除，以及发现电流互感器有明显异常（如明显过热或声响严重等）时应停用付修。

(三) 电缆的故障处理

(1) 电缆头放电时应加强监视；

(2) 电缆火烧或爆炸时，立即隔绝电源，按消防规程进行灭火。

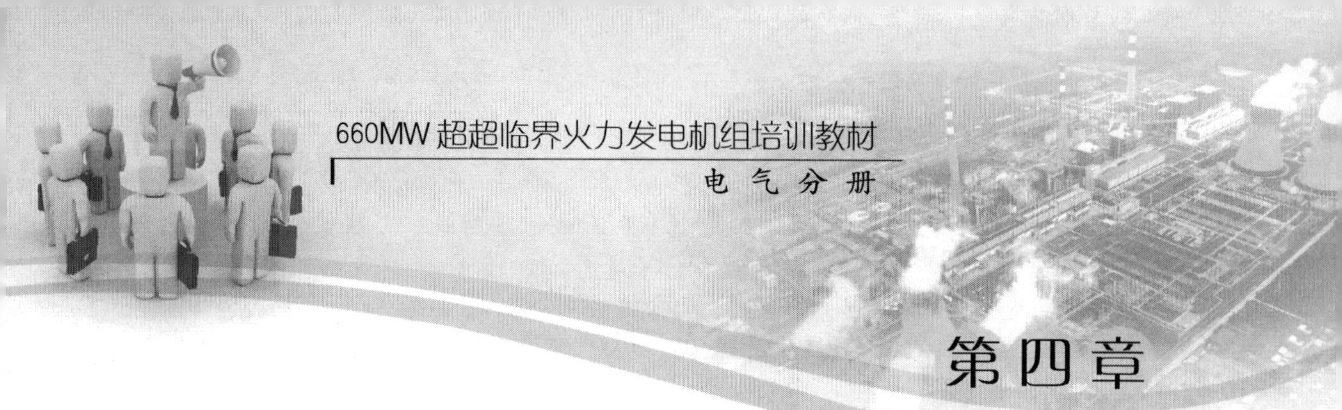

第四章

厂 用 电 系 统

第一节　厂用电和厂用电负荷

一、概述

（一）厂用电

发电厂在启动、运转、停役、检修过程中，有大量以电动机拖动的机械设备，用以保证机组的主要设备和输煤、碎煤、除灰、除尘及水处理等辅助设备的正常运行。这些电动机以及全厂的运行、操作、试验、检修、照明等用电设备都属于厂用负荷，总的耗电量，统称为厂用电。厂用电的电量，大都由发电厂本身供给，其耗电量与电厂类型、机械化和自动化程度、燃料种类及其燃烧方式、蒸汽参数等因素有关。

（二）厂用电率

厂用电率是厂用电量占同一时期发电厂全部发电量的百分数，是发电厂主要的经济指标之一，一般凝汽式火电厂为5%～8%，热电厂为8%～13%，水电厂为0.5%～1.0%，核电厂为4%～5%。降低厂用电率可以降低发电成本，提高对系统的供电量。

（三）影响厂用电供电的可靠性和经济性的因素

（1）与发电厂的运行操作、维护检修和设备的质量等有着密切的关系；

（2）厂用电接线设计是否正确；

（3）厂用电动机的类型和容量选择是否合理；

（4）厂用电的电压等级和厂用电源的引接方式是否合适；

（5）是否采用新型的继电保护和自动化措施以及对设备的使用和管理是否正确等。

（四）厂用电接线应满足的基本要求

（1）安全可靠、运行灵活；

（2）投资少，接线简单、清晰，运行费用低；

（3）满足供电的对应性；

（4）满足系统的整体性；

（5）对于容量600MW及以上的大容量机组，应设置具有足够容量的交流事故保安电源和电能质量指标合格的交流不间断供电装置。

二、厂用负荷分类

（一）按照负荷的重要性分类

1. Ⅰ类负荷

凡是属于单元机组本身运行所必需的负荷，短时停电会造成主辅设备损坏、危及人身安全、主机停运及影响大量出力的负荷，都属于Ⅰ类负荷。如火电厂的给水泵、凝结水泵、循环水泵、引风机、送风机、给粉机等。通常，它们设有两套或多套相同的设备。如：①2×100％表示有2套相同的辅助设备，每一套辅助设备运行就能使主机带满负荷。正常运行时，一套运行，另一套备用或检修，可以互相联锁切换，如凝结水泵、工业水泵、疏水泵等。②2×50％表示有两套相同的辅助设备，每一套辅助设备运行就能使主机带50％的负荷。正常运行时，2套同时运行，没有备用，其中一套因故障停运时，则主机降低出力到50％，如引风机、进风机、二次风机等。③3×50％表示有3套相同的辅助设备，每一套辅助设备运行就能使主机带50％负荷。正常运行时，2套运行，另一套备用或检修，可以互相联锁切换，其中一套停运时，不影响主机的出力，如真空泵、电动给水泵。④2×50％＋1×30％表示有3套相类似的辅助设备，每一套辅助设备运行就能使主机带50％或30％负荷。正常运行时，2套50％的设备运行，另一套30％的设备为备用，可以互相联锁切换。其中一套停运时，主机可带100％或80％负荷，如给水泵。⑤5×30％表示5套相同的辅助设备，每一套辅助设备运行就能使主机带30％负荷。正常运行时，4套运行，主设备带满负荷运行时尚有一定的裕度，另有一套备用或检修，可以互相联锁切换，如遇两套同时停运时，主机尚能带90％负荷，如磨煤机、给煤机等。

2. Ⅱ类负荷

允许短时停电（几分至几个小时），恢复供电后，不致造成生产紊乱的厂用负荷，属于Ⅱ类厂用负荷。此类负荷一般属于公用性质负荷，不需要24h连续运行，而是间断性运行，如上煤、除灰、水处理系统等的负荷。

3. Ⅲ类负荷

较长时间停电，不会直接影响生产，仅造成生产上不方便者，都属于Ⅲ类厂用负荷，如修配车间、试验室、油处理室等负荷。

4. 事故保安负荷

在容量600MW及以上机组的大容量电厂中，自动化程度较高，要求在事故停机过程中及停机后的一段时间内，仍必须保证供电，否则可能引起主要设备损坏、重要的自动控制失灵或危及人身安全的负荷，称为事故保安负荷。按对电源要求的不同它又可分为：直流保安负荷，如发电机的直流润滑油泵、事故氢密封油泵等；交流不停电保安负荷，如实时控制用的计算机；允许短时停电的交流保安负荷，如盘车电动机、交流润滑油泵、交流密封油泵、除灰用事故冲洗水泵、消防水泵等。

5. 不间断供电负荷

在机组启动、运行和停机过程中，甚至在停机后一段时间内，需要连续供电并具有恒频恒压特性的负荷，如控制用的电子计算机。不间断供电电源一般采用由蓄电池供电的电动发电机组或配备数控的静态逆变装置。

（二）按照负荷的运行方式分类

1. 按使用机会

“经常”：每天都要使用的负荷；“不经常”：只在检修、事故或机炉启停期间使用的负荷。

2. 按使用时间

“连续”：每次运转2h以上；“短时”：每次带负荷在10～120min者；“断续”：每次带负荷不超过10min者。

三、不同类型的厂用负荷对电源的要求

对于Ⅰ类负荷，厂用电动机必须保证能够自启动，并且应由两个独立的电源供电，采用备自投装置。对于Ⅱ类负荷，应由两个独立电源供电，一般采用手动切换。对于Ⅲ类厂用负荷，一般由一个电源供电。对于直流保安负荷，由蓄电池供电。对于交流不停电保安负荷，供电电源一般采用由蓄电池组供电的电动发电机组或配备静态开关的静态逆变装置。对于允许短时停电的交流保安负荷，一般采用快速自起动的柴油发电机组作为交流保安电源。

第二节　厂用电电源及其接线形式

一、厂用电系统的电压等级

厂用电系统电压等级选择原则：

（1）与异步电动机的技术规范相适应；

（2）解决同容量电动机中电压低的价格较低、效率较高，但供电导线的截面较大，使铜耗量和投资增加的矛盾；

（3）不同电压等级的短路电流不同；

（4）考虑对电动机自启动是否有利。

厂用电的电压等级与电动机的容量直接有关。大容量电动机宜采用较高的电压，厂用电的电压与采用的电动机电压相匹配。电厂中拖动各种厂用机械的电动机，其容量差别很大，从一般的几千瓦、几十千瓦，大到几百千瓦、几千千瓦，不可能只采用一个电压等级的电动机，但力求电压等级尽量减少。

对容量600MW及以上机组的厂用电，根据国内若干电厂的设置情况，可分如下两种方案。

方案一：厂用电采用6kV和400V两个电压等级。配电原则是：200kW及以上的电动机采用6kV电压供电，200kW以下的电动机采用400V电压供电。

方案二：厂用电采用10kV、3kV与400V 3个电压等级。配电原则是：2000kW及以上的电动机采用10kV电压供电，200～2000kW的电动机由3kV电压供电。200kW以下的电动机采用400V电压供电。

方案一采用了一个6kV等级的厂用高压，而方案二采用了10kV和3kV两个等级的厂用高压。原则上，前者可使厂用电系统简化、设备减少，但许多2000kW以上的大容量电动机接在6kV母线上，也会带来设备选择和运行方面的问题。600MW及以上机组厂用电压等级采用上述两种方案中的哪一种，在设计时都是经过诸多因素的综合比较后确定的。大型发电厂厂用电负荷最大者是给水泵（特别是超超临界机组），为了提高热力系统的循环效率，给水泵一般采用汽动给水泵，此时只配一台30%容量的电动给水泵作为启动和备用，但也有厂全部采用电动给水泵的。是否全部采用电动给水泵，对厂用电系统的接线、电压等级、厂用变压器容量的选择等都有影响。

二、厂用工作电源及其引接

发电厂的厂用电源必须供电可靠，且能满足电厂各种工作状态的要求，除应具有正常的工作电源外，还应设置备用电源、启动电源和事故保安电源。下面主要介绍容量600MW及以上机组的厂用工作电源。

对于大容量机组，各机组的厂用工作电源必须是独立的，是保证机组正常运行最基本的电源，要求供电可靠，而且要满足整套机组的全部厂用负荷要求，可能还要承担部分公用负荷。容量600MW及以上机组都采用发电机—变压器组单元接线，并采用离相封闭母线。机组厂用电源都从发电机G至主变压器T之间的封闭母线引接，即从发电机出线经高压厂用工作变压器TA1（又简称高压厂用变或厂总变）将发电机出线电压降至所要求的厂用高压，如图4-1(a)所示。一般在容量600MW及以上机组的厂用分支上也不装设断路器，主要是因为要求的开断电流很大，断路器难于选择，也不装隔离开关，只设可拆连接片，以供检修和调试用。为提高供电可靠性，厂用分支也都采用离相封闭母线。在这种接线方式下，发电机、主变压器、厂用高压变压器（厂总变）以及相互连接的导体，任何元件故障都要断开主变压器高压侧的断路器并停机。因此，仅当发电机处于正常运行时，才能对厂用负荷供电，在发电机处于停机状态；启动时，发电机电压未建立之前或停机使电压下降时，都不能对厂用负荷供电。这就说明，需要另外设置独立可靠的启动和停机用的电源，停机电源是指保证发电机安全停机的某些厂用负荷继续运行一段时间所需的电源。

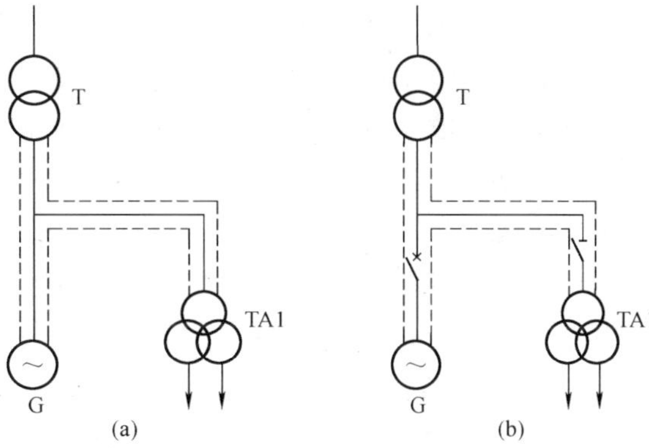

图4-1　厂用工作电源的引接

(a) 发电机出口不设断路器；(b) 发电机出口设断路器

如果发电机出口装有断路器，如图4-1(b)所示，则发电机启动和停机时，只要断开发电机出口断路器，厂用负荷仍可从系统经主变压器，再经高压厂用变压器（即厂总变）供电。低压400V厂用工作电源，由高压厂用母线通过低压厂用变压器引接。若高压厂用电设有10kV和3kV两个电压等级，则400V工作电源一般从10kV厂用母线引接。

三、厂用备用或厂用启动/备用电源

厂用备用电源用于工作电源因事故或检修而失电时替代工作电源，起后备作用。备用电源应具有独立性和足够的供电容量，最好能与电力系统紧密联系，在全厂停电下仍能从系统获得厂用电源。

启动电源一般是指机组在启动或停运过程中，工作电源不可能供电的工况下为该机组的厂用负荷提供电源。

容量600MW及以上机组的厂用电，一般采用启动电源兼备用电源的方式设置，而且一

般都从系统经启动/备用变压器（简称启/备变，如果它带有厂用公用负荷，则又常简称其为公备变）引接，具有很高的可靠性。这种电源除起备用电源和启动电源的作用外，也承担了发电机停机电源的作用。

这种由启动兼备用的电源变压器，从备用的角度看是一种明备用（另一种是暗备用），平时不接通高压厂用工作母线，不带机组负荷；当工作电源故障断开时，由备用电源自动投入装置进行切换接通，代替故障的工作电源（厂总变），承担全部厂用负荷。

启动/备用变压器平时是否处于运行工况，要看其平时是否带公用负荷。如果全厂的公用负荷由各机组的工作变压器分担，启动/备用变压器平时不带公用负荷，则启动/备用变压器平时可不投入，一次侧断开，可省去空载损耗，其容量也可减小。但工作变压器容量稍有增大，故障时动作的断路器较多，可靠性略有降低。另一种方式是，启动/备用变压器平时带有较多的公用负荷，容量较大，而工作变压器的容量相应减小，启动/备用变压器替代工作电源时，动作的断路器较少，可靠性有所提高，但启动/备用变压器将长期带电，使损耗增加。

对容量600MW及以上机组，一般每两台机组设一套（通常为两台）公用的启动/备用变压器。对于低压400V的备用电源，与低压工作电源的引接相似，也从高压厂用母线（亦称中压厂用母线）经低压变压器引接，但低压工作电源与备用电源取自高压厂用母线的不同分段上。

四、容量600MW及以上机组厂用电基本接线形式

厂用电接线方式合理与否，对机、炉、电的辅机以及整个发电厂的工作可靠性有很大影响。厂用电的接线应保证厂用供电的连续性，使发电厂能安全满发，并满足运行安全可靠、灵活方便等要求。

容量600MW及以上机组通常都为一机一炉单元式设置，采用机、炉、电为一单元的控制方式，因此，厂用系统也必须按单元设置，各台机组单元（包括机、炉、电）的厂用系统必须是独立的，而且采用多段（两段或四段）单母线供电。

（一）中压厂用电系统基本接线

中压厂用电系统，是指厂总变和启/备变以下3～10kV电压等级的厂用电系统。600MW机组单元中压厂用电系统的接线，与采用的电压等级数、厂总变的型式和台数、启/备变的型式和台数、启/备变平时是否带公用负荷等因素有关。根据国内若干容量600MW及以上机组电厂的中压厂用系统接线，基本上可分为如下两种。

第一种接线，中压厂用电采用6kV一个电压等级，设置一台高压厂用三相三绕组（或分裂中压绕组）的工作变压器、两台三相双绕组启/备变。启/备变平时带公用负荷，接线如图4-2所示。这种厂用电接

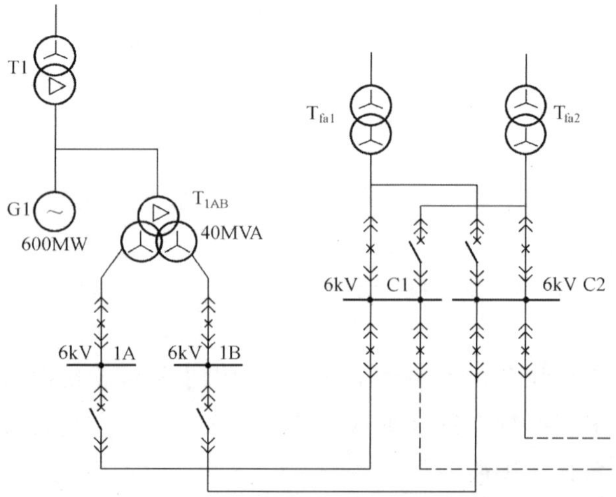

图4-2 中压厂用电系统接线（一）

线的主要特点是：

（1）机组单元（机、炉、电）厂用负荷由两段中压厂用母线（1A和1B）分担，正常运行由厂总变供电，有双套或更多套设备的，可均匀地分接在两段母线上以提高可靠性。厂总变不带公用负荷，故其容量较小。

（2）公用负荷由两段厂用公用母线（C1和C2）分担。正常运行时，两台启/备变各带一段公用母线（亦称公用段），两段公用母线分开运行。由于该启/备变经常带公用负荷，故也称其为“公备变”。

（3）当一台启/备变停役或由于其他设备有异常使一台启/备变不能运行时，可由另一台启/备变带两段公用母线。因此，对公用负荷而言，两台启/备变是互为备用的电源。在这种接线方式中，三相三绕组（或分裂绕组）工作变压器也可用两台三相双绕组工作变压器所代替，但需作技术经济比较。

第二种接线，如图4-3所示。每个机组单元设置两台三绕组或分裂绕组的工作变压器（厂总变），每两台机组设公用的两台三绕组或分裂绕组变压器作启动兼备用变压器。

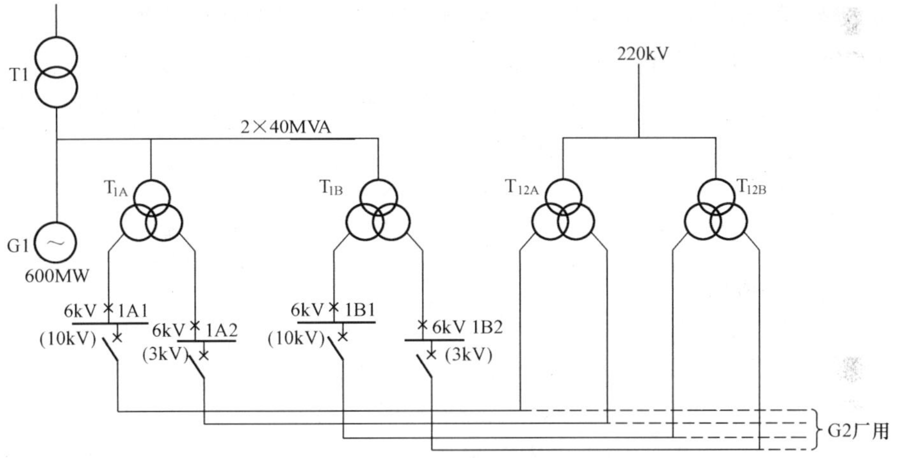

图4-3 中压厂用电系统接线（二）

这种接线的特点是，工作电源经两台三绕组或分裂中压绕组变压器，分接至四段中压厂用母线，既带机组单元负荷，又带公用负荷。启/备变平时不带负荷。

这种中压厂用电系统接线形式，既可用于采用6kV一个电压等级的接线，也可用于采用10kV和3kV两个电压等级的中压厂用电系统接线。

（二）400V厂用电系统基本接线

400V低压厂用电系统，可以按岛或专业来设置，如设置400V汽轮机变压器、400V锅炉变压器、400V公用变压器、400V照明变压器、400V检修变压器、400V循泵变压器、400V化水变压器、400V脱硫变压器等。也可在一个单元中设有若干个动力中心和由动力中心供电的若干个电动机控制中心。一般容量在75～200kW之间的电动机和150～650kW之间的静态负荷接于动力中心，容量小于75kW的电动机和小功率加热器等杂散负荷接于电动机控制中心。

一般而言，每一专业400V动力中心单元设两段母线，每段母线都由一台低压厂用变压器供电，两台变压器的高压侧分别接至厂用中压母线的不同分段上。两段低压厂用母线之间设一台联络断路器，一般情况下，不能合上联络断路器合环运行。只有当两台低压厂用变压器高压侧实联，且两段低压母线电压差值很小的情况下，一台低压厂用变压器需停用但同时又不能影响机组运行时，方可短时合环运行。当两台低压厂用变压器高压侧接至不同系统时，严禁合环运行。

（三）厂用母线的分段原则

不论是中压厂用母线还是低压厂用母线，都必须至少分为两段。凡是有 2×100%或 2×50%两套相同的辅助设备应该分别从两段不同的母线上引接。有 3 台以上相同的辅助设备或公用负荷也应分别从两段不同的母线上引接。这种分段原则，其目的是：当一段母线故障失电或者自动切换不成功时，至少能保持机组一半负荷的运行。

（四）备用电源

火电厂中，高、低压备用电源的数量与发电厂装机台数、单机容量、主接线形式及控制方式等因素有关，一般备用电源可分为明备用和暗备用。

明备用：指专门设置的备用电源，正常工作时不工作或只带少量公用负荷，当工作电源故障或其他原因停役时，备用电源投入，并能满足母线上负荷运行的要求。

暗备用：不专门设置备用电源，而是由两个厂用工作电源相互为备用。正常运行时，两个厂用工作电源不能并列工作，即不可合上联络断路器，因为动力中心的所有设备的短路容量均按一个电源提供的短路电流选择的。

第三节　厂用电系统中性点接地方式

一、中压厂用电系统中性点接地方式

中压厂用电系统中性点接地方式的选择，与接地电容电流的大小有关。当厂用电系统的接地电容电流小于 10A 时，可采用高电阻接地方式，也可采用不接地方式。当厂用电系统的接地电容电流大于 10A 时，可采用中电阻接地方式，也可采用电感补偿（消弧线圈）或电感补偿并联高电阻的方式。目前电厂中压厂用电系统大多采用中性点经电阻接地的方式。

（一）中性点不接地系统特点

（1）发生单相接地故障时，流过故障点地电流为电容性电流；

（2）当厂用电系统的单相接地电容电流小于 10A 时，允许继续运行 2h，为处理故障赢得时间；

（3）当厂用电系统单相接地电容电流大于 10A 时，接地电弧不能自动消除，将产生较高的电弧接地过电压，并宜发展为多项短路，故此时，接地保护应动作于跳闸，中断对厂用电设备的供电；

（4）实现有选择性的接地保护比较困难，需要采用灵敏的零序方向保护；

（5）无需中性点接地装置。

适用范围：单相接地电容电流小于 10A 的高压厂用电系统。

（二）中性点经高电阻或中电阻接地系统特点

（1）选择适当的电阻值，可以抑制单相接地故障时健全相的过电压倍数不超过额定相电压的 2.6 倍，避免故障扩大；

(2) 单相接地故障时，故障点流过一固定值的电阻性电流，保证馈线的零序保护动作；

(3) 常采用二次侧接电阻器的配电变压器接地方式，无需放置大电阻器就可达到预期的要求。

适用范围：适用于低压厂用电系统接地电容电流小于 10A、但为了降低间隙性电弧接地的过电压水平和便于寻找接地故障点的情况。

(三) 中性点经消弧线圈接地系统特点

(1) 单相接地故障时，中性点的位移电压产生感性电流流过接地点，补偿电容电流，将接地点的综合电流限制在 10A 以下，达到自动熄弧，继续供电的目的；

(2) 为了提高接地保护的灵敏度和选择性，通常在消弧绕组二次侧并联电阻；

(3) 消弧线圈的电感电流可根据工程的具体情况决定；

(4) 这一接地方式运行比较复杂，要增加接地设备投资，而且接地保护也比较复杂。

适用范围：适用于大机组中压厂用电系统接地电容电流大于 10A 时。

二、低压厂用电系统的中性点接地方式

低压厂用电系统的中性点接地方式主要有中性点经高电阻接地方式和中性点直接接地方式两种。

(一) 中性点经高电阻接地系统特点

(1) 单相接地故障时，可以避免开关立即跳闸和电动机停运，也防止了由于熔断器一相熔断造成的电动机两相运转，提高了低压厂用电系统的运行可靠性；

(2) 单相接地故障时，单相接地电流值在小范围内变化，可以采用简单的接地保护装置实现有选择性的动作；

(3) 必须另设照明、检修网络，需增加照明和其他单相负荷的供电变压器；

(4) 不需要为了满足短路保护的灵敏度而放大馈线电缆的截面。

适用范围：电厂的低压厂用电系统一般均可采用。

(二) 中性点直接接地系统特点

(1) 发生单相接地故障时：

1) 中性点电压不偏移，防止相电压因不对称而超过 250V；

2) 保护动作而跳闸，电动机停运；

3) 可通过加装零序电流互感器而提高保护的灵敏度，同时可以躲过因电动机启动而引起的误动作；

4) 熔断器熔断需要超过熔件额定电流的 4 倍，所以用熔断器保护的电动机可以通过加大电缆截面或改用四芯电缆的方法使在电缆末端发生单相短路时满足上述条件；

5) 对于用熔断器保护的电动机，存在一相熔断器熔断，电动机两相运行而烧毁的可能性。

(2) 低压厂用网络接线简单，照明和动力电源、检修电源可以公用。

(3) 采用交流操作的场合，可省去在每一个回路安装控制变压器的费用。

第四节 厂用变压器的选择

一、厂用负荷的计算

计算厂用负荷的目的，是为了合理选择厂用变压器的容量，避免发生因容量不足而影响正常运行，或因冗余过大而造成浪费。

厂用负荷的计算方法有换算系数法和轴功率计算法。一般多采用换算系数法，按下式计算，即

$$S=\sum(KP)$$

式中 S——厂用母线上的计算负荷，kVA；

P——电动机的计算功率，kW；

K——换算系数。

其中，对电动机计算功率 P 的计算方法，可根据以下计算原则选取：

（1）对经常、连续运行的设备和连续而不经常运行的设备，$P=P_n$，P_n 为电动机额定功率，kW。

（2）对经常短时及经常断续运行的电动机 $P=0.5P_n$。

（3）对不经常短时及不经常断续运行的设备 $P=0$。

（4）对中央修配厂的用电负荷 $P=0.14P_{\Sigma}+0.4P_{\Sigma 5}$，$P_{\Sigma}$ 为全部电动机额定功率，$P_{\Sigma 5}$ 指其中最大 5 台电动机额定功率之和。

（5）煤厂机械负荷中对中、小型机械：$P=0.35P_{\Sigma}+0.6P_{\Sigma 5}$；翻斗机：$P=0.22P_{\Sigma}+0.5P_{\Sigma 5}$；轮斗机：$P=0.13P_{\Sigma}+0.3P_{\Sigma 5}$，$P_{\Sigma}$ 指全部电动机额定功率，$P_{\Sigma 5}$ 指其中最大 5 台电动机额定功率之和。

（6）对照明负荷：$P=K_dP_i$，K_d 为需要系数，P_i 为安装容量。

对换算系数 K 的选取，如给水泵、循泵、凝结水泵等连续运行的电动机取 1，其他电动机和低压厂用变压器取 0.7～0.85。

二、厂用变压器的选择

厂用变压器的选择主要考虑高压厂用变压器、高压备用变压器、低压厂用变压器、照明变压器、除尘变压器等的选择。选择内容一般包括变压器的台数、型式、额定电压、容量和阻抗等等。

（一）额定电压

变压器一次侧、二次侧额定电压必须与引接电源电压和厂用网络电压相一致。

（二）台数和型式

工作变压器的台数和型式，主要与厂用母线的段数有关。当厂用高压母线只有 3kV 或 6kV 一种电压等级时，可选一台全容量的分裂绕组变压器分别供两段母线，或选两台 50% 容量的双绕组变压器分别供两段母线；当厂用高压母线同时有 3kV 或 10kV 两种电压等级时，可选两台 50%容量的三绕组变压器分别供四段母线。

（三）厂用变压器的容量

目前，装有大容量机组的电厂，各单元机组厂用电系统是独立的。当厂用工作变压器和启动/备用变压器台数，以及公用负荷正常由谁负担确定以后，统计各段母线所接负荷，按照主机满发的要求，便可选出各台高压厂用变压器的容量。

（四）厂用变压器的阻抗

变压器的阻抗是选择变压器的一个重要指标。厂用工作变压器的阻抗要求比一般动力变压器的阻抗大，这是因为要限制变压器低压侧的短路容量，否则将影响到断路器设备的选

择。一般要求短路阻抗应大于10%。但是，阻抗过大又将影响厂用电动机自启动的难度。厂用工作变压器如果选用分裂绕组型式变压器，则能在一定程度上缓和上述矛盾，因为分裂绕组变压器在正常工作时具有较小阻抗，而出口短路时则具有较大的电抗。

第五节　厂用电动机的选择和自启动校验

一、概述

在发电厂的生产过程中，需要许多机械为主要设备和辅助设备配套，这些机械总称为厂用机械，例如磨煤机、给煤机、给水泵、送风机、一次风机、吸风机、循环水泵、油泵及真空泵等。这些机械一般都由电动机带动，因为电动机比其他原动机可靠、经济、价廉、轻便，且启动、安装和检修较简单，易于实现操作过程自动化，这些电动机总称为厂用电动机。若带动重要厂用机械的厂用电动机出现故障，即便在极短时间内停止工作，也都会引起出力减少，甚至被迫停炉停机，造成巨大的经济损失。

目前，容量600MW以上发电机组属大容量发电机组，为其配套的厂用电动机容量大，因此，对电动机的制造要求，产品质量和各种特性都提出了高要求。

厂用电动机一般都采用鼠笼式感应电动机，为了改善启动特性，可采用双鼠笼和深槽单鼠笼感应电动机。本章将着重介绍主要厂用电动机参数和自启动特性，以及几种特殊电动机的结构。

二、厂用电动机的机械特性

发电厂中使用着多种电动的机械设备，这些机械设备的负载转矩特性，即它的负载转矩（又称阻力转矩）M_m 与转速 n 的关系 $M_m = f(n)$，直接影响电动机的选择。厂用电动机机械转矩按其转矩特性可分为以下两类，转矩特性曲线如图4-4所示。

1. 恒转矩负载特性

它的负载转矩 M_m 与转速 n 无关，M_m 是个常数，$M_m = f(n)$ 特性为一水平线。常见负荷有磨煤机、碎煤机、输煤皮带、起重机、绞车等。

2. 具有非线性上升的负载转矩机械特性

具有非线性上升的负载转矩机械，它们的负载转矩与转速的二次方或高次方成比例。如引风机、送风机、油泵、离心式水泵等。

三、厂用电动机的类型及特点

发电厂中使用的电动机有异步电动机和直流电动机两类，异步电动机使用得最多。异步电动机又有鼠笼式、绕线式和变频电动机3种，使用最广泛的是鼠笼式电动机。

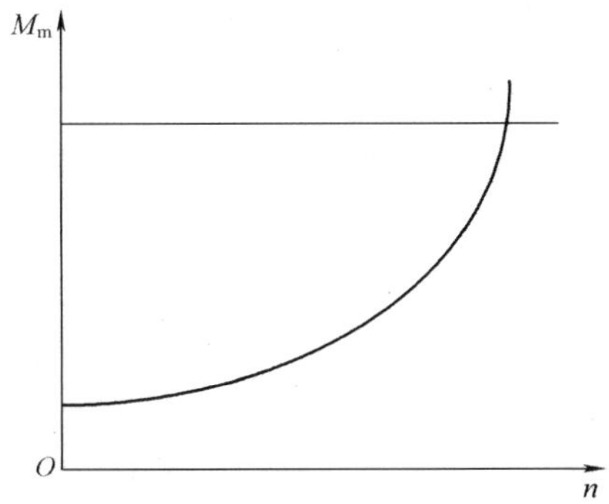

图4-4　厂用电动机机械转矩特性

（一）异步电动机的特点

结构简单、运行可靠、操作维护方便、价格便宜；缺点：启动电流大、调速困难。

（二）直流电动机的特点

（1）可借助调节磁场电流均匀而平滑调速，且调速能耗低；

（2）启动转矩较大；

（3）不依赖厂用交流电源；

（4）制造工艺复杂、成本高、维护量大、工作可靠性低。

（三）变频电动机的特点

变频调速又分为定子变频和转子变频两种。定子变频是通过改变供电电源的频率来实现转速的改变。这种变频装置容量必须与电动机容量相匹配，价格较高，而且大容量变频装置的谐波分量注入电网会污染电网电能质量，其推广受到较大阻力。转子变频又称交流励磁电机，如果在电机的转子上布置三相绕组施加三相交流电流，就成为交流励磁电机，再对励磁绕组的交流电流进行调幅、调频、调相，就能提供以下的功能：

（1）可改变电机转子的转速，使其与原动机或拖动机械的最佳转速相匹配，提高使用效率；

（2）改变励磁电流的幅度，调节电机无功分量，以适应功率因数的调整；

（3）转速的快速调节可充分利用转子系统的转动惯量来吸收或释放转子的电能以适应负荷的快速突变。

此外，对交流电动机较大范围的调速还有一种方法，即变极调节。变极调速电动机的定子有两个绕组，通过6根引出线，分别接入两个断路器来改变其极数，从而获得两种不同的转速，以便在使用过程中可根据不同需要来选择任一转速，提高运行经济性。

四、厂用电动机的技术参数

异步电动机的主要技术参数，反映电动机的工作能力及其启动性能。启动性能的优劣主要表现在启动电流和启动转矩等方面，下面就容量600MW及以上发电机组的几台大容量厂用电动机的技术参数做扼要的说明。

（一）异步电动机的转差率

转差率S是异步电动机特性的需要数据之一。根据异步感应电动机的工作原理，异步电动机的同步转速n_1与转子转速n_2之间总存在着转差Δn，通常，将同步转速n_1与转子转速n_2之差对同步转速n_1之比值，称为异步电动机转差率用S表示，即

$$S=\frac{n_1-n_2}{n_1}\text{或}S=\frac{n_1-n_2}{n_1}\times 100\%$$

当转子尚未转动时，$n_2=0$时$S=\frac{n_1-n_2}{n_1}=1$；当转子转速接近同步转速时，$n_2\approx n_1$，此时$S=\frac{n_1-n_2}{n_1}\approx 0$。可见异步电动机转差率范围为$0<S<1$。同极数的电动机，转速愈高，转差率愈小。给水泵电动机的$S=0.37\%$；吸风机电动机的$S=0.7\%$，均属高速电动机。

（二）异步电动机的启动及其启动电流

大部分鼠笼型异步电动机的启动均为全电压启动。电动机从接通电源开始转动到正常运行转速为止的这一过程，称为电动机的启动过程。此过程中，电动机定子和转子绕组的电流是变化的。在电动机刚接通电源的瞬间，转子是静止的，定子产生的旋转磁场对静止的转子有着很高的相对转速，转子绕组中感应出的电动势很大，转子电流也很大，这样就使启动时

的定子电流相应很大。当转差率 $S=1$ 时，转子绕组和定子绕组中流过的电流称为电动机的启动电流，一般用它与电动机的定子额定电流的倍数来表示。电动机的启动电流倍数约为4～7倍。

（三）异步电动机功率平衡关系

异步电动机运行时，输入的是从电网得到的电功率，输出的是拖动负荷的机械功率。从电网输入的电功率 $P_1=3U_1I_1\cos\varphi$，式中，U_1 和 I_1 分别为定子绕组的相电压和相电流，$\cos\varphi$ 为电动机的功率因数。电动机工作时，P_1 中的一小部分消耗在定子绕组的电阻上，称为定子铜损 P_{Cu}，另一部分供给铁芯中的涡流及磁滞损耗，称为铁损 P_{Fe}。由于正常运行时转差率很小，转子铁芯中磁通变化的频率很低，所以转子铁芯中的铁损很小，可以忽略不计。

输入电功率中除去定子铜损和铁损后，所剩的大部分功率则通过气隙旋转磁场由定子传递到转子，称为电磁功率 P_{em}，即 $P_{em}=P_1-P_{Cu}-P_{Fe}$。

对于一台旋转的实际电动机来说，其定子传递到转子的电磁功率，减去转子的铜损后，其差值就是转换为电动机的机械功率 P_m。

而异步电动机的电磁转矩与电网电压的平方成正比，即电网电压对异步电动机的运行性能影响很大。

（四）异步电动机力矩特性

1. 力矩特性与机械特性

对成品电动机来说，其极对数、电阻及漏抗均是常数，当外加电压及频率不变时，电磁转矩 M 是转差率 S 的函数，即 $M=f(S)$。对应于不同的转差率 S，可以求出相应的电磁转矩 M。

当异步电动机接到电网的瞬间，其转子尚未转动，即 $S=1$ 时，如果电动机产生的转矩 M_{st} 大于负载力矩 M_{L1}，电动机便开始转动。转速 n 逐渐上升，转差率 S 则随之减小。S 减小的过程中，电动机 M 将随 S 的减小而增大。当转速接近同步转速 n_1 时，随着 S 减小，电动机力矩随 S 减小而减小，在同步转速时，$S=0$，转矩 $M=0$。如果负载力矩为 M_L，则在异步电动机产生的电磁力矩 M 与负载力矩 M_L 相等时，电动机便在该点稳定运行。

2. 额定转矩、最大转矩和过负荷能力

（1）额定转矩 M_N。

额定转矩 M_N 是电动机在额定负荷时的电磁转矩，与它对应的转差率叫额定转差率 S_N。电动机的额定转矩可以从电机铭牌上额定功率求得。对输出相同功率的电动机，极数多转速低，转矩大；极数少的转速高，转矩小。

（2）最大转矩 M_{max} 和过载能力。

电磁转矩存在一个最大值，即最大转矩 M_{max}，如果负载转矩大于最大转矩，电动机将会停转。为了使电动机能稳定运行，不致因短时过负荷而停转，就要求电动机有一定的过负荷能力。

3. 启动转矩 M_{st}

电动机接入电网但尚未转动（$S=1$）时的转矩称为启动转矩 M_{st}。只有当启动转矩大于机械负载的力矩时，电动机才转动。

4. 异步电动机的结构对最大转矩与启动转矩的影响

电动机漏抗的大小对其最大转矩和启动力矩等性能有很大的影响，影响电动机漏抗的大小因素也就是影响转矩的因素。如果电动机铁芯槽的宽度愈大，槽漏磁通经过槽内空气部分长度愈长，磁阻愈大，漏抗就愈小；如果槽的深度愈大，则槽漏磁通经过的截面积愈大，磁阻愈小，因而漏抗就增大。因此，电动机铁芯槽和绕组的形状，将显著影响漏抗的大小，从而影响电动机转矩、功率因数，尤其是启动性能。

（五）异步电动机的发热

电动机在运行中所产生的主要损耗均转变为热能，使电动机发热。为保证电动机安全可靠地运行，在额定运行状态下定出了电动机的温升极限。电动机的传热方式主要有传导、辐射、对流。

五、厂用电动机的选择

厂用电动机的选择必须满足以下条件：

（1）电动机的额定电压应与厂用供电系统电压相匹配；

（2）电动机的转速应符合被拖动设备的要求；

（3）在额定电压和转速下，容量大于满载工作时机械设备轴功率，并有适当储备；

（4）电动机的机械特性必须适应被拖动设备的要求，电动机的启动转矩必须大于被拖动设备在 $n=0$ 时的起始阻力转矩，且在启动过程中，任一转速下都应大于机械阻力转矩；

（5）结构形式及冷却方式与周围环境相适应，以避免腐蚀性气体、灰尘、蒸汽等对电动机绝缘强度产生影响，以及防止电动机故障时波及周围的易燃物；

（6）要求在很大范围内调节转速及当厂用电源消失后仍需工作的设备采用直流电动机；

（7）反复、重载启动或需小范围调速的机械采用同步电动机；

（8）大机组可用双速电动机。

六、厂用电动机的启动和自启动

（一）供电电压的变化对电动机工作和启动影响

根据异步电动机的工作原理可知，在电网频率及电动机参数不变时，电动机的启动转矩 M_{st} 与电压 U 的平方成正比（实际上启动时，由于电动机磁路饱和影响，电网电压的变化可能引起电动机参数的变化，使 M_{st} 与电网电压 U 的几次方成正比，而 n 常常大于 2）。

（二）厂用电动机启动对厂用电的影响

厂用电动机的启动往往会引起厂用电供电母线电压的波动。因此，对于大容量电动机，进行必要启动试验十分必要。

异步鼠笼式电动机在启动过程中，其启动电流很大。因此，厂用供电母线上的电压波动相当大，往往由于厂用变压器的选择裕度不大，在大容量电动机启动过程中，使母线电压下降过多，有可能使接于同一母线上的其他辅助设备停止工作或出力降低。

为了保证厂用电源可靠地供电和维持一定的电压水平，厂用电动机的启动往往采用重要和不重要电动机分批启动办法。厂用电动机的启动不仅考虑到机组的启动成功与否，还要考虑到它对整个厂用电系统供电的影响。

（三）异步鼠笼式电动机启动时的发热

异步鼠笼式电动机在启动过程中出现很大的启动电流，并具有很大的电能损耗，使绕组发热而温度升高，因此，当缺乏电动机允许飞轮力矩数据时，需要校验启动时定子绕组和转子绕组的温升。根据异步鼠笼式电动机的运行经验，电动机损坏往往由于启动电流和不合理的频繁启动致使绕组过热所引起。因此，大容量电动机（如给水泵、引风机、送风机等），需要一般正常条件下做启动试验，以作为电动机正常运行方式时的参考。

（四）电动机的自启动

1. 定义

当电源断开或厂用电压降低时，厂用电动机转速会下降，甚至会停运，这一转速下降的过程称为惰行。厂用电动机失压后，经过 0.5～1.5s 后厂用供电母线电压恢复或备用电源投入，电动机惰行尚未结束，又自动启动恢复到稳定运行状态，这一过程称为电动机的自启动。

2. 危害

因为同时有很多电动机参加自启动，因而自启动过程中会出现厂用供电系统电压下降和电动机本身发热，将危及厂用供电系统的稳定运行和电动机的安全和寿命。

3. 分类

(1) 失压自启动；

(2) 空负荷自启动；

(3) 带负荷自启动。

要保证厂用电动机自启动的安全，应满足：

(1) 厂用母线电压不低于电压最低限值；

(2) 参加自启动电动机的总容量不超过自启动允许容量。

4. 电动机自启动厂用母线电压最低限值

异步电动机的转矩与电压的平方成正比，在额定电压下，其最大转矩约为额定转矩的两倍。当电压下降到 $0.7U_n$ 左右时，若电动机带额定负荷，则电动机会因其最大转矩小于被拖动机械的轴转矩而开始惰行，最终可能停止运转。为了保证电动机自启动，并考虑到机械的惯性因素，规定厂用母线电压在电动机自启动时，应不低于表 4-1 的数值。

表 4-1　电动机自启动要求的厂用最低母线电压

名　称	自启动电压为额定电压的百分数（%）
中压厂用母线自启动	65～70
低压厂用母线自启动	60
中低压厂用母线同时自启动	55

5. 自启动电动机允许容量

当厂用电动机自启动时，厂用供电母线电压达到表 4-1 中所允许最低母线电压值，参加自启动电动机的最大允许容量称为自启动电动机允许容量。

6. 为保证重要厂用电动机自启动采取的措施

(1) 限制参加自启动电动机的数量。次要电动机装设低电压保护，延时 0.5s 动作；

(2) 阻力转矩为恒定值的重要厂用电动机，因其自启动电压要求较高（接近额定电压），也装设低电压保护和自动重合闸装置，当电压低时从母线断开，而母线恢复后又自动投入，从而实行电动机分级自启动，并改善这些设备的自启动条件；

(3) 对重要的厂用机械设备，要选用具有较高启动转矩和较大允许过载倍数的电动机；

(4) 不得已情况下，可增大厂用变压器容量或减小厂用变压器的阻抗值。

七、几种特殊的电动机

(一) 电磁调速异步电动机

电磁调速异步电动机是一种交流无级变速电动机，这种电动机具有恒转矩和无级调速的特点。优点是调速范围广，速度调节平滑，启动转矩大，控制功率小；缺点是机械特性软，稳定性差，在低转速时离合器的效率和输出功率都较低。在容量600MW及以上发电机组中，一般都作为锅炉燃烧系统带动给煤或给粉装置的电动机。

1. 电磁调速异步电动机的结构

无论是国产的还是进口的电磁调速异步电动机，都由Y系列电动机，电磁转差离合器和控制装置组成。

国产YCT系列电磁调速异步电动机有两种结构形式，即组合式结构和整体式结构。组合式结构是拖动电机与电磁转差离合器各有一个机座，靠装配处的端盖止口用螺栓连接在一起，这种结构便于检修。整体式结构是拖动电动机和电磁转差离合器都装配在同一个机座内。

电磁转差离合器的主要部件如下所述。

电枢：采用圆筒形铸钢材料，与原动机输出轴之间采用硬连接。为了散热，电枢上有风叶、散叶筋。

磁极：呈爪形结构，若干对爪形磁极与中间的隔磁环用铆钉铆牢。它与输出轴之间采用硬连接。

托架：圆形环结构固定于端盖上以支持励磁绕组，并作为磁路的一部分。

2. 电磁调速异步电动机的工作原理

电磁调速异步电动机的无级变速主要是通过电磁转差离合器来实现的。

当励磁绕组内有直流电通过时，产生交链式磁通，经过若干对爪形磁极交叉形成N、S极，并沿着磁极周围建立起空间磁场分布。电动机带动电枢旋转时，电枢切割磁力线产生涡流。电枢内的涡流与磁场相互作用产生转矩，转矩的作用是使磁极转子与电枢同一方向旋转。磁极的转速必须低于电动机转速（即电枢转速），因为只有当电枢与磁极两转子的速度不一致时，电枢与磁力线才有相对运动，才能产生转矩。

当离合器的从动轴带有一定负荷时，励磁电流的大小就决定了从动部分转速的高低，励磁电流愈大，磁场愈强，电枢感应电动势和涡流愈大，电磁转矩也愈大，转速就愈高，同理，励磁电流愈小，转速就愈低。

3. 电磁调速异步电动机的特性

(1) 人工机械特性。

在配置带有速度负反馈的晶闸管装置后，离合器的转速—转矩特性称为人工机械特性。

由于摩擦转矩和剩磁转矩的存在，在负载转矩小于10%额定转矩时，控制特性显著恶化，有时甚至失控。

(2) 传递效率。

一般而言，离合器在高转速时传递效率为80%～85%，在调速时，随着转速降低和升高，离合器的输出功率也相应降低和升高，因此，这种电动机最适用于恒转矩负荷，而不适用于恒功率负荷。

离合器传递效率

$$n = \frac{n_2}{n_1}$$

式中 n_1——拖动电动机的输出转速；

n_2——离合器输出转速。

离合器输出的功率为

$$P_2 = P_1 n = P_1 \frac{n_2}{n_1}$$

式中 P_1——拖动电动机的输出功率。

（二）变级多速电动机

变换绕组的极数从而改变同步转速进行调节的电动机称为变极多速电动机。变极多速电动机按阶跃方式变化。变极电动机分两类，一类是转换单绕组接线以改变极数的电动机，另一类是同一铁芯上设置两个以上极数不同绕组的电动机。

变极多速电动机多应用于国产600MW发电厂循环水泵上。

八、电动机的运行操作、监视和维护

（一）电动机的运行操作

(1) 电动机的停、送电操作，应由具有电气操作资格的人员执行，而电动机的启停操作则应由机组值班员或电动机所带动机械的值班人员进行。

(2) 电动机的停送电操作应遵守倒闸操作的有关规定，严格执行操作票和操作监护制度。特别要防止带负荷拉合隔离开关。

(3) 电动机送电前，要了解该要送电的电动机检修工作是否结束，有无有关的工作票，送电前，应对电动机的控制设备包括各引线及其系统做全面检查，电动机的绝缘电阻值必须符合要求。送电操作中，应将电动机有关电源（包括操作、动力）全部送上（即处于热备用状态），这时一经操作，电动机即可投入运行。

(4) 电动机的停电操作，应在检查电机确已停转后进行，并根据停电后是机械作业，还是电气作业或者是机电同时作业等不同情况，分别进行操作和执行有关安全措施。

(5) 低压电动机送电前，操作人员应检查熔断器符合要求，并装设牢固，送电后验电正常。

（二）电动机的启动

1. 电动机启动前的检查

(1) 电动机周围清洁，无杂物，无漏水、漏汽，且无人工作。

(2) 电动机及其控制箱应无异常现象，外壳接地应完好，电动机接线牢固。

(3) 机械部分应完好，旋转部分外露者应有装置完善的防护罩。

(4) 如电动机停运的天数超过规定时间或受潮时，应由值班人员测量其绝缘电阻合格。

(5) 电动机底座螺栓应牢固不松动，轴承油的油位和油色正常。

（6）如有可能时，盘动电动机机械部分，应无卡住、摩擦现象。

（7）检查传动装置应正常，例如传动皮带不应过紧或过松，不断裂，联轴器安装良好等。

（8）检查电动机有关各部测温元件的显示或指示正常。

（9）检查冷却器装置良好，水冷却器水源应投入，且无漏水现象，压力流量正常。

2. 电动机的启动

（1）电动机的启动电流很大，但随着电动机转速的上升，在一定时间内，电流表指示应逐渐返回到额定值以下，如果在预定时间（对各种机械有不同的启动时间）内不能回到额定电流以下者，应立即停运电动机，并通知有关部门检查原因，否则不允许再次启动。

（2）电动机启动时，应监视从启动到升速的全过程直至转速正常，如启动过程中发生振动、异常声响、着火等情况，应立即停运。

（3）对新投入运行的或检修后初次启动的电机，应注意其旋转方向必须与设备上标定的方向一致，否则应停止后纠正。

3. 电动机启动次数的规定

电动机应避免频繁启动或尽量减少启动次数。电动机直接启动时启动电流可达额定电流的 4～7 倍，这样大的启动电流将对电动机产生很大的影响，特别是频繁启动将会使电动机经常流过较大的电流造成热量积累，可能使电动机的绝缘因过热而老化，缩短了使用寿命。另外，也将使供电线路产生较大的线路压降而影响负荷的电压，特别是大功率电动机，电压下降更为明显，电动机的转矩与电压平方成正比，如果电压下降严重，不仅使该台电动机启动困难而且将使线路或者所接电源上的其他电动机因电压过低而转矩减小，影响了电动机的出力，甚至不能启动。为此，对各类电动机的启动次数都有明显的规定，一般规定为：

（1）正常情况下，鼠笼式电动机的启动次数应遵照制造厂的规定执行，无规定时，一般允许在冷态下启动两次，每次间隔不少于 5min，允许在热态下启动一次，大容量电动机的启动间隔不得少于 0.5～1h。

（2）在事故处理及电动机的启动时间不超过 2～3s 时，允许在比正常情况下多启动一次。

这里指的冷态和热态，是指电动机本身热量与周围空气温度相比较而言。所谓冷态，是指电动机任何部分的温度与周围空气温度之差不超过 3℃的状态；热态则是指电动机停机后热量尚未散走时的状态，为了便于掌握和记忆，现场一般对冷态的规定为停运 4h 后，热态则是指电动机在运行状态或是在刚刚停运后。

对电动机启动次数的限制，是考虑到频繁启动时，原来的热量还来不及散发，而下一次启动时的启动电流将在电动机原有温升的基础上再次产生热量，对绕组的威胁比冷态下更为严重，因为绕组的绝缘损坏不仅与温度高低有关，还与温度作用的时间有关，作用的时间越长，影响也越大。另外，启动电流大的电动力对绕组特别是端部绕组的威胁也不能忽视。

对于绕线式转子的电动机，由于转子回路内增加了电阻，改善了启动特性，使启动电流减小，因而对启动次数没有专门规定。

（三）电动机运行中的监视

电动机运行时当值班员在检查过程中发现电动机运行不正常时，应立即通知值长改变其运行方式，仅当发生必须立即停运的故障时，才可先停止电动机的运行，但应尽快通知值长。

运行中电动机的检查项目：

（1）监视电动机电流不超过额定值。

（2）电动机各部温升不超过规定值，测温装置完好。

（3）电动机及其轴承的声音正常，无异常气味。

（4）电动机的振动、串动不应超过规定值。

（5）轴承润滑情况良好，不缺油，不甩油，油位，油色正常，强制油系统工作正常。

（6）电动机冷却系统包括冷却水系统正常。

（7）电动机周围清洁，无杂物，无漏水，漏汽现象。

（8）电动机各护罩、接线盒，控制箱等无异常现象。

（四）电动机绝缘电阻允许值

新安装的电动机或大修后的电动机在投运前或停运时间较长的电动机启动前，均应测量其绝缘电阻，测量电阻时根据设备的电压等级选用绝缘电阻表的电压等级。

电动机绝缘电阻值的标准是：高压电动机每千伏不低于 1MΩ，对低压电动机及绕组式电动机的转子不低于 0.5MΩ，电动机绝缘电阻测量后的数值应登记在专用记录簿上。

九、电动机的允许运行方式

（一）电动机各部的允许温度与温升

电动机在运行过程中所产生的各种能量损耗（铜损、铁损、附加损耗），都转化成热量。引起电动机线圈、铁芯及轴承等温度升高。在发热与散热为平衡的情况下，电动机的温度与环境温度之差，称为电动机各部的温升，即

$$Q=t-t_e$$

式中 t——允许温度；

t_e——周围环境温度。

异步电动机的允许温升是指在一定环境温度（一般规定为 35℃或 40℃）时，电动机温度与周围环境温度的差值。这一数值一般是制造厂根据电动机使用的绝缘材料决定的，例如，异步电动机的铭牌上标注的温升为 60℃，说明环境温度为 40℃时，绕组的温升不超过 60℃，实测的电动机温度为电动机各部的实际温度，它对电动机的绝缘性能影响很大。

当电动机处于过负荷或冷却不良的状态时，其温度很快超过规定值，这时，即使不会立即烧坏，也将使电动机寿命绝缘加速老化而缩短。例如，A 级绝缘的电动机，当线圈温度比允许值每升高 8℃运行时，电动机的寿命将缩短一半。

电动机的测量一般采用温度计法和电阻法。

如上所述，电动机允许温升的依据是电动机的绝缘等级，因为每一种绝缘材料的耐热极限温度是一定的，常用的绝缘等级是 A、E、B、F 级，绝缘材料对应的耐热极限温度分别是 105、120、130、155℃。如规定环境温度为 40℃，一般还要留有 5℃的裕度（测出的温升为绕组的平均温升，而绕组的最高温升要比平均温升高，所以要留有 5℃的温升裕度），这样，上述绝缘等级的允许温升分别为：60、75、85、110℃。

电动机冷却空气温度的高低，对其各部分的温度影响很大，所以电动机运行中要考虑冷

却空气温度变化时，负荷应在相应变化范围内进行控制。表 4-2 为采用 A 级绝缘的电动机当冷却空气温度变化时，允许负荷变化的百分数（对额定负荷而言）。

表 4-2　　A 级绝缘的电动机负荷变化与冷却空气温度对照表

冷却空气温度（℃）	允许负荷变化百分数（%）	冷却空气温度（℃）	允许负荷变化百分数（%）
25 及以下	+10	40	−5
30	+5	45	−10
35	额定负荷	50	−15

由表 4-2 可以看出，当冷却空气温度在额定值即 35℃时，电动机可以在额定电压、频率情况下带额定负荷长期运行。如冷却空气温度高于额定值时，电动机的出力应相应降低。当冷却空气温度低于额定值时，其出力允许升高，但不能超过额定负荷的 10%。

大容量高压电动机如采用空气冷却器，其入口温度不得低于 5℃，入口的冷却水量也应以不使空气冷却器产生凝结水珠（结露）为标准。

（二）电动机对电压及频率的允许变化范围

电动机的电磁转矩与外加电源电压的平方成正比，因此，电动机外加电压的变化直接影响电动机的转矩，若电源电压稍有降低，电动机转矩将会变小，通常由于机械负荷不变，将使电动机转速下降，引起电动机负荷电流增大，但由于空负荷电流随电压的降低而减小，此时，由负荷电流和空负荷电流合成的定子电流一般变化很小，通常情况下因负荷电流的增加略占优势而使定子电流稍有增加。

在低电压情况下，启动力矩相应减小，从而使电动机的启动时间延长，甚至发生不能启动的情况。对于运行中的电动机，当电压大幅度下降时，可能造成停转。

当外加电压升高时，电动机的磁通增加，转矩增加，转速略有升高，但外加电压增加较多时，由于磁路饱和，励磁电流急剧上升，使铁芯严重发热，影响电动机的绝缘。因此，规定频率为额定值时，电动机电压在−5%～+10%额定电压范围变化时，其额定出力不变。

另外，还应该注意保持外加三相电压的平衡。因为在三相电压不平衡的情况下，三相电流也不平衡，导致电动机的温升增加和电磁力矩减小。这是因为负序电流将产生的负序磁场对电动机转子产生了制动作用，电动机从电网得到的功率变成了损耗，形成了额外发热。三相电压不平衡时还会产生振动和噪声，所以，电动机应在三相电源电压基本平衡的状态下工作，为此，规定了三相电流电压的不平衡或不对称度不得超过 5%。

在电源频率发生变化时，也将对电动机产生各种影响。我国工频交流电源的额定频率为 50Hz，如果供电电源的频率与额定值的偏差不超过±1%时，即电源频率在 49.5～50.5Hz 范围变化时，电动机可以按额定工况运行。

电动机的转速随频率的降低而降低。当机械负载的出力与转速有关时，例如给水泵，则电动机的出力将因频率的降低而明显降低。

至于电动机的发热，其情况比较复杂。因为热源是绕组和铁芯，而散热主要是靠空气的对流，但这与电动机的转速有关，因此，对发热与散热应综合考虑，一般来说，当频率降低时，温度的变化 ΔQ 略有上升。

综上所述，电动机在外加电压大小不变而频率变化时，影响并不很大，但若长期偏离额定值运行则是不安全的。在电源频率降低时，由于辅机出力下降，将会影响全厂总出力，总出力下降，又会引起频率的降低，这样，会引起频率降低的恶性循环，严重者会造成系统瓦解。

十、电动机的故障处理

电动机运行中可能发生的故障种类很多，原因也较复杂，不少故障的现象很相似，但产生的原因却不一样，例如，电动机三相电流不平衡，既可能是电动机本身的问题，也可能是运行过程中的问题（如电压不对称，气隙不均匀，绕组短路，断线，嵌反、接线错误等）。所以，要确定产生故障的原因，就必须了解故障的各种现象，通过分析，才能做出正确的判断，从而消除故障。

（一）电动机运行中跳闸

正在运行的电动机如果突然发出故障信号，且电流指示到零，指示信号显示开关跳闸，电动机停转等现象，说明电动机已自己跳闸，此时值班员应立即按下列原则和步骤进行处理。

（1）如果备用电动机自动投入，应复归信号，将各控制开关复置到对应位置。

（2）值班人员将故障电动机停电，并检查原因。

电动机运行自动跳闸的原因主要有：

1）电动机及其电气回路发生短路故障，由保护装置动作跳闸，例如，电动机因绝缘损坏而短路；因绕组过热而烧断；因外界大量水浸而短路或接地；因轴承磨损电动机扭膛等。

2）电动机所带机械严重故障，负荷急剧增大，而由过负荷或过流保护动作跳闸。

3）电动机本身保护误动作跳闸，例如继电器故障、保护整定有误、直流系统两点接地等，此时，电气系统并无冲击现象。

4）电动机电源发生故障。如400V电动机经常因电源电压瞬间降低或失去而造成电磁铁接触器失压跳闸，或者是断路器本身故障以及人为或小动物碰动断路器引起，因为某些厂曾发生过由于老鼠碰动开关机构造成跳闸的事例，也曾发生过因老鼠钻入电缆接线盒造成短路而跳闸的现象。

5）电动机两相运行，如电源熔断器熔断一相，电源缺相，电缆断线，开关一相接地接触不良等。

（3）根据电动机自动跳闸的原因，进行相应的处理。

运行中电动机自动跳闸后，值班运行人员在处理时不能草率从事，例如，当检查发现跳闸原因为熔断器熔断一相或热断电器保护动作时，不应经单纯进行熔断器更换或复归热断电器后便要求重新启动，而是应先检查分析发生这些情况的原因，例如测量电动机绝缘电阻、检查机械部分是否有异物卡住、检查所带负荷是否过重等，情况正常后方可重新启动，如重新启动后，又出现相同原因的跳闸时，则应通知检修人员处理。

另外，对热继电器的整定值，运行人员不得随意改动，必须由检修人员通过专用设备校准才能改变，以免由于整定值太大而烧坏电动机。

（二）电动机运行中声音异常

有经验的值班员可以从电动机的异常中做出故障性质的初步判断。

1. 机械方面的原因

(1) 电动机风叶损坏或紧固风叶的螺栓松动，造成风叶与端差相碰，它所产生的声音随着碰击的轻重时大时小。

(2) 由于轴承磨损或中心不正，造成电动机转子偏心，严重时可能使定子转子相擦，使电动机产生振动和不均匀的碰擦声。

(3) 电动机基础不牢或长期使用致使底脚螺栓松动，因而在电磁转矩作用下产生不正常的振动声。

(4) 电动机轴承内缺少润滑油形成干磨运行或轴承内钢珠损坏，因而在电动机轴承座内发生异常的“咝咝”声或不规则“嚓嚓”声。

2. 电磁方面的原因

(1) 电动机负荷运行时，转速明显下降，并发出低沉的吼声，可能是三相电流不平衡，负荷过重，或者是两相运行。

(2) 定、转子绕组发生短路故障，或者是鼠笼式电机转子断条，则电动机发出时高时低的“嗡嗡”声，机身出现伴随着轻微振动。

运行中遇到上述情况时，有条件的应投入备用辅机，无备用辅机者，则应视情况轻重分别处理，如振动超过规定值，明显的两相运行等情况，应立即停运电动机，性质较轻者也应及早争取停用检查处理。

(三) 电流表指示上升或返零

电动机在缺相运行时，其电流指示上升或为零（如果断线发生在安装电流表的一相时，电流指示即为零），伴随电动机温度升高，产生振动，且声音异常。

所谓缺相运行，就是三相电动机因某种原因造成一相失电时的运行。例如，一相熔断器熔断或接触不良，供电电源失去一相电压，断路器、隔离开关、电缆等一相断线或接触松动等均可能造成缺相运行。缺相运行时，如果电动机的机械负荷不变，即两相绕组承担由三相绕组承担的负荷，电流必然增大，现以星形接线的三相电动机为例，来粗略分析电动机两相运行时定子电流的变化。

若电流一相断线，则该相电流为零，其余两相绕组串联后接在电压为线电压母线上，每相绕组所加电压为1/2线电压。正常运行时电动机功率为$P=\sqrt{3}\cdot U_l\cdot I_l\cos\varphi$，缺相运行时，电动机的功率为$P=2\times 1/2U_l\times I_l\cos\varphi$，假定电动机所带机械负载大小不变，则应有$\sqrt{3}\cdot U_l\cdot I_l\cos\varphi=2\times 1/2U_lI_l\cdot\cos\varphi$，即：$I=\frac{\sqrt{3}\cdot U_l\cdot I_l}{U_l}=\sqrt{3}I_l=\sqrt{3}I_N$，这里$U_e$为线电压，$I_e$为线电流，$I_N$为额定电流。

由于这个电流比一般过负荷电流大很多，又比绕组短路时的电流小，所以熔断器有时不会熔断，若回路中装有开关时，继电保护也不会动作跳闸。因此，缺相运行的电动机不一定能及时发现，极有可能造成电动机过热烧坏，因此，在运行中发现电动机电流突然增大或降至零时，应立即检查是否缺相运行，如确已发生，则应及时停运，并检查处理。

当负荷增加或供电电压降低时，也会造成电动机电流上升，但其数值不大，容易判断。

如果运行中电流表突然失去指示，而电动机仍正常运行，这种情况可能由于表计或表回路故障引起，这时可以从电动机的温升和声音及振动等情况判断，不必急于停运。

在进行上述处理过程中，应及时汇报上级，需要停运检查的辅机，应在电源隔绝后进行。

（四）电动机发热

运行中的电动机如发现本体温度显著上升，且电流增大时，值班人员应迅速查找原因并进行处理。

（1）检查所带机械部分有无故障，是否有摩擦或卡住现象，如为机械原因，应迅速启备用辅机，停用故障辅机。

（2）检查机械负载是否增大，若属负载增大，应设法减少负载，并查明负载增大的原因。

（3）检查电动机通风系统有无故障，如属通风不良等原因，应迅速排除。否则，应采取强制风冷措施，对使用冷却水者，要检查水温和流量是否正常，管道是否有阻塞现象，否则要减少负荷，或者启动备用机组后停运该电动机，以免电动机因过热损坏。

（4）判断是否缺相运行，属实时按前述原则处理。

（5）检查电动机各相电流及振动情况，判断是否内部发生故障，根据检查结果，必要时应停用电动机，进行检查处理。

（五）电动机起火

电动机在启动和运行中，由于电动机本身接线错误或电机内部定子短路、电动机转子弯曲、转子扫膛、两相运行等原因，会引起电动机过热，特别严重者会引起电动机着火。当发现电动机在运行中起火时，应紧急停运，并隔离其电源，然后按照消防规程的规定，使用消防器材灭火。电动机为电气设备，可以使用的消防器材是二氧化碳、四氯化碳、1211、干粉灭火器等灭火，必要时应通知消防人员配合，并尽快汇报值长。

（六）电动机紧急停运规定

（1）遇有下列情况，应将电动机紧急停用并立即汇报值长。

1）发生需要立即停用电动机的人身事故时。

2）电动机所带机械损坏至危险程度不能继续运行时。

3）电动机或其调节装置起火时。

4）电动机发生强烈震动时。

（2）遇有下列情况时，则可先启动备用辅机，然后停用故障辅机，无备用时仍应停用。

1）电动机有不正常声音或者绝缘烧焦气味时。

2）电动机内或启动调节装置内出现火花及冒烟时。

3）电动机出现不正常振动（超过规定）时。

4）电动机轴承温度超过规定值时。

第六节　厂用电快切装置

一、厂用电切换方式

厂用负荷一般都有两个电源，即工作电源和备用电源，正常运行时，厂用负荷由工作电源提供，备用电源处于热备用状态。当机组启停的时候，厂用负荷无法由工作电源提供，此时必须将厂用负荷电源切至备用电源。当机组正常运行时，工作电源故障失去，为了确保机组安全运行，厂用负荷必须快速切由备用电源供电。厂用电源的切换在发电厂是经常发生的。

厂用电源切换的方式可按断路器动作顺序分，也可按启动原因分，还可按切换速度进行分类。

（一）按断路器动作顺序分类（动作顺序以工作电源切向备用电源为例）

1. 并联切换

先合上备用电源，两电源短时并联，再跳开工作电源。这种方式多用于正常切换，如起、停机。并联方式另分为并联自动和并联半自动两种。

2. 串联切换

先跳开工作电源，在确认工作断路器跳开后，再合上备用电源。母线断电时间至少为备用断路器合闸时间。此种多用于事故切换。

3. 同时切换

这种方式介于并联切换和串联切换之间。合备用命令在跳工作命令发出之后，工作断路器跳开之前发出。母线断电时间大于0ms而小于备用断路器合闸时间，可设置延时来调整，这种方式既可用于正常切换，也可用于事故切换。

（二）按启动原因分类

1. 正常手动切换

由运行人员手动操作启动，快切装置按事先设定的手动切换方式（并联、同时）进行分合闸操作。

2. 事故自动切换

事故自动切换由保护触点启动。发电机—变压器组、厂用变压器和其他保护出口跳工作电源断路器的同时，启动快切装置进行切换，快切装置按事先设定的自动切换方式（串联、同时）进行分合闸操作。

3. 不正常情况自动切换

有两种不正常情况，一是母线失压，母线电压低于整定电压达整定延时后，装置自行启动，并按自动方式进行切换；二是工作电源断路器误跳，由工作断路器辅助触点启动装置，在切换条件满足时合上备用电源。

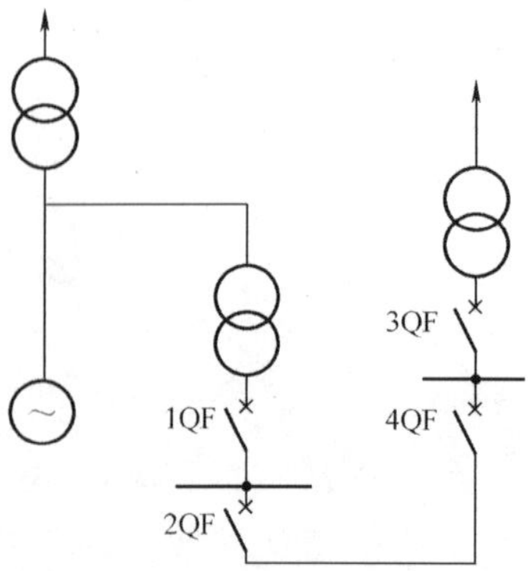

图4-5 厂用电系统

（三）按切换速度分类

1. 快速切换

假设有如图4-5所示的厂用电系统，工作电源由发电机端经厂用高压工作变压器引入，备用电源由电厂高压母线或由系统经启动/备用变压器引入。正常运行时，厂用母线由工作电源供电，当工作电源侧发生故障时，必须跳开工作电源断路器1QF、合2QF，跳开1QF后厂用母线失电，电动机将惰行。由于厂用负荷多为异步电动机，对单台电动机而言，工作电源切断后电动机定子电流变为零，转子电流逐渐衰减，由于机械惯性，转子转速将从额度值逐渐减速，转子电流磁场将在定子绕组中反向感应电动势，形成反馈电压。多台异步电机连接于同一母线时，由于各电机容量、负荷等情况不同，在惰行过程中，部分异步电动机将呈异步发电机特征，而另一些呈异步电动机特征。母线电压即为众多电动机的合成反馈电压，俗称残压，残压的频率和幅值将逐渐衰减。通常，电动机总容量越大，残压频率和幅值衰减的速度越慢。

图 4-6 为以极坐标形式绘出的某 600MW 机组 6kV 母线残压相量变化轨迹。

图中 V_D 为母线残压，V_S 为备用电源电压，ΔU 为备用电源电压与母线残压间的差压。假定正常运行时工作电源与备用电源同相，其电压相量端点为 A，则母线失电后残压相量端点将沿残压曲线由 A 向 B 方向移动，如能在 A—B 段内合上备用电源，则既能保证电动机安全，又不使电动机转速下降太多，这就是所谓的“快速切换”。

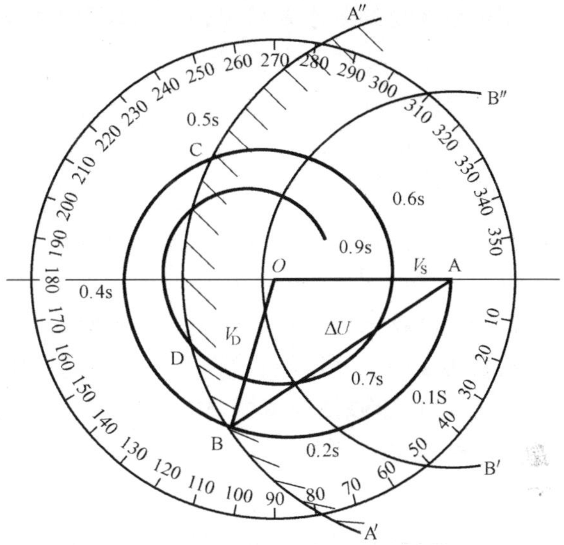

图 4-6　6kV 母线残压相量变化轨迹

2. 同期捕捉切换

同期捕捉切换由东南大学首次提出，并成功运用于 MFC2000 快切装置，其原理概括如下：过 B 点后 BC 段为不安全区域，不允许切换。在 C 点后至 CD 段实现的切换以前通常称为“延时切换”或“短延时切换”。因不同的运行工况下频率或相位差的变化速度相差很大，因此用固定延时的办法很不可靠，现在已不再采用。最好的办法是实时跟踪残压的频差和角差变化，尽量做到在反馈电压与备用电源电压向量第一次相位重合时合闸，这就是所谓的“同期捕捉切换”。以图 4-6 为例，同期捕捉切换时间约为 0.6s，对于残压衰减较快的情况，该时间要短得多。若能实现同期捕捉切换，特别是同相点合闸，对电动机的自启动也很有利，因此时厂用母线电压衰减到 65%～70%左右，电动机转速不至于下降很大，且备用电源合上时冲击最小。

需要说明的是，同期捕捉切换之“同期”与发电机同期并网之“同期”有很大不同，同期捕捉切换时，电动机相当于异步发电机，其定子绕组磁场已由同步磁场转为异步磁场，而转子不存在外加原动力和外加励磁电流。因此，备用电源合上时，若相角差不大，即使存在一些频差和压差，定子磁场也将很快恢复同步，电动机也很快恢复正常异步运行，所以，此处同期指在相角差零点附近一定范围内合闸（合上）。

在实现手段上，同期捕捉切换有两种基本方法：一种基于“恒定越前相角”原理，即根据正常厂用负荷下同期捕捉阶段相角变化的速度（取决于该时的频差）和合闸回路的总时间，计算并整定出合闸提前角，快切装置实时跟踪频差和相差，当相差达到整定值，且频差不超过整定范围时，即发合闸命令，当频差超范围时，放弃合闸，转入残压切换。这种方法缺点是合闸角精确度不高，且合闸角随厂用负荷变化而变化。另一种基于“恒定越前时间”

原理，即完全根据实时的频差、相差，依据一定的变化规律模型，计算出离相角差过零点的时间，当该时间接近合闸回路总时间时，发出合闸命令。该方法从理论上讲，能较精确地实现过零点合闸，且不受负荷变化影响。但实用时，需解决不少困难：一是要准确地找出频差、相角差变化的规律并给出相应的数学模型，不能简单地利用线性模型；二是由于厂用电反馈电压频率变化的不完全连续性（有跳变）及频率测量的间断性（10ms一点）等，造成频差及相差测量的间断和偏差；另外，合闸回路的时间也有一定的离散性等。由于在同期捕捉阶段，相差的变化速度可达1°～2°/1ms，因此，任何一方面产生的误差都将大大降低合闸的准确性。

MFC2000系列快切装置的“恒定越前时间”同期捕捉切换方法，采用动态分阶段二阶数学模型来模拟相角差的变化，并用最小二乘法来克服频率变化及测量的离散性及间断性，使得合闸准确度大大提高，如不计合闸回路的时间偏差，可使合闸角限制在±10°以内。

同期捕捉切换整定值也有两个。当采用恒定越前相角方式时，为频差和相角差（越前角）；当采用恒定越前时间方式时，为频差和越前时间（合闸回路总时间）。同期捕捉方式下，频差整定可取较大值。

3. 残压切换

当残压衰减到20％～40％额定电压后实现的切换通常称为“残压切换”。残压切换虽能保证电动机安全，但由于停电时间过长，电动机自启动成功与否、自启动时间等都将受到较大限制。在图4-6情况下，残压衰减到40％的时间约为1s，衰减到20％的时间约为1.4s。而对另一机组的试验结果表明，衰减到20％的时间为2s。

4. 长延时切换

当工作电源发生故障时，如备用电源的容量不足以承担全部负荷，甚至不足以承担通过残压切换过去的负荷的自启动，只能考虑长延时切换。

二、MFC2000-3A型微机厂用电快速切换装置主要功能

以MFC2000-3A装置为例，介绍快切装置功能。该装置主要功能有：切换功能；单操功能；低压减负荷功能；启动后加速保护功能；监测显示功能；事件追忆、录波功能；通信功能；GPS对时功能等。

（一）切换功能

厂用电快速切换装置的各种切换方式和功能简图如图4-7所示。该装置共有3种启动方式，即正常切换方式、事故切换方式及不正常切换方式（包含低压启动及工作断路器误跳启动）；其中正常切换为双向，可以由工作切换到备用，也可由备用切换到工作。

启动后，视不同的设定，装置可以有串联、并联、同时三种切换方式，这是以工作断路器动作先后顺序来划分的。串联方式下，必须确认开关跳开后，再合后备断路器；并联方式下，装置先合后备，然后自动或等待人工干预跳工作或备用。同时方式是跳工作及合备用命令同时发出，其中发合命令前有一人工设定的延时，这种切换方式可以使断电时间尽量少。

除并联切换一定是以快速切换方式实现外，其余切换方式均以快速、捕捉或残压、长延时中的一种方式实现。MFC2000-3A型装置提供长延时切换功能，当启动后达到设定的长延时，发合跳闸命令。长延时一般为数秒，以保证相关负荷已切除，厂用电源的负荷能力能满足剩余负荷的自启动要求。

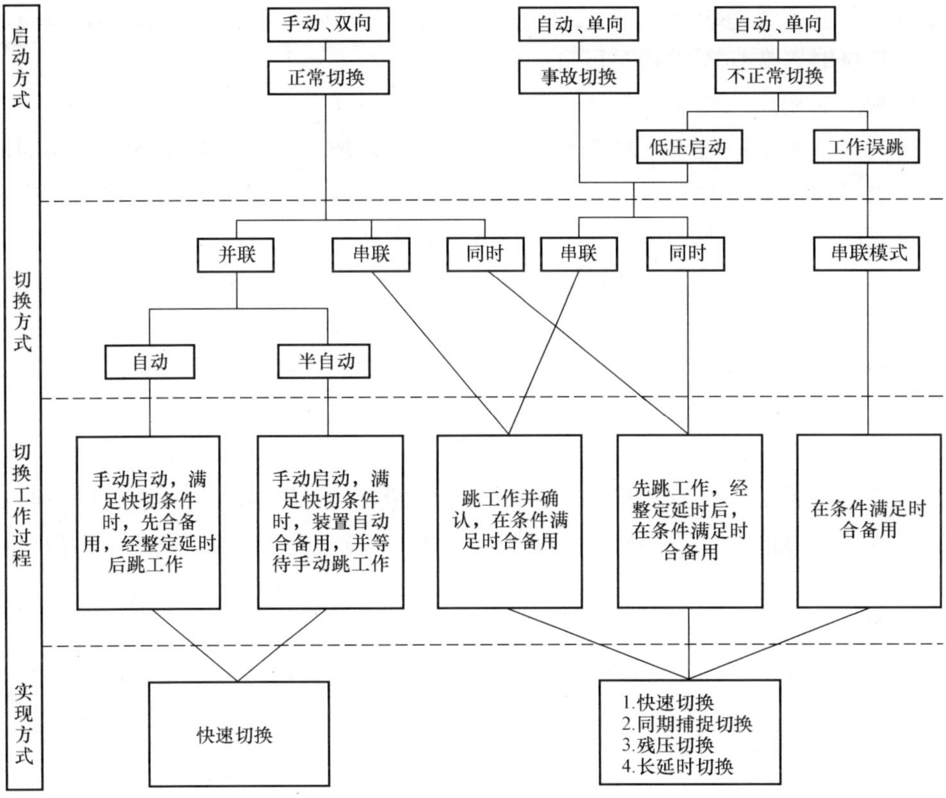

图 4-7　切换方式和功能简图

1. 正常切换

正常切换由手动启动，在控制台、DCS 系统或装置面板上均可进行，根据远方/就地控制信号进行控制。正常切换是双向的，可以由工作电源切向备用电源，也可以由备用电源切向工作电源。正常切换有以下几种方式。

（1）并联切换。

并联切换包括并联自动和并联半自动。并联自动：手动启动，若并联切换条件满足，装置将先合备用（工作）断路器，经一定延时后再自动跳开工作（备用）断路器，如在这段延时内，刚合上的备用（工作）断路器被跳开（如保护动作跳闸），则装置不再自动跳工作（备用）断路器，以免厂用电失电。若启动后并联切换条件不满足，装置将闭锁发信，并进入等待人工复归状态。并联半自动：手动启动，若并联切换条件满足，合上备用（工作）断路器，而跳开工作（备用）断路器的操作由人工完成。若在设定的时间内，操作人员仍未跳开工作（备用）断路器，装置将发出告警信号，以免两电源长期并列。若启动后并联切换条件不满足，装置将闭锁发信，并进入等待人工复归状态。

并联切换方式适用于同频系统间且固有相位差不大的两个电源切换，此种方式下只有一种实现方式：快速切换。

（2）正常串联切换。

正常串联切换由手动启动，先发跳工作（备用）断路器命令，在确认工作（备用）断路器已跳开且切换条件满足时，合上备用（工作）电源。正常串联切换适用于差频系统间或同频系统固有相位差很大的两个电源切换，此种方式下可有4种实现方式，即快速、同期捕捉、残压、长延时。快切不成功时可自动转入同期捕捉、残压、长延时。

（3）正常同时切换。

正常同时切换由手动启动，跳工作及合备用命令同时发出，因通常固有合闸时间比分闸时间长，在发合命令前可有一人工设定的延时，以使分闸先于合闸完成。同时切换适用于同频、差频系统间的电源切换，可有4种实现方式，即快速、同期捕捉、残压、长延时。快切不成功时可自动转入同期捕捉、残压、长延时。

2. 事故切换

事故切换由保护出口启动，单向，只能由工作电源切向备用电源。事故切换有以下两种方式。

（1）事故串联切换。

保护启动，先跳工作电源断路器，在确认工作断路器已跳开且切换条件满足时，合上备用电源。串联切换有快速、同期捕捉、残压、长延时4种实现方式，快切不成功时可自动转入同期捕捉、残压、长延时。

（2）事故同时切换。

保护启动，先发跳工作电源断路器命令，在切换条件满足时即（或经设定延时）发合备用电源断路器命令。事故同时切换也有4种实现方式，即快速、同期捕捉、残压、长延时，快切不成功时可自动转入同期捕捉、残压、长延时。

3. 不正常情况切换

不正常情况切换由装置检测到不正常情况后自行启动，单向，只能由工作电源切向备用电源。不正常情况指以下两种情况。

（1）厂用母线失电。

当厂用母线三相电压均低于整定值，时间超过整定延时，则装置根据选择方式进行串联或同时切换。切换实现方式为快速、同期捕捉、残压、长延时。

（2）工作电源断路器误跳。

因误操作、断路器故障等原因造成工作电源断路器错误跳开时，装置将在切换条件满足时合上备用电源。实现方式为快速、同期捕捉、残压、长延时。

4. 去耦合

切换过程中如发现整定时间内该合上的断路器已合上但该跳开的断路器未跳开，装置将执行去耦合功能，跳开刚合上的断路器，以避免两个电源长时并列。如：同时切换或并联自动切换中，工作切换到备用，备用断路器正常合上，但是工作断路器没有能跳开。到达整定延时后，装置将执行去耦合功能，跳开刚刚合上的备用断路器。反之亦然。

5. 切换投/退、闭锁/解除

为了确保装置切换启动、切换顺序、切换结果的正确性，防止误动、拒动等行为发生，MFC2000系列装置设计了完善的异常情况检测、信号反馈和处理逻辑，使得运行操作人员对装置切换功能的投入、退出、闭锁、闭锁解除等状况了如指掌。

当装置切换功能处于以下“退出”或“自行闭锁”状态时，将不能进行切换。

（1）切换功能的投入/退出。

切换功能投入/退出指由人为操作进行的投/退，当状态为“投入”时，切换功能投入，装置向外部反馈的是“投入”信号，状态为“退出”时，切换功能退出，装置将向外部反馈“切换退出”和“切换闭锁”信号。投退之间的转换无须通过“复归”生效。可以通过控制台开关/DCS系统输出和通过操作装置软件菜单设置进行投退。

（2）装置自行闭锁切换功能。

装置自行闭锁切换功能指装置刚完成了一次切换后，或正常监控运行时检测到异常情况后自动置于切换闭锁状态。装置处于切换闭锁状态时，将不响应任何切换命令，同时将向外部反馈“切换闭锁”信号。以下情况下将引起装置闭锁切换功能。

1）切换完成。装置一旦启动切换，无论切换成功或失败，完成切换程序后，将置于闭锁状态。

2）保护闭锁。某些故障发生、保护动作时（如高厂变分支过流、电缆差动、母线保护等），为防止备用电源误投入故障母线，可由这些保护出口启动装置闭锁，即“保护闭锁”。

3）断路器位置异常。装置启动切换的必要条件之一是工作、备用断路器任一个合着，而另一个打开，同时TV隔离开关必须合上，若正常监测时发现这一条件不满足（工作断路器误跳除外），装置将闭锁切换。

此外，若启动切换后检测到该跳开的断路器未跳开（如上文所述去耦合）或该合上的断路器未合上，装置无法将切换进行到底时，装置将撤销余下的切换动作，进入切换闭锁状态。

4）母线TV断线。厂用母线TV二次回路发生断线时，装置将不能保证测量的电压、频率、相位的正确性，为防止误合闸，装置在这种情况下将闭锁切换。

5）后备电源失电。此处“后备电源”指工作向备用切换时的备用电源或备用向工作切换时的工作电源。后备电源真实失电时，切换显然毫无意义。因此，当后备电源失电时装置应闭锁切换。

但是，如果因为TV检修等原因，使装置检测不到正常的后备电源电压，而此时实际上可以进行切换。

考虑到上述需求，本装置设计了“后备失电闭锁切换”投退功能，该功能投入时，只要装置检测不到后备电源，即行闭锁切换。该功能退出时，即使检测到后备失电，装置仍将启动切换，只是此时只能实现残压切换和长延时切换了。

（3）装置自检异常。

装置投入后即始终对重要部件如CPU、RAM、EEPROM、双口RAM、AD等进行自检，如自检时发现异常情况，装置将闭锁切换。当然，最严重的情况下，CPU系统本身完全故障，自检都将无法完成，也就无法实现闭锁。

（4）闭锁解除。

除后备失电外，所有闭锁情况发生时，必须待异常情况消除，且经人工复归告警信号后，方能解除闭锁。

对于后备失电闭锁，即“后备失电闭锁切换”功能投入时若检测到后备电压失电，装置将闭锁切换，但当后备电压恢复时，装置不必经人工复归即可解除闭锁。

(二) 单操功能

"单操"指针对厂用电源断路器进行单独合闸或分闸操作,而不涉及切换联动。单操可以通过控制台开关、DCS或装置就地进行,受就地/远方控制信号控制。

通过控制台开关、DCS单操只能进行单独的合闸操作,即通过开入信号"单合工作"和"单合备低"来向工作电源断路器和备用电源低压断路器发出合闸指令。就地单操通过菜单在装置上直接进行。就地单操可以对工作电源断路器和备用电源低压断路器进行单合和单分的操作。

1. 单合断路器

单合有两种实现方式,即无压合和同期合,可以分别投退。装置对单操合闸设置了独立的投退和闭锁控制,当退出或闭锁时,单操合闸命令无效。

无压合条件是:工作断路器(备用断路器)的任意一侧电压小于等于定值单中"单操无压整定值",可以实现无压合。

同期合条件是:工作断路器(备用断路器)两侧的压差、相差和频差分别小于等于定值单中的"单操同期合压差"、"单操同期合相差"和"单操同期合频差",可以实现同期合。

2. 单跳断路器

为了调试的方便,本装置设计了就地单跳断路器的功能。当"就地/远方"控制字为"就地"时,操作单跳菜单,可跳开工作电源断路器或备用电源低压断路器。装置对单操跳闸设置了独立的退出和闭锁控制,当退出或闭锁时,单操跳闸命令无效。此外,为了防止误跳断路器,对装置进行任何操作必须使用密码。

3. 单操投入/退出、闭锁/解除

(1) 单操功能的投/退。

同切换功能的投/退一样,单操的投退也是指由人为操作进行的投/退,当状态为"单操投入"时,单操功能投入,状态为"单操退出"时,单操功能退出。投退之间的转换无需通过"复归"生效。可以通过控制台开关/DCS系统或装置面板操作软连接片进行投退。

(2) 装置自行闭锁单操功能。

装置自行闭锁单操功能指装置检测到异常情况后将装置置于单操闭锁状态,装置处于单操闭锁状态时,将不响应任何单操命令。以下情况下将引起装置闭锁单操功能。

1) 有来自外部的"保护闭锁"信号,闭锁单合。

2) 厂用母线TV隔离开关在断开位置,闭锁单合。

3) 厂用母线TV发生断线,闭锁单合。

4) 装置自检异常。

(3) 单操闭锁解除。

所有闭锁情况发生时,必须待异常情况消除,且经人工复归告警信号后,方能解除单操闭锁。

(4) 单操和切换间的相互关系。

单操可能会造成切换闭锁,如单操后使得工作电源断路器和备用电源断路器全分或全合,将使切换不能进行。

切换闭锁时仍能进行单操。单操能否进行取决于上述闭锁条件,而与能否切换无关。

（三）低压减负荷功能

切换过程中的短时断电将使厂用母线电压和电动机转速下降，备用电源合上后电动机成组自启动成功与否将主要取决于备用变压器容量、备用电源投入时的母线电压以及参加自启动的负荷数量和容量。在不能保证全部负荷整组自启动的情况下，切除一些非必需参加自启动的负荷，将对其他重要辅机的自启动起到直接的帮助。

本装置有两段低压减负荷出口，两段可分别设定低压和延时，以备用电源断路器合上为延时起始时间。

本装置的低压减负荷功能只在本装置进行切换时才会起作用。

（四）启动后加速保护功能

为防止切换时将备用电源投入故障从而引起事故扩大，应同时将备用分支后加速保护投入，以便瞬时切除故障。本装置在启动任何切换时，将同时输出一个短时闭合的触点信号，供分支保护投入后加速。

第七节　变　频　装　置

一、概述

目前随着环保及节能的需要，许多机组尤其是容量600MW及以上机组，纷纷采用变频装置以节约厂用电，降低供电煤耗，为发电厂提高经济效益。一般而言，凝泵采用变频装置为多数发电厂所接受，吸风机、引风机、一次风机由于其正常为两台同时运行，若采用变频装置，一旦因变频装置故障导致机组减负荷甚至停机，带来的经济及社会影响较大，因此是否选用变频装置需各厂根据自身情况斟酌。本节将主要介绍凝泵变频装置，但对其他辅机变频装置也具有一定的参考性。

常规凝泵运行工况的弊端有如下几方面。

（1）在大型火电机组中，一般凝泵均采取一用一备的配备，运行中采用阀门调节。机组在满负荷情况下，凝泵出口除氧器上水调节阀开度在40%～75%之间，阀门一直处在节流状态下工作；特别是在较低负荷或机组参与调峰时，阀门开度更小，节流损耗大，凝泵效率也迅速降低，能耗增大。

（2）再者采用阀门调节时，精度差，除氧器水位波动大，阀门长期处于较高压差下运行，磨损较大，同时频繁操作易导致阀门可靠性下降，影响了机组的稳定运行。

凝泵采用变频调节的优点如下所示。

（1）对凝泵进行变频改造后，除氧器上水调门全开，除氧器水位完全通过调节凝泵转速控制。除氧器水位高时降低转速，减小给水量，水位低时增加转速，增大给水量，自动调节，控制精度高，响应快，使水位波动小，利于机组的稳定运行。

（2）由流体力学可知，泵的流量 Q 与泵转速 n 的一次方成正比，泵的压力 p 与转速 n 的二次方成正比，而泵的功率 P 则与转速 n 的三次方成正比。如通过变频调速技术使泵的流量由额定值 Q_N 降至 $70\%Q_N$ 时，转速将由额定值 n_N 降至 $70\%n_N$，此时泵的压力由额定值 p_N 降至 $49\%p_N$，泵的轴功率由额定值 P_N 降至 $34.3\%P_N$。理论上功耗减少了 $65.7\%P_N$。即使考虑到转速下降可能会引起电动机的效率下降等因素，变频调速的节电效果仍然非常显著。据计算，当将水泵的流量由 Q_N 调低到 70%Q_N 时。采用变频调速方式的功耗约比控制阀调节方式的功耗减少 52%P_N。

（3）同时采用变频调节后，原调节阀门全开，减少了阀门损耗，也减少了阀门的维护工作量。

（4）减少了电动机启动时的电流冲击：电动机直接启动时的最大启动电流约为额定电流的 4～7 倍；电动机软启动也要达到 2.5 倍。观察变频器启动的负荷曲线，可以发现它启动时基本没有冲击，电流从零开始，仅是随着转速增加而上升，不管怎样都不会超过额定电流。因此凝泵变频运行解决了电动机启动时的大电流冲击问题，消除了大启动电流对电动机、传动系统和主机的冲击应力，大大降低日常的维护保养费用。

（5）延长设备寿命：使用变频器可使电动机转速变化沿凝泵的加减速特性曲线变化，没有应力负载作用于轴承上，延长了轴承的寿命。同时有关数据说明，机械寿命与转速的倒数成正比，降低凝泵转速可成倍地提高凝泵寿命，凝泵使用费用自然就降低了。

（6）降低噪声：凝泵改用变频器后，降低水泵转速运行的同时，噪声将大幅度地降低 。

总之，大型汽轮发电动机组凝泵推广使用变频调速器，优势明显，可以大幅度降低厂用电率，减少发电成本，提高竞价上网的竞争能力。

目前变频器厂家较多，本节以东芝三菱高压变频装置（产品型号为 TMdrive-MV）为例介绍变频器的工作原理及结构，然后着重介绍变频装置运行中的维护及使用。

二、变频器工作原理

变频器的基本工作原理为基本的交—直—交单相逆变电路，是把市电通过二极管三相全桥整流器变成平滑直流，然后通过对半导体器件 IGBT 逆变桥进行正弦 PWM 控制，将直流电变成可变电压和可变频率的交流电，由于采用微处理器编程的正弦脉宽调制（PWM）方法，使输出波形近似正弦波，用于驱动异步电动机可减小对电缆和电动机的绝缘损坏。

（一）主电路构成

如图 4-8 所示为 TMdrive-MV（3300V 输出）的电路构成。外部交流电源经过装置内的变压器向输出为单相的变频单元提供交流电。每相 3 级串联，通过 3 套这样的单相变频单元

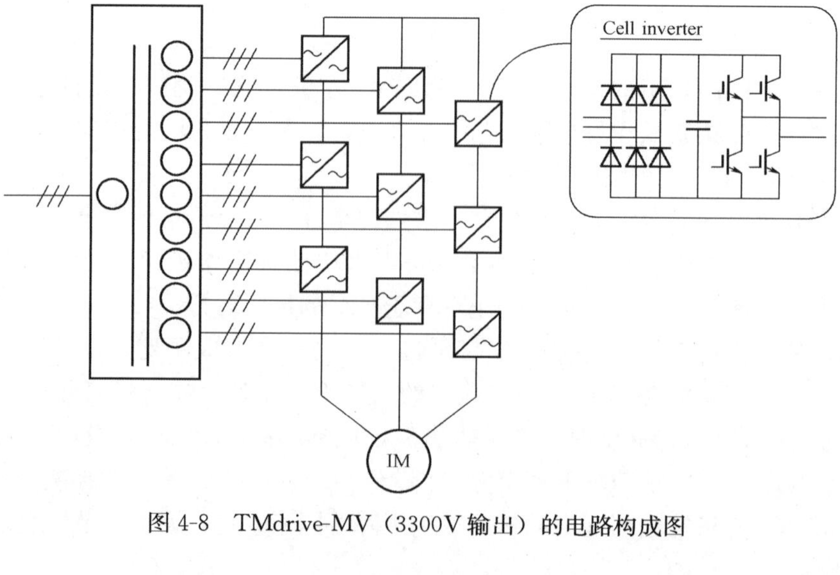

图 4-8 TMdrive-MV（3300V 输出）的电路构成图

转换为电动机所需的三相交流（频率、电压）电力。对于 6600V 输出的型号，变频单元每一相为 6 级串联。

变频单元如图 4-9 所示，由将交流转换成直流的二极管整流器，以及将直流逆变为交流的 IGBT 逆变器构成。

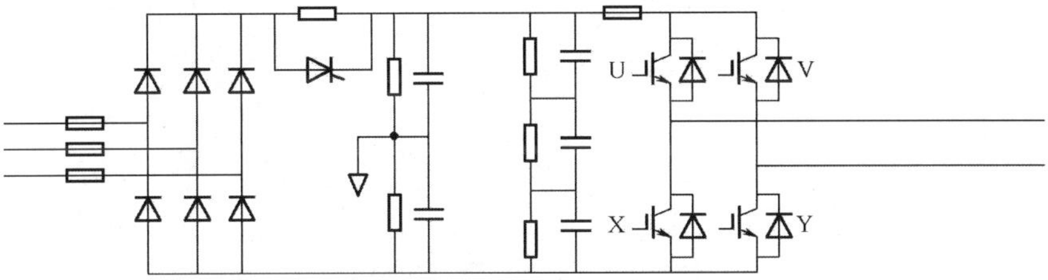

图 4-9 变频单元电路构成图

（二）电路构成

1. 变频单元主电路构成

通过图 4-9 的 U 、Y 和 V 、X 的组合，对 IGBT 进行交互选择，可以输出正的电压和负的电压。而且通过使 U、Y 和 V 、X 开/关（ON/OFF），可以产生 PWM（脉宽调制）的交流电压，见图 4-10。而且，通过变频单元的串联，能够提供台阶状的近似正弦波。

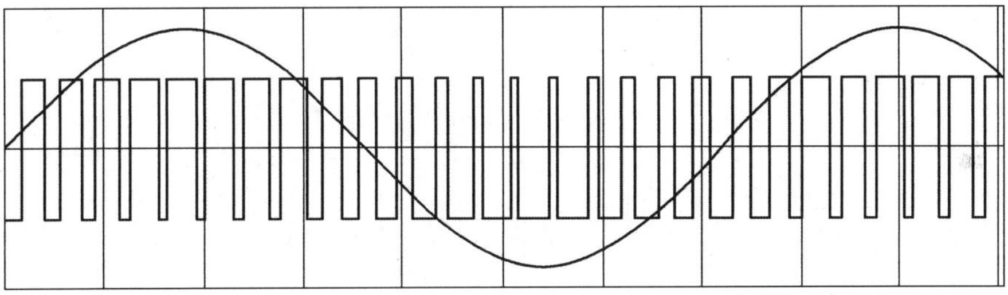

图 4-10 PWM 波形

2. 串联变频器输出

变频单元的交流输出电压为 635V 时，3 级串联时的相电压变为约 1900V ，再使这 3 组的相位分别错开 120°，能够得到线电压 3300V 的高压电源，如图 4-11 所示。另外，串联后的输出电压波形，即使每个变频单元的开关频率低，也能得到畸变非常小的正弦波，如图 4-12 所示。即能够得到开关损失小和畸变小的正弦波电源。

3. 输入侧多相整流电路

TMdrive-MV 通过多台变频单元串联的结构，得到三相高压。变频单元的输入侧的三相整流器数量与变频单元的台数相对应。采用 3 级串联方式时，整流器共计需要 9 台，输入变压器的次级线圈也需要 9 组，使次级线圈每 3 组的相位相差＋20°、0°、－20°，变为 18 相整流，以减小电源侧高次谐波。另外，由于整流器为二极管整流器，因此电源也能够获得高功率。

（三）控制电路

控制框图如图 4-13 所示。

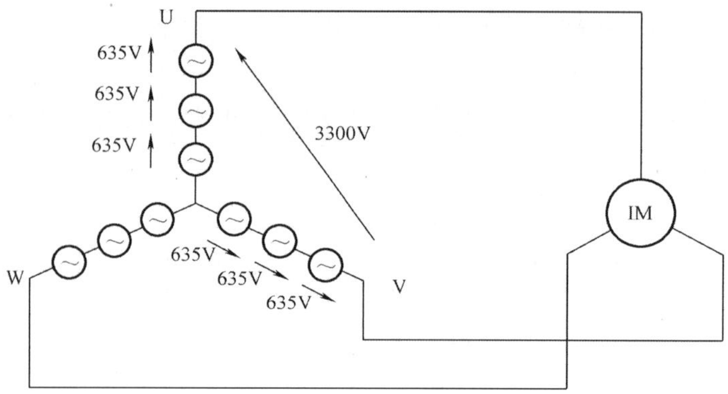

图 4-11　通过串联产生高压

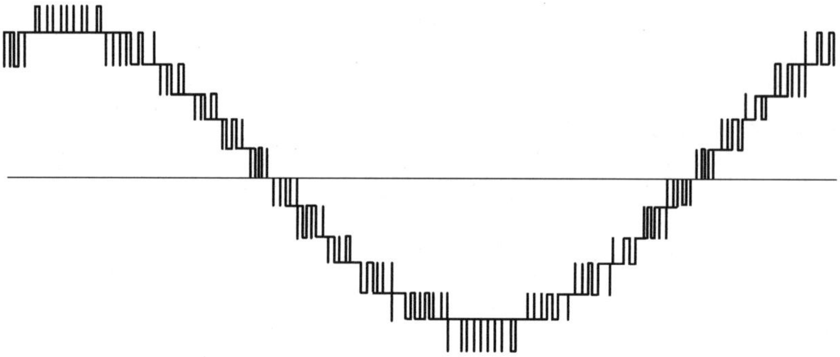

图 4-12　串联变频器输出电压波形（线间）

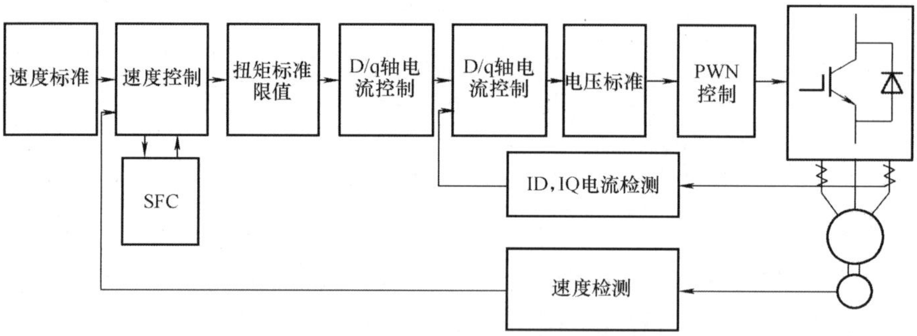

图 4-13　控制框图

三、变频装置结构

凝泵变频装置主要包括下列几个部分：高压变频装置、干式隔离变压器、高压手动隔离开关，变频器输出不采用任何形式的升压变压器。整套装置外形图如图 4-14 所示。

（一）进线变压器

进线变压器为干式整流变压器，配金属外壳，变压器设置测温元件与温控器，以测量和显示变压器温度，并有远传报警信号及超温跳闸、风扇停运远传报警信号、控制电源失电报警等保护功能。变压器能适应带整流负荷的要求，其设计充分考虑整流负荷电流分量中高次谐波所产生的热量，使变压器温升在允许范围内，进线变压器温升限值见表 4-3。

变压器能在 100％额定电压时空负荷下长期连续运行，105％额定电压时，在自然冷却

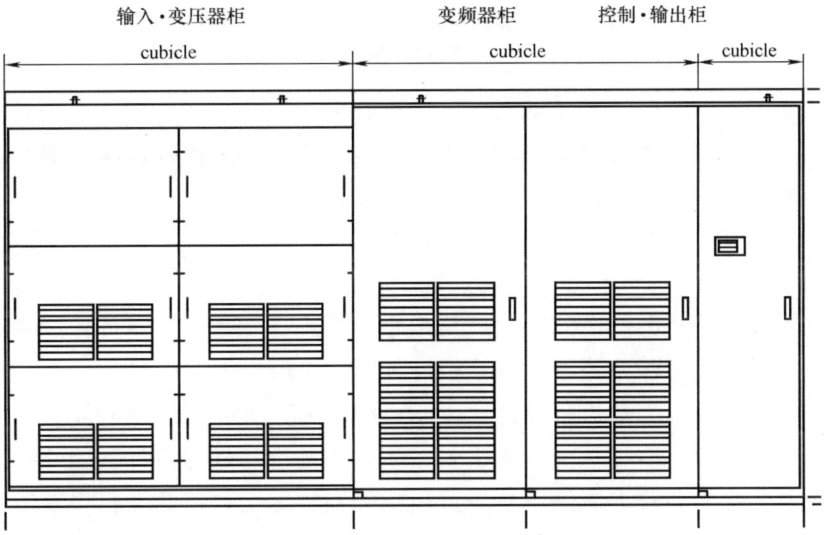

图 4-14 变频装置外形图

情况下可在额定电流下长期连续运行；变压器应为 AN/AF 型，变压器带冷却风机，在自然冷却情况下变压器的过负荷能力应不少于表 4-4 要求。强迫风冷条件下变压器过负荷能力为 140%的额定容量（长期运行）。

表 4-3　　进线变压器温升限值

部　位	绝缘系统允许温度（℃）	实际最高允许温升（K）
绕组	180（H 级）	80
铁芯、金属部件和其相邻的材料	以国标规定为准	在任何情况下不会出现使铁芯本身、其他部件和与其相邻的材料受到损害的温度

表 4-4　　进线变压器过电流允许时间表

过电流（%）	允许运行时间（min）	过电流（%）	允许运行时间（min）
20	60	50	9
30	45	60	3
40	15		

系统应实时检测输入电压、电流、绕组温度，对变压器进行过压、欠压、缺相、过热、过负荷、过流、输入接地等保护。同时计算输入电压、电流有效值、电压、电流谐波失真、输入功率因数、有功功率等，并进行显示。进线变压器应安装在户内，并与高压变频装置布置在一起。

（二）变频装置

变频装置是根据凝泵的运行特点和与之配套的电动机参数而选择的。厂用电源的自动切换应不会导致变频装置的停机。额定运行工况下，使用变频装置后电动机不降容，凝泵电动机为普通三相异步电动机（非变频电机），不会影响电动机及变频设备正常运行。

功率元件 IGBT 在 6kV 下允许电网过电压 20%，允许减速时的过电压为 140%，有足够高的电压余量，不会因为过电压造成损坏。

单元在设计上有良好的通风孔，使冷却风首先冷却单元内部的电容，然后再冷却散热器。这种设计使电容的温度达到最低化，大大延长电容的使用寿命，大大提高了变频器的使用寿命。变频单元内部有预充电电路，可以使高压上电时的电流冲击减到最小，防止高压断路器速断保护动作跳闸。应有足够的过负荷和过流能力。

变频调速装置具有良好的调节性能，能根据负荷的变化及时有效地实现调节，在负荷从100％调节到30％的响应时间小于1min。

变频装置应考虑将对电网谐波影响减至最小的措施。变频器对本体控制系统就地控制柜无谐波影响。如使用多脉冲整流器，整流桥脉冲数为36脉冲。

冷却系统按闭式循环冷却进行设计，冷却系统可靠，平均无故障时间大于等于变频装置本体设备。变频器的内部冷却系统为风机，按闭式循环冷却进行设计。因此冷却风机的平均无故障时间应大于变频装置本体设备。一旦风机确实故障变频器会发出报警信号，报警信号能远传到控制室，给操作人员一定的时间来处理故障，并通过延时保护或过热保护来停变频器。每一套冷却风扇拆装方便，满足变频装置的安全可靠地运行。冷却系统由2路电源提供，电源之间实行自动切换。变频装置能提供电动机所需的过电压、过电流、欠电压、缺相保护、短路保护、超频保护、失速保护、变频器过负荷、电动机过负荷保护、半导体器件的过热保护、瞬时停电保护等保护；变频装置故障跳闸（包括进线变压器）时，输出触点将联跳进线断路器。

变频装置采用内部电压互感器，装置配有电压断线判别回路以保证变频装置不误跳闸。

变频装置控制系统采用数字微处理器控制，具有就地监控方式和远方监控方式。在就地监控方式下，通过变频器上的触摸式键盘和LCD/LED显示，可进行就地人工启动、停止变频器，可以调整转速、频率；控制面板为代码显示，通过电脑可以采用中文界面进行功能、参数设定。变频器可以将就地操作信号远传至DCS。

通过面板操作，可以执行测量显示、运行准备、故障显示，以及更改、保存、装入默认参数等功能。面板外观如图4-15所示。

变频装置带故障自诊断功能，能对所发生的故障类型及故障位置提供中文指示，能在就地显示并远方报警至DCS，便于运行人员和检修人员能辨别和解决所出现的问题。

变频装置能接受DCS的控制指令，并反馈变频装置的状态信号和故障报警信号。其中启停指令为短脉冲。

变频装置内部通信采用光纤连接，以提高通信速率和抗干扰能力；变频器柜内强电信号和弱电信号分开布置，以避免干扰；柜内设有屏蔽端子和接地设施。变频器对本体控制系统的就地控制柜无谐波影响。

应配有备用控制电源双回路自动切换装置，切换时间小于0.5s，在控制电源掉电时，不影响系统运行并能维持30min。变频装置的柜体采用下进出电缆。

（三）旁路和切换柜

旁路和切换柜内用于改变变频装置所接辅机的运行方式，如为变频运行或工频运行，包括高压隔离开关等其他必要的元器件。旁路和切换柜柜内设防凝露加热器。柜内相间、对地的空气间隙不小于125mm，如达不到采取措施加强绝缘，则采用隔板隔离，其隔板必须具

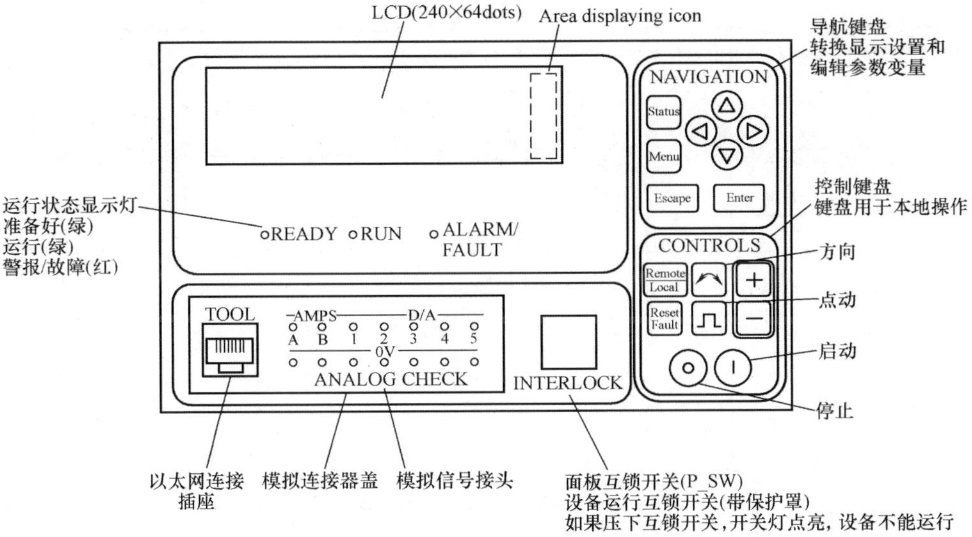

图 4-15 面板外观

有优质的防潮耐电弧阻燃性能。开关柜前门上设有隔离开关机械的和电气的位置指示装置，在不开门的情况下能方便地监视隔离开关的分合闸状态。

旁路和切换开关柜均符合“五防”要求：具有可靠的连锁装置，为操作人员与设备提供可靠的安全性保护，即防隔离开关合闸状态下误拉、误带电合闸刀；防误入带电间隔；防带电合接地开关；防带接地开关合闸；防带负荷抽插一次隔离触头。旁路和切换柜不设接地开关，但有方便挂设临时接地线的位置，柜内接地排引出至柜后下部，柜体外设接地点，旁路和切换柜采用电磁锁，带电闭锁进出线仓门。

四、凝泵变频装置运行方式

目前发电厂一般都设有两台凝泵，一台运行，一台备用，若需加装凝泵变频装置，一般有如下几种方式。

(1) 每台凝泵都加装变频装置，这样设置的优点是两台凝泵交替运行时，都可以达到节省厂用电的目的，但一次投资大。

(2) 一台凝泵固定为变频运行方式，另一台凝泵固定为工频运行方式，这种方式相对投资少，由于凝泵一般不做切换运行，可以长期保持变频泵运行，工频只做备用，故采用较多，但运行方式较单一，一旦变频泵出现异常需检修时，另一台泵只能工频运行。

(3) 通过隔离开关柜的切换，实现所谓的一拖二手动切换运行，即变频器为一拖二结构，两台电机任何时候只有一台由变频器驱动，另一台可备用或工频运行。这种方式使用灵活，安全性与经济性结合得较好，目前有多家发电厂采用，本节将对这种方式做详细介绍。原理接线如图 4-16 所示。

高压变频器柜内 6 组隔离开关之间的电气联锁由硬接线组成，尽量不通过变频器或上级控制系统，以保证系统切换时的安全性。每台机组设一台高压变频器。可实现下列运行方式。

(1) 正常运行方式。

正常运行时，可任意设定 1 号凝泵或 2 号凝泵变频运行或工频运行。

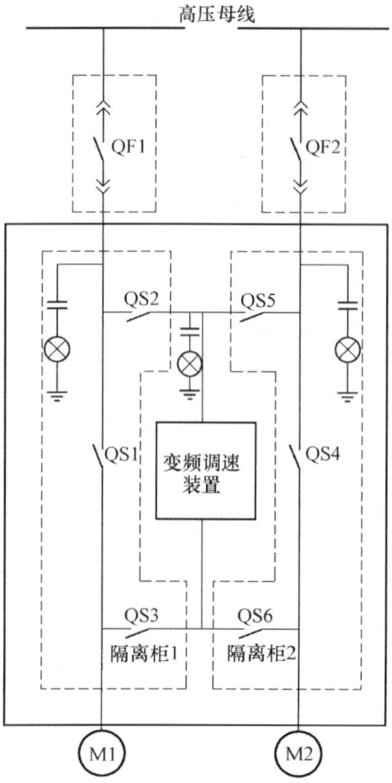

图 4-16 一拖二方式接线图

（2）一台泵发生故障情况的运行方式。

当工作泵（无论是变频或工频运行）发生故障跳闸，或出力不足等故障时，另一台泵会自动投入运行（与原运行方式正好相反，隔离开关不参与自动切换）。

（3）当一段厂用母线失电后的运行方式。

变频器由 6kV A 段供电，当 6kV A 段失电后，备用泵自动投入工频运行。当工作泵由 B 段供电，B 段失电后，备用泵自动投入变频运行。

（4）当变频器故障，需要长期退出运行时的运行方式。

当变频器故障，短期不能恢复运行时，可以安全、方便地将变频器退出维修，并且变频器退出后，经运行人员简单操作就能实现凝泵电机一用一备。

（5）当一台泵长期检修失去备用时的运行方式。

当 1 号泵变频控制运行时，2 号泵因某种原因长期不能备用，这时如果变频器故障停止输出（而电动机正常），1 号泵可以通过短时停泵，手动切换到工频运行。

隔离开关必须设可靠联锁，防止变频器输出与 6kV 电源并列，各个高压隔离开关之间具有联锁控制（程序锁），满足下列条件。

QS1～QS6 均为高压隔离开关，QF1、QF2 为用户高压真空断路器；QS2、QS5 间实现机械互锁，QS3、QS6 间实现机械互锁；同一时刻只允许一路高压电源给变频器供电，同一时刻只允许变频器给一台电机提供电源；1 号电机工作时，QS2 和 QS3 与 QS1 间实现机械互锁，2 号电机工作时，QS5 和 QS6 与 QS4 间实现机械互锁，同一时刻一台电动机只允许或在工频或在变频状态运行；变频器控制分为 1 号、2 号电动机运行两种模式。

在去两台电动机的电缆仓、变频装置进出线仓共 4 个点，需预留供悬挂地线的位置。旁路切换柜必须设置可靠仓门电磁联锁：QS2、QS3、QS5、QS6 打开后方可打开变频装置电缆进出线仓门在变频器进出口端子上悬挂地线；QS1、QS3 打开后方可打开到电动机 M1 去的电缆仓门悬挂地线；QS4、QS6 打开后方可打开到电动机 M2 去的电缆仓门悬挂地线。

五、变频装置的维护检查

维护、检查是将装置的偶发性故障防止于未然的有效手段。为了有效进行维护、检查，应制作检查检验单，记录并保存装置固有的特性变化和构成部件的稳定性，防止发生故障，以及在发生故障时调查故障原因。维护、检查分为日常检查和定期检查，在装置的安装之初，应缩短检查周期，详细进行检查，防止发生初始故障，运转时间变长后，需要检查部件是否出现特性劣化等。

（一）注意事项

（1）在做任何维护和检修工作之前，严格按照操作规程。

(2) 确认无发热元件和不带电之前，千万不要触摸柜内任何部位。

(3) 在检修时，一定要将高压切断并检查所有单元的指示灯完全熄灭才能更换或测量。

(4) 不要使高压电源误接到变频器的输出端，这样会使变频器内部器件发生爆炸。

(5) 不要用高压绝缘电阻表测量变频器的输出绝缘，这可能会使功率单元中的开关器件受损。

(6) 变压器进行耐压试验时，需要将所有功率单元同变频器断开，并且将温控仪同测温探头断开。

(7) 运行中严禁打开变压器柜门及逆变器柜门（带滤网的柜门），防止高压触电。

(8) 如果高压柜合上后又立即跳闸，必须要重新检查变压器柜的内部情况后确认无短路或其他异常后方可再次送电，不可连续合闸。

(9) 变频器短期停止运行时，高压可以不断电，长期停止运行时，高压电应断开。

(二) 日常检查项目

(1) 运行中检查是否出现下述异常现象：

1) 安装环境是否异常；

2) 电动机是否像期待的那样运行；

3) 冷却系统是否异常；

4) 是否存在异常振动、异常声音；

5) 是否出现异常过热、变色；

6) 在运行中要注意观察变频器输入输出电压电流的情况，可以在运行中测量 TV 的输出来校正界面显示的输入输出电压的大小，通过示波器完成电流的校正。

(2) 环境温度。

检查高压室的环境温度是否异常，由于变频器安装地点的环境温度冬夏温差很大，应随时注意室内的温度，保持在 0～40℃。

(3) 变压器温度。

值班人员或维护人员要定期对变压器进行巡视、检查，记录变压器绕组的温度值。

(4) 冷却系统是否正常。

1) 主要观察散热风机是否正常转动，界面应无报警提示；

2) 周围环境的冷却装置是否工作正常，如空调、风道、水空冷器等。

(5) 设备外观检查。

检查变频器、电动机、变压器、风机等有无过热、变色或异味。

(6) 运行声音。

检查变频器和电动机、风机有无异常振动或异常声音，变频器噪声等级≤75dB。

(7) 检查主电路电压和控制电源路电压是否正常。

(8) 检查各种显示是否正常，包括电压、电流、温度、报警信号等。

(三) 定期检查项目

1. 滤网的清新更换

半个月左右清理一次柜门防尘滤网的灰尘，保证冷却风路的通畅。如果环境灰尘污染严重，定期清理的间隔时间还应缩短。

（1）一般随设备带有一套备用滤网，滤网可水洗；

（2）日常勤擦地，保持地面清洁；

（3）长期使用后可考虑更换。

2. 固定螺栓的紧固

3个月左右，对所有螺栓进行一次检查，看是否发生松动或变色，若松动则应重新紧固，变色则需要更换。

3. 灰尘的清除

（1）半年左右对工控机内部作一次清灰处理，检查板卡是否松动，CPU风扇是否能灵活转动；

（2）半年左右对变频器进行一次全面的清灰处理；

（3）高压绝缘子、绝缘子、电压互感器、避雷器等高压设备也需定期清灰。

4. 通风散热

（1）夏季环境温度较高时，应加强变频器安装场地的通风，保证变频器良好的通风散热条件。

（2）如果变频器停机后恢复运行，如果环境潮湿，请先打开各控制电源，使变频器通风半小时，以驱除变频器内部潮气，然后再通高压电投入运行。

5. 电解电容的激活

（1）如果变频器长期停机，半年左右应通高压电一次，持续最少一小时，以防电解电容发生漏电增加、耐压降低的劣化现象。

（2）注意备用模块中的电解电容激活。

六、变频装置的主要故障处理

（一）变压器过热报警

（1）现象：液晶屏显示变压器温度异常。

（2）处理：

1）检查变压器柜各风扇运行是否正常，如风扇故障引起温度异常升高时，通知检修立即处理。

2）检查变压器柜门上的防尘滤网是否有堵塞现象，如有则联系检修进行清理。

3）检查变频装置小室的温度是否异常升高，如有则加强温度监视，温度继续升高无法维持时，切换备泵运行后，退出变频器运行。

（二）设备过负荷报警

（1）现象：变频装置输出电流的有效值超过设定值5min，发出设备过负荷报警。

（2）处理：检查凝泵是否运行正常，必要时应停用凝泵及变频装置。

（三）变频单元熔丝熔断

（1）现象：液晶显示屏显示变频单元熔丝熔断，6kV电源开关跳闸，变频器停机。

（2）处理：变频器停机隔绝后通知检修进行详细检查，如果变频单元损坏，由检修进行更换。

（四）变频单元直流过电压或功率单元直流失电压

(1) 现象：变频器停机。

(2) 处理：联系检修检查变压器二次侧线圈和变频单元是否有故障，若出现直流过电压故障信号，在停机过程中应检查减速操作是否比平时更频繁剧烈。

(五) 变频单元过热

(1) 现象：液晶屏显示变频单元温度超限，电源开关跳闸，变频器停机。

(2) 处理：变频器停机隔绝后检查冷却风扇是否正常，防尘滤网是否堵塞，变频器室温度是否正常，若上述情况都正常，则可能为控制板问题，联系检修做进一步处理。

(六) 变压器过热跳闸

(1) 现象：液晶屏显示变压器温度超限，电源开关跳闸，变频器停机。

(2) 处理：变频器停机隔绝后检查变压器是否正常，冷却风扇是否正常，防尘滤网是否堵塞，变频装置小室温度是否正常，联系检修做进一步处理。

第八节　事故保安电源

一、概述

对大容量发电机组，当厂用工作电源和备用电源都消失时，为确保在严重事故状态下能安全停机，应设置事故保安电源，以满足事故保安负荷的连续供电。交流事故保安电源通常采用380/220V电压。目前，采用的事故保安电源有以下三种类型。

(1) 可靠的外部独立电源。

对大容量电厂可以从外系统引进独立专用线路，作为紧急事故备用保安电源。即使电网全部长时间停电时，仍能可靠供电。这种专用线路一般电压等级较高，距电厂较远，投资较大。

(2) 蓄电池组。

它是一种独立而又十分可靠的保安电源。蓄电池组不仅在正常运行时承担全厂操作、信号、保护以及全厂直流负荷用电，而且在事故情况下，仍能提供直流保安负荷用电，如润滑油泵、氢密封油泵、事故照明等。同时，还可经过逆变器将直流变为交流，兼作交流事故保安电源，向不允许间断供电的交流负荷供电，如计算机、热工仪表和自动装置等。但由于受容量限制，故不能带很多事故保安负荷，且持续时间亦不能太长。

(3) 柴油发电机组。

柴油发电机组是一种广泛采用的事故保安电源，目前多采用快速自启动的柴油发电机组作为单元机组的交流事故保安电源，此类发电机组由柴油机和交流同步发电机组成，不受电力系统运行状态的影响，可靠性高。本节将主要介绍柴油发电机组及其所接的保安电汇的运行方式。

二、保安MCC接线及运行方式

600MW机组单元一般设置有汽轮机保安MCC和锅炉保安MCC，也有用户设一段母线的保安MCC，基本接线如图4-17所示。

图4-17 (a) 中保安MCC每段有两路电源。正常运行时，每段保安MCC由机组单元低压厂用动力中心供电：当保安MCC失电时，柴油发电机自动投入，一般15s内可向失电的

保安 MCC 恢复供电：图 4-17（b）中保安段母线有 3 路电源，即机组单元厂用 PC、公用 PC、柴油发电机。正常运行时，由机组单元厂用 PC 供电；当保安 MCC 母线失电时，自动切换至公用 PC 供电，同时启动柴油发电机，如果柴油发电机电压已达到额定值，而保安 MCC 母线仍然为低电压，则由柴油发电机供电。

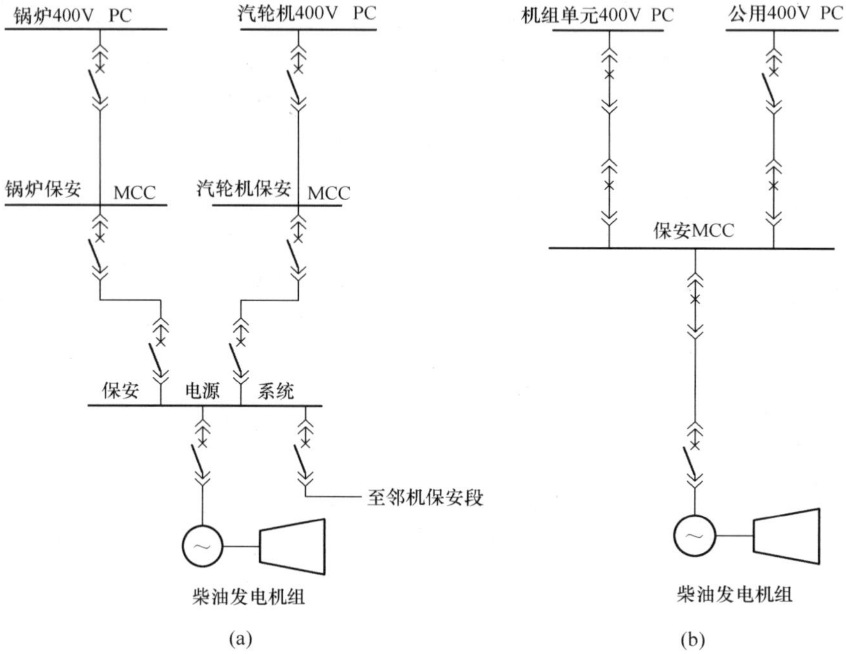

图 4-17 交流保安 MCC 基本接线

(a) 保安 MCC 有两个电源；(b) 保安 MCC 有 3 个电源

无论保安 MCC 有几路电源，当常用电源失去时，应做到备用电源能快速切换，同时柴油发电机做好供电准备。以往一般通过备合闸及柴油发电机 PLC 共同作用实现电源间的切换，目前随着 DCS 技术的发展，可以做到通过 DCS 逻辑设置及 PLC 逻辑设置共同作用实现电源间的切换，现以图 4-17（b）所示接线为例进行阐述。

在 DCS 上设定保安 MCC 有三种运行方式：电源 A 工作，电源 B 备用；停用；电源 B 工作，电源 A 备用。其中电源 A 指定为机组 400V PC 来，电源 B 指定为公用 400V PC 来。运行方式可以通过 DCS 上设定的“保安电汇工作电源切换方式选择开关”来选择，该选择开关只是用来选择两路电源的关系及是否需要有备用，不直接操作两个进线开关。电源切换的条件为保安 MCC 低电压或工作电源开关跳闸，此时柴油发电机启动，若备用电源合闸正常，则柴油发电机出口开关及保安 MCC 电汇开关不合，由运行人员手动停用柴油发电机。若备用电源合闸不正常，保安 MCC 继续低电压，则柴油发电机出口开关及保安 MCC 电汇开关自动合上，由柴油发电机对保安 MCC 供电。

保安 MCC 未带电前，将选择开关切至“停用”，此时不指定工作及备用电源，手动合上电源 A 开关后，则电汇由电源 A 供电。若电源 A 失去，将不启动切换同时也不启动柴油发电机，需手动投用电源 B 或手动启动柴油发电机方可恢复电汇供电，此时将选择开关切至“电源 A 工作，电源 B 备用”，将开放事故逻辑，即电源 B 正常投用，柴油发电机启动准备，若电源B未正常投用，将由柴油发电机供电。

当电汇由电源A供电运行且方式为“电源A工作，电源B备用”时，若需要进行手动并联切换，正常操作步骤为：首先手动合上电源B，查看正常后，再将选择开关切至“电源B工作，电源A备用”，然后手动拉开电源A。上述操作须在设定的时间内完成，否则DCS将自动将备用电源拉开，以免两路电源长时间并联运行。注意在这次切换中，备用电源的指定发生了变化，在开始阶段电源B为备用电源，电源B合上后若不正常将由运行手动拉开电源B，若因故超过规定时间未操作，将由DCS自动拉开电源B（因为此时它被设为备用电源），电汇依旧由电源A供电，若A此时发生故障或其他原因电汇失电，执行事故逻辑。上述并联切换操作中，当电源B合上后，将选择开关至“电源B工作，电源A备用”后，电源A变为备用电源，若因故未及时拉开电源A，DCS将自动拉开电源A（因为此时它为备用电源），若此时电源B发生故障跳开或其他原因电汇失电，将执行事故逻辑。在并联切换操作中，若因为各种原因电源B实际未正常供电，即使运行人员不采取手动切换，都将由DCS自动切至依旧由电源A供电，相对来说电源A因为之前一直投用，可靠性高。当电汇由电源B供电且方式为“电源B工作，电源A备用”时，若需要进行手动并联切换的步骤，读者可以参考上述描述自行分析。

为了确保柴油发电机处于完整的备有状态，对柴油发电机应定期进行空负荷校验。柴油发电机一般不允许与厂用电并列运行（防止短路容量超过400V断路器设备的额定值），如确需做到柴油发电机与常用电源并联切换，必须加装同期装置，满足同期条件后方可并联。

三、柴油发电机组

（一）结构

柴油发电机组一般主要包括以下几个部分：柴油机；发电机；就地开关柜、就地控制屏、蓄电池和其他辅助设备；集装箱单元（若无专用柴油发电机室）。现以TLC－1650S型柴油发电机做详细介绍，其外形图如图4-18所示。

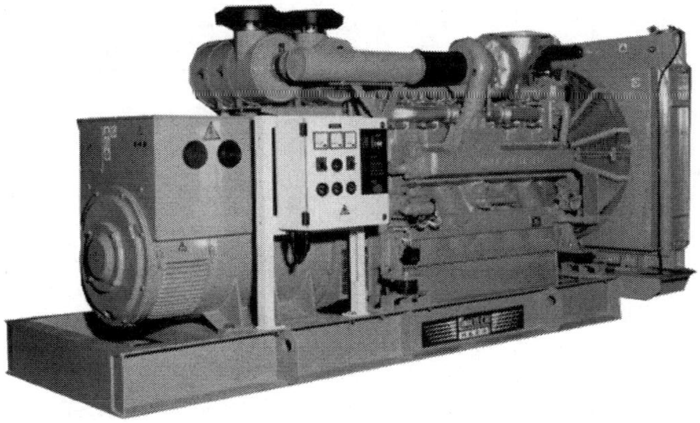

图4-18 柴油发电机组外形图

1. 柴油机

该型柴油机缸数为16缸，四冲程、冷态启动、压缩点火、闭式液态冷却、连续运行方式。柴油机配备必要的附件，使轴承处于润滑状态且柴油机在规定的温度下随时准备带额定负荷。柴油机的规格满足同步发电机在额定负荷时维持±3%额定电压和±2%额定频率的运行要求。柴油机冷却方式采用闭式循环水冷却，一次水冷，二次采用散热器风冷，不需外供水源。冷却水的水质以生活水为主，补水箱和冷却水管中加防冻液。

2. 发电机

发电机为水平布置无刷励磁同步交流发电机，防滴密封式、H级防潮绝缘、转子、定子和端部屏蔽防腐处理、密封轴承、3相、400V、50Hz、Y型接线。发电机的冷却方式为自然风冷，机组不需外供工业冷却水。在环境温度为40℃时，机组在额定连续运行平均温升不大于85℃。有一套电压调节器用作电压精确调节、快速响应以满足并联重负荷启动可靠性要求，交流发电机中性点直接接地。

发电机配用无刷永励励磁方式，机组选用与永磁发电机（PMG）匹配的AVR，永磁发电机（PMG）通过AVR给励磁机提供电源，它能够独立于发电机的输出而提供恒定的励磁功率，励磁机通过全波桥式整流器输出给主转子，该整流器由一浪涌抑制器保护，以免因发电机短路或并联时相位失步而引起整流器损坏。该AVR在发电机内部或外部故障引起过励时，会5s后自动灭磁以保护发电机不被损坏。三相均方根检测系统使AVR能够提供±0.5%的电压调整率，它特别适用于不平衡或高非线性负载的情况下。AVR还具有过电压保护功能和限流功能。强励倍数大于2，励磁回路的反应速度不大于0.05s。满足以下条件：静态电压调整率，≤±0.5%；暂态电压调整率，≤±2%；稳定时间，小于1.0s；电压波动率，≤±0.5%；顶值电压系数，>1.5。

电压可用AVR上的一个微调旋钮来调整，具有自动和就地手动两种调节方式。

永磁发电机工作原理图如图4-19所示。

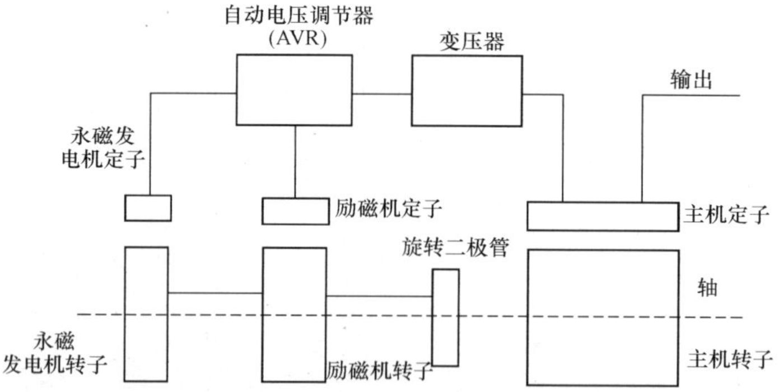

图4-19　永磁发电机工作原理图

自动电压调节器（AVR）是调节励磁机励磁电流的控制装置，其通过一个变压器向来自主机定子绕组的电压感应信号作出反馈，通过控制低功率的励磁机磁场，调节励磁机电枢的整流输出功率，从而达到控制主机磁场电流的要求。AVR还具有以下功能：

（1）低频保护功能：发电机频率一旦低于设定值，相应报警指示灯亮；

（2）励磁跳闸功能：当相间或接地短路而引发励磁过负荷时AVR经过一个预设的延时后切断励磁。相应的报警指示灯亮；

（3）过电压保护功能：AVR中含有过电压保护线路，当AVR无检测信息输入时，将对发电机进行灭磁，并发信触动外部回路开关；

（4）瞬时加载调节功能：它通过电压下降（DIP）和恢复时间延迟（DWELL）控制功能，使发电机具有最优化的负载接受能力；

（5）建压时间调节功能：建压时间调节旋钮可调节自发电机启动至额定转速后的建压时间。

3. 辅助设备

柴油机配备下列辅助和附属设备。

（1）一块用于安装柴油机和发电机的平板基础。基础配有消除振动和其他安装所必需的附属设备。

（2）一个包括油泵、冷油器、滤网和过滤器、带有阀门的曲柄轴箱（当柴油发电机组安装基础上时以便于曲柄轴箱排放）的润滑油系统。

（3）一个包括循环水泵、散热器、离心风扇以及自动温度调节器的闭式冷却系统。

（4）曲柄轴箱的通风装置或呼吸器。

（5）用于保护柴油机组超速的超速跳闸单元。

（6）管道、阀门、电缆、控制箱和附件，用于柴油机冷却系统、进气、燃料和润滑系统、蓄电池、启动系统、电气系统、仪表和控制系统以及其他所需设备的安装和连接。

（7）排气管道、排气消音器和消除排气噪声必需的管道、管道支吊架及连接件，它的规格不会在发电机带任何负荷时产生一个过高的背压。干式进气过滤器和配有进气管的消音器。

（8）一整套用于设备维护和检修标准和专用的工具。

（9）所有用于设备良好和可靠安全运行、保护的仪表和控制装置。

（10）配有油位开关和油位计的一个燃料日用油箱。当燃料油液位低于柴油发电机在满负荷条件下运行3h所需的油位时，应发出报警。

（11）一个包括柴油机驱动燃料油辅助油泵、燃料油喷射泵、压力调节器和燃料油过滤器的油系统。

（12）柴油机启动系统包括启动电动机、铅酸蓄电池组和蓄电池充电器。柴油发电机组的启动方式为电启动。电启动方式的电源，采用适合柴油机启动用的铅酸蓄电池，蓄电池的容量在充满电、断开充电电源后满足连续启动15次的用电量要求。蓄电池的充电装置具有电池电压低自动转入快速强充电、均充电及浮充电的自动充电功能。柴油机启动后该直流发电机自动给蓄电池充电。

（13）液压继电器、同期装置、速度/负荷调节和负荷检测型控制器、启动速度调节器。控制器应为自动型式。

（14）同期装置（同步指示仪、输入和运行电压表、速度控制开关等）用作将柴油发电机并入厂用电系统，即在保安段母线无压情况下柴油发电机自启动直接并入厂用电系统，在保安段母线带电情况下柴油发电机经同期后能并入厂用电系统。

4. 集装箱

柴油发电机除了安装在专门的小室外，还可安装在集装箱内。集装箱可以防雨并满足全天候运行工作要求，当环境温度最高时，集装箱内的最高温度满足柴油发电机组长期运行的要求，同时满足噪声要求（集装箱采用降噪结构）。集装箱内留有维修和运行检查足够的空间。控制屏、开关柜屏应布置在集装箱内单独分隔的房间，该房间应配备工业级分体式空调，空调设计容量能保证在最高环境温度及柴油发电机满负荷运行条件下，小室内温度控制在28℃以下。柴油发电机组、日用油箱、开关柜、控制屏等的基础应固定在集装箱底。

（二）功能

1. 自启动功能

柴油发电机组应在全厂停电事故中，快速自启动带负荷运行。接启动指令后在10s左右自启动成功，在60s内实现一个自启动循环（即3次自启动）。若自启动连续3次失败，则发出停机信号，并闭锁自启动回路。在以上一个自启动循环的过程中不应造成主设备的任何损坏。柴油发电机组自启动成功的定义是：柴油发电机组在额定转速，发电机在额定电压下稳定运行2～3s，并具备首次加负荷条件。

2. 带负荷稳定运行功能

（1）柴油发电机组自启动成功后，保安负荷应能分几级投入。如保安电汇分两级，则柴油发电机组接到启动指令后13s内发出首次加负荷指令，允许首次加负荷不小于60%额定容量的负荷（感性）；在首次加载后的3s内再次发出加负荷指令，允许加负荷至满负荷（感性）运行。

（2）柴油发电机组能在功率因数为0.8的额定负荷载下，稳定运行12h中，允许有1h1.1倍的过负荷运行，并在24h内，允许出现上述过负荷运行两次。发电机能承受20s的2倍过负荷电流而不出现损坏。

（3）柴油发电机组在全电压下能直接启动容量不小于200kW的鼠笼式异步电动机。

（4）在负荷容量不低于20%时，允许长期稳定运行。

3. 自动调节功能

柴油发电机组的空负荷电压整定范围为96%～104% U_N。

（1）柴油发电机组在空负荷状态，突加功率因数≤0.4（滞后）、稳定容量为0.2P_N的三相对称负荷或在已带80%P_N的稳定负荷再突加上述负荷时，发电机的母线电压0.2s后不低于85%U_N。发电机瞬态电压调整率$-15\% \leqslant \delta_u \leqslant 15\%$，电压恢复到最后稳定电压的3%以内所需时间不超过1s，瞬态频率调整率≤5%（固态电子调速器），频率稳定时间≤3s。突减额定容量为0.2P_N的负荷时，柴油发电机组升速不超过额定转速的7%。

（2）柴油发电机组在空负荷额定电压时，其正弦电压波形畸变率不大于3%，柴油发电机组在一定的三相对称负荷下，在其中任一相加上25%的额定相功率的电阻性负荷，应能正常工作。发电机线电压的最大值（或最小值）与三相线电压平均值相差不超过三相线电压平均值的5%，柴油发电机组各部分温升不超过额定运行工况下的水平。

4. 控制功能

柴油发电机组属于无人值守设备，机组配置有智能型并车控制屏，采用微处理器形式控制，可通过硬接线及通信接口与DCS进行联系，具备下述功能：保安段母线电压自动连续监测；自动远方、就地手动、机房紧急手动停机、单元控制室后备远方手操启动（硬接线形式）；柴油发电机与保安段正常电源同期并网功能。运行状态的柴油发电机组自动检测、监视、报警、保护；主电源恢复后，按设计的逻辑，系统根据运行人员就地或远方DCS指令，控制机组与主电源同期自动或手动并列，并将负荷平滑转移至工作电源后自动停机或手机停机。蓄电池自动充电：机组工作时由发动机自带充电发电机对蓄电池进行充电，机组处于备用状态时，由浮充电动机对蓄电池进行自动充电；发动机配套有水套加热器，在寒冷冬季时自动工作，发动机始终处于合适的着火温度，确保正常的启动；发电机配套有抗冷凝加热器，具有自动投入功能。

5. 模拟试验功能

柴油发电机组在备用状态时，模拟保安段母线电压低至 25%U_N 或失压状态，能够按设定时间快速自启动运行试验，试验中不切换负荷。但在试验过程中如保安段实际电压降低至25%时能够快速切换带负荷。

在测试模式，机组只空负荷启动运行一段时间后自动停下来，机组出口开关不合闸。但在试验过程中保安段实际电压降低至 25%时能够快速切换带负荷。

（三）保护

柴油发电机组保护（微机型）项目有：

（1）机组超速保护，声光报警，停机关油门；

（2）润滑油压低/过低，声光报警/声光报警，停机关油门；

（3）自启动失败（三次启动），声光报警；

（4）低压闭锁过流保护，声光报警，停机关油门；

（5）发电机过负荷保护，声光报警；

（6）发电机差动保护，声光报警，停机关油门；

（7）冷却水温高/过高，声光报警/声光报警，停机关油门；

（8）日用油箱油位低，声光报警；

（9）发电机事故跳闸，声光报警；

（10）逆功率保护，声光报警，停机关油门；

（11）冷却水水位低，声光报警；

（12）柴油机本体保护，声光报警；

（13）过电压保护，过电压保护动作于发电机出口断路器跳闸并灭磁。

四、运行维护及注意事项

1. 机组的维护检查要点

整套柴油发电机组正常无漏水、漏油、漏气现象。为保证柴油发电机组能随时快速启动，必须对柴油发电机及附属设备进行经常维护和定期试验。柴油发电机组的辅助设备包括：供油泵、润滑油泵、冷却水泵（或冷却风扇）压缩空气（或蓄电池）、自动加热设备、油（水）冷却装置等，这些装置应能自动维持柴油发电机润滑油冷却水温、机组启动用压缩空气（或直流电压）、储备油等在要求范围之内。要对这些辅助设备进行定期试验，校验其自动投入定值和自启动情况。在环境温度较低的情况下（低于 20℃），为保证柴油机组能快速启动，应能自动投入润滑油加热器和冷却水加热器。使冷却介质温度保持在 49℃以上。此外还应对控制系统的程控逻辑回路进行定期检查和试验。必要时，还可进行柴油发电机带负荷性能试验。

2. 柴油发电机启动前的检查

（1）有关柴油发电机的各类工作票均已终结。

（2）柴油发电机控制屏内外电气一/二次回路正常。

（3）检查润滑油和冷却液的液位，不够时必须加满。

（4）检查燃油充足（应至少有8h的燃油量）。

（5）检查柴油机冷却风机各部良好，传动带松紧度合适。

（6）检查所有软管无损坏和松脱现象。

（7）检查系统无泄漏。

（8）检查辅助电源投入正常，仪表及控制面板指示正常，无报警信号。

（9）检查启动和控制用蓄电池电压正常，接线无松动，自动充电正常，电解液面正常。

（10）检查油箱至柴油机的进油阀门均已打开。

（11）查柴油机的启动开关在“启动”位置。

（12）检查空气进口管道连接牢固。

（13）检查柴油发电机组现场清洁，无人工作，照明充足。

（14）检查柴油发电机出口开关处于“断开”位置。

3. 柴油发电机热备用及运行期间的检查

（1）检查润滑油、冷却液、燃油与蓄电池电解液液位正常，无渗漏。

（2）密切注意油箱油位，保证燃油不中断，当油位降至液位计满刻度的一半时加油至满刻度。

（3）检查蓄电池“浮充/均充”切换开关在“浮充”位置，无腐蚀现象。

（4）柴油发电机运行时无异声，异味。

（5）柴油发电机运行时监视排烟烟色，分析柴油机工作状况。

（6）柴油发电机运行时监视柴油发电机参数不超限。

（7）控制盘、仪表盘上各灯光按钮指示正确。

（8）各仪表指示正常，润滑油压力、温度正常。空气滤清器进气阻力指示器正常。

4. 运行注意事项

（1）柴油机润滑油每6个月由化学进行油样化验或运行累计时间超过250h由化学进行油样化验。

（2）尽量避免身体接触柴油机排气系统、润滑系统、冷却系统及本体等热体以免烫伤。

（3）机组停运后，冷却液温度很高，此时严禁打开散热器盖子，并禁止向未冷却的冷却系统内加注冷却液，否则会造成柴油机的严重损坏。

（4）油箱应尽量充满油以防湿气侵入并保证燃油供应。

（5）在检修、维护或调节定值之前，为防止柴油机启动应做好制动措施，并执行部颁规程有关条例。

（6）柴油机组严禁长时间怠速运行。如果不带负荷，应停机备用。

（7）柴油发电机带负荷运行后，应保持柴油发电机空载运行5min冷却机组后停用。

（8）在机组近旁的人员应戴可靠的耳朵保护器。

（9）柴油机大修后，启动前应进行定子绝缘测量，使用500V绝缘电阻表，绝缘值大于1MΩ。

（10）机组出现故障后，严禁在排除故障和复位前再次启动。

(11) 柴油发电机每半月进行一次空负荷校验，空负荷运行 10min。

五、异常故障处理

1. 柴油发电机启动失灵，DCS 及就地控制盘发“自启动失败”信号

(1) 原因：蓄电池容量不足，燃油不良，控制回路故障，保护动作未复归，启动电机故障。

(2) 处理：检查蓄电池情况及充电回路，对蓄电池充电。检查燃油品质及油过滤器，复归保护使故障信号灯熄灭，通知检修处理。

2. 柴油发电机出力不足

(1) 原因：燃油品质差，吸入空气量不足、燃油供给不足，喷射系统故障。

(2) 处理：检查燃油品种，检查空气过滤器，通知检修处理。

3. 轴承有异声，温度异常上升

(1) 原因：润滑油脂恶化，轴承滚珠或内外轮损伤。

(2) 处理：停机通知检修处理。

4. 运行中爆燃

(1) 原因：润滑油系统故障，润滑油与燃油混烧，发动机本体故障。

(2) 处理：检查润滑油油位，停机通知检修处理。

5. 点火不良

(1) 原因：油箱油位低，燃油系统有空气、水或脏物，柴油机过冷，燃油泵故障，柴油管道阻塞，进、排气系统不畅，喷射器时间设置不正常。

(2) 处理：加油，放空气，检查油过滤器，暖机，检查进、排气系统停机通知检修处理。

6. 点火后，柴油机不能运行

(1) 原因：油过滤器阻塞，空气过滤器阻塞，传动机构咬死，燃油供应故障，燃油泵故障，喷射器故障。

(2) 处理：检查油及空气过滤器，停机通知检修处理。

7. 油压低（不是轴承磨损而使润滑油压突然跌落）

(1) 原因：油位低，释放阀故障，油温高。

(2) 处理：加油，油温高见 8，停机通知检修处理。

8. 冷却液温度高，润滑油温度高

(1) 原因：冷却液位低，润滑油位低，冷却系统阻塞，散热器阻塞，加热器回路故障，风扇皮带打滑，喷射器不正常。

(2) 处理：补充冷却液，加油，停机通知检修处理。

9. 燃油油位低

(1) 原因：油过滤器阻塞，释放阀故障，管道泄漏，燃料泵故障。

(2) 处理：加油，停机通知检修处理。

10. 排出白色烟（负荷切除）

(1) 原因：喷射器故障，冷却液温度低。

(2) 处理：检查加热回路，停机通知检修处理。

11. 排出黑烟

(1) 原因：燃油品质低，空气过滤器阻塞，喷射器故障，低负荷运行时间太长，排气反压高，燃油泵故障。

(2) 处理：检查燃油品种及空气过滤器，停机通知检修处理。

12. 发电机电压表，电流表不稳定而摆动

(1) 原因：二次线接触不良，AVR装置故障，表计或切换开关故障。

(2) 处理：检查负荷工况，调整电压调整电阻观察表计变化，停机通知检修处理。

13. 电压升不起

(1) 原因：接头松，AVR装置故障，二极管故障，绕组开路，短路。

(2) 处理：停机通知检修处理。

14. 额定转速输出电压低

(1) 原因：表计或切换开关故障，电压回路断线，导线接触不良，励磁机故障，旋转整流器故障，转速表指示不准，AVR装置故障。

(2) 处理：停机通知检修处理。

15. 额定转速输出电压高

(1) 原因：励磁机故障，AVR装置故障，调节电阻短路，转速异常上升。

(2) 处理：调速转速至额定转速，停机通知检修处理。

16. AVR装置工作不正常

(1) 原因：负荷过载，功率因数超出范围（0.8～1），负荷不平衡，负荷使波形严重失真，接线松动，AVR装置故障。

(2) 处理：检查负荷情况并及时调整，停机通知检修处理。

第五章 直流系统及不停电装置

第一节 直 流 系 统

一、概述

发电厂和变电所的电气设备分为两类：一次设备和二次设备。发电机、变压器、电动机、断路器、隔离开关等属于一次设备。为了安全、经济地发供电，对一次设备及其电路进行测量、操作和保护而装设的辅助设备，如各种测量仪表、控制开关、信号器具、继电器等称作二次设备。二次设备互相连接而成的电路叫做二次回路或二次接线。向二次回路中的控制、信号、继电保护和自动装置供电的电源，称作操作电源，操作电源一般用直流电源。

发电厂的直流系统，主要用于发电厂操作的回路（开关电器的远距离操作）、控制及保护装置、事故备用动力（如事故油泵、事故照明和不停电电源等的供电）、通信设备、记录仪、测量表计和信号显示系统的工作电源，是厂用电系统的最重要组成部分。

直流系统对于机组的安全运行有着至关重要的作用，应保证在任何情况下都能可靠地向负荷供电。随着发电机组单机容量的增大，直流系统的负荷也不断增加，使系统日趋庞大、复杂，对其供电质量的要求也越来越高。

直流电源系统主要由交流配电单元、充电模块、直流馈电、集中监控单元、绝缘监测单元和蓄电池组等部分组成，如图 5-1 所示。交流输入经交流配电单元后提供给充电模块；充电模块输出稳定的直流，一方面通过充电母线对蓄电池组充电，另外通过母线进线开关向负荷母线供电，为负载提供正常的工作电源；绝缘监测单元可在线监测直流母线和各支路的对地绝缘状况；集中监控单元可实现对交流输入、充电模块、直流馈电、绝缘监测单元、直流母线和蓄电池组等运行参数的采集与各单元的控制和管理，并可通过远程接口接受后台操作员的监控。

为提高直流系统供电的可靠性，大型发电厂的直流系统均配置有相当数量的蓄电池组；蓄电池组是一种独立可靠的直流电源，在发电厂中得到普遍运用。配有蓄电池组的直流系统，能在发电厂内发生任何事故时，甚至是在全厂交流电源都停电的情况下，仍能由蓄电池组继续供电，保证直流系统中的用电设备可靠而连续的工作，并可作为全厂事故照明的可靠电源。采用蓄电池组的直流系统，可使发电厂和变电所配置各种复杂的继电保护和自动装置，而且对于各种类型的断路器，都可以用直流操动机构进行远距离操作，所以这些都是采用蓄电池组直流系统的重大优点，故蓄电池组在国内外都广泛应用在发电厂和变电所中，但

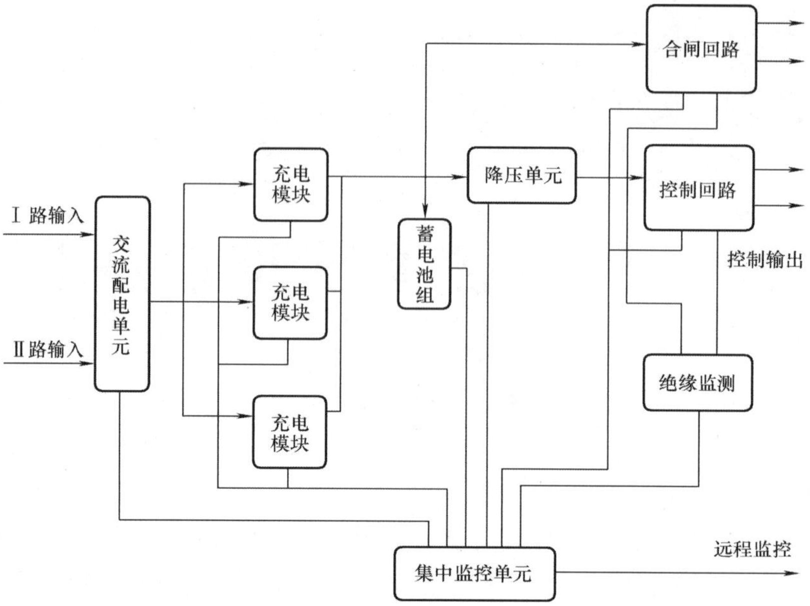

图 5-1　直流电源系统组成图

是采用蓄电池组，使发电厂的造价略有提高，增加一些运行维护工作量。

随着电子技术的不断发展，大功率晶闸管和硅整流器件的出现，大型发电厂直流系统的供电均已采用了硅整流设备（充电器）。为了保证充电器的供电质量，充电器多采用全控桥整流方式并设置有良好的调节系统。

正常运行时，蓄电池组应与充电装置并联运行。充电装置正常运行时除承担经常性的直流负荷外，还同时以很小的电流向蓄电池组进行充电，用以补偿蓄电池组的自放电损耗，但当直流系统中出现较大的冲击性直流负荷时，由于充电装置容量小，只能由蓄电池组供给冲击负荷，冲击负荷消失后，负荷仍恢复由充电装置供电，蓄电池组转入浮充电状态，这种运行方式称为浮充电运行方式。

由于发电厂的直流系统要向众多的负荷供电，所以要求直流系统的电压等级和容量要根据负荷的不同情况来分别设置，而且系统的接线也应根据实际需要采用合适的接线方式，一般采用单母分段制。在有大机组的发电厂中设有多个彼此独立的直流系统。例如，单元控制室直流系统、网络控制室直流系统（又称升压所或升压站直流系统）和输煤直流系统等。其直流系统的电压等级大致有 24、110、220V 等几种。

对于容量 600MW 机组及以上的大型发电厂，单元控制室和升压站直流系统的设置，应满足继电保护装置主保护和后备保护由两套独立直流系统供电的双重化配置原则。目前国内电力用操作电源系统接线主要分为以下几种方式：

（1）以母线分段为标准可分为单母线接线方式、单母线分段接线方式、双母线接线方式等；

（2）以降压装置为标准可分为带降压装置接线方式和不带降压装置接线方式；

（3）以充电机和蓄电池组数为标准可分为一组充电机一组蓄电池方式、二组充电机一组蓄电池方式、二组充电机二组蓄电池方式、三组充电机二组蓄电池方式等。

二、蓄电池

以往，发电厂及变电所应用较为普遍的有镉镍蓄电池和铅酸蓄电池两种，充电设备采用晶闸管整流装置，但这两种蓄电池存在维护工作量大且复杂等问题，不利于发电厂及变电所的安全运行。而采用晶闸管相控技术的充电设备，在纹波、体积、效率等方面不尽如人意，监控系统也不完善，采用主从备份运行方式，使用起来不方便，达不到电力系统新的技术标准。另外，由于充电设备与蓄电池并联运行，纹波系数较大，会出现蓄电池脉动充电放电现象，影响蓄电池使用寿命。因此近年来越来越多用户使用阀控式密封铅酸蓄电池，本节将主要介绍阀控式密封铅酸蓄电池。

（一）阀控式密封铅酸蓄电池和传统的敞开型电池相比具有的优点

（1）密封程度高，电解液像凝胶一样被吸收在高孔率的隔离板内，不会轻易流动，所以电池可以横放；

（2）阀控式密封铅酸蓄电池的极板栅采用无锑铅合金，电池的自放电系数很小；

（3）电池的正负极板完全被隔离板包围，有效物质不易脱落，使用寿命长；

（4）阀控式密封铅酸蓄电池的体积比老式电池小，而容量却比老式敞开型电池高；

（5）电池在长期运行中无需补充任何液体，同时在使用过程中不会产生酸雾、气体，维护工作量极小；

（6）电池的内阻较小，大电流放电的特性好。

正是由于上述优点，所以阀控式密封铅酸蓄电池被称之为“免维护电池”。

（二）阀控式密闭铅酸蓄电池的种类

阀控式铅酸蓄电池分为大型、中型、小型三类。单体在200Ah及以上为大型，20～200Ah为中型，20Ah以下为小型。

（三）阀控式密闭铅酸蓄电池结构

以GFM（OGiV）阀控式密闭铅酸蓄电池为例，构成如图5-2所示。

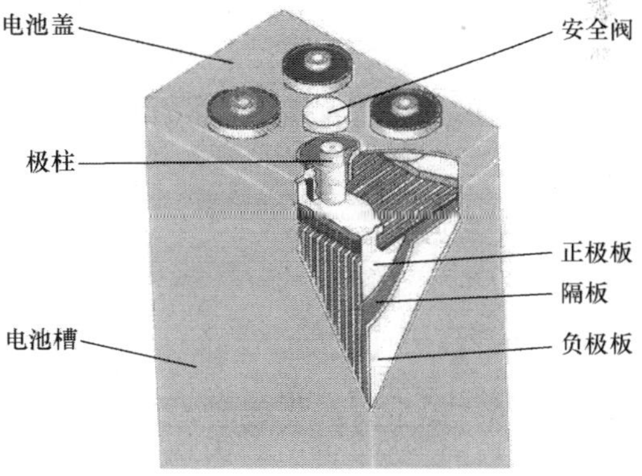

图5-2 阀控式密闭铅酸蓄电池构成图

阀控电池主要由正极板、负极板、电解液、隔板、电池槽、电池盖、安全阀、极柱等组成。各部分结构及功能介绍如下。

（1）正、负极板：由活性物质材料和板栅组成，主要功能是参与成流反应和起导电的作用，是决定电池性能的主要部件。正极活性物质为二氧化铅（PbO_2），负极活性物质为海绵状铅（Pb），正负极板均采用板式结构。

（2）电解液：参与电池的成流反应并在正负极之间起离子导电作用。电解液的用量、密度及纯度，直接影响电池的性能和寿命。电解液采用CP级硫酸配置。

（3）隔板：选用超细玻璃纤维隔板，主要功能在于保持正负极板间的绝缘状态；吸附电解液，保持电解液的不流动；为氧循环提供通道。

（4）电池槽、盖：电池槽的主要功能在于储存极板、隔板、电解液。电池槽、盖由阻燃、高强度的ABS材料制成。

(5) 安全阀：是阀控电池的一个重要零部件。其功能在于使电池保持一定的内压，提高密封反应效率；释放阀控电池在过充电等不正常条件下产生的过量气体，防止发生爆炸；防止外界气体进入电池；防止电解液蒸发，避免电池干涸。安全阀采用可调节的柱状结构，具有准确的开、闭阀压力，保证阀控电池寿命期间的安全运行。

(四) 阀控式密闭铅酸蓄电池的基本工作原理

阀控式铅酸蓄电池的设计原理是把所需分量的电解液注入极板和隔板中，没有游离的电解液，通过负极板潮湿来提高吸收氧的能力，为防止电解液减少把蓄电池密封，故阀控式铅酸蓄电池又称“贫液电池”。

阀控蓄电池是一种能量转化系统，在充电时将电能转化为化学能储存在电池内，在放电时将电池内储存的化学能转化为电能供给用电设备。放电时，正负极活性物质分别与电解发生反应，生成 $PbSO_4$。充电时，又分别恢复为 PbO_2 和 Pb。

在充放电的过程中，阀控电池内发生的电化学反应如下：

正极　　电解液　　负极　　　　正极　　水　　负极

$$PbO_2 + 2H_2SO_4 + Pb \underset{充电}{\overset{放电}{\rightleftharpoons}} PbSO_4 + 2H_2O + PbSO_4 \tag{5-1}$$

正极活性物质（充电状态）　负极活性物质（充电状态）　正极活性物质（放电状态）　负极活性物质（放电状态）

在充电的最终阶段或过充电时，正极会先析出氧气，即

$$2H_2O = O_2 + 4H^+ + 4e^- \tag{5-2}$$

氧气经过隔板中的气体通道到达负极板，并与负极活性物质海绵状铅（充电状态）及硫酸反应，使一部分活性物质转变成硫酸铅（放电状态），同时抑制了氢气的生成。

$$2Pb + O_2 = 2PbO \tag{5-3}$$

$$PbO + H_2SO_4 = PbSO_4 + H_2O \tag{5-4}$$

与氧气反应变成的硫酸铅经过继续充电，又恢复到充电状态（海绵状铅）。即

$$PbSO_4 + 2H^+ + 2e^- = Pb + H_2SO_4 \tag{5-5}$$

负极上总的反应为式(5-3)＋式(5-4)＋式(5-5)，即

$$O_2 + 4H^+ + 4e^- = 2H_2O \tag{5-6}$$

反应式（5-6）是正极上反应式（5-2）的逆反应。

从上述反应的过程可以发现，正极上由于分解水产生的氧气，与负极活性物质反应并还原成水，从而保证了蓄电池内部水的相对无损耗。阀控电池密封反应原理如图 5-3 所示。

(五) GFM（OGiV）阀控式密闭铅酸蓄电池的特点

1. 电解液的吸附

在阀控电池中，需要将电解液固定化，为氧气的快速传输提供通道，否则将使内部氧循环受阻。GFM 系列电池采用 AGM 吸附技术，将电解液不饱和吸附于超细玻璃纤维隔板内，通过有效地吸附，使电解液充满在大约 95%的隔板孔隙中，固定了电解液，而且在隔板中形成了氧循环所需要的通道。

2. 电池的密封

采用进口双组分密封胶，将电池槽、电池盖牢固的黏合在一起。极柱密封结构采用机械

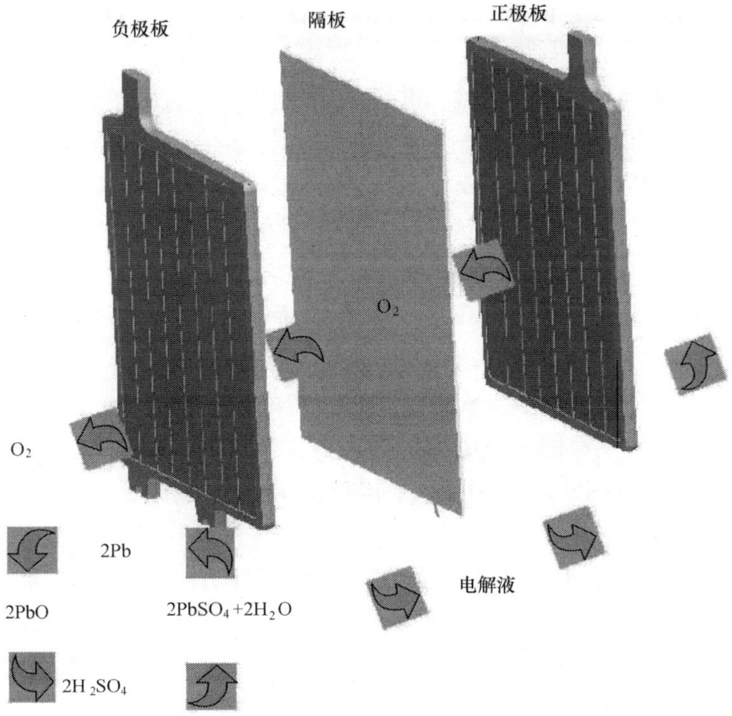

图 5-3　阀控电池密封反应原理图

密封与密封胶的双层密封方式，保证密封安全可靠。采用可调节柱式结构的安全阀，有效调节阀控电池内部压力，既可防止外部气体进入，又可防止内部酸雾的溢出，保证阀控电池在密封条件下安全运行。

3. 极组群

采用 AGM 隔板的 U 形、双层、正向的包正极板方式以及极群组预压缩的紧装配技术，防止了由于 AGM 隔板吸酸后收缩而导致的不良影响，有效地保证了隔板吸酸的均匀性，在一定程度上减轻了正极活性物质的脱落，实现了电池性能的一致性和使用的长寿性。

4. 板栅合金

采用铅钙多元合金，使阀控电池在具有析氢量少、循环寿命长的特点同时，还具有适合大电流短时率放电的性能。

5. 活性物质

阀控电池采用负极活性物质过量设计，以保证充电时，正极先达到过充而析氧，负极滞后达到饱和充电状态，当正极的氧达到负极被还原时，负极去极化，从而降低其析氢的可能性及速度。

（六）GFM（OGiV）阀控式密闭铅酸蓄电池的调试

（1）电池组安装后需逐台检测电池的开路电压并记录。正常情况下电池的开路电压高于 2.10V/台。如果因电池出厂时间超过一年以上，电池电压可能低些（一般在 2.0V 左右）。

（2）调试充电设备在浮充状态运行，恒压充电 2.23～2.28V/台×台数，然后检测充电设备的输出电压是否同电池组两端的充电电压相一致，两者电压相差小于 1V，否则需要适当调节。同时观察充电设备的充电电压的稳定性，电压波动范围应小于充电电压的1%。

（3）蓄电池组浮充4h后，逐台检测并记录电池的充电电压，根据电池的充电电压及其充电电流选择如下相应的处理方法。

1）电池的浮充电压在2.20～2.40V/台范围内波动，且电池充电电流很小，正常情况下电池充电电流小于1%C_{10}（A），C_{10}为10h额定容量值。这种情况下表明电池组荷电容量最充足、充电正常，可以继续浮充电运行。

2）少数或个别电池浮充电压低于2.20V/台，而且电池电流较大［大于5%C_{10}（A）］。这种情况下表明电池出厂放置时间较长，荷电容量不足，需要立即对电池组进行均衡充电：恒压充电2.35～2.40V/台×台数，充电电流按容量的0.1倍设置，然后自动转为浮充充电，浮充8h后再次逐台检测电池的充电电压是否大于2.20V/台，否则需要再均衡充电，然后转入浮充电，4h后再测浮充电压，如还有个别电池的浮允电压低于2.20V/台，则通知电池生产厂家，由厂家提出处理办法。

（4）蓄电池组的电池充电电压调整合格后，电池组应长期处于浮充电运行状态，电池组不使用时也需要长期不间断地进行浮充，否则电池经过一段时间放置不充电后，性能和寿命就会降低或损坏。

（七）GFM（OGiV）阀控式密闭铅酸蓄电池的运行操作及维护

蓄电池组的运行方式有充放电方式与浮充电方式两种，发电厂及变电所中的蓄电池组普遍采用浮充电方式运行。

1. 电池组正常使用状态具有的特征

（1）充电电流很小，一般小于1%C_{10}（A）且充电电流3h保持恒定；

（2）电池的充电电压都在2.26±0.04V/台范围内，一致性较好，且指示电池的电压值3h以上保持稳定；

（3）内阻测量较上次变化小于10%；

（4）各个电池外表温度一致；

（5）无外观异常现象；

（6）放电容量实验，容量合格。

2. 充放电方式运行的特点

在蓄电池组的充放电方式运行中，对每个蓄电池都要进行周期性的充电和放电。蓄电池组充足电以后，就与充电装置断开，由蓄电池组单独向经常性的直流负荷供电，并在厂用电事故停电时向事故照明和直流电动机等供电。为了保证厂用电在任何时刻故障都不致失去直流电源，就要求蓄电池组在任何时候都必须留有一定的储备容量，决不能让其完全放完电。通常，蓄电池放电到约为60%～70%额定容量时，即需进行充电。

按充放电方式运行的蓄电池组，必须周期性地、频繁进行充电。通常，在经常性负荷下，每隔24h就需充电一次，一般充至额定容量。充电末期，每个蓄电池的电压达2.7～2.75V，蓄电池组的总电压（直流系统母线电压）将超过用电设备的允许值。因此，对无端池的蓄电池组，在充电期间必须退出工作，但这对只接一组蓄电池组的单母线接线的直流系统是不允许的。同时，频繁地充电，会使蓄电池组的运行更趋复杂。

3. 正常充电

阀控电池在放电后应及时进行充电，使正、负极活性物质及时得到转化而保证电池的整体性能。正常充电采用限流恒压的充电方式。初始充电电流值不大于 $0.1C_{10}$（A），充电电压为每单体电池 2.35～2.4V。电池放电量、充电电压和充电时间的关系见表 5-1。充足电的标志：充电末期电流值降至最低，约为 10mA/Ah，且基本稳定 3h 以上。

表 5-1　　电池放电量、充电电压和充电时间的关系表

充电时间（h） 充电电压(V) 放电量（%）	2.35	2.40	充电时间（h） 充电电压(V) 放电量（%）	2.35	2.40
100	28	26	55	22	20
75	24	22	25	12	10

4. 浮充电方式运行的特点

蓄电池组浮充电方式运行的特点：就是充电器经常与蓄电池组并列运行，充电器除供给经常性直流负荷外，还以较小的电流——浮充电流向蓄电池组充电，以补偿蓄电池的自放电损耗，使蓄电池组经常处于完全充足的状态；当出现短时大负荷时，例如当断路器合闸、许多断路器同时跳闸、直流电动机、直流事故照明等，则主要由蓄电池组以大电流放电来供电的，而硅整流充电器一般只能提供略大于其额定输出的电流值（由其自身的限流特性决定）。在充电器的交流电源消失时，充电器便停止工作，所有直流负荷完全由蓄电池组供电。

不同类型的蓄电池，其浮充电压是不同的。浮充电流的大小与电池本身结构、电解液密度、环境温度和自放电率有关。浮充电电流的大小取决于蓄电池的自放电率，浮充电的结果，应刚好补足蓄电池自放电损失的容量，以及维持电池内部的氧循环，以减少电池内阻，降低水分散失，延长电池寿命。如果浮充电压过低，浮充电流太小弥补不了电池自放电损失的容量，则蓄电池的自放电就长期得不到足够的补偿，容易导致极板的硫酸盐化（极板有效物质失效），长期如此电池将失去使用价值而报废。相反，浮充电压应能持续过高的浮充电压，会造成浮充电流过大而使阀控电池长期过充电，引起极板有效物质脱落，缩短电池的使用寿命，同时还多余地消耗了电能，并导致电解液中水的加速分解，最终导致电解液过早干涸而损坏电池。

浮充电电流值依蓄电池类型和型号而不同，一般约为$(0.1\sim0.2)C_n/100$(A)， 其中 C_n 为该型号蓄电池的额定容量（单位为 Ah）。旧蓄电池的浮充电电流要比新蓄电池大 2～3 倍。

为了便于掌握蓄电池的浮充电状态，通常以测量单个蓄电池的端电压来判断。如对于铅酸蓄电池，若其单个的电压在 2.15～2.2V，则为正常浮充电状态；若其单个的电压在 2.25V 及以上，则为过充电；若其单个的电压在 2.1V 以下，则为放电状态。因此，实际中的浮充电就采用恒压充电。

按浮充电方式运行的蓄电池组，每运行一段时间（2～3 个月）应进行一次均衡充电，即用比浮充电压更高一些的电压充电一段时间。其目的是为了消除由于控制的浮充电电流可能偏小而造成极板出现硫化的危险。也可以说，定期进行均衡充电，是为了保持极板有效物质的活性。

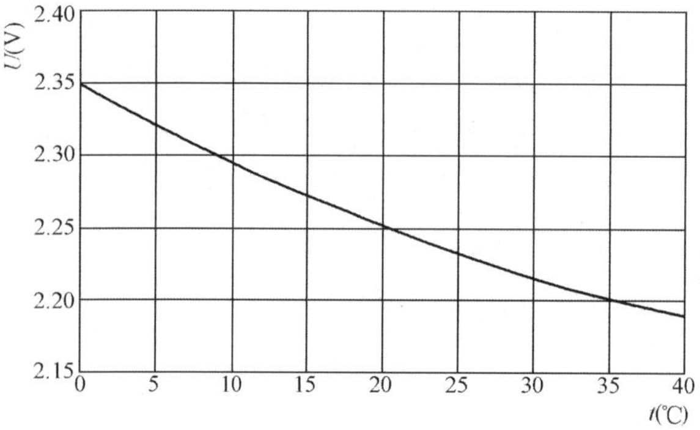

图 5-4 电池浮充电压和环境温度的关系曲线

GFM系列阀控电池的浮充电压为2.23～2.25V。浮充电压应随环境温度的变化而适当调整，超过基准温度（25℃）1℃，单体电池浮充电压应下降3mV左右，反之应上升3mV左右，否则会影响电池寿命。电池浮充电压与环境温度曲线如图5-4所示。

5. 蓄电池的均衡充电

均衡充电是对蓄电池的一种特殊充电方式。在蓄电池长期使用期间，可能由于充电装置调整不合理产生低浮充电电压或使用表盘电压表读数不正确（偏高）等原因造成蓄电池自放电未得到充分补偿，造成蓄电池组欠充电，也可能由于各个蓄电池的自放电率不同和电解液密度有差别，使它们的内阻和端电压不一致，这些都将影响蓄电池的效率和寿命。为此，必须进行均衡充电，使全部蓄电池恢复到完全充电状态。

均衡充电，通常采用恒压充电，就是用较正常浮充电电压更高的电压进行充电，充电的持续时间与采用的均衡充电有关。均衡充电一次的持续时间，既与均充电压大小有关，也与蓄电池的类型有关。例如铅酸蓄电池，浮充电方式运行下，一般每季进行一次均衡充电。当每只蓄电池均衡充电电压为2.26V时，充电时间为48h；当均衡充电电压为2.3V时，充电时间为24h；当均衡充电电压为2.4V时，充电时间为8～10h。

GFM系列电池当出现下列情况时需要进行均衡充电：

（1）浮充电运行的电池组，落后单体电池的浮充电压低于2.20V；

（2）循环充放电使用的电池组，落后单体电池的开路电压低于2.10V；

（3）做额定容量测试前，应对电池进行均衡充电；

（4）深度放电后，在短时间内需要急速回充。

以浮充电方式运行的蓄电池组，每隔一季度进行一次均衡充电时，一种方法是将充电器停役10min，让蓄电池充分地放电，然后再自动地加上均衡充电电压。

电池组放电后，需要及时进行均衡充电，当充电电流0.01倍C_{10}（A）时再均充3～5h转为浮充充电。保证电池放电后及时补充，否则放完电长时间不充会影响电池的寿命。一般要求放电电压放到1.8V时，必须在24h内充电；放到1V时，必须在1h内充电；放到0V时，要求必须在10min内充电。

电池在浮充工作状态下，如果发现个别电池的充电电压小于2.20V/台时，需要对整组电池进行均充，如果经过两个循环，电池电压还是偏低，建议时电池进行核对性放电，以便激活电池。

6. GFM（OGiV）阀控式密闭铅酸蓄电池的放电

由于观察不到阀控式密封铅酸蓄电池内部的情况，因此在使用中应定期对其进行放电试验，以检测蓄电池容量，避免因其容量下降而起不到备用电源的作用。需要注意的是蓄电池在放电时不要过放电，放电后必须在12h内补充电，否则将造成蓄电池的永久损坏。

（1）检查池的选定。在阀控电池的充放电过程中，为了及时了解电池组的状态，应选择

几只具有代表性，又便于检查测量的电池作为“检查池”。一般情况下不要随便更换，

(2) 不同放电率时的测量记录间隔时间见表 5-2。

表 5-2 不同放电率时的测量记录间隔表

放电率 (h)	测量电压、环境温度的间隔时间 (min)	放电率 (h)	测量电压、环境温度的间隔时间 (min)
0.5	5	3	30
1	10	10	60

接近放电终止时，应随时测量，以防过放电；放电结束前，全测量一次电压。

(3) 终止电压、放电电流。阀控电池 10 小时率和 3 小时率放电终止电压为 1.80V，1 小时率放电终止电压为 1.75V，0.5 小时率放电终止电压为 1.65V。阀控电池 10 小时率放电终止电流为 0.1C_{10} (A)，3 小时率放电终止电流为 0.25C_{10} (A)，1 小时率放电终止电流为 0.55C_{10} (A)，0.5 小时率放电终止电流为 0.8C_{10} (A)。

(4) 放电温度的影响。阀控蓄电池放电容量与温度的关系密切，温度的影响不仅仅在于促使铅负极的钝化。首先，按照电池端电压温度系数可知，在低温下电池的开路电压下降。更重要的是电解液的电阻明显增加，电解液的黏度增加，导致硫酸的扩散速度或电解液在活性物质孔隙中流动能力下降，这时的液相传质过程成为电极反应的主要限制因素。这一原则也适合于正极。可以用电池容量温度系数的概念来表征温度的影响，容量的温度系数即温度每下降 1℃时，容量相对于 25℃时下降的百分数。温度的影响在高速率放电制下尤为明显。

图 5-5 是电池放电输出容量与电池温度的关系。在 20℃以上能输出 100%的容量，而在低温下输出容量明显下降。

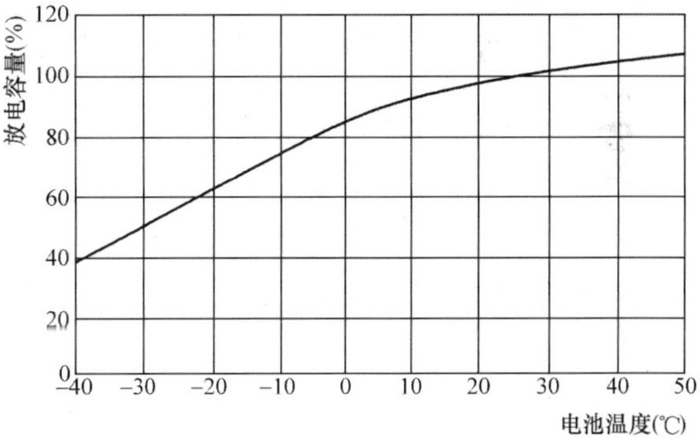

图 5-5 放电输出容量与电池温度的关系曲线

7. GFM (OGiV) 阀控式密闭铅酸蓄电池的操作使用注意事项

阀控电池在使用过程中应注意以下事项。

(1) 应根据电池的放电情况和实际状态，选用合适的充电方法及时对电池进行充电，间隔时间不允许超过 24h。

(2) 无论采用何种放电率进行放电，都不允许过放电。

(3) 阀控电池使用过程中，应避免过充电。过充电会造成电解液中水的大量电解，加速电解液的干涸，从正极、负极加剧析出的气体使正极、负极活性物质结构疏松，降低阀控电池使用寿命。

(4) 阀控电池在浮充使用过程中，禁止随意拆卸安全阀或向电池中加入任何物质。

8. GFM (OGiV) 阀控式密闭铅酸蓄电池的失效机理

目前，阀控电池在电力操作电源中广泛使用，了解阀控电池的失效模式和其使用过程中的性能状况对于安全生产有很重要的意义。合理地选择及使用目前直流电源系统中的蓄电池和电池监测模块，对延长蓄电池的使用寿命有很大的作用，对获得最大的安全效益和经济效

益有着很重要的意义。

（1）电池失水。

铅酸蓄电池失水会导致电解液比重增高，导致电池正极栅板的腐蚀，使电池的活性物质减少，从而使电池的容量降低而失效。铅酸蓄电池密封的难点就是充电时水的电解。当充电达到一定电压时（一般在 2.30V/单体以上）在蓄电池的正极上放出氧气，负极上放出氢气。一方面释放气体带出酸雾污染环境，另一方面电解液中水分减少，必须隔一段时间进行补加水维护。阀控电池就是为克服这些缺点而研制的产品，其产品特点有以下几方面。

1）采用多元优质板栅合金，提高气体释放的过电位。即普通蓄电池板栅合金在 2.30V/单体（25℃）以上时释放气体。采用优质多元合金后，在 2.35V/单体（25℃）以上时释放气体，从而相对减少了气体释放量。

2）负极有多余的容量，即比正极多出 10%的容量。充电后期正极释放的氧气与负极接触，发生反应重新生成水，使负极由于氧气的作用处于充电状态，因而不产生氢气。这种正极的氧气被负极铅吸收，再进一步化合成水的过程，即所谓阴极吸收。

3）为了让正极释放的氧气尽快流通到负极，必须采用和普通铅酸电池所采用的微孔橡胶隔板不同的新超细玻璃纤维隔板。其孔率由橡胶隔板的 50%提高到 90%以上，从而使氧气易于流通到负极，再化合成水。另外，超细玻璃纤维板具有将硫酸电解液吸附的功能，因此使电池倾倒，也无电解液溢出。

4）采用密封式阀控滤酸结构，使酸雾不能逸出，达到安全、保护环境的目的。在上述阴极吸收过程中，由于产生的水在密封情况下不能溢出，因此阀控电池可免除补加水维护，这也是阀控电池称为免维护电池的由来。阀控电池均加有滤垫，能有效防止酸雾逸出。但密封蓄电池不逸出气体是有条件的，即：电池在存放期间内无气体逸出；充电电压在 2.35V/单体（25℃）以下应无气体逸出；放电期间内应无气体逸出。但当充电电压超过 2.35V/单体（25℃）时就有可能使气体逸出。因为此时电池体内短时间产生了大量气体来不及被负极吸收，压力超过某个值时，便开始通过单向排气阀排气，排出的气体虽然经过滤酸垫滤掉了酸雾，但毕竟使电池损失了气体，所以阀控电池对充电电压的要求是非常严格的，绝对不能造成过充电。

（2）负极板栅失效。

负极板的硫酸盐化是负极失效的主要原因。负极板上活性物质在一定条件下生成坚硬而粗大的硫酸铅，它不同于铅和二氧化铅在放电时生成的硫酸铅，它几乎不溶解，所以在充电时不能转化为活性物质，使电池减少了容量，坚硬而粗大的硫酸铅常常是在电池组长期充电不足或是在半放电状态长期储存的情况下，加上温度的波动使硫酸铅再结晶而形成的。负极板膨胀是负极失效的另一原因，膨胀造成活性物质脱落，从而影响厚型极板蓄电池的寿命。

（3）电解液和隔膜的变化。

铅酸蓄电池失水会导致电解液比重增高、导致电池正极栅板的腐蚀，使电池的活性物质减少，从而使电池的容量降低而失效。

阀控电池的隔膜具有多孔结构和很强的吸液能力，不但可以吸附电解液，而且可以保证氧的扩散和再化合。隔膜在初始安装时承受一定压力，以使隔膜与极板紧密接触，为正、负极板间的离子流动提供良好的通路。阀控电池在长期工作中，由于隔膜与电解液间的表面张力的相互作用，隔膜的玻璃纤维分子会重新排列成紧凑的结构而导致隔膜的收缩、厚度变薄、失去弹性，隔膜原来承受的压力减小。

隔膜收缩会导致内阻增大，容量降低。实际使用中的多数电池失效是由于失水，有关研究表明，隔膜电解液饱和度由95%降至86%，电池容量由100%降至80%；当隔膜饱和度降至80%时，电池容量降至50%。现场的一部分容量严重下降的电池通过加水后充放电后可恢复到接近正常的容量。

（4）阀控电池的热失控。

热失控是指蓄电池在恒压充电时，充电电流和电池温度发生一种累积性的增强作用，并逐步损坏蓄电池。造成热失控的根本原因如下所述：

1）当电流流过具有上定阻值的导体时，放出的热量遵循焦耳楞次定律处于正常充足电状态的阀控电池，其内阻极小，如GFM-500电池，其内阻约0.2MΩ，浮充电流约0.4A，放出的热量很少。处于异常状态的阀控电池，通过测电池内阻，发现内阻很大，电池发热。

2）普通富液型铅酸蓄电池由于在正负极板间充满了液体，无间隙，所以在充电过程中正极产生的氧气不能达到负极，从而负极未去极化，较易产生氢气，随同氧气逸出电池。阀控电池充电过程中产生的热量多于富液型铅酸蓄电池。浮充电压应合理选择。浮充电压是蓄电池长期使用的充电电压，是影响电池寿命至关重要的因素。一般情况下，浮充电压定为2.23～2.25V/单体（25℃），连续充电6～8个月就会出现热失控；要是采用2.28V/单体（25℃），则连续12～18个月就会出现严重的容量下降，进而导致热失控。热失控的直接后果是蓄电池的外壳鼓包、漏气，电池容量下降，最后失效。

9. GFM（OGiV）阀控式密闭铅酸蓄电池的检查及维护注意事项

阀控式密闭铅酸蓄电池因为维护较原先电池简便故俗称为“免维护电池”，但并不是真正不需要任何维护，因为蓄电池是系统可靠性依赖的最后环节，也是系统可靠性最薄弱的环节，很多重大事故的发生都起源于蓄电池的失效，只有重要系统才配备蓄电池后备电源系统。虽然有的蓄电池从安装到指定退出运行期限都好像没问题，实际情形可能是从未使用到该电池组放电，一旦需要蓄电池供电而未能确认蓄电池是否能供电，那将会造成重大损失甚至是灾难性的事件，所以对蓄电池的测试维护保养绝对不能掉以轻心。

（1）蓄电池室要保持干燥、温度适宜，蓄电池室内还应保持清洁，电池及台架无污垢，如有清除表面尘埃（需用不脱毛软布或其他类似材料）。

（2）蓄电池室内照明、通风良好，无酸味；蓄电池室内严禁存放酸性电池及其他酸类物质，所有容器及工具不允许与酸性电池混用。

（3）检查蓄电池外观应完整无破裂，无漏液、膨胀及损伤情况，各接头连接牢固，无松动、腐蚀、发热现象（及时清理，作好防锈措施）。

（4）检查各单体电池应无发热和大量冒汽现象，极柱、安全阀周围是否有酸雾逸出。

（5）检查各单体电池的浮充电压，对存在低于2.18V电压不均衡问题的电池组，应进行均衡充电。

（6）蓄电池使用过程中，应避免过充电。

（7）蓄电池在浮充使用过程中，禁止随意拆卸安全阀或向电池中加入任何物质。

（8）严禁烟火靠近蓄电池室，易燃物品不得携入蓄电池室内。

（9）蓄电池室的门应关好，屋顶应无漏、进水现象。

（10）蓄电池的定期维护应有专人来负责，特别在充电时应保证充电电流的准确性和足够的充电时间，否则蓄电池的充电不足会影响使用效果；同时蓄电池在充电过程中，不得有明火接近；并每隔半小时做一次记录。调整液面用的水，必须是软化水或蒸馏水；由于温度降低，会降低充电效率，应在常温下充好电；如果确需在低温下充电，宜采用过充电制或快速充电法进行充电。专责人员还应对每个蓄电池电压进行测定，如发现有个别电压不符合要求，则用专用充电机对其充电；绝不允许使用金属工具撞击蓄电池，拧紧螺母时，不得使用工具同时接触正、负极接线柱，以防短路烧伤。

（11）定期校正电流表、电压表、温度计等仪表的精度，不准确以及未经校正的仪表不得使用。

（12）对于密封阀控电池，应每季度测一次内阻和连接电阻；对阀控电池使用4年以上，应将测试周期缩短一半。对本次测量的阻值明显高于上一次或接近失效判定值（接近基值1.25倍时）时，测试周期应缩短为原来的一半或1/4。对于整组电池的内阻平均值接近、达到或超过基值时，应做整组完整容量测试或掉电测试。对于内阻接近、达到或超过基值时，应做该单体的充放电测试（活化测试）。当单体内阻值超过基值50%以上时，应毫不犹豫地更换该电池。对无条件做容量测试或活化测试时，在系统安全条件许可下，利用系统做短时间（半小时左右）的充放电实验，再次测量其内阻，如超过失效限值，则应更换该电池。如无条件作上述测试，应立即更换内阻达到或超过失效值的单体。更换电池时要考虑内阻匹配的原则。在更换电池数较多（总数10%以上），而未能找到内阻较好匹配的电池时，应该考虑更换整组电池。

三、充电及监控装置

（一）概述

近年来，随着电力技术的发展，高频开关模块型充电装置已逐步取代相控型充电装置，电力系统现在使用的高频开关电源整流系统与老式直流系统的最大区别是模块化配置，智能型高频开关直流电源系统根据功能可划分为高频开关整流模块、监控模块、配电监控模块、调压硅链模块、绝缘监测模块、交流配电单元、蓄电池监测仪、蓄电池组、馈电单元等几部分。而充电装置由高频开关电源模块组成，分为标准一体柜系统、小型一体柜系统（以上两种充电、馈电在一个柜体中）和分屏柜系统（充电、馈电分离到多个柜体中）3种组成形式。

目前各直流系统尽管生产厂家不同，但产品趋于同质化，基本结构大同小异，现以ZGD型智能高频开关电力操作电源系统为例，该系统采用分屏柜系统，分屏柜系统由充电柜和馈电柜组成，并且可以由多台充电柜和多台馈电柜并联组成，充电柜包括交流配电，充电模块，监控模块和电池接口；馈电柜包括绝缘监测模块和直流分路。其系统特点如下所示。

（1）采用智能高频开关电源特有的模块化设计，$N+1$热备份；

（2）充电模块可带电插拔，平均维修时间大幅减少，模块化结构，组屏简单，配置灵活；

（3）动力母线和控制母线可由充电模块单独直接供电，控制母线可通过降压装置作为热备份；

(4) 可靠的防雷（柜内安装 C 级、D 级两级防雷组件，C 级防雷通流容量可达 40×10^3 A，D 级防雷通流容量可达 80×10^3 A）和高度的电气绝缘防护措施，绝缘检测装置实时监测系统绝缘情况，确保系统和人身安全；

(5) 充电模块采用自然冷却方式，统一接口方式，设计简单，通用性强；

(6) 监控模块采用大屏幕液晶汉字显示，声光告警，分散多级监控系统，实现监控系统的简单可靠；

(7) 可通过监控模块进行系统各部分的参数设置；

(8) 具备平滑调节输出电压和电流，蓄电池自动温度补偿等先进功能；

(9) 备有多个扩展口可接入多种外部设备（蓄电池检测装置、绝缘监测装置等）；

(10) 蓄电池自动管理及保护，实时自动监测蓄电池的端电压，充、放电电流，并控制蓄电池的均充和浮充，设有电池过欠压和充电过流声光告警；

(11) 提供两路交流输入接口，可完成两路交流输入的主备自动切换和互锁。

电力操作电源组件可以方便组合，利用这些组件可以实现模块化的设计，组成不同容量的系统。其基本组成形式如图 5-6 所示。

按照输入输出的顺序，电源系统可以分为如下几个部分：交流配电单元（包括交流输入、自动切换、C/D 级防雷系统、交流信号检测）、AC/DC 整流模块、蓄电池输入及其配电单元、电压调节单元、直流馈出配电单元、绝缘监测仪、电池监测仪、监控单元、配电监控单元（包括交流配电、直流配电），此外还有部分特殊功能组件。

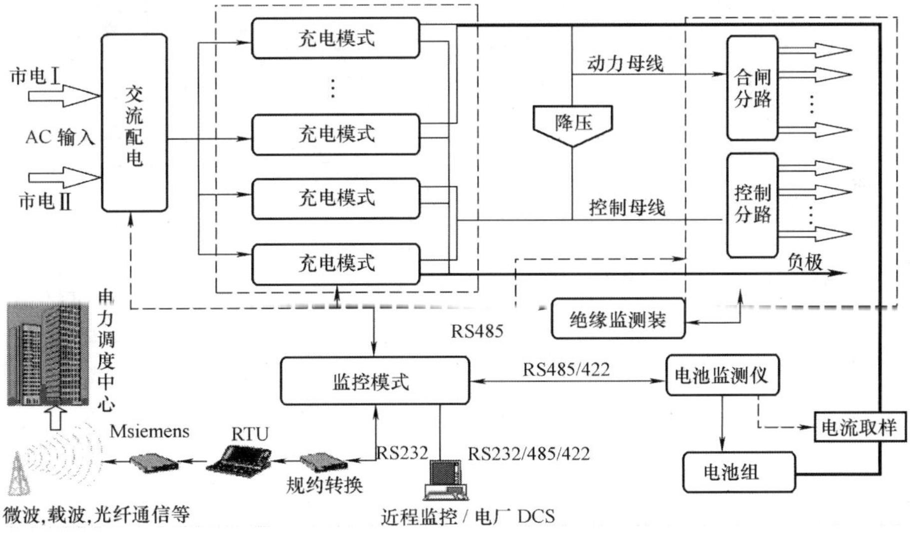

图 5-6 智能高频开关电力操作电源系统构成框

（二）交流配电单元

交流电源输入分为手动控制和自动切换控制两种输入方式。两路输入时基本上都是采用自动切换方式，使用交流互锁接触器并辅以部分元器件就可以组成实现自动切换电路，实现系统两路交流电源的自动切换输入。两路输入也可以采用手动控制切换输入。此时需要增加一个切换控制开关，即在交流接触器的绕组回路中通过切换开关直接引入交流信号，以实现自动/手动控制。一路输入时全部采用手动控制方式。

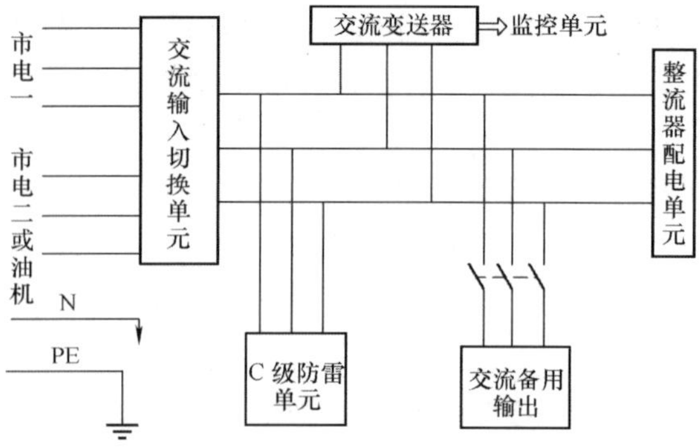

图 5-7 交流配电单元

交流电经交流输入空气开关、交流接触器、避雷器等送至各个充电模块。交流配电单元完成市电的接入和切换，给整流器提供交流电源，为监控单元提供交流电压和电流的采样输出，同时具有交流备用输出和防雷功能。交流配电单元如图 5-7 所示。

图 5-8 为交流配电单元的工作原理图，两路动力电源通过交流配电单元后部的交流进线端子分别接自动开关 QF1、QF2，然后接入交流接触器，接触器通过机械联锁和电气互锁防止两路动力电源同时输入，以保证交流供电的可靠运行；两路交流电由交流进线自动切换板来控制任一路投入运行，在默认设置下，第一路动力电源为主电源，系统由第一路动力电源供电；在特殊情况可用手动转换开关来选择任一路电源投入使用。在交流线路上设有 C 级和 D 级两级防雷装置，可以有效地防止过电压的冲击，保障充电模块的正常工作。过电压保护包括 C 级防雷（FS）和 D 级防雷，并附有告警节点，该告警信号与两路交流进线自动开关的故障告警信号、交流接触器的辅助触点信号以及两路交流输入的电压采样信号通过输出接口与配电监控板相连，由监控板发出各类相应的告警及指示信号。

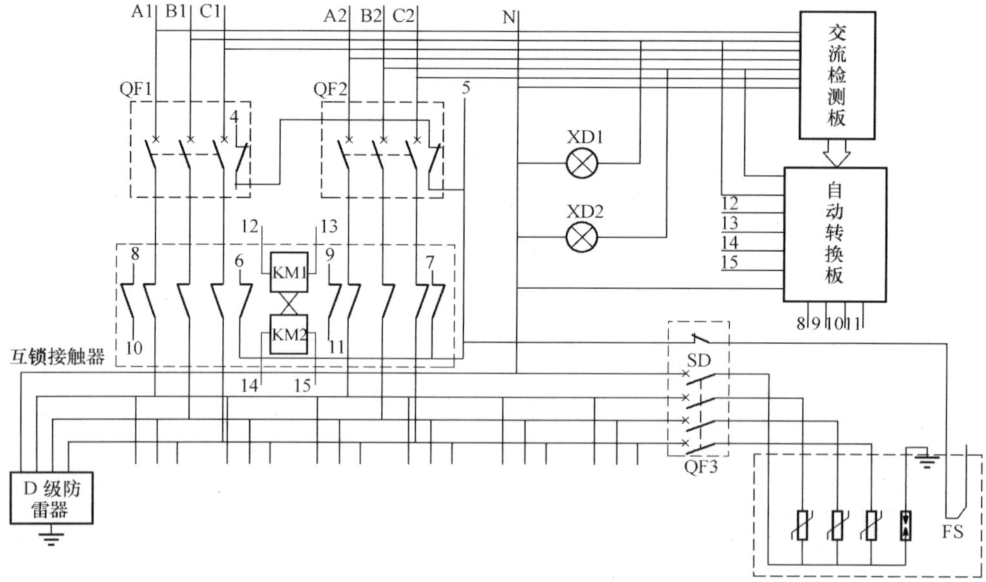

图 5-8 交流配电单元的工作原理图

（三）充电模块

1. 充电模块工作原理

以 220V 充电模块为例，三相三线交流电 380V 经三相整流桥整流后变成脉动的直流，在滤波电容和电感组成的 LC 滤波电路的作用下，输出约 520V（2.34×220）左右的直流电压，再逆变为高频电压并整流为 40kHz 的高频脉宽调制脉冲电压波，最后经过高频整流，滤波后变为 220V 的直流电压，经隔离二极管隔离后输出，一方面给蓄电池充电，另一方面给直流负荷提供正常工作电流。充电模块内部有监控板能监视、控制模块运行情况。由于充电模块本身具有 CPU，充电模块也可以脱离监控模块独立运行。充电模块采用（$N+1$）冗余方式供电，即在用 N 个模块满足电池组的充电电流（$0.1C_{10}$）加上经常性负荷电流的基础上，增加 1 个备用模块。备用模块采用热备份方式，直接参与正常工作。多块模块并列运行时，具有良好均流性能，在任何工况下，均流不平衡度小于 3%。每个模块内部具有监控功能，能不依赖总监控单元，独立工作。模块具有过电压、过电流保护和自动限流、报警等功能。正常工作时，模块与总监控单元通信，接受监控装置的指令。充电模块工作原理如图 5-9 所示。

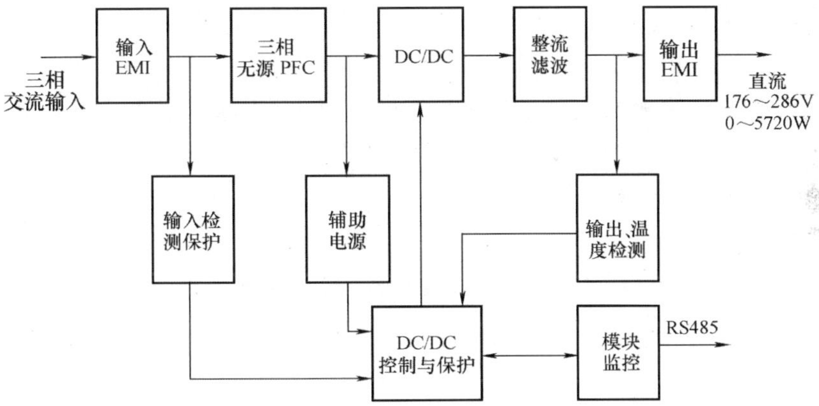

图 5-9　充电模块工作原理图

图 5-9 充电模块由三相无源 PFC 和 DC/DC 两个功率部分组成。在两功率部分之外还有辅助电源以及输入输出检测保护电路。前级三相无源 PFC 电路由输入 EMI 和无源 PFC 组成，用以实现交流输入的整流滤波和输入电流的校正。后级的 DC/DC 电路由 DC/DC 变换器及其控制电路、整流滤波、输出 EMI 等部分组成，用以实现将前级整流电压转换成电力操作系统要求的稳定的直流电压输出。辅助电源在输入无源 PFC 之后，DC/DC 变换器之前，利用三相无源 PFC 的直流输出，产生控制电路所需的各路电源。输入检测电路实现输入过欠压、缺相等检测，DC/DC 的检测保护电路包括输出电压电流的检测，散热器温度的检测等，所有这些信号用以 DC/DC 的控制和保护。

2. 充电模块的保护功能

（1）输入过/欠压保护。

模块具有输入过/欠压保护功能。当输入电压小于(313±10)V/AC 或者大于(485±10)V/AC，模块保护，无直流输出，保护指示灯亮。电压恢复到(335±10)V/AC～(460±15)V/AC 之间后，模块自动恢复工作。

（2）输出过压保护/欠压告警。

模块具有输出过压保护欠压告警功能。当输出电压大于（293±6）V/DC 时，模块保护，无直流输出，保护指示灯亮。模块不能自动恢复，必须将模块断电后重新上电。

当输出电压小于(198±1)V/DC 时，模块告警，有直流输出，保护指示灯亮。电压恢复后，模块输出欠压告警消失。

（3）短路回缩。

模块具有短路回缩功能。当模块输出短路时，输出电流不大于40％额定电流。短路因素排除后，模块自动恢复正常输出。

（4）缺相保护。

模块具有缺相保护功能。当输入缺相时，模块限功率，可半载输出。在输出电压为260V时输出5A电流。

（5）过温保护。

模块的进风口被堵住或环境温度过高导致模块内部的温度超过设定值时，模块会过温保护，模块面板的保护指示灯亮，模块无电压输出。当异常条件清除、模块内部的温度恢复正常后，模块将自动恢复为正常工作。

（6）一次侧过流保护。

异常状态下模块整流侧出现过流，模块保护。模块不能自动恢复，必须将模块断电后重新上电。

3．日常维护

（1）清洗防尘网。

充电模块在灰尘较大的环境下长时间工作后，防尘网内会堆积大量灰尘。灰尘太多会影响模块散热，应及时清洗防尘网。

（2）更换风扇。

模块风扇不需要做特别维护，损坏后，及时更换即可。

（3）输出电压设定。

一般情况下，当在监控模块中设定好输出值后，模块会按设定值自动输出电压，当模块在自动方式下因故无法满足系统要求时，需切至手动工作方式下，通过调节按钮来调节系统电压，注意手动调节幅度一定要小，边调节边观察电压变化情况，防止电压过调。

（四）绝缘监测单元

绝缘监测单元用于监测直流系统电压及其绝缘情况，在直流电压过、欠压或直流系统绝缘强度降低等异常情况下发出声光告警，并能找出对应的支路号和对应的电阻值，将对应告警信息发至集中监控器。现以WZJD-6A型微机直流系统接地检测仪为例做详细阐述。

1．工作原理

（1）母线监测原理，如图5-10所示。

在直流系统中，直流母线对地的绝缘电阻，分为母线正极对地绝缘电阻（R＋）与母线负极对地绝缘电阻（R－）。按电路基本原理分析，要求取R＋与R－两个未知数，必须建立两组独立的电回路方程式，再将其联立求解，方可求得R＋与R－的电阻值。因此装置设计了两个不平衡电桥电路。当K1闭合，K2断开时，则电桥1工作，电桥2不工作，此时可以列出电桥1的电回路方程式；当K2闭合，K1断开时，则电桥2工作，电桥1不工作，此时可以列出电桥2的电回路方程式。将上述两个方程式联立求解，可以求得R＋与R－的电阻值。

（2）支路监测原理。

主机中装有超低频信号源，该信号源将4Hz的超低频信号由母线对地注入直流系统。

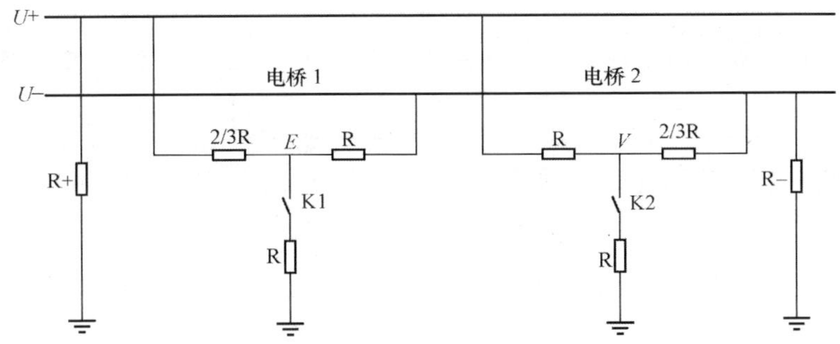

图 5-10 母线监测原理

U^+—母线正极对地电压；U^-—母线负极对地电压；E—电桥 1 中点电压；
V—电桥 2 中点电压

传感器安装在母线的每个支路回路上。如果支路回路上有电阻接地，则装在该支路上的传感器产生感应电流，感应电流的大小与支路接地电阻的阻值成反比。感应电流信号经模拟选择开关、放大、带通滤波、相位比较、滤波、A/D 转换、送 CPU 进行数据处理，再通过 RS485 接口送入主机。主机一方面控制信号采集模块有秩序地采集各支路传感信号，另一方面又接受信号采集模块送来的数据。信号采集模块中的相位比较器，作用是消除支路回路上的对地电容对测量接地电阻精确度的影响，同时也可以克服母线上非同步交流信号干扰。主机接收到的数据经处理后，一方面送液晶显示器显示与输出报警，另一方面将数据通过通信接口电路传送到上位机。

2. 功能

(1) 监测并显示：母线电压和正、负端对地电压值；母线电压上下门限设定值；母线段数及设定回路数；支路接地电阻值及相应的支路号；母线正、负端对地绝缘电阻值；母线绝缘门限设定值；超出门限报警；瞬时接地报警。

(2) 记忆储存并可显示母线绝缘电阻发生变化时的时间和数值。

(3) 具有串行数据通信接口与超欠压、绝缘、支路接地、瞬时接地等继电器触电报警输出。

(4) 采取超低频信号发送与接收原理，进行各支路顺序接地查找，找出相应的接地支路。

(5) 支路检测速度快，在 64 条支路为准，平均每路巡检时间$\leqslant$1s。

3. 工作流程

装置工作流程分为两大部分：绝缘监测与支路巡检。其中支路巡检又分为手动巡检和自动巡检。绝缘监测是装置对直流系统母线电压变化和母线绝缘下降做长期监测。当有绝缘电阻小于绝缘门限值时，装置发出绝缘报警；当绝缘电阻小于接地电阻门限时，装置转入自动巡查状态，查找发生接地支路。工作流程如图 5-11 所示。

(五) 监控系统

电源监控系统是直流电源系统的控制、管理核心，代替人对电源系统进行维护和管理，具有四遥功能："遥测"、"遥信"、"遥控"、"遥调"，可以使电源系统达到少人值守或无人值守。

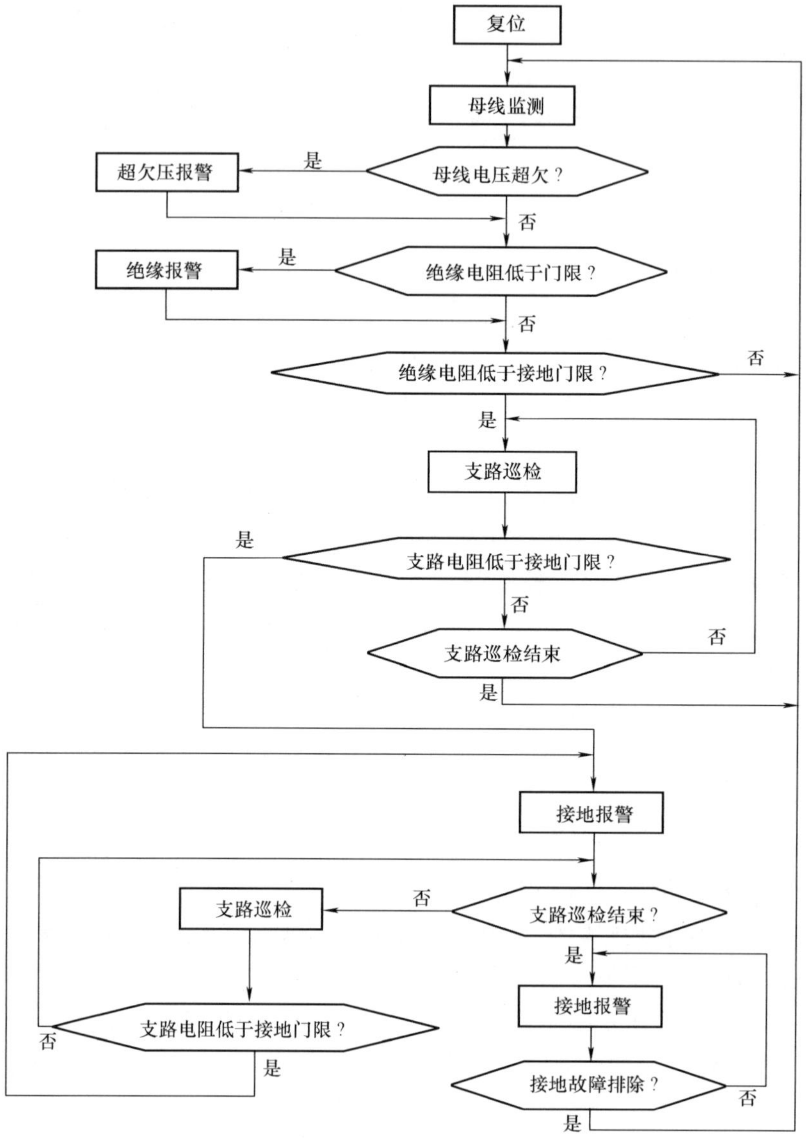

图 5-11 绝缘监测装置工作流程图

电源监控系统主要特点有：以微处理器为核心的集散式测量系统对充电模块、充、馈电柜、电池组、直流母线对地绝缘情况，实施全方位监视、测量、控制。

监控系统采用模块式设计，每部分承担相对独立的工作，一方面提高了系统的可靠性，同时便于管理维护，使维修工作变得简单、快捷。

电源监控系统的结构框图如图 5-12 所示。

电源监控系统采用三级测量、控制、管理模式，最高一级为电源监控后台，电源监控后台通过多种通信方式与电源系统的监控模块连接；监控模块构成第二级监控；电源系统的第三极测控由各充电模块内的监控板、充、馈电柜监控板等组成。

监控模块用于对充电模块的监控板、配电监控模块、绝缘监测模块等下级智能监控模块实施数据搜集并加以显示；也可根据系统的各种设置参数进行告警处理、历史数据管理等；

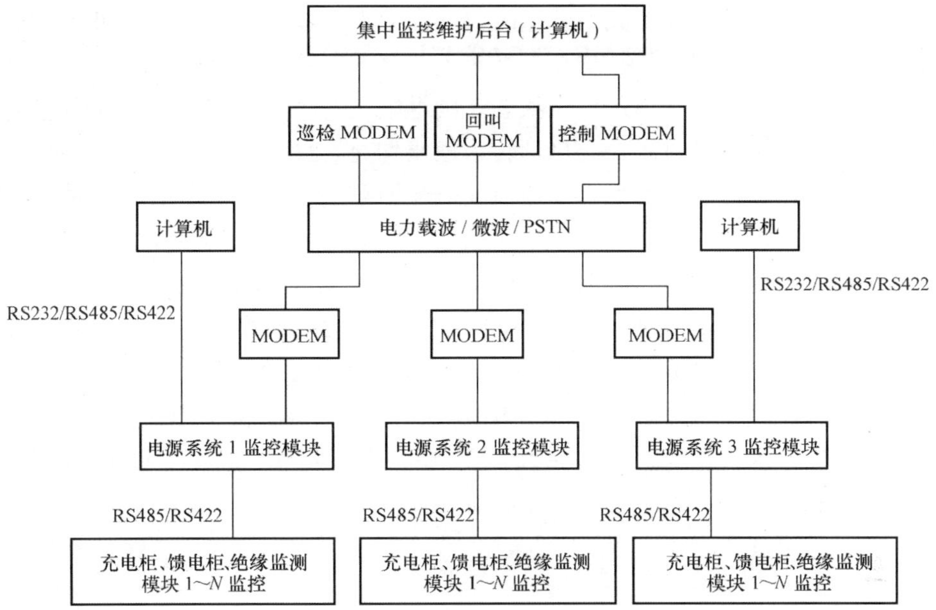

图 5-12　电源监控系统的结构框图

同时对这些处理结果加以判断，根据不同的情况进行电池管理，输出控制和故障回叫等操作；此外还包括 LCD、键盘等人机界面设备；可实现与后台机的通信，将数据上传。微机监控单元是高频开关电源及其成套装置的监控、测量、信号和管理系统的核心部分，装置能根据直流系统运行状态，综合分析各种数据和信息，对整个系统实施控制和管理。微机监控器应具有控制、测量和故障告警功能。控制功能包括高频开关电源的开/关机、各整流模块的开/关机以及各种运行参数（如各充电方式参数、均充、浮充电压等）的设置等；测量功能包括高频开关电源输入交流电压测量、输出直流电压及电流测量、蓄电池充放电电流测量以及直流母线、蓄电池端电压测量等；告警功能包括输入交流故障告警、整流模块故障告警、输出直流故障告警以及蓄电池端电压过高过低告警等。

（六）智能电池管理

智能电池管理系统采用二级监控模式，能对电池的端电压、充放电电流、电池房温度及其他参数做实时在线监测。可准确根据电池的充放电情况估算电池容量的变化，还能在电池放电后按用户事先设置的条件自动转入限流均充状态，通过控制母线电压来完成电池的正常均充过程。并可完成电池的定时均充维护，均浮充电压温度补偿等工作，实现了全智能化，不需任何人工干预。

电池管理的基本思想是：以电池端电压、放电时间为依据，控制电池由浮充转入均充；以充电电流、充电时间为依据，控制电池由均充转入浮充，其均/浮充电压可根据温度做适当补偿。保证负荷电流基本不变，以电池电流和负荷电流作为主要参考依据（主要输入基准），通过调节模块输出电压及限流点，稳定负荷电流，控制电池电流及电压，防止电池充电过流，从而延长电池使用寿命。监控单元对电池的智能化管理主要体现在以下几种工作状态。

1. 正常充电状态

监控单元自动记录均充和浮充的开始时刻，在上电（或复位）初始，如果监控单元发现均充过程尚未结束，则会继续进行均充。如果上电（或复位）前是处于限流均充状态，则继续进行限流均充；如果是处于恒压均充状态，则继续进行恒压均充。在限流均充时，当充电电压达到恒压均充电压值的时候，会自动转入恒压均充。

在浮充情况下，若浮充电流大于设定值或电池组剩余容量小于设定值，则监控单元会自动控制模块进行均充。

对电池进行均衡充电时，充电电流应该在监控模块设置的限流值上，此阶段为电池恒流充电阶段，电池的电压是随着时间增加而增大的；当电池电压增大到一定值时，充电进入恒压阶段。在恒压阶段，充电电流不断减小，以充电电流减小到 0.01C_{10}（A）（稳流均充电流，可由用户自行设定）为计时点，3h（稳流均充时间，由用户设定）后恒压充电阶段结束，充电电压降低，投入浮充状态，至此正常充电过程完成。正常充电控制曲线如图 5-13 所示。

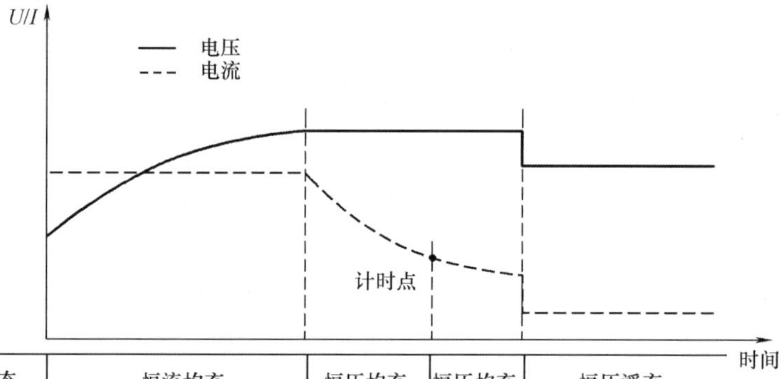

状态	恒流均充	恒压均充	恒压均充	恒压浮充
时间	视电池初始容量而定	视电池容量	3h	—
电压 (V)	不定，上升趋势	2.35	2.35	2.25
电流	0.1C_A	不定	不定	—

图 5-13 正常充电控制曲线

2. 定时均充状态

电池管理程序就可自动计算电池定时均充的时间，以便确定在何时启动定时均充、何时停止定时均充，所有这些操作都是自动进行的，运行维护人员可在现场通过监控单元上的显示来明确这一过程，也可在远程监控中心的主机上查看这一过程。一般电池以每隔 30 天均充一次，每次均充 24h 为宜，特殊情况必须根据电池说明书的实际的情况设置。

3. 电池放电后均充状态

交流停电后，电池组对设备进行供电，放电终止后，再次恢复交流供电时，若电池电流大于设定值或电池组剩余容量小于设定值，则监控单元会自动控制模块进行均充。在监控模块的软件设置中，放电终止后的均充转换条件有两个：电池现有容量、电池电流。两个条件中的任意一个达到即进行转换。

（七）雷电防护

雷击分为直击雷和感应雷两种，线路直接遭雷击时，电缆中流过很大电流，同时引起数千伏的过电压直接加到线路装置和电源设备上，持续时间达若干微秒，直接危害用电设备。感应雷通过雷云之间或雷云对地的放电，在附近的电缆或用电设备上产生感应过电压，危害用电设备的安全。因此必须要在交流配电单元入口加装防雷器。按照设备安装地点，直流电源设备需要将雷电过电压限制在 2.5kV 的水平上，才能保证电源系统的安全工作。

四、直流系统异常及故障处理

1. 监控模块的常见故障分析和处理方法

一般情况下主监控器故障时，监控器面板上的运行指示灯熄灭，并发出故障告警信号，同时副监控器自动投入运行，并保持系统原来的运行状态，并对充电模块、母线电压、绝缘状态、熔丝状态、交流输入状态等信息进行监视。所以监控器故障后不会影响系统的正常运行，但需及时通知厂家维修。

(1) 监控模块参数无法设置：

1) 监控模块和下级设备没有通信上，将导致参数无法设置；

2) 错误的配置会造成监控模块参数无法设置；

3) 参数超限无法设置参数。

(2) 监控模块故障蜂鸣器不响：

1) 蜂鸣器故障；

2) 监控模块中设置蜂鸣器消音，将导致蜂鸣器不响（但故障灯亮）。

(3) 监控模块不控制进入均充状态：

1) 模块通信中断、交流停电、电池组支路断等重要故障将导致监控模块进入故障保护状态，不转均充；

2) 电池电流检测错误将导致监控模块不能进入均充状态；

3) 手动状态不会自动进入均充，需要人工设置进入均充。

(4) 监控模块显示电池容量错误：

1) 电池电流检测错误；

2) 需要设置允许均充，保证电池容量校正。

2. 充电模块的常见故障分析和处理方法

(1) 充电模块保护：

1) 充电模块交流输入过压、欠压、过温将导致充电模块保护，应根据故障代码进行确认；

2) 机柜装有玻璃门或者机柜密不透风，可能导致充电模块过热保护；

3) 机房环境温度过高，也将导致充电模块过热保护。

(2) 充电模块故障：

1) 充电模块的输出电压过高或者 IGBT 过流将导致模块故障，要求将模块断开交流后重新开启，可恢复模块正常；

2) 不合理的电压调整可能导致模块充电模块输出过压，该情况下需要断电后将电压调整电位器逆时针调到最小（调到最小时可以听到电位器有轻微的咔嗒声音），然后重新整定模块的输出电压。

(3) 充电模块不均流：

1）没有连接均流线，可能导致不均流；

2）控制模块和合闸模块之间不可以均流。

（4）充电模块通信中断：

1）充电模块的地址设置错误将导致充电模块通信中断，两个不同的充电模块设置相同的地址也将造成监控模块通信中断；

2）充电模块类型设置（有级限流和无级限流）将导致监控模块通信中断；

3）充电模块地线连接不良或者没有连接可能导致充电模块通信中断；

4）充电模块的重载的情况下导致通信中断，接地线良好的情况下可以通过增加通信适配器来解决；

5）监控模块中错误的串口号码设置将导致充电模块通信中断；

6）充电模块的地址要求从0开始设置，地址要求连续设置。

（5）充电模块半载输出：部分充电模块具有缺相半载输出保护的功能，请检查充电模块的交流输入电压。

（6）充电模块电压输出无法达到设定的电压：

1）充电模块的过载将导致限流，使充电模块的输出电压无法达到设定值；

2）电池电流检测错误，将导致充电模块限流，无法达到设定的输出电压值。

3. 交流配电的常见故障和处理方法

发出交流故障告警可能是交流输入开关断开或交流停电，还有一种情况是交流缺相或者三相电压不平衡。通过改善交流输入电源即可排除该故障。

（1）交流电压采样不准确：

1）交流采样板故障；

2）交流电源波形严重畸变将导致交流电压采样不准确；

3）配电监控盒或者监控模块故障将导致交流电压采样不准确。

（2）交流自动切换盒异常：

1）电缆连接错误将导致交流自动盒损坏；

2）错误的使用交流接触器的辅助触点将导致交流自动切换盒损坏；

3）不使用零线将使交流自动切换盒无法工作；

4）交流电压采样错误也将导致交流自动切换工作异常。

（3）交流输入自动开关跳闸：

1）交流输入部分短路可能导致交流输入自动开关跳闸；

2）交流输入自动开关辅助触点损坏可能导致监控模块显示交流输入自动开关跳闸的告警；

3）交流输入自动开关的辅助触点的工作电源异常，也将导致告警的发生。

4. 接地故障的一般处理方法

（1）直流系统的接地：由于直流电源为带极性的电源，即电源正极和电源负极。交流电源是无极性电源，电力系统交流电源有一个真正的“地”，这个地也是电力系统安全的一个重要概念。为了系统安全，变电站、发电厂所有设备的外壳都会牢牢地接在这个“地”，而且希望其阻抗越低越好。直流电源的“地”对直流电路来讲仅仅是个中性点的概念，这个地与交流的“大地”是截然不同的。如果直流电源系统正极或负极对地间的绝缘电阻值降低至某一整定值，或者低于某一规定值，这时我们称该直流系统有正接地故障或负接地故障。

（2）直流系统的接地原因：发电厂、变电站直流系统分布范围广、外露部分多、电缆多且较长，所接设备多、回路复杂，在长期运行过程中会由于环境的改变、气候的变化、电缆以及接头的老化、设备本身的问题等，使某些绝缘薄弱元件绝缘降低，甚至绝缘破坏而造成不可避免地发生直流系统接地。特别在发电厂、变电站建设施工中或扩建过程中，由于施工及安装的种种问题，如二次回路绝缘材料不合格、绝缘性能低，或存在某些损伤缺陷、如磨伤、砸伤、压伤、扭伤或过流引起的烧伤等；二次回路及设备严重污秽和受潮、接地盒进水，使直流对地绝缘严重下降；小动物爬入或小金属零件掉落在元件上造成直流接地故障；某些元件有线头、未使用的螺丝、垫圈等零件，掉落在带电回路上等，难以避免地会遗留电力系统故障的隐患，直流系统更是一个薄弱环节。投运时间越长的系统接地故障的概率越大。

（3）直流系统接地的危害。

1）接地分类。由于直流系统网络连接比较复杂，其接地情况归纳起来有以下几种：按接地极性分为正接地和负接地；按接地种类可分为直接接地，亦称金属接地或全接地和间接接地，亦称非金属接地或半接地；按接地的情况可分为单点接地、多点接地、环路接地和绝缘降低或称片接地。

2）直流系统如果仅仅是一点接地，对二次回路不会造成事故；如果有两点接地，就可能发生断路器误动或拒动。就动作的实际情况看，当直流系统监测回路发出预告信号报警，显示该系统接地，可以断定，直流系统的接地故障已经造成了断路器可能发生误跳或拒跳的事故隐患，应立即排除。

（4）直流系统接地的查找一般原则：排除直流系统接地故障。首先要找到接地的位置，这就是常说的接地故障定位。直流接地大多数情况不是一个点，可能是多个点，或者是一个片，真正通过一个金属点去接地的情况是比较少见的。更多的会由于空气潮湿，尘土粘贴，电缆破损，或设备某部分的绝缘降低，或外界其他不明因素所造成。大量的接地故障并不稳定，随着环境变化而变化。因此在现场查找直流接地是一个较为复杂的问题。同时当直流系统接地信号发出后，必须停止其二次回路上的一切工作，值班员还应详细询问情况，是否操作及设备自启动引起；试拉前，应通知岗位上的值班员；及时纠正检修人员的不规范行为。

1）回路法，是电力系统查直流接地故障一直沿用的一个简单办法。所谓“拉回路”，就是停掉该回路的直流电源，停电时间应小于 3s。一般先拉信号回路、照明回路，再拉操作回路、保护回路等。该种方法，由于二次系统越来越复杂，大部分的厂站由于施工或扩建中遗留的种种问题，使信号回路与控制回路和保护回路已没有一个严格的区分，而且更多的还形成一些非正常的闭环回路，必然增大了拉回路查找接地故障的难度。正由于回路接线存在不确定性，往往令在拉回路的过程中，常常发生人为的跳闸事故，再加上微机保护的大量应用，微机保护由于计算机的运行特性也不允许随意断电。

2）绝缘监测装置监测法，是一种在线监测直流系统对地绝缘情况的装置。该装置的优点是能在线监测，随时报告直流系统接地故障，并显示出接地回路编号。缺点是该装置只能监测直流回路接地的具体接地回路或支路，但对具体的接地点无法定位。技术上它受监测点安装数量的限制，很难将接地故障缩小到一个小的范围。有时绝缘监测装置判断不出支路只报“直流母线接地”，此时有可能直流母线接地，也可能是支路接地。还应利用绝缘电阻表测量正对地、负对地电压，核对绝缘检查装置的准确性。使用绝缘电阻表时必须是高内阻的2000Ω/V，否则会造成另一点接地。

3）便携式直流接地故障定位装置故障定位法。便携式直流接地故障定位装置是近几年开始在电力系统应用较为广泛的产品。该装置的特点是无需断开直流回路电源，可带电查找直流接地故障，完全可以避免再用“拉回路”的方法，极大地提高了查找直流接地故障的安全性。而且该装置可将接地故障定位到具体的点，便于操作。目前生产此类产品的厂家也较多，但真正好用的产品很少，绝大部分产品都存在检测精度不高，抗分布电容干扰差，误报较多的问题。

（5）查找直流接地的注意事项。

1）发生直流系统接地时应查找及时。因直流接地故障常常随环境、气候的变化而变化，十分不稳定，造成难以查找的事故隐患，只要出现故障应立即查找。

2）直流接地时必须汇报值长并联系好各运行岗位后才能进行。

3）直流接地时必须两人进行，一人操作，一人监护，防止人身触电，做好安全监护。

4）查找直流接地时，必须使用高内阻电压表，严禁用灯泡法进行查找。

5）切断每一回路时，无论接地与否均应立即合上。

6）切断系统和发变组保护直流前应经调度同意，时间不应超过3s，动作应迅速，防止失去保护电源。并应采取相应必要的措施，以防止保护误动或直流电动机跳闸。

7）查找直流系统接地时应防止人为造成短路或造成另一点接地，导致误跳闸。

8）执行瞬停直流电源时，为防止误判断，观察接地现象是否消失时，应从信号、光字牌和绝缘监察表计指示情况综合判断。解除可能误动的保护并从次要负荷到主要负荷的顺序依次进行瞬停查找，尽量缩短断电时间。

9）双路供电的直流系统应先断开环路断路器，如果客观上已断不开的环路（此类情况现场情况很多），应对检测到的接地故障回路（环路接地，表现出来一般都是两个以上回路）的接地精度仔细分析，找出接地更严重的回路，继续查找。

10）直流系统接地时应按序查找，先信号回路、事故照明回路，再操作回路、控制回路、保护回路，先重点检测绝缘情况较差的回路。

11）直流接地时拉回路应尽量避免在高峰负荷时进行。

12）电源电缆故障，有备用电源者，改备用电源供电。无备用者，允许带缺陷运行，但应尽快消除故障。

另外应定期利用绝缘监测仪巡检直流系统的对地绝缘，不一定故障出现时再去查找排除，记下绝缘较差的直流回路，待气候渐湿时，再重点监测。

5. 线电压异常原因及处理方法

（1）直流母线电压高报警。

1）查集中监视器和绝缘监测仪上直流母线电压值，以判断报警是否正确；

2）调节充电器装置输出以保持母线电压在规定范围内；

3）检查蓄电池的充电电流是否太大，如太大则应降低；

4）若为充电器设备故障，如交流电压高、稳压不起作用等，可切换到备用充电器；

5）检查充电器是否由浮充自动切至均充方式，如是则应改至浮充方式。

（2）直流电压低报警。

1）检查集中监视器和绝缘监测仪上直流母线电压值，以判断报警是否正确；

2）若系负荷太大，则相应增加充电器输出，及早停用直流油泵等措施；

3）若是充电设备失去电源，使蓄电池组放电过甚导致直流系统的电压严重降低时，应设法迅速恢复充电设备电源或改用备用充电设备；

4）若为充电设备故障，可改用备用充电器，将故障设备隔绝改检修；

5）若是由于蓄电池组的故障引起，可将两段直流母线进行并列操作，由另一组蓄电池组进行供电，并将故障的蓄电池组隔绝改检修。

6. 馈电输出跳闸

（1）检查直流馈出自动开关是否在合闸的位置而信号灯不亮，若有，确认此开关是否脱扣；

（2）馈电输出支路短路或者过负荷，可能导致馈出支路跳闸；

（3）若辅助触点损坏，将导致馈电输出跳闸的告警；

（4）选择错误的辅助触点类型可能导致上述告警。

第二节 UPS 装置

一、概述

随着微型计算机应用的日益普及和信息处理技术的不断发展，人们对供电质量提出了更高的要求。一是要解决市电中断或瞬变时对计算机等负荷产生的不良影响，二是要保证输出优质正弦波。为此，引入一种新型不间断电源系统（Uninterrupted Power Systems，UPS），一般为单相或三相正弦波输出，为机组的计算机控制、数据采集系统、重要机、电、炉保护、测量仪表及重要电磁阀等负荷提供与系统隔离防止干扰的、可靠的不停电交流电源。它是一种含有储能装置，以逆变器为主要元件，稳压恒频输出的电源设备。

UPS 是用来给交流设备提供不间断交流电源的，并以此来改善电源的质量。为了达到这个功能，UPS 对输入的交流电从两个方面进行了改进：

（1）改善电源质量；

（2）提供后备电源。

对电源系统中的浪涌、噪声、电压下跌现象 UPS 能予以改进。UPS 在正常情况下用初级电源给负荷供电，一旦电源中断，就用后备电源给负荷供电。

UPS 采用了 AC/DC 变换，与传统采用工频变换技术的相控电源相比，采用大功率开关管的高频整流电源，在技术上是一次飞跃，它不但可以方便地得到不同的电压等级，更重要的是甩掉了体大笨重的工频变压器及滤波电感电容。由于采用高频功率变换，使电源装置显著减小了体积和重量，而有可能与设备的主机体积相协调，并且使电性能得到进一步提高。UPS 作为电源的一个独立领域已发生了翻天覆地的变化：由当初单一的飞轮动态储能式到今天旋转式（也有称作动态）、静止式（静态）、动静结合式、后备在线交叉式等多类型多品种；由当初的单一用户——计算机到今天的多领域——计算机通信系统、医药、农林、能源、交通、天文、地理系统等；由当初的后备时间几秒钟到今天的几小时甚至几十小时；由当初的单一机械式到今天几乎包罗了当代全部电子技术：由微电子学到功率电子学、由线性电路到数字电路、由计算机硬件到软件、由电信号通信传输到光纤通信，另外还包括了化学电源、太阳能电源、机械学、机电一体化等，令人大开眼界。

UPS的分类方法很多，若按工作原理分：有动态式和静态式；而静态式又分为后备式和在线式，在线式有三端口式和串联在线式。若按输入输出方式分，有单相输入单相输出、三相输入单相输出和三相输入三相输出；若按输出波形分，有方波、梯形波和正弦波；若按输出功率分，有小功率、中功率和大功率。VPS的分类如图5-14所示。

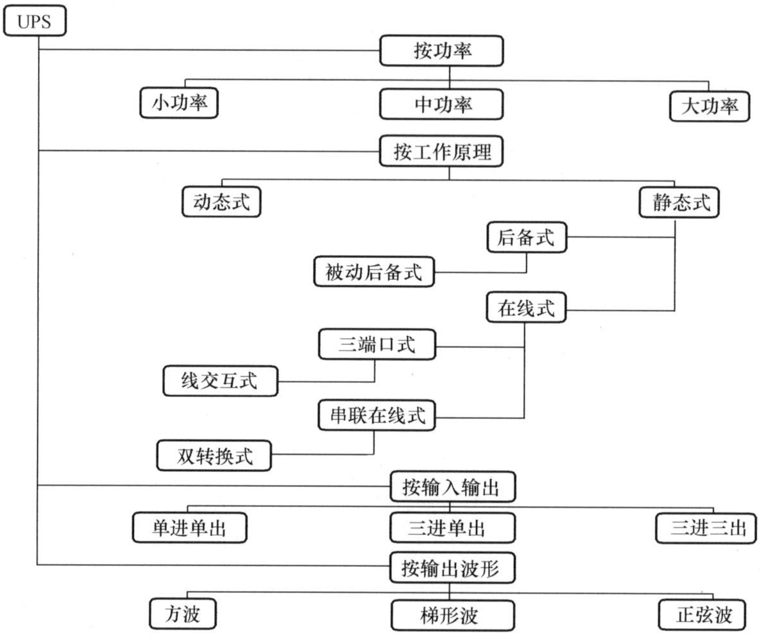

图5-14　UPS的分类示意图

二、电力专用UPS

市电经过整流后一方面给蓄电池充电，同时又给逆变器供电，一旦市电断电，则自动由蓄电池向逆变器供电，从而保证了重要负荷的不间断输出。称这种UPS为常规不间断UPS。常规在线式不间断电源原理如图5-15所示。

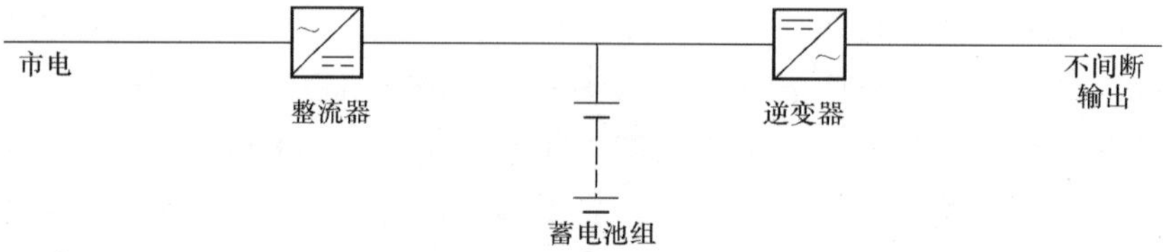

图5-15　常规在线式不间断电源原理图

在电力系统中，无论是发电厂还是变电站，绝大多数厂（站）均已配备有直流屏或蓄电池组。直流屏的直线母线电压为 220VDC 和 110VDC 两种，主要为合闸装置、继电保护、事故照明等提供备用直流。电力专用不间断电源，就是利用原有直流屏作为逆变器在市电断电后的直流电，再经过逆变后提供不间断电力，其典型原理如图 5-16 所示。

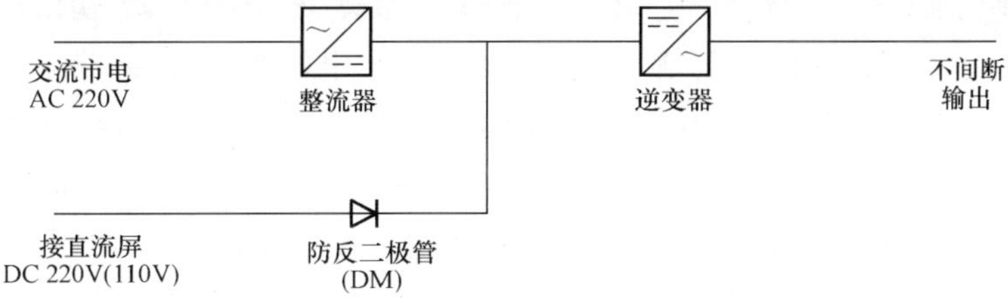

图 5-16 电力 UPS 典型原理图

交流市电经过整流器整流后给逆变器供电，直流屏的电力经过防反二极管并接在逆变器输入端。市电正常时，电流经过整流器→逆变器→负荷，一旦市电断电，将由直流屏→逆变器→负荷供电。

（一）采用电力专用不间断电源与常规 UPS 相比所具有的优势

（1）采用电力专用 UPS，将避免蓄电池组的重复投资。众所周知，UPS 中蓄电池组的投资比较大，特别是在长延时 UPS 系统中，蓄电池组的投资甚至远远超过 UPS 机组的投资。因此利用原有直流屏或将原有直流屏做适当扩容，将大大降低不间断电源的投资。

（2）采用电力专用 UPS，将使电源系统的可靠性大大提高。常规不间断电源采用单独的蓄电池组，特别是小容量的常规 UPS，其蓄电池往往被安排在 UPS 机内，有时蓄电池早已老化，却没被发现，一旦市电断电，蓄电池早已无能为力，这种电源故障在中、小型变电站经常发生。即使蓄电池外接，但由于存在维护空缺，以致经常发生蓄电池组早已失效而无人问津的现象。采用电力专用 UPS，其直流动力直接取自直流屏，而直流屏本身是电力系统中的重要设备。电力系统运行中对直流屏的维护有明确的规定，其可靠性是有保证的。因此采用可靠的直流动力，另加逆变器，自然就可得到可靠的交流不间断电力。另外，由于电力系统的直流屏往往容量大，采用电力专用 UPS 即使在市电断电后，也可提供较长的不间断供电。

（3）采用电力专用 UPS，便于日常维护。由于电力专用 UPS 实际上已分成直流屏和逆变器两大部分，因此，日常的维护工作就变得非常简单。当蓄电池组需要活化、放电或个别电池需更换时，可直接断开直流。因为电力专用 UPS 往往为交流、直流同时进电，断开直流后，UPS 电源将自动由交流旁路供电。同样，当需要对专用 UPS 进行检修时，也不会影响直流屏的任何功能，这就保证了交直流负荷的正常供电。

（4）采用电力专用 UPS，可优化系统配置，降低系统成本，并体现全方位的服务。电力专用 UPS 生产商应根据电力的特点，采用专业设计和制造标准，抛弃了常规 UPS 实际可带负荷功率偏低、抗冲击能力差、无法带感性负荷等弱点。因此电力专用 UPS 比常规 UPS 有更高的性能价格比。

（二）电力专用 UPS 的种类及造型

电力专用 UPS 可分为专用逆变器型、交直流互备 UPS 型及在线 UPS 型三大类。

1. 电力专用逆变器

电力专用逆变器，早在20世纪80年代就有人使用。但早期的逆变器由于受功率器件的制约，可靠性较差。随着功率器件的迅速发展和微电子产业的崛起，逆变器已向智能化、模块化方向发展。新型的电力专用逆变器均采用微处理器控制，主电路采用大功率场效应管（MOSFET）、绝缘栅功率晶体管（IGBT）、智能功率模块（IPM）等功率器件。

电力专用逆变器原理如图5-17所示。DC-DC开关电源提供逆变器自身的低压用电，如±15、5V等。主电路采用单相全桥电路，由微处理器产生脉宽调制（SPWM）信号，经过LC滤波隔离、升压后输出。由于采用电压、电流反馈，因此输出的正弦波指标可以达到较佳效果。该逆变器的特点是：工作简单，安装使用方便。缺点是：由于逆变器始终连接负荷，这就加重了直流屏中整流器的负担，另外由于无旁路回路，冗余性能差。该逆变器可用于以下场合。

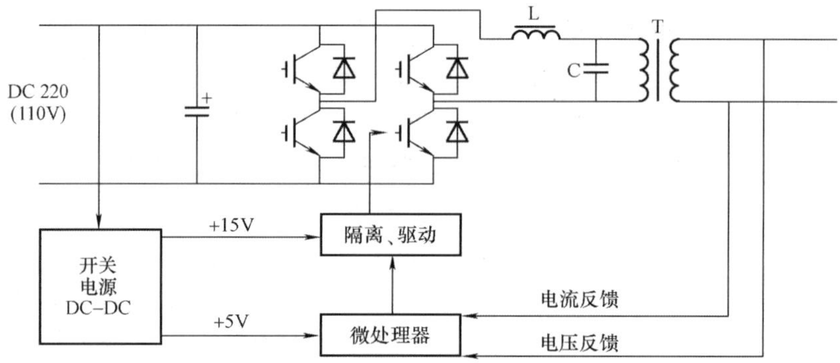

图5-17 电力专用逆变器原理图

（1）事故照明用电。由于事故照明用电并不像计算机等重要负荷那样丝毫不能间断，因此可在事故状态时启动逆变器，以保证照明及消防设施用电。

（2）逆变放电用电。直流屏日常需要活化蓄电池，核对容量也需对电池放电，采用有源逆变器可直接将电能送至电网，以节约能源。

（3）小容量交流负荷的不间断供电。小容量电力载波机、继电保护、通信设备（一般容量在2kVA以下）时可采用逆变器直接供电，这样既可节省投资，又不影响直流屏的正常工作。

2. 交直流互备型UPS

交直流互备型UPS是在专用逆变器的基础上改进的，其电路原理如图5-18所示。

在原有的逆变器的基础上增加了旁路转换开关，旁路转换开关一般采用静态开关，小容量时也可采用快速继电器。工作原理是旁路转换电路一直监视交流市电的电压和波形，一旦断电，将迅速切换至逆变器输出，切换时间均在几个毫秒之内。同样，若逆变器、直流屏故障或检修时，也将自动由交流市电供电，也即只要直流屏和交流市电有一路存在，交流输出将得到保证。可见该专用UPS的结构比逆变器合理，并且可实现两台UPS的冗余连接。该电源的特点是电源转换效率高，性能价格比较高，并可实

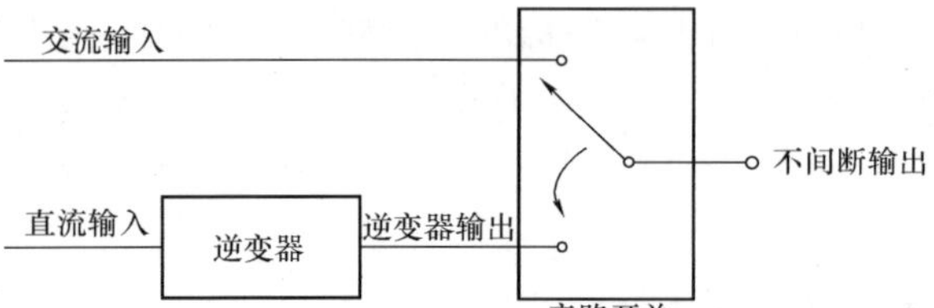

图5-18 交直流互备型UPS原理图

现多台备份运行，主要应用于总负荷在 3kVA 以下的场合，如电力系统微机监控、电力载波、电力通信等场合。当然随着电力系统设备的日益精密，人们对电力系统电源也提出了更高的要求。上述不间断电源也存在以下缺点：交流旁路无稳压措施。若平常用交流供电，则随市电电压的变化，不间断输出会“水涨船高”。

3. 电力专用在线型 UPS

该型 UPS 克服了上述两种 UPS 的不足，如图 5-19 所示，交流市电经过整流器整流后给逆变器供电。由于整流器输出端电压略高于直流屏的直流电压，在市电正常时，防反二极管处于反向截止状态，因此并不消耗直流屏的电力，也就不增加操作电源中整流器的负担。一旦市电中断，逆变器将直接由直流屏供电；同样万一直流屏断电，则直接由市电经过整流器、逆变器给负荷供电，不会影响逆变器的正常供电。电力专用在线 UPS 的最大特点是在执行“市电”“逆变”切换时无任何间断，不间断输出的各项指标也将由内部高性能逆变器给予保证。使用的电力专用在线 UPS 另外加有静态旁路开关，在图 5-18 的基础上增设了静态开关，一旦逆变器出现过负荷或故障，静态开关将迅速切换到交流旁路上。交流旁路可以是交流市电，也可以是另一台 UPS 的输出。另外，还设置了维修旁路开关，即在 UPS 需要维修时可直接由维修旁路供电。电力专用在线 UPS 可广泛应用于用电设备对电源要求较高的场合，如电力系统远动、电力调度、事故记录、继电保护等。目前这种类型 UPS 在 600MW 机组上使用最多，本节将以 E2001.1-100 型 UPS 为例对该类型的 UPS 做详细介绍。

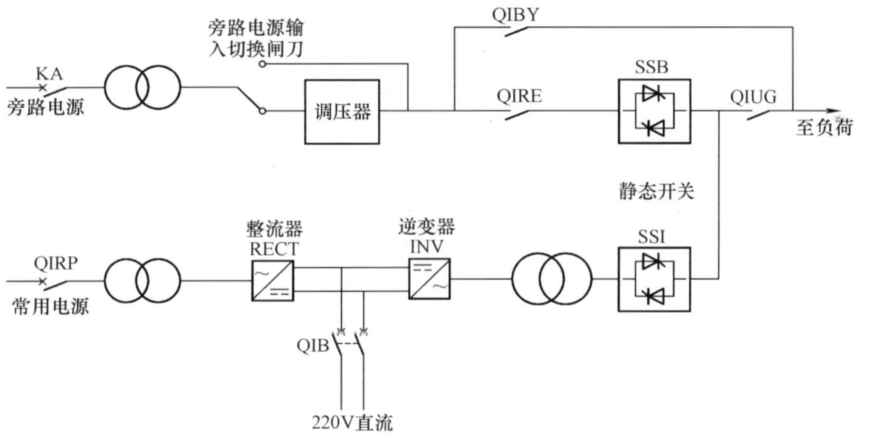

图 5-19　电力专用在线型 UPS 原理图

三、UPS 系统结构

UPS 其主要部件是整流器、逆变器、静态转换开关、手动控制的旁路开关、闭锁二极管、旁路（备用）电源变压器及电压调整变压器、主配电屏，还有若干个配电分屏。此系统输出有单相两线制 230V、50Hz 的经高电阻接地或直接接地系统，也有三相四线制 400/230V、50Hz 的中心点直接接地系统。所有的组件被固定在一个单独的机柜里，整流器、逆变器和静态旁路部分的电子控制是彼此完全独立的，也就是说，一个部分的失灵不会引起另一部分也失灵。

（一）整流器（Rectifier）

整流器是固态型，它能提供给逆变器固定的直流电压，整流系统包括输入变压器，整流器及控制设备等。常用进线电源经变压器和电感器连接到整流器以减少经整流器引起的干扰。整流器为三相12脉冲，由6个二极管和6个晶闸管组成一个三相全波桥式整流电路。在每半个周波内固定的时间发出触发脉冲来调节晶闸管的导通角，这种导通角的变化使设备能随着输入的变化而维持恒定的输出，较长的导通时间增加直流电压输出，相反较短导通时间降低电压输出。控制板用来提供触发晶闸管的脉冲，脉冲的相位角是晶闸管输出电压的一个函数，控制板把整流器输出的电压量与内部的给定量比较，然后产生一个误差信号，这个误差随后调整整流器晶闸管的导通角。如果整流器的输出开始下跌，控制板产生一个信号去增加晶闸管的导通角，从而增加整流器的输出电压至正常值。另外，控制板具有保护功能，若整流器的输出电压达到异常高的数值，立即关闭触发脉冲。这个功能防止整流器在急剧上升的交流输入电压下，输出一个很高的直流电压。

在220V或110V直流电源与整流器输出端之间安装有逆止二极管，逆止二极管用于整流器输出端与220V或110V直流系统的隔离，以使整流器不至向220V或110V直流系统送电。逆止二极管额定电流大于逆变器最大输入电流，并且具有输出端短路保护。

（二）逆变器（Inverter）

逆变器负责将整流器或者电厂直流屏提供的直流电转换为电源幅度和频率精确、稳定的交流电以满足电力设备的需求。UPS的技术性能很大程度上取决于逆变器的性能，它对UPS装置输出波形及其谐波含量、装置效率、可靠性及对负载变化的瞬态响应能力都有决定性影响。逆变器的输出电压是由正弦脉冲调制（PWM）产生的。PWM所使用的高频载波和有变压器和电容器组成的专用交流滤波电路保证输出电压失真非常低（在线性负荷上THD＜1%）。逆变器的逻辑控制将短路情况下的输出电流限制到额定电流的150%。如果过负荷（超过额定电流的125%），输出电压保持不变，因为更高的电流将会使电压减少。然而，这只会在静态旁路没有用的情况下发生，否则UPS将会在电流高于额定电流125%的时候跳转到旁路运转。逆变器利用一个监测器或者“电子熔丝”来保护IGBT晶体管在严重短路的情况下完全不受损害。若UPS配有多台固态逆变器并联冗余运行，当一台故障时，其他逆变器仍可正常运行。当旁路电源正常时，逆变器的输出频率保持与其同步，当旁路电源频率偏差超过允许的限度，同步跟踪回路应自动切断，逆变器将继续按其自定的基准频率±0.01%运行。当旁路电源恢复至允许值时，同期回路自动投入。

（三）静态切换开关（Static Switch）

静态切换开关由两组背对背连接的SCR（可控硅）模块构成，它可以在极短的时间将负荷由备用电源供给转为逆变器供给，静态逆变切换时间对于UPS而言是非常重要的。在控制电路中增加了检测电路，可以完成零时间静态切换。检测逻辑主要用于控制静态开关何时进行转换。在常规的UPS操作中，SSI是闭合的而SSB是断开的，从而把负荷连接到逆变器输出上。在过负荷或逆变器失灵的情况下，SSI被断开而SSB被闭合，从后备资源（市电，另一个UPS系统的输出，柴油发电装置……）提供电能供应。因为总是在很短的时间内开动两个开关，所以在转换过程中的不间断供电得到保证，这是可靠地满足所有连接敏感设备的能量供应要求的一个基本条件。每个静态开关（SSI和SSB）的控制、执行都是完全独立的，从而保证一个静态开关的失灵不会影响另一个。

(1) 逆变器切换到旁路的条件：

1) 旁路电压和频率必须在允许范围内，逆变器输出和旁路须同步；

2) 过负荷或逆变器故障，UPS 切换到旁路（SSB 断开，SSI 闭合）；

3) 如果第一个条件不满足，过负荷情况下逆变器减少输出电压而连续运行；逆变器故障时则停止运行。

(2) 旁路切换到逆变器条件：

1) 当逆变器电压、频率在允许范围内，过负荷情况已消除，且逆变器和旁路同步时，UPS 静态开关自动切换到逆变器供电；

2) 在过负荷情况下，逆变器不能带负荷，UPS 将保持在旁路方式运行；

3) 在 3min 内 5 次切换到逆变器运行不成功时，UPS 会维持旁路输出，并发出报警信号；

4) 如果 UPS 仍然被阻塞在旁路运行时，若旁路电源故障，则当逆变器电压、频率在允许范围内，且逆变器和旁路同步时，UPS 静态开关自动切换到逆变器供电。

(四) 旁路电源隔离变压器和电压调节器

旁路电源隔离变压器和电压调节器的容量和电压应与逆变器的输出容量和电压相同。隔离变压器为单相干式变压器。电压调节器用于 UPS 系统的旁路输入电压波动或负荷扰动时，能自动保持输出电压稳定，正常采用自动调节方式，并可以切换至手动方式，通过“升压”、“降压”按钮进行手动调压。

(五) 维修旁路

维修旁路的功能是当 UPS 系统故障或需要维护期间由旁路电源直接向负荷供电。在维护旁路运行时，UPS 可以完全停用，UPS 常用交流电源和直流电源开关可以打开，以便安全地执行维修任务。为了防止错误地进行维修旁路转换，开关 QIBY 和静态逆变器的开关 SSI 通过电子联锁，SSB 会自动关闭而 SSI 自动断开，用以防止维修旁路开关和逆变器并联运行。在正常工作模式下，维修旁路开关是断开的，仅当需要进行设备维护或者维修时才接通。假如在正常工作模式下，合上维修旁路开关，逆变器会自动停止，负载自动转换由备用电源供应，防止交流电源直接和逆变器相连。另外不要在维修旁路开关断开之前将逆变器激活。

四、UPS 使用注意事项及日常维护

UPS 电源系统因其智能化程度高，给使用带来了许多便利，但在使用过程中还应在多方面引起注意，才能保证使用安全。

(一) UPS 主机的使用注意事项

(1) 主机中设置的参数在使用中不能随意改变。特别是电池组的参数，会直接影响其使用寿命，但随着环境温度的改变，对浮充电压要做相应调整。

(2) 应避免带负荷启动 UPS，应先关断各负荷，等 UPS 启动正常后再开启负荷，因为负荷瞬间供电时会有冲击电流，多负荷的冲击电流和加上所需的供电电流会造成 UPS 瞬间过负荷，严重时将损坏 UPS。

(3) UPS 一般而言功率余量不大，在使用中要避免随意增加大功率的额外设备，也不允许在满负荷状态下长期运行。

（二）主机柜的日常维护

（1）UPS在正常使用情况下，主机的维护工作很少，主要是防尘和定期除尘。特别是气候干燥的地区，空气中的灰粒较多，机内的风机会将灰尘带入机内沉积，当遇空气潮湿时会引起主机控制紊乱，造成主机工作失常，并发生不准确告警，大量灰尘也会造成器件散热不好。一般每季度应彻底清洁一次。其次就是在除尘时，检查各连接件和插接件有无松动和接触不牢的情况。

（2）对主机出现击穿、熔丝熔断或烧毁器件的故障，一定要查明原因并排除故障后才能重新启动，否则会接连发生相同的故障。

（三）旁路柜的使用注意事项

（1）稳压器投入运行前应了解其使用条件；

（2）负荷电流不应超过允许值；

（3）输入电压在允许范围内，输出电压不稳定应立即进行检查。

（四）旁路柜的日常维护

根据不同的使用环境、维护周期较大的差异，维护时应在停电时进行，维护包括：

（1）彻底清扫稳压器各部分，使之不留灰尘污垢，特别是电刷、接触调压器的裸露部分（滑道），电刷滑动轨道以及变速传动部件必须用汽油与棉布洗净擦干；

（2）更换已磨损或损坏的电刷；

（3）发现有故障或损坏的元器件应及时修理或更换；

（4）使用一段时间后，调整链条的松紧杆或螺杆的间隙程度，稍微有点活动余地即可。

五、故障处理

（一）主电源故障

（1）现象："UPS异常"信号报警，直流电源自动投入，输入电压、频率为零，其他参数正常。

（2）原因：输入电源失电，输入开关故障，电源接触器故障，输入滤波器、隔离变、整流器故障，输入参数超限，人员误动等。

（3）处理的基本原则：检查负荷开关运行正常，直流电源投入正常，旁路电源可靠备用，退出主电源，手动切至旁路运行，对主电源故障原因逐一检查，分清原因联系检修处理，如果是人员误动，立即恢复正常运行方式。

（二）直流电源和旁路电源故障

（1）现象：就地控制面板显示直流电源和旁路电源故障报警，主电源运行正常。

（2）原因：直流电源断路器故障，旁路电源失电，旁路电源接触器故障，人员误动等。

（3）处理原则：首先检查直流电源断路器是否跳闸，分析跳闸原因，联系处理，旁路电源故障原因应逐一检查，分清原因联系处理，如果是人员误动，立即恢复正常备用。

（三）UPS失电

1．现象

（1）控制室声光信号报警；

（2）热工电源DCS、SIS、DEH可能失电；

（3）锅炉MFT，汽轮机跳闸，发变组跳闸；

(4) 光字牌电源将失去，所有电气变送器辅助电源失去。

2. 原因

(1) UPS 母线（或负荷）发生短路，引起 UPS 母线失电；

(2) UPS 主电源因故中断，且旁路电源、直流电源未投上；

(3) UPS 设备故障；

(4) 运行人员误操作或保护误动。

3. 处理原则

复归声光报警信号，汇报值长。

(1) 汽轮机方面。

1) 确认大、小机跳闸，转速连续下降。

2) 立即检查主机润滑油泵、密封油泵运行正常，防止主机断油烧瓦。

3) 检查小机工作油泵运行正常，检查闭冷泵运行应正常，检查汽轮机其他辅助设备的运行情况应正常。

(2) 电气方面。

1) 确认发电机—变压器组保护动作正常，主变压器高压侧断路器跳闸、发电机磁场断路器跳闸，否则立即手动拉开主变压器高压侧断路器、发电机磁场断路器。

2) 检查厂用电汇备用电源自投成功，检查保安段运行正常。立即派人去 UPS 室检查 UPS 控制面板上的报警信号，检查 UPS 母线失电原因，同时检查主路、旁路和直流电源的供电情况，确认故障设备并隔离排除后，重新启动 UPS，尽快恢复 UPS 母线供电；此时若厂用电汇备用电源未自投，应立即查明保安段各母线已切至备用电源供电，确认保安段运行正常。同时检查厂用备用电汇供电正常，再设法恢复对厂用电汇供电。

3) 当大、小机直流油泵及空侧直流密封油泵运行后，须对 220V 直流母线电压加强监视，保证 220V 直流母线电压正常。

4) 立即检查各热工电源的切换情况，恢复对热工电源的供电。

(3) 锅炉方面。

1) 立即检查进入锅炉的所有燃料已全部切断，锅炉确已熄火。检查磨煤机、一次风机已全部停运，否则立即手动停运。检查给水泵是否停运，若未停运，可手动停运，检查空预器、引、送风机运行是否正常，必要时可将其停运。

2) 检查汽包水位是否正常，待 UPS 恢复供电后用电泵对锅炉进行上水，防止锅炉长时间缺水。

(四) 旁路电源的故障原因与排除

1. 输出电压大幅度的偏离稳定值

(1) 手动/自动切换断路器是否确实放置在“自动”；

(2) 稳压器输入电源的相序是否确实没变动；

(3) 输入电压是否确实未超出允许范围；

(4) 手动/自动切换断路器置于“手动”，“升压”（或降压）操作时电刷是否确实在滑道上移动。

2. 输出电压稍微偏离稳定值

调节电位器可使输出调节到需要稳定值。

3. 稳压器输出电压振荡

（1）检查是否稳压精度整定过高和电刷滑动速度不相适应造成，调节精度电位器降低精度振荡即可消除；

（2）检查电刷与绕组接触是否良好。

第六章 继电保护

第一节 继电保护基本情况介绍

一、电力系统故障及异常情况概述

在电力系统运行中，有时会发生故障和不正常工作的情况。当这些情况发生时，会引起电流增大，电压和频率降低或升高，致使电气设备和电能用户的正常工作遭到破坏。在系统中，最常见和最危险的故障是各种形式的短路，其中包括三相短路、两相短路、两相接地短路、单相接地短路、两点接地短路以及发电机和变压器一相绕组上的匝间短路，除此之外，还可能发生一相或两相断线以及上述几种故障同时发生的复杂故障。

电力系统各电压等级正常运行时，三相交流系统是对称的，由于雷电、绝缘损坏、外力等因素形成的故障往往是不对称的，主要有A、B、C单相接地故障；AB、BC、CA相间故障；AB、BC、CA相间接地故障；ABC三相故障和ABC三相接地故障，共11种基本故障。在接地故障中还有金属性故障和经过渡电阻故障之分。

电力系统短路可能引起下列严重后果：

(1) 数值很大的短路电流通过短路点将燃起电弧，使故障设备烧坏甚至烧毁；

(2) 短路电流通过故障设备和非故障设备时，产生热和电动力的作用，致使其绝缘遭到破坏或使设备缩短使用寿命；

(3) 电力系统中大部分地区的电压下降，使大量电能用户的正常工作遭到破坏或产生废品；

(4) 破坏电力系统各发电厂之间的并列运行稳定性而使事故扩大，甚至造成整个电力系统瘫痪。

最常见的不正常工作情况是过负荷。长时间过负荷会使载流设备和绝缘的温度升高，从而使绝缘加速老化或设备遭受损坏，甚至引起故障。此外，由于电力系统有功功率缺额而引起的频率降低，突然甩负荷引起的过电压等也是不正常工作情况。

故障和不正常工作情况都可能在电力系统中引起事故。发生事故的原因是多种多样的，其中大多数是由于设备缺陷、设计错误和安装、检修质量不高以及运行维护不当等引起的。为此，只要正确地进行设计、制造与安装，加强设备维护，就有可能把事故消灭在发生之前，防患于未然。

电力系统各设备之间是电和磁的联系，当某一设备发生故障时，在极短的时间内就会影响到同一电力系统的非故障设备。为了防止电力系统事故扩大，保证非故障设备仍能可靠供电以及维护电力系统的稳定性，必须尽快切除故障，切除时间要求达到几十毫秒，在这样短的时间内，由运行人员来发现故障设备并将故障设备切除是不可能的。要完成这样的任务，只有借助于安装在每一电气设备上具有保护作用的自动装置，即继电保护装置。

对不同的接地系统的各种故障，可根据故障类型的不同，识别其故障特征，又可以根据不同的故障特征构成不同种类的继电器，因此继电器的种类是很多的。但无论是什么继电器，它的构成都是依据系统正常运行和故障时的电流、电压及电流电压相位的变化来完成的。

二、微机继电保护装置组成

继电保护装置的作用就是有选择地、快速地、可靠地切除系统中发生的各种类型故障及异常情况，尽量缩小事故停电范围，减少故障对电力设备的损坏，确保系统稳定。

继电保护装置一般由测量回路、逻辑回路、执行回路三部分组成。测量回路的作用是测量被保护设备的物理量（电流、电压、功率方向等）的变化，以确定电力系统是否发生故障和不正常工作情况，而后输出相应信号至逻辑回路。逻辑回路的作用是根据测量回路的输出信号进行逻辑判断，以确定是否向执行回路发出相应信号。执行回路的作用是根据逻辑回路的判断结果执行保护的任务，跳闸或发信号。

随着信息及电子技术的高速发展，目前容量600MW及以上机组基本上都选用微机保护装置，因此本章将重点介绍各种电气设备的微机保护装置。微机保护装置主要由硬件结构和保护软件组成。硬件结构可分为：数据采集系统、输入输出接口、微型计算机系统、人机接口部分、电源五部分。

（一）数据采集系统

传统保护是把电压互感器二次侧电压信号及电流互感器二次侧电流信号直接引入继电保护装置，或者把二次侧电压、电流经过变换（信号幅值变化或相位变化）组合后再引入继电保护装置。因此，无论是电磁型、感应型继电器还是整流型、晶体管型继电保护装置都属于反应模拟信号的保护。尽管在集成电路保护装置中采用数字逻辑电路，但从保护装置测量原理来看，它仍属于反应模拟量的保护。微机保护是处理数字信号的，所以必须将输入的模拟量经过模数转换，变成计算机能识别的数字量。常用的模数转换通常有A/D变换和VFC压频变换两种模式。VFC具有如下优点：①分辨率高，电路简单。②抗干扰能力强。积分特性本身具有一定的抑制干扰的能力；采用光电耦合器，使数据采集系统与CPU系统电气上完全隔离。③与CPU的接口简单。④多个CPU可以共享一套VFC。A/D转换的分辨率和转换速度是两个重要的指标，A/D转换输出的数字量位数越多，分辨率越高，A/D转换的速度越快越好，A/D转换的难点在于数据共享。

（二）微型计算机系统

微型计算机是微机保护装置的核心。目前微机保护的计算部分都是由单板机或单片机来完成。由一片微处理器（CPU）配以程序存储器（EPPROM）、数据存储器（RAM）、接口芯片（包括并行接口芯片、串行接口芯片）、定时器/计数器芯片等构成的微机系统称为单片微机系统。由单片微型计算机配以部分接口芯片也可以构成微机系统。

（三）人机接口

人机接口部分硬件包括单片机、输入设备（键盘，鼠标）、显示器、串行硬时钟及与保护 CPU 和 PC 机的串行通信。现在的微机保护的人机对话 CPU 都集成了很强的计算机网络功能，可以通过在片外的网络驱动器直接连至高速数据通信网，与厂站内监控网络相连。

（四）输入输出接口

输入输出接口是微机保护与外部设备的联系部分，因为输入、输出信号都是开关量信号，所以又称为开关量输入、开关量输出电路。例如，保护装置的功能投入连接片、保护屏上的功能切换开关以及开关位置开入等，而微机保护的执行结果则应通过开关量输出电路驱动出口继电器，如跳闸出口继电器、信号继电器等。

（五）电源

微机保护装置的电源是微机保护装置的重要组成部分，电源工作的可靠性直接影响着微机保护装置的可靠性。微机保护装置不仅要求电源的电压等级多，而且要求电源特性好，具有很强的抗干扰能力。目前，微机保护装置的电源，通常采用逆变稳压电源。电源自身带有过负荷保护，能做到电源保护动作时先切断 24V（开关量输入、开出继电器）回路，再切断 5V（集成芯片工作电源）回路；电源建立的时候，先建立 5V 电源再建立 24V 电源，这样可以减少电源电压波动时造成保护的不正确动作。保护装置还有监视 5V 或 24V 是否正常工作的继电器，当 5V 或 24V 电源异常时，继电器动断触点闭合，发出“保护装置电源消失”中央信号。

三、微机保护的特点

微机保护装置具有以下特点。

（一）维护调试方便

过去大量使用的整流型或晶体管型继电保护的调试工作量很大，尤其是一些复杂的保护，调试一套保护往往需要一周的时间。其原因是这类保护装置的各种保护元件均是由硬件组成的，每一种逻辑功能都由相应的硬件构成，逻辑越复杂，硬件就越多，试验也越麻烦。而微机保护除了输入的采集外，所有的计算、逻辑判断都是由软件完成，成熟的软件一次性设计完成后，就不必在投产前再逐项试验。而且微机保护对硬件和软件都有自检功能，装置上电后软、硬件有故障就会立即报警。

（二）可靠性

微机保护的软件设计，考虑到电力系统中各种复杂的故障，具有很强的综合分析和判断能力。而常规保护装置，由于是各种器件组成的，不可能做得很复杂，否则硬件越多，越复杂，本身出故障的概率就越大，可靠性自然降低。另外，微机保护装置的自检与巡检功能也大大提高了其可靠性。

（三）动作正确率高

鉴于计算机软件计算的实时性特点，微机保护装置能保证在任何时刻均不断地迅速地采样计算，反复准确地校核。在电力系统发生故障的暂态时期内，就能正确判断故障，如果故障发生了变化或进一步发展也能及时做出判断和自纠。如在保护延时动作或重合闸延时的过程中都能监视到系统故障的变化，因此微机保护的动作正确率很高，运行实践已经证明了这点。

（四）易于获得各种附加功能

由于计算机软件的特点，使得微机保护可以做到硬件和软件资源共享，在不增加任何硬件的情况下，只需增加一些软件就可以获得各种附加功能。例如在微机保护装置中，可以很方便地附加了低周减载、故障录波、故障测距等功能。

（五）保护性能容易得到改善

由于计算机软件可方便改写的特点，保护的性能可以通过研究许多新的保护原理来得到改善。而且许多现代新原理的算法，在常规保护中是很难或根本不可能用硬件来实现的。

（六）使用灵活、方便

目前微机保护装置的人机界面做得越来越好，也越来越简单方便。例如汉化界面、微机保护的查询、整定值的更改及运行方式的变化等都十分灵活方便，受到现场继电保护工作人员的普遍欢迎。

（七）具有远方监控特性

微机保护装置都具有很强的通信功能，与厂站微机监控系统的通信联络使微机保护具有远方监控的特点，并将微机保护纳入厂站综合自动化系统。

四、微机保护装置动作过程

首先，保护装置需要采集系统的一些信息量，如母线电压、线路电压、线路电流、断路器位置等。母线电压会随着线路运行方式的改变而不同，如图6-1所示，线路运行在Ⅰ母，母线电压应取自Ⅰ母TV，线路运行在Ⅱ母，母线电压应取自Ⅱ母TV，220kV线路保护用的母线电压一般都取自电压切换后的电压，电压切换可以由电压切换装置来实现，也可以在操作箱中实现，通常由隔离开关的辅助触点自动切换。线路电流经TA变换后接入保护装置，除了模拟量外，保护装置还需要一些数字量，如断路器位置、保护功能投退连接片等，目前保护使用的开入量一般采用+24V电源。

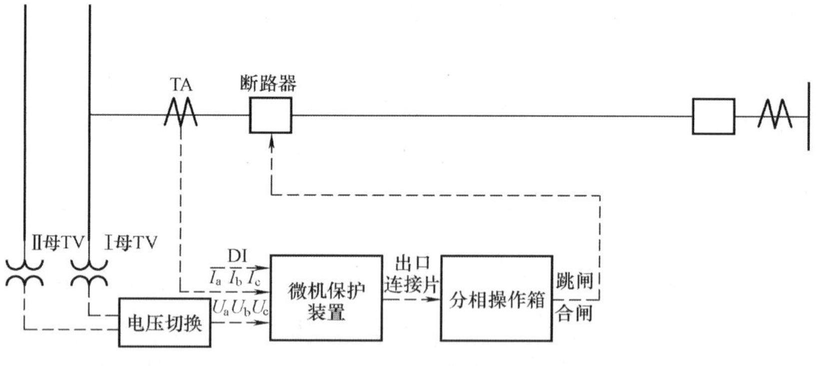

图6-1 继电保护装置动作过程示意图

保护根据采集的模拟量和数字量，按照事先编好的保护软件程序进行计算、逻辑判断，如满足动作条件，则驱动相应的跳闸或合闸继电器动作。保护跳闸或合闸动作触点经保护屏上出口连接片至操作箱相应回路。220kV系统一般采用分相操作箱，微机保护都具有选相跳闸功能，能实现断路器分相跳闸。操作箱的作用就是完成断路器综合逻辑，通过操作箱实现对断路器的跳闸和合闸操作。

电力系统的电力设备和线路，应装设短路故障和异常运行的保护装置。电力设备和线路短路故障的保护应有主保护和后备保护。主保护是满足系统稳定和设备安全要求，能以最快速度有选择地切除被保护设备和线路故障的保护。后备保护是主保护或断路器拒动时，用以切除故障的保护。后备保护可分为远后备和近后备两种方式。近后备是当主保护拒动时，由该电力设备或线路的另一套保护实现后备的保护；或当断路器拒动时，由断路失灵保护来实现的后备保护。远后备是当主保护或断路器拒动时，由相邻电力设备或线路的保护实现后备。

第二节　发电机—变压器组保护

一、概述

发电机—变压器系统由于造价昂贵，结构复杂，一旦发生故障，对机组及电力系统影响极大，因此发电机—变压器组的保护配置应最大限度保证机组及系统的安全并缩小故障破坏范围，尽可能避免不必要的紧急停机，对某些异常情况采用自动处理装置，特别要防止设备的拒动和误动。对保护装置要求足够的可靠性、灵敏性、选择性及快速性的同时，也要力求配置的完善、合理，避免过于繁琐、复杂。

发电机—变压器组保护包括电量保护及非电量保护，应满足一个发电机变压器单元所需要的全部电量或非电量保护，保护范围包括主变压器、发电机、高压厂用变压器、励磁变压器（励磁机）。对于一个大型发电机—变压器组单元或一台大型发电机，应配置两套电量保护装置，可以实现主保护、异常运行保护、后备保护的全套双重化，操作回路应独立组屏。两套电量保护装置应取自不同组 TA，主保护、后备保护共用一组 TA，出口对应不同的跳闸绕组，应具有如下特点：

（1）设计简洁，二次回路清晰；

（2）运行方便，安全可靠，符合反措要求；

（3）整定、调试和维护方便。

二、发电机、变压器故障与保护方式

发电机是电力系统中最主要的设备，特别是 600MW 机组越来越多的应用后，如何保障发电机在电力系统中的安全运行，就显得更加重要。由于大容量机组一般采用直接冷却技术，体积和质量并不随容量成比例增大，从而使得大型发电机各参数与中小型发电机已大不相同，因此故障和不正常运行时的特性也与中小型机组有了较大的差异，给保护带来了复杂性。大型发电机组与中小型发电机组相比，主要的不同点表现在以下几个方面。

（1）短路比减小，电抗增大。大型发电机的短路比大约减小到 0.5 左右，各种电抗都比中小型发电机大。因此大型发电机组的短路水平反而比中小型机组的短路水平低，这对继电保护是十分不利的。发电机电抗的增大还使其平均异步转矩减低，约从中小型发电机的2～3倍额定值减至额定值左右。于是失磁后异步运行时滑差增大，一方面要从系统吸取更多的无功功率，对系统稳定运行不利；另一方面也容易引起发电机本体的过热。

（2）时间常数增大。大型发电机组 T_A值及 T_A/T_D值均显著增大。短路时直流分量（或非周期分量）衰减较慢，整个短路电流偏移在时间轴一侧若干工频周期，使电流互感器更容易饱和，影响大机组保护正确工作。

（3）惯性时间常数降低。600MW 发电机的惯性时间常数在 1.75 左右，在扰动下机组更易发生振荡。

（4）热容量降低。中小型发电机组定子绕组在1.5倍额定电流下允许持续运行2min，转子励磁绕组在2倍额定电流下允许持续运行30s；而600MW机组在同样的工况下，只能持续运行30s和10s。过流能力随着容量的增加而显著下降，负序过电流能力I_2^2t值对中小型机组为30左右，而600MW机组则减小到4.0。

（一）发电机的故障及异常

发电机正常运行时发生的比较常见的故障及异常有如下几种：

1. 定子绕组的相间短路

发电机定子绕组发生相间短路若不及时切除，将烧毁整个发电机组，引起极为严重的后果，必须有两套或两套以上的快速保护反应此类故障。

2. 定子绕组匝间短路

单机容量的增大，汽轮发电机轴向长度与直径之比明显加大，这将使机组运行中振动加剧，匝间绝缘磨损加快，有时还可能引起冷却系统的故障，因此需要装设灵敏的匝间短路保护。因为冲击电压波沿定子绕组的分布是不均匀的，波头越陡，分布越不均匀，一个波头为3μs的冲击波，使在绕组的第一个匝间可能承受全部冲击电压的25%，因此由机端进入发电机的冲击波，有可能首先在定子绕组的始端发生匝间短路，有鉴于此，大型机组均在机端装设三相对地的平波电容和氧化锌避雷器，即使这样，也不能完全排除冲击过电压造成的匝间绝缘损坏，因此也希望装设匝间短路保护。

发电机定子绕组发生匝间短路会在短路环内产生很大电流。由于工作原理不同，发电机纵差保护将不能反应。目前为止，反应发电机定子匝间短路的保护有：单元件横差保护、负序功率方向保护、纵向零序电压保护和转子二次谐波电流保护。大型发电机组由于技术上和经济上的考虑，三相绕组中性点侧只引出三个端子，没有条件装设高灵敏横差保护。负序功率方向保护的灵敏度受系统和发电机负序电抗变化影响较大；纵向零序电压保护需要单独装设全绝缘的电压互感器，容易受电压互感器断线等的影响，误动率高；转子二次谐波电流保护必须增设负序功率方向闭锁，整定计算复杂。这几类匝间保护运行效果很差（误动情况严重），因而其应用都受到了限制。

3. 定子单相接地

定子绕组的单相接地（定子绕组与铁芯间的绝缘破坏）是发电机最常见的一种故障，定子故障接地电流超过一定值就可能造成发电机定子铁芯烧坏，而且发电机单相接地故障往往是相间或匝间短路的先兆，大型发电机在系统中的地位重要，铁芯制造工艺复杂、造价昂贵，检修困难，所以对于大型发电机的定子接地电流大小和保护性能提出了严格的要求。

在我国，为了确保大型发电机的安全，不使单相接地故障发展成相间故障或匝间短路，使单相接地故障处不产生电弧或者使接地电弧瞬间熄灭，这个不产生电弧的最大接地电流被定义为发电机单相接地的安全电流。其值与发电机额定电压有关，18kV及以上发电机接地电流允许值为1A。

发电机的中性点接地方式与定子接地保护的构成密切相关，同时中性点接地方式与单相接地故障电流、定子绕组过电压等问题有关。大型发电机中性点接地方式和定子接地保护应该满足三个基本要求，即

（1）故障点电流不应超过安全电流，否则保护应动作于跳闸；

(2) 保护动作区覆盖整个定子绕组，有100%保护区，保护区内任一点接地故障应有足够高的灵敏度；

(3) 暂态过电压数值较小，不威胁发电机的安全运行。

大型发电机中性点采用何种接地方式，国内一直存在着是采用消弧绕组还是采用高阻接地争议。建议采用消弧绕组接地者，认为可以将接地电流限制在安全接地电流以下，熄灭电弧防止故障发展，从而可以争取时间使发电机负荷平稳转移后停机，减小对电网的冲击。而实际上我国就曾有过发电机接地电流虽小于安全电流，长时间运行最终还是发展成相间短路的教训。

中性点经配电变压器高阻接地方式是国际上最广泛采用的与变压器接成单元的大中型发电机中性点接地方式。设计发电机中性点经配电变压器接地，主要是为了降低发电机定子绕组的过电压（不超2.6倍的额定相电压），极大地减少发生谐振的可能，保护发电机的绝缘不受损。但是发电机单相容量的增大，一般使三相定子绕组对地电容增加，相应的单相接地电容电流也增大。另外，发电机中性点经配电变压器高阻接地必然导致单相接地故障电流的增大，其数值美、日、法、瑞士等国以控制在15A以下为标准，这些国家认为在此电流下持续5～10min，定子铁芯只受轻微损伤。为保证大型发电机的安全，中性点经配电变压器高阻接地机组必须使定子接地保护动作于发电机故障停机。

4. 失磁

发电机低励（表示发电机的励磁电流低于静稳极限所对应的励磁电流）或失磁，是常见的故障形式。发电机低励或失磁后，将过渡到异步发电机运行状态，转子出现转差，定子电流增大，定子电压下降，有功功率下降，无功功率反向并且增大；在转子回路中出现差频电流；电力系统的电压下降及某些电源支路过电流。所有这些电气量的变化，都伴有一定程度的摆动。

(1) 对电力系统来说，发电机发生低励或失磁后所产生的危险，主要表现在以下几个方面。

1) 低励或失磁的发电机，由发出无功功率转为从电力系统中吸收无功功率，从而使系统出现巨大的无功差额，发电机的容量越大，在低励和失磁时产生的无功缺额越大，如果系统中无功功率储备不足，将使电力系统中邻近的某些点的电压低于允许值，甚至使电力系统因电压崩溃而瓦解。

2) 当一台发电机发生低励或失磁后，由于电压下降，电力系统的其他发电机在自动励磁调节器的作用下自动增大无功输出，从而使某些发电机、变压器或线路过电流，其后备保护可能因过流而跳闸，使故障范围扩大。

3) 一台发电机低励或失磁后，由于该发电机有功功率的摆动以及系统电压的下降，可能导致相邻的正常运行发电机与系统之间，或电力系统的各部分之间失步，使系统产生振荡，甩掉大量负荷。

(2) 对发电机本身来说，低励或失磁产生的不利影响，主要表现在以下几个方面。

1) 由于出现转差，在发电机转子回路中出现差频电流。对于直接冷却高利用率的大型机组，其热容量裕度相对降低，转子更容易过热。流过转子表层的差频电流，还可能使转子本体与槽楔、护环的接触面上发生严重的局部过热甚至灼伤。

2）低励或失磁的发电机进入异步运行之后，发电机的等效电抗降低，从电力系统中吸收的无功功率增加。低励或失磁前带的有功功率越大，转差就越大，等效电抗就越小，所吸收的无功功率就越大。在重负荷下失磁后，由于过电流，将使定子过热。

3）对于直接冷却高利用率的大型汽轮发电机，其平均异步转矩的最大值较小，惯性常数也相对降低，转子在纵轴和横轴方面，也呈较明显的不对称。由于这些原因，在重负荷下失磁后，这种发电机的转矩、有功功率要发生剧烈的周期性摆动，将有很大甚至超过额定值的电磁转矩周期性地作用到发电机的轴系上，并通过定子传递到机座上。此时，转差也作周期性变化，其最大值可能达到4%～5%，发电机周期性地严重超速，这些都直接威胁着机组的安全。

4）低励或失磁运行时，定子端部漏磁增强，将使端部的部件和边端铁芯过热。

由于发电机低励和失磁对电力系统和发电机本身的上述危害，为保证电力系统和发电机的安全，必须装设低励—失磁保护，以便及时发现低励和失磁故障并采取必要的措施。失磁保护检出失磁故障后，可采取的措施之一，就是迅速把失磁的发电机从电力系统中切除，这是最简单的办法。但是，失磁对电力系统和发电机本身的危害，并不像发电机内部短路那样迅速地表现出来。另一方面，大型汽轮发电机组，突然跳闸会给机组本身及其辅机造成很大的冲击，也会加重对电力系统的扰动。

汽轮发电机组有一定的异步运行能力，汽轮机组在失磁后允许带一定负荷持续运行一段时间。因此，对于汽轮发电机，失磁后还可以采取另一种措施，即监视母线电压，当电压低于允许值时，为防止电力系统发生振荡或造成电压崩溃，迅速将发电机切除；当电压高于允许值时，则不应当立即把发电机切除，而是首先采取降低原动机出力等措施，并随即检查造成失磁的原因，予以消除，使机组恢复正常运行，以避免不必要的事故停机。如果在发电机允许的时间内，不能消除造成失磁的原因，则再由保护装置或由操作人员手动停机。在我国电力系统中，就有过多次10～300MW机组失磁之后用上述方法避免事故停机的事例。通过大量研究并试验，证明容量不超过1000MW的二极汽轮发电机若失磁机组快速减负荷到允许水平，只要电网有相应无功储备，可确保电网电压，失磁机组的厂用电保持正常工作的情况，失磁机组可不跳闸，尽快恢复励磁。

应当明白一点，发电机低励产生的危害比完全失磁更严重，原因是低励时尚有一部分励磁电压，将继续产生剩余同步功率和转矩。在功角0°～360°的整个变化周期中，该剩余功率和转矩时正时负地作用在转轴上，使机组产生强烈的振动，功率振荡幅度加大，对机组和电力系统的影响更严重。此情况下一般失步保护会动作，如果失步保护未动作，出于大机组的安全考虑，应迅速拉开灭磁开关。发电机低励和失磁状况下的波形如图6-2所示。

5. 转子接地故障

转子绕组绝缘破坏常见的故障形式有两种：转子绕组匝间短路和励磁回路一点接地。

发电机转子在运输或保存过程中，由于转子内部受潮、铁芯生锈，随后铁锈进入绕组，造成转子绕组主绝缘或匝间绝缘损坏；转子加工过程中的铁屑或其他金属物落入转子，也可能引起转子主绝缘或匝间绝缘的损坏；转子绕组下线时绝缘的损坏或槽内绕组发生位移，也将引发接地或匝间短路；氢内冷转子绕组的铜线匝上，带有开启式的进氢和出氢孔，在启动或停机时，由于转子绕组的活动，部分匝间绝缘垫片发生位移，引起氢气通风孔局部堵塞，

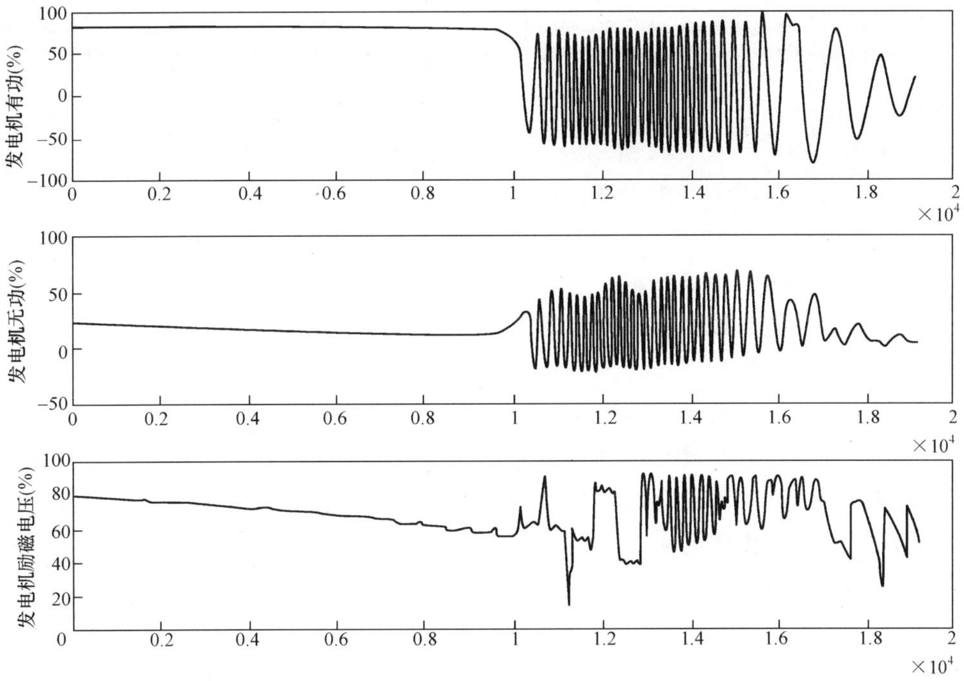

图 6-2 发电机低励和失磁状况下的波形

使转子绕组局部过热和绝缘损坏；运行中转子滑环上的电流引线的导电螺钉未拧紧，造成螺钉绝缘损坏；电刷粉末沉积在滑环下面的绝缘突出部分，使励磁回路绝缘电阻严重下降。

转子绕组匝间短路多发生在沿槽高方向的上层线匝，对于气体冷却的转子，这种匝间短路不会直接引起严重后果，也无需立即消除缺陷，所以并不要求装设转子绕组匝间短路保护。转子绕组匝间短路的故障处理没有统一的标准，一旦发现这类故障，发电机是否继续运行应综合考虑现有的运行经验、故障的形式和特点、故障发现在机组运行期间或预防性试验中或机组安装时等诸多因素。我国某些电厂根据转子绕组的绝缘状况、机组的振动水平和输出无功功率的减少程度，决定机组是否停机检修。

转子一点接地对汽轮发电机组的影响不大，一般允许继续运行一段时间。发电机组发生一点接地后，转子各部分对地电位发生变化，比较容易诱发两点接地，汽轮发电机一旦发生两点接地，其后果相当严重，由于故障点流过相当大的故障电流而烧伤转子本体；由于部分绕组被短接，励磁绕组中电流增加，可能因过热而烧伤；由于部分绕组被短接，使气隙磁通失去平衡，从而引起振动。励磁回路两点接地，还可使轴系和汽轮机磁化。

励磁回路两点接地，即使保护正确动作，从防止汽缸和大轴磁化方面来看，已为时晚矣。若因励磁回路两点接地使大轴和汽缸磁化，为退磁停机需一个月以上，姑且不论检修费用和对国民经济造成的间接损失，仅电能损失就上千万元。励磁回路发生两点接地故障引起的后果非常复杂，处理很麻烦。

近年来，大型汽轮发电机装设一点接地保护已属定论，国内外均无异议。但在一点接地保护动作于信号还是动作于跳闸的问题上，存在着不同的看法。主张动作于信号者，则考虑装设两点接地保护；主张动作于停机者，则认为不必再装设两点接地保护，这有利于避免发生汽轮机磁化。另外，由于目前尚缺少选择性好、灵敏度高、经常投运且运行经验成熟的励磁回路两点接地保护装置，所以也有不装设两点接地保护的意见，进口大型机组，很多不装两点接地保护。

6. 定子对称过负荷

发电机对称过负荷通常是由于系统中切除电源；生产过程出现短时冲击性负荷；大型电动机自启动；发电机强行励磁；失磁运行；同期操作及振荡等原因引起的。对于大型发电机，定子和转子的材料利用率很高，发电机的热容量（Ws/℃）与铜损、铁损之比显著下降，因而热时间常数也比较小。从限制定子绕组温升的角度，实际上就是要限制定子绕组电流，所以实际上对称过负荷保护，就是定子绕组对称过流保护。

对于发电机过负荷，既要在电网事故情况下充分发挥发电机的过负荷能力，以对电网起到最大限度的支撑作用，又要在危及发电机安全的情况及时将发电机解列，防止发电机的损坏。一般发电机都给出过负荷倍数和相应的持续时间。大型发电机定子过负荷保护，根据发电机过负荷能力，一般由定时限和反时限两部分组成。

7. 定子不对称过负荷

电力系统中发生不对称短路，或三相负荷不对称（如有电气机车、电弧炉等单相负荷）时，将有负序电流流过发电机的定子绕组，并在发电机中产生对转子以两倍同步转速的磁场，从而在转子中产生倍频电流。

汽轮发电机转子由整块钢锻压而成，绕组置于槽中，倍频电流由于集肤效应的作用，主要在转子表面流通，并经转子本体槽楔和阻尼条，在转子的端部附近约10%～30%的区域内沿周向构成闭合回路。这一周向电流，有很大的数值。例如，一台1000MW机组，可达250～300kA。这样大的倍频电流流过转子表层时，将在护环与转子本体之间和槽楔与槽壁之间等接触上形成热点，将转子烧伤。倍频电流还将使转子的平均温度升高，使转子挠性槽附近断面较小的部位和槽楔、阻尼环与阻尼条等分流较大的部位，形成局部高温，从而导致转子表层金属材料的强度下降，危及机组的安全。此外，转子本体与护环的温差超过允许限度，将导致护环松脱，造成严重的破坏。

为防止发电机的转子遭受负序电流的损伤，大型汽轮发电机都要求装设比较完善的负序电流保护。因为它保护的对象是发电机转子，是转子表层负序发热的唯一主保护，因此，习惯上称其为发电机转子表层负序过负荷保护，由定时限和反时限两部分组成。发电机转子长期承受负序电流的能力和短时承受负序电流发热的能力 I_2^2t，是整定负序电流保护的依据。

8. 励磁回路过流

和定子绕组相同，大型发电机励磁绕组的热容量和热时间常数也相对较小，对于600MW以上汽轮发电机，在额定工况稳定温度下，发电机励磁绕组允许在励磁电压为125%额定值下运行1min。

在发电机过励限制器失灵或强励动作后返回失灵时，为了使发电机励磁绕组不致过热损坏，300MW及以上发电机应装设定时限和反时限励磁绕组过负荷保护，后者作用解列灭磁。应该指出，现代自动调整励磁装置，针对发电机的各种工况，都设有比较完善的励磁限制环节，为防止励磁绕组过电流，设有过励限制器，与励磁绕组过负荷保护有类似的功能，其可靠性由励磁调节器的性能来保证。

9. 过电压

运行实践中，大型汽轮发电机出现危及绝缘安全的过电压是比较常见的现象。当满负荷下突然甩去全部负荷，电枢反应突然消失，由于调速系统和自动调整励磁装置都是由惯性环节组成，转速仍将上涨，励磁电流不能突变，使得发电机电压在短时间内也要上升，如果没有自动电压调节器，或励磁系统在手动方式运行，恒励磁电流调节，则电压继续上升一直到达由同步电抗所决定的最大值，其值可能达到 1.3～1.5 倍额定值，持续时间可能达到数秒，甩负荷将导致严重的发电机电压升高。

发电机主绝缘的工频耐压水平，一般为 1.3 倍额定电压持续 60s，而实际过电压的数值和持续时间可能超过试验电压和允许时间，因此，对发电机主绝缘构成了直接威胁。因此目前机组都无例外地装设过电压保护，保持动作电压为 $1.3U_n$，经 0.5s 延时作用于解列灭磁。

10. 过励磁

由于发电机或变压器发生过励磁故障时并非每次都造成设备的明显破坏，往往容易被人忽视，但是多次反复过励磁，将因过热而使绝缘老化，降低设备的使用寿命。

发电机和变压器都由铁芯绕组组成，电压的升高和频率的降低均可导致磁密 B 的增大。

对于发电机，当过励倍数>1 时，要遭受过励磁的危害，主要表现在发电机定子铁芯背部漏磁场增强，在定子铁芯的定位筋中感应电动势，并通过定子铁芯构成闭路，流过电流，不仅造成严重过热，还可能在定位筋和定子铁芯接触面造成火花放电，这对氢冷发电机组十分不利。发电机运行中，可能因以下原因造成过励磁。

（1）发电机与系统并列之前，由于操作错误，误加大励磁电流引起励磁，如由于发电机 TV 断线造成误判断。

（2）发电机启动过程中，发电机随同汽轮机转子低速暖机，若误将电压升至额定值，则因发电机低频运行而导致过励磁。

（3）在切除机组的过程中，主汽门关闭，出口开关断开，而灭磁开关拒动。此时汽轮机惰走转速下降，自动励磁调节器力求保持机端电压等于额定值，使发电机遭受过励磁。

（4）发电机出口开关跳闸后，若自动励磁调节装置手动运行或自动失灵，则电压与频率均会升高，但因频率升高较慢引起发电机过励磁。

发电机的允许过励磁倍数一般低于变压器过励磁倍数，更易遭受过励磁的危害，因此，大型发电机需装设性完善的过励磁保护。对于发电机出口装设开关的发电机变压器组，为了在各种运行方式下两者都不失去保护，发电机和变压器的过励磁保护应分开设置。

11. 频率异常

频率降低对发电机有以下各方面的影响：

频率降低引起转子的转速降低，使两端风扇鼓进的风量降低，其后果是使发电机的冷却条件变坏，各部分的温度升高。

由于发电机的电动势和频率磁通成正比，若频率降低，必须增大磁通才能保持电动势不变。这就要增加励磁电流，致使发电机转子线圈的温度增加。

频率降低时，为了使机端电压保持不变，就得增加磁通，这就容易使定子铁芯饱和，磁通逸出，使机座的某些结构部件产生局部高温，有的部位甚至冒火星。

低频工况严重威胁厂电机械的安全，低频导致厂用电动机的转速降低，这可能造成一系列的恶性循环，如给水泵的压力不足，致使锅炉的汽压不足、汽温波动，循环水泵、凝结水泵的出力不足，影响汽轮机真空等。这一切将影响发电机的出力并直接威胁着发电机甚至整个电厂和系统的安全运行。

一方面由于低频的同时存在系统无功缺额，另一方面由于发电机转速下降，同等励磁条件下机端电压下降，所以低频往往伴随着低电压，严重的低频降可能导致系统频率崩溃或电压崩溃。

当发电机频率低于额定值一定范围时，发电机的输出功率应降低，功率降低一般与频率降低成一定比例，在低频运行时发电机如果发生过负荷，如上所述会导致发电机的热损伤，但限制汽轮发电机组低频运行的决定性因素是汽轮机而不是发电机。

频率异常保护主要用于保护汽轮机，防止汽轮机叶片及其拉筋的断裂事故。汽轮机的叶片，都有一自振频率，如果发电机运行频率升高或者降低，很容易使叶片承受很大的谐振应力，使材料疲劳，达到材料所不允许的限度时，叶片或拉筋就要断裂，造成严重事故。材料的疲劳是一个不可逆的积累过程，所以汽轮机都给出在规定的频率下允许的累计运行时间。

从对汽轮机叶片及其拉筋影响的积累作用方面看，频率升高对汽轮机的安全也是有危险的，所以从这点出发，频率异常保护应当包括反应频率升高的部分。但是，一般汽轮机允许的超速范围比较小；在系统中有功功率过剩时，通过机组的调速系统作用、超速保护，以及必要切除部分机组等措施，可以迅速使频率恢复到额定值；而且频率升高大多数是在轻负荷或空载时发生，此时汽轮机叶片和拉筋所承受的应力，要比低频满载时小得多，所以一般频率异常保护中，不设置反映频率升高的部分，而只包括反映频率下降的部分，并称为低频保护。

12. 发电机与系统之间失步

对于大机组和超高压电力系统，发电机装有快速响应的自动调整励磁装置，并与升变压器组成单元接线，送电网络不断扩大，使发电机与系统的阻抗比例发生了变化。发电机和变压器阻抗值增加了，而系统的等效阻抗值下降了。因此，振荡中心常落在发电机机端或升压变压器范围内。如图6-3所示为主变压器高压侧AB相故障延时0.2s切除引起的发电机和系统失步振荡波形，发电机机端测量电流、电压波形。

由于振荡中心落在机端附近，使振荡过程对机组的影响加重了。机端电压周期性地严重下降，这点对大型汽轮发电机的安全运行特别不利。因为机炉的辅机都由接在机端的厂用变压器供电，电压周期性地严重下降，将使厂用机械工作的稳定性遭到破坏，甚至使一些重要电动机制动，导致停机、停炉或主辅设备的损坏。对于直吹式制粉系统的锅炉，由于一次风机转速周期性严重下降，可能导致一次粉管中大量煤粉积沉，锅炉也可能濒临灭火，电压回升后，转速又急剧增长，大量煤粉突然涌入炉膛，可能因此而引起炉膛爆炸。

汽轮机转速的暂态上升，随后失步，汽机超速保护动作将调速汽门关闭，直到又恢复同步速为止。这样，就使单元制机组的再热器蒸汽流量的迅速改变，随之而来的是主汽压力和温度的瞬变，直流式锅炉的中间段的大幅改变，炉管承受剧烈的热应力。

发电机长时失步运行，将造成电厂整个生产流程的扰乱和破坏，可能造成一些无法预知的后果。失步振荡电流的幅值与三相短路电流可比拟，但振荡电流在较长时间内反复出现，使大型发电机组遭受冲击力和热损伤。在短路伴随振荡的情况下，定子绕组端部先遭受短路

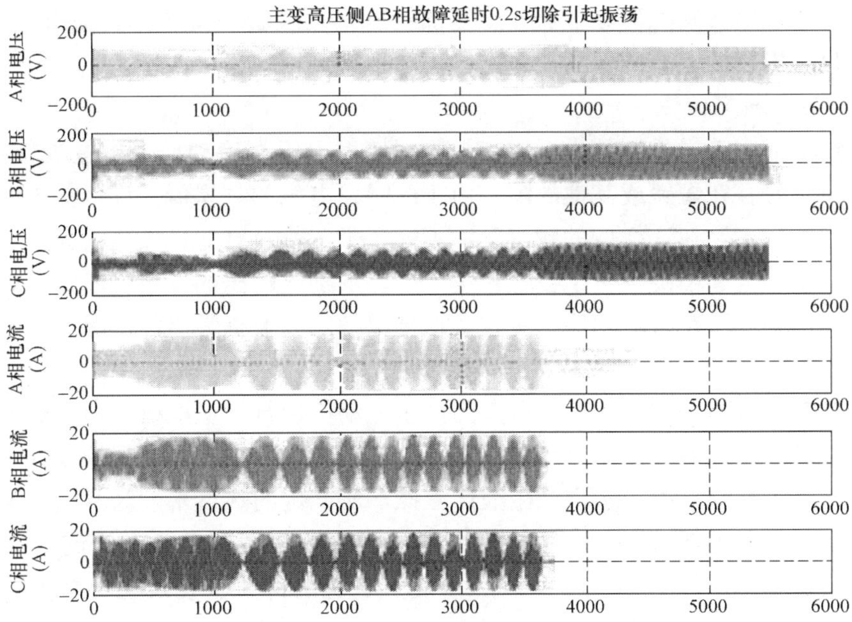

图 6-3 发电机和系统失步振荡波形

电流产生的应力，随即又承受振荡电流产生的应力，使定子绕组端部出现机械损伤的可能性增加。振荡过程中出现的扭转转矩，周期性作用于机组轴系，使大轴扭伤，缩短运行寿命。对于电力系统来说，大机组与系统之间失步，如不能及时和妥善处理，可能扩大到整个电力系统，导致电力系统的崩溃。

由于上述原因，对于大机组，需要装设失步保护，用以及时检出失步故障，迅速采取措施，以保障机组和电力系统的安全运行。为了防止发电机失步和电力系统的振荡，发电厂端往往采取一系列的安全稳定措施，如超高速继电保护、重合闸装置、高起始响应励磁调节器和 PSS 功率稳定器、高周联锁切机等。需要提到的是利用 DEH 的 ACC 加速度控制快关中压调节汽门功能，将可能避免由于短路故障诱发的失步，可能将不稳定振荡转化为稳定振荡，这对于在线稳定机组将大有好处。因此，对于稳定振荡，发电机也没有必要跳闸。当振荡中心落于机端附近时，对于从机端取用励磁电源的自并励励磁方式发电机组将非常不利，失步将导致发电机失磁，使事故来得更为复杂。因此，当检测到振荡中心落在发电机变压器内部时，失步保护应动作于全停。

13. 误上电

发电机在盘车过程中，由于出口开关误合闸，突然加上三相电压，而使发电机异步启动的情况，在国外曾多次出现过，它能在几秒钟内给机组造成损伤。盘车中的发电机突然加电压后，流过发电机定绕组的电流可能达 3～4 倍额定值，定子电流所建立的旋转磁场，将在转子中产生差频电流，如果不及时切除电源，流过电流的持续时间过长，则在转子上产生的热效应将超过允许值，引起转子过热而遭到损坏。此外，突然加速，还可能因润滑油压低而使轴瓦遭受损坏。

因此，对这种突然加电压的异常运行状况，应当有相应的保护装置，以迅速切除电源。对于这种工况，逆功率保护、失磁保护、机端全阻抗保护也能反应，但由于需要设置无延时元件；盘车状态、电压互感器和电流互感器都已退出，限制了其兼作突加电压保护的使用。一般来说，设置专用的误合闸保护比较好，不易出现差错，维护方便。

14. 启动和停机时故障

有些情况下，由于操作上的失误或其他原因使发电机在启动或停机过程中有励磁电流，而此时发电机正好存在短路或其他故障，由于此时发电机的频率低，许多保护继电器的动作特性受频率影响较大，在这样低的频率下，不能正确工作，有的灵敏度大大降低，有的则根本不能动作。鉴于上述情况，对于在低转速下可能加励磁电压的发电机通常要装设反应定子接地故障和反应相间短路故障的保护装置。这种保护，一般称为启停机保护。

15. 逆功率

汽轮机在其主汽门关闭后，发电机变为同步电动机运行，从电机可逆的观点来看，逆功率运行对发电机毫无影响。但是对于汽轮机，其转子将被发电机拖动保持3000r/min高速旋转，叶片将和滞留在汽缸内的蒸汽产生鼓风摩擦，所产生的热量不能为蒸汽所带走，从而使汽轮机的叶片（主要是低压缸和中压缸末级叶片）和排汽端缸温急剧升高，使其过热而损坏，一般规定逆功率运行不得超过3min。因此大型机组都要求装设逆功率保护，当发生逆功率时，以一定的延时将机组从电网解列。

主汽门关闭后，发电机有功功率下降并变到某一负值，几经摆动之后达到稳态值。发电机的有功损耗，一般约为额定值的1%～1.5%，而汽轮机的损耗与真空度及其他因素有关，一般约为额定值的3%～4%，有时还要稍大些。因此，发电机变电动机运行后，从电力系统中吸收的有功功率稳态值约为额定值的4%～5%，而最大暂态值可达到额定值的10%左右。当主汽门有一定的漏泄时，实际逆功率还要比上述数值小些。

现代大型机组一般设置两套逆功率保护，一套是常规的逆功率保护。另一套是程序跳闸专用的逆功率保护，用于防止汽轮机主汽门关闭不严而造成飞车危险，当主汽门关闭时用逆功率元件来将机组从电网安全解列。

16. TA二次断线

电流互感器二次侧开路后，全部一次电流都用于铁芯的磁化，铁芯深度饱和，二次侧要产生要很高的电压。对于大容量发电机组，由于电流大、磁势大，所以开路电压很高，如一台25000/5A的电流互感器，二次开路电压幅值将达43000V，这样高的二次电压，如无特殊保护措施，必将损坏互感器二次绕组、二次设备和连接电缆，并危及人身安全。大机组均系封闭母线，发电机电压回路内的电流互感器均装在封闭母线中，一旦遭受破坏，更换困难，要招致很大的停电损失。

在实际运行中，电流互感器二次开路事故不能完全杜绝，特别是发电机回路的电流互感器，安装在受振动的环境中，更不能完全消除开路故障。因此，从安全来看应装设断线保护。发生断线故障时，电流互感器断线保护应当能把二次电压限制在允许范围内，以防止设备遭受破坏，同时发出信号。进一步要求，对一些在二次断线后可能误动作的保护，如差动保护和负序电流保护等，能够实现闭锁。

（二）变压器的故障及异常

对于超大容量三相一体式主变压器，本身结构复杂、造价昂贵、运输检修困难，如果发生故障不能及时去除，将会造成电网的冲击、变压器的严重损坏，不仅给电厂造成巨大的经济损失，而且在很长时间内给电网造成巨大的负荷缺口压力。

（1）相间短路。这是变压器最严重的故障类型。它包括变压器箱体内部的相间短路和引出线（从套管出口到电流互感器之间的电气一次引出线）的相间短路。由于相间短路给电网造成巨大冲击，会严重地烧损变压器本体设备，严重时使得变压器整体报废，因此，当变压器发生这种类型的故障时，要求瞬时切除故障。

（2）接地（或对铁芯）短路。显然这种短路故障只会发生在中性点接地的系统一侧。对这种故障的处理方式和相间短路故障是相同的，但同时要考虑接地短路发生在中性点附近时的灵敏度。

（3）匝间或层间短路。对于大型变压器，为改善其冲击过电压性能，广泛采用新型结构和工艺，匝间短路问题显得比较突出。当短路匝数少，保护对其反应灵敏度又不足时，在短路环内的大电流往往会引起铁芯的严重烧损。如何选择和配置灵敏的匝间短路保护，对大型变压器就显得比较重要。

（4）铁芯局部发热和烧毁。由于变压器内部电磁场分布不均匀、制造工艺水平差、绕组绝缘水平下降、铁芯绝缘损坏、铁芯两点接地等因素，会使铁芯局部发热和烧损，继而引发更严重的相间短路。因此，应检测这类故障并及时采取措施。

变压器内部故障的保护，目前普遍采用差动保护和瓦斯保护。这些保护各有所长，也各有其不足。瓦斯保护能反映铁芯局部烧损、绕组内部断线、绝缘逐渐老化、油面下降等故障，但对变压器外部引线短路不能反映，对绝缘突发性击穿的反应不及差动保护快，而且在地震预报期间和变压器新投入的初始阶段等，瓦斯保护不能投跳闸。

新型差动保护虽然在灵敏度、快速性方面大有提高，但对上述的部分故障不能反映。例如，对于有的变压器内部发生一相断线差动保护就不能动作，瓦斯保护则可通过开断处电弧对绝缘油的作用而反映出来。

（5）变压器过负荷。变压器有一定的过负荷能力，但若长期过负荷下运行，会加速变压器绕组绝缘的老化，降低绝缘水平，缩短使用寿命。单侧单源的三绕组降压变压器，三侧绕组容量不同时，在电源侧和容量较小的绕组侧装设过负荷保护。对于发电机—变压器组，发电机比变压器的过负荷能力低，一般发电机已装设对称和不对称过负荷保护，故变压器可不再装设过负荷保护。

（6）变压器过电流。过电流一般是由于外部短路后，大电流流经变压器而引起的。如果不及时切除，变压器在这种电流下会烧损，一般要求和区外保护配合后，经延时切除变压器。

（7）变压器零序过流。中性点接地的变压器发生内部接地故障或外部接地故障，均会使中性点流过零序电流，变压器零序保护能反映这种故障，有选择地将变压器切除，将故障点隔离。

（8）变压器过励磁。变压器和发电机发生过励磁的机理一样，电压的升高和频率的降低均可导致磁密的增大，当超过变压器的饱和磁密时，变压器即发生过励磁。现代型变压器，额定工作磁密和饱和磁密相差已不大，很容易发生过励磁。

变压器的铁芯饱和后，铁损增加，使铁芯温度上升。铁芯饱和后还要使磁场扩散到周围的空间中去，使漏磁场增强。靠近铁芯的绕组导线、油箱壁以及其他金属结构件，由于漏磁场而产生涡流，使这些部位发热，引起高温，严重时要造成局部变形和损伤周围的绝缘介质。现代某些大型变压器，当工作磁密达到额定磁密的1.3～1.4倍时，励磁电流的有效值可达到额定负荷电流的水平。由于励磁电流是非正弦波，含有许多高次谐波分量，而铁芯和其他金属构件的涡流损耗与频率的平方成正比，所以发热严重。与系统并列运行的变压器，可能导致过励磁的原因有以下几种：

1）电力系统由于发生事故而被分割解列之后，某一部分系统中因甩去大量负荷使变压器电压升高，或由于发电机自励磁引起过电压；

2）由于发生铁磁谐振引起过电压，使变压器过励磁；

3）由于分接头连接不正确，使电压过高引起过励磁；

4）进相运行的发电机跳闸或系统电抗器的退出。

若发电机出口装设断路器，那么由于发电机端原因造成升压主变压器过励磁的几率大大减少，但是由于系统联络断路器断开，造成主变压器甩负荷时仍有可能造成过励磁。

（9）变压器冷却器故障。对于强迫油循环风冷和自然油循环风冷变压器，当变压器冷却器故障时，变压器散热条件急剧恶化，导致变压器油温和绕组、铁芯温度升高，长时间运行会导致变压器各部件过热和变压器油劣化。

（10）油面下降。变压器油位下降使液面低于变压器钟罩顶部，变压器上部的引线和铁芯将暴露于空气中，会造成变压器引线闪络，铁芯和绕组过热，造成严重事故。故应在变压器油位下降到危险液面前发出信号，通知值班员及时处理。

（三）发电机的保护方式

发电机保护配置的原则是：在发电机故障时应能将损失减小到最小，在非正常状况时应在充分利用发电机自身能力的前提下确保机组本身的安全。根据上述原则，发电机配置的保护及其功能如下。

（1）发电机纵差动保护：切除定子相间短路，传统的差动保护不反映匝间短路故障，瞬时跳开机组。

（2）发电机匝间保护：切除发电机定子匝间短路，瞬时跳开机组。

（3）发电机定子接地保护：切除发电机100％定子绕组的单相接地故障。

（4）发电机负序过流保护：区外发生不对性短路或非全相运行时，保护机组转子不过热损坏。一般采用反时限特性。

（5）发电机对称过流保护：当区外发生对称过流短路时，保护发电机定子不过热，一般采用反时限特性。

（6）发电机过压保护：反映过电压。

（7）发电机过励磁保护：反映发电机过励磁。

（8）发电机失磁保护：反映发电机全失磁或部分失磁。

（9）发电机失步保护：反映发电机和系统之间的失步。

（10）发电机过流、低压过流、复合电压过流、阻抗保护等：作为线路和发电机的后备保护，这些保护可灵活配置。

（11）发电机过负荷保护：反映发电机过负荷。

（12）发电机低频保护：反映发电机低频运行。

(13) 转子一点接地保护：反映转子一点接地。

(14) 转子两点接地保护：反映发电机转子发生两点接地或匝间短路。

(15) 励磁绕组过负荷保护：反映发电机励磁机的过负荷，采用反时限特性或定时限特性。

(16) 误上电保护：检测发电机在启停机期间可能的误合闸。

(17) 启停机保护：在启停机过程中检测绕组的绝缘变化。

以上各保护所述作用仅是其的主要任务，事实上如过流保护等既是外部短路的远后备，也同样是发电机本身发生故障的近后备，在此不一一说明。发电机保护是电网最后一级后备保护，又是发电机本身的主保护。它的出口不仅需要切断发电机—变压器组的主断路器，而且必须同时切断发电机的灭磁断路器、工作厂变断路器、汽轮机主汽门等。

(四) 变压器的保护方式

(1) 差动保护：能反映变压器内部各种相间、接地以及匝间短路故障，同时还能反映引出线的短路故障。它反应迅速，瞬时切除，是变压器保护最重要的保护。

(2) 气体保护（重瓦斯或轻瓦斯保护）：能反映铁芯内部烧损、绕组回路短路及接触不良、局部过热、局部放电、绝缘老化、油面下降等故障，不能反映变压器本体以外的故障。它的优点是几乎能反映变压器本体内部的所有故障，缺点是灵敏度不高，动作时间较长。

(3) 零序电流保护：能反映变压器内部或外部发生的接地性短路故障。一般是由零序电流、间隙零序电流、零序电压共同构成完善的零序电流保护。

(4) 后备保护：阻抗保护、复合电压过流保护、低压过流保护、过流保护都能反映变压器的过流状态。但它们的灵敏度不一样，阻抗保护的灵敏度最高，过流保护的灵敏度最低。

(5) 开关量保护：温度保护、油位保护、通风故障保护、冷却器故障保护等。反映相应的温度、油位、通风等故障。

(6) 中性点过电压保护：保护大型变压器半绝缘绕组中性点过电压。

(7) 油箱压力保护：油箱上装有压力释放阀，内部重大短路故障时，保护油箱不变形，出口接信号，也可接跳闸。作为重大故障的多重保护，与重瓦斯保护极为类似。

三、发电机—变压器组保护柜配置

600MW 发电机—变压器组（或简称发变组）由于造价昂贵，如果发生故障，不仅机组本身受到损伤，而且会对系统产生严重的影响。因此，对大机组的继电保护必须精心设计，合理配置保护。着眼点不仅限于机组本身，而且要从保障整个系统安全运行综合来考虑。

大型机组继电保护的配置并没有统一的规定，一般地，机组容量越大，采用的保护种类也就越多，要求的性能指标也就越高。

600MW 发电机组的配置原则应该以能可靠地检测出发电机可能发生的故障及不正常运行状态为前提，同时，在继电保护装置部分退出运行时，应不影响机组的安全运行。在对故障进行处理时，应保证满足机组和系统两方面的要求。因此，主保护应双重化。

在对 600MW 机组保护进行配置时，应对以下保护给予足够的重视：双重化差动保护、定子接地保护、负序过流保护、过励磁（过电压）保护、失磁失步保护等。同时，应该考虑配置低频、误上电、启停机保护。在保护的动作特性方面应考虑和机组的能力相匹配，尽可能在过热保护上采用反时限特性，快速保护动作时间应尽可能地短。

如望亭发电厂660MW机组发变组保护配置为：设两组发变组保护柜，其功能基本相同，作为双重配置，设一组非电量保护柜，转子接地保护另设独立的保护柜，见表6-1。本节将以此保护配置为例对发变组保护做详细阐述。

表6-1　望亭发电厂660MW机组发变组保护配置

屏柜名称	设备名称	装置型号
发变组保护A柜	发变组保护	RCS-985B
发变组保护B柜	发变组保护	RCS-985B
发变组保护C柜	注入式辅助电源装置	RCS-985U
	非电量保护（含失灵保护装置）	RCS-974AG
保护管理机柜	保护管理机	RCS-9784A
	220kV操作，电压切换装置	CJX-21
	6kV操作装置	CJX-11
转子接地保护柜	注入式转子接地保护	RCS-985RE

四、保护动作跳闸出口方式

以望亭发电厂660MW机组发变组为例，保护动作跳闸出口方式介绍见表6-2。

表6-2　望亭发电厂660MW机组发变组保护动作跳闸出口方式表

出口方式	动作范围
全停1（二套出口继电器）	跳主变压器220kV断路器，灭磁，跳汽轮机主汽门； 跳6kV各段工作进线断路器，启动快切自投6kV各段备用进线断路器，发信号至DCS、故障录波、SCADA、消防； 启动220kV断路器失灵保护，解除220kV母差保护电压闭锁
全停2（非电量保护，一套出口）	跳主变压器220kV断路器，灭磁，跳汽轮机主汽门； 跳6kV各段工作进线断路器，启动快切自投6kV各段备用进线断路器；发信号至DCS、故障录波、SCADA、消防
全停3（二套出口继电器）	跳主变压器220kV断路器，灭磁，跳汽轮机主汽门； 跳6kV各段工作进线断路器，闭锁6kV各段快切回路； 闭锁主变压器220kV断路器合闸回路，闭锁磁场断路器合闸回路； 发信号至DCS、故障录波、SCADA、消防； 启动220kV断路器失灵保护，解除220kV母差保护电压闭锁
全停4（程序跳闸，二套出口继电器）	汽轮机主汽门先跳开待程序逆功率保护动作后，动作于下列对象： 跳主变压器220kV断路器，灭磁； 跳6kV各段工作进线断路器，启动快切自投6kV各段备用进线断路器；发信号至DCS、故障录波、SCADA、消防； 启动220kV断路器失灵保护，解除220kV母差保护电压闭锁
母线解列（二套出口继电器）	跳220kV母线联络断路器； 发信号至DCS、故障录波、SCADA、消防

五、RCS-985保护组成

（一）发电机—主变压器组保护

不论是发电机差动保护还是变压器差动保护，它们都是发电机—变压器组保护中最重要的保护。由于它们的动作速度很快，又能及时地切除发电机、变压器内部绝大部分短路性故障，因此一直是大型发变组保护首选的保护之一。下面介绍各自的原理和实现方法。

1. 发电机差动保护

差动保护采用变斜率比率差动保护原理和工频变化量差动保护原理，保护发电机定子绕组及其引出线的相间短路故障。比率差动原理采用变斜率比率制动特性，与差动不平衡电流相匹配。利用工频故障分量构成的工频变化量比率差动保护，不受负荷电流影响，在发电机内部轻微故障时能灵敏动作。该差动保护具有防止区外故障误动的谐波制动和比例制动特性，防止发电机过励磁时误动；当电流互感器发生断线时，发出报警信号并闭锁差动保护。在同一相上先后出现两点接地故障（一点区内、一点区外）时，保护也能动作出口。差动保护动作后采用全停1动作出口继电器。

发电机纵差动保护是发电机内部及引出线上短路故障的主保护，根据接入发电机中性点电流的份额（即接入全部中性点电流或只取一部分电流接入），可分为完全纵差保护和不完全纵差保护。完全差动保护能反映发电机内部及引出线上的相间短路（但不能反映发电机内部匝间短路及分支开焊）、大电流系统侧的单相接地短路故障。不完全纵差保护，适用于每相定子绕组为多分支的大型发电机。它除了能反映发电机相间短路故障，还能反映定子线棒开焊及分支匝间短路。另外，根据算法不同，可以构成比率制动特性差动保护和标积制动式差动保护。

发电机完全纵差动保护一般使用循环闭锁出口方式，逻辑框图如图6-4所示；发电机不完全纵差动保护一般使用单相出口方式，逻辑框图如图6-5所示。对于100MW及以上的大容量发电机，我国目前均推荐采用有制动特性的差动继电器，即利用外部故障时的穿越电流实现制动，这样既能保证发生区外故障时可靠地避开最大不平衡电流的影响，又能达到提高区内故障时的灵敏性目的。

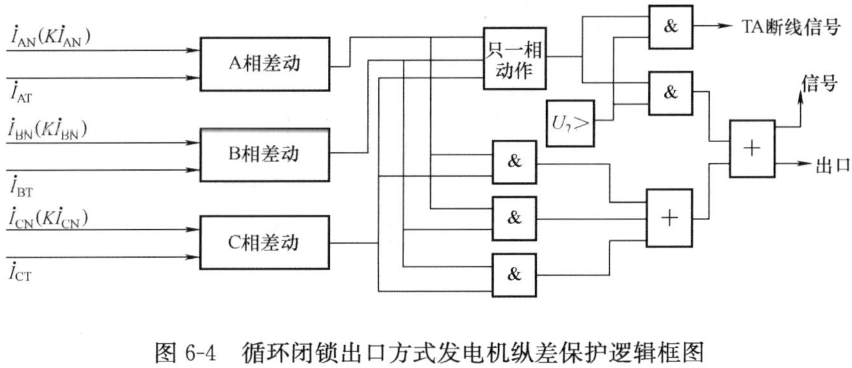

图6-4 循环闭锁出口方式发电机纵差保护逻辑框图

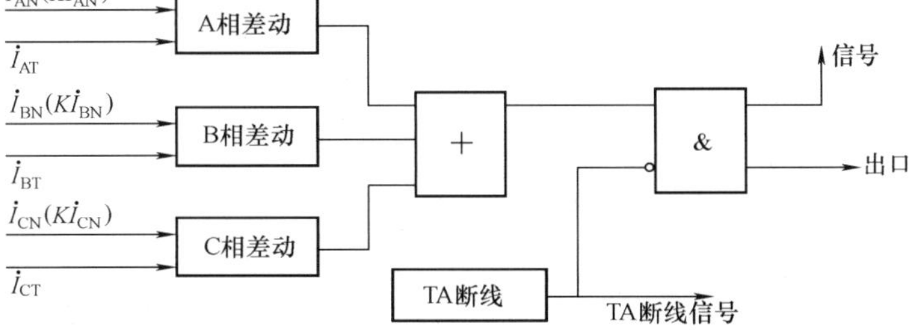

图6-5 单相出口方式发电机纵差保护逻辑框图

标积制动式差动保护可作为发电机内部相间短路故障的主保护，是差动保护的又一种方法。利用基波电流相量的标量积构成比率制动特性，由于其制动量与发电机两侧电流的相位有关，当发电机区内故障几乎无制动量，区外短路有很大的制动量。标识制动式差动保护逻辑框图如图 6-6 所示。

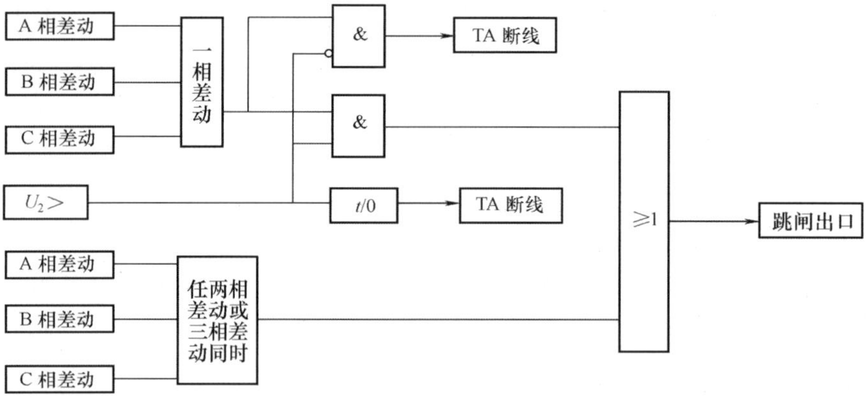

图 6-6 标识制动式差动保护逻辑框图

变数据窗算法是指差动保护能够在开始发生故障，且故障数据量较少时，自适应地提高保护的制动特性曲线。随着故障的进一步发展，以及数据窗的增加，计算精度的进一步提高，能自动降低制动特性曲线，以期与算法完全配套。这种自适应的制动特性曲线最终与运行时的特性精确吻合。采用这一算法可以大大提高内部严重故障时的动作速度，同时丝毫不会降低轻微故障时的灵敏度。

2. 发电机负序电流保护

负序电流反映发电机转子表层过热状态，也可反映负序电流引起的其他异常情况，保护动作量取机端、中性点的负序电流。负序电流保护由定时限和反时限两部分特性构成：定时限负序电流保护可配置一段报警，一段跳闸；反时限负序电流保护由下限启动、反时限部分、上限定时限部分三部分组成，上限定时限部分设最小动作时间定值。当负序电流超过下限启动整定值时，反时限部分启动，并进行转子热积累，当热积累值超过定值时发出跳闸信号。反时限保护既能模拟转子的发热过程，也能模拟散热过程，当负序电流大于下限电流，转子开始热积累，当负序电流小于下限电流，热积累值通过散热慢慢减小。负序电流保护动作后采用全停 1 动作出口继电器。

当电力系统中发生不对称短路或在正常运行情况下三相负荷不平衡时，在发电机定子绕组中将出现负序电流。此电流在发电机空气隙中建立的负序旋转磁场相对于转子为两倍的同步转速，因此将在转子绕组、阻尼绕组以及转子铁芯等部件上感应 100Hz 的倍频电流，该电流使得转子上电流密度很大的某些部位（如转子端部、扩环内表面等），可能出现局部的灼伤，甚至可能使扩环受热松脱，从而导致发电机的重大事故。此外，负序气隙旋转磁场与转子电流之间，以及正序气隙旋转磁场与定子负序电流之间所产生的 100Hz 交变电磁转矩，将同时作用在转子大轴和定子机座上，从而引起 100Hz 的振动。

3. 发电机失磁保护

失磁保护反映发电机励磁回路故障引起的发电机异常运行，是防止发生失磁或部分失磁时危及发电机安全及电力系统稳定运行的保护，同时能防止机组正常进相运行时、电力系统振荡时、系统故障及故障切除过程中的误动，由以下几个判断组合完成失磁保护方案，可以灵活组合。

低电压判据：三相电压同时低。一般取母线三相电压，TV 断线时闭锁该判据；也可取机端三相电压，一组 TV 断线时自动切至另一组正常 TV。

定子侧阻抗判据：阻抗电压量取机端正序电压，电流量取机端正序电流，并可与无功反向判据相结合。

转子侧判据：当发生失磁故障时励磁电压突然下降至零或负值，励磁低电压判据迅速动作；失磁或低励故障时，励磁电压逐渐下降至零或降至某一值，变励磁电压判据动作。低励、失磁故障将导致机组失步，失步后转子电压和发电机输出功率作大幅度波动，通常会使判据周期性动作与返回，故低励、失磁故障的励磁电压元件在失步后延时返回。

减出力判据：失磁导致发电机失步后，发电机输出功率在一定范围内波动，取一个振荡周期的功率平均值作为功率判据。

发电机失磁后当主变压器高压侧电压低于设定值时，经 t_1 延时采用全停 1 动作于出口继电器；失磁后当机端电压和励磁电压低于设定值后，经 t_2 延时后动作于全停 1。

4. 发电机逆功率保护

当机组运行过程中由于各种原因失去原动力时，发电机从系统吸收有功功率，转为电动机运行方式，从而造成汽轮机尾部叶片受损。逆功率分为两个部分：一是作为保护装置程序跳闸的启动元件；二是作为逆功率保护元件。发电机在过负荷、过励磁、失磁等异常运行保护动作后，需要程序跳闸，保护先关闭主汽门，由程序逆功率保护经主汽门触点闭锁和发变组断路器位置触点闭锁，经较长延时动作于跳闸，采用全停 4 动作出口继电器；逆功率保护在汽轮机主汽门关闭并且逆功率继电器动作的情况下，经较短延时动作于跳闸，采用全停 1 动作出口继电器。当电压互感器回路断线时应闭锁本装置并发出报警信号。

5. 发电机过负荷保护

过负荷保护反映发电机定子绕组的平均发热状态，动作量同时取发电机机端、中性点电流。过负荷保护由定时限定子过负荷和反时限定子过负荷两部分组成，定时限部分一般用于启动报警信号，反时限部分由下限启动、反时限部分、上限定时限部分三部分组成，上限定时限部分设最小动作时间定值。当定子电流超过下限启动整定值时，反时限部分启动，反时限部分具有与发电机定子绕组的过载容量相匹配的特性，并模拟发电机热积累，当热积累值超过定值时保护发出跳闸信号。反时限保护既能模拟发电机的发热过程，也能模拟散热过程，当定子电流大于下限电流，发电机开始热积累，当定子电流小于下限电流，热积累值通过散热慢慢减小。过负荷保护动作后采用全停 1 动作出口继电器。

6. 发电机电压闭锁过电流保护

电压闭锁过电流保护是用于发电机出口、主变压器、高压母线及相邻线路相间短路的后备保护，保护动作后采用全停 1 动作出口继电器。复合电压元件由相间低电压和负序门电压或门构成，来控制过流经复合电压闭锁，对于自并励发电机，过流保护必须经复合电压闭锁。

7. 发电机定子接地保护

发电机定子接地保护反映发电机定子及其引线发生的单相接地故障。保护装置由基波零序电压定子接地保护和3次谐波定子接地保护两部分组成，二者构成了对定子绕组的100%保护。

基波零序过电压保护，其保护范围为发电机机端侧85%～95%的定子绕组的单相接地故障，零序电压取自发电机中性点的接地变压器，反映发电机零序电压的大小，由于采取了频率跟踪、滤波等措施，保护只反映基波分量。保护设灵敏段和高定值段两段：灵敏段一般动作于信号，动作于跳闸时需主变压器高、低压侧及机端开口三角零序电压闭锁，以防止区外故障灵敏段误动作；高定值段可单独采用全停1动作出口继电器。

3次谐波电压保护分为比率判据和差动判据：比率判据通过发电机机端产生的3次谐波电压和发电机中性点的3次谐波电压的比值来保护发电机中性点侧25%左右的定子绕组（3次谐波电压分别取自发电机机端TV及发电机中性点的接地变压器），该保护在发电机并网前后各设一段定值，随断路器位置接点的变化自动切换，可通过出口切换片动作于信号或采用全停1动作出口继电器。差动判据通过比较发电机中性点的3次谐波电压和发电机机端产生的3次谐波电压的差值，该判据在发电机并网且负荷电流大于$0.2I_e$时自动投入，动作于信号。

8. 发电机低频保护

低频保护能防止在发电机频率偏低运行时，造成汽轮机的叶片及其拉筋发生断裂故障。低频保护设三个定值段，其中Ⅰ段为累计运行低频保护，具有按频率分段时间累积功能，时间累计值在掉电后保持，只有在试验后将装置报文清除才能将频率累计值清除；其Ⅱ、Ⅲ段为持续运行低频保护。频率保护受出口断路器位置触点、无流标志闭锁。低频保护可通过出口切换片动作于信号或采用全停1动作出口继电器。

9. 发电机过励磁保护

过励磁保护用来防止发电机和变压器过励磁，即防止因电压升高和频率降低时工作磁通密度过高引起绝缘过热老化的保护装置。保护装置应设有定时限和反时限两个部分，以便同发电机或变压器的过励磁特性近似匹配。若装设发电机出口断路器需投入发电机及主变压器两套过励磁保护，否则只需投入一套保护，发电机过励磁保护取自机端电压计算，主变压器过励磁保护取自主变压器高压侧电压计算。保护装置设低定值和高定值两个时限，低定值定时限动作于信号，低定值反时限及带延时的高定值采用全停1动作出口继电器。该保护在变压器出现励磁涌流时保护不发生误动作，当电压互感器回路断线时能闭锁装置并发出报警信号。过励磁保护的启动元件、反时限和定时限元件应分别整定，整定计算时应全面考虑发电机、主变压器及高压厂用变压器的过励磁能力。

10. 发电机电压保护

正常情况下发电机端电压不会偏离预先设置值很大，由于调节器失灵或是系统干扰过大可能造成发电机电压过高。电压保护用于保护发电机各种运行工况下引起的发电机过电压及低电压。发电机电压保护所用电压量不受频率变化影响。

发电机过电压保护防止发电机在启动或并网过程中发生电压升高而损坏发电机绝缘的事故，经延时后采用全停1动作出口继电器。

发电机低电压保护指发电机三相电压同时低，电压下降导致发电机三相电流上升，从而使电机过热，引起绝缘损坏。低电压保护由外部控制触点来闭锁的低电压构成，经延时后采用全停 1 动作出口继电器

11. 发电机误上电保护

在发电机被误上电期间，感应到发电机转子上的电流将在短短几秒内损坏设备。发电机误上电保护主要用于以下几种情况：

（1）当发电机在盘车的情况下，未加励磁，发电机—变压器组的断路器意外合闸，发电机被突然加上电压，造成发电机异步启动；

（2）发电机在启停过程中，已加励磁，当频率低于定值，断路器误合；

（3）发电机在启停过程中，已加励磁，当频率高于定值，断路器误合或非同期。

突加电压保护动作后采用全停 1 动作出口继电器，该保护在发电机投入运行后能自动退出，采用低频元件（瞬时动作延时返回），与电流元件组成与门。

12. 发电机失步保护

失步保护阻抗元件计算发电机正序电压、正序电流，阻抗轨迹在各种故障下均能正确反映。该保护能区分短路故障与失步、机组稳定振荡与失步；并具有区分振荡中心在发电机—变压器组内部或外部的功能，外部故障或检测到电压互感器回路断线时，发出报警信号。外部振荡时失步保护可通过连接片切换动作于全停 1 或信号，内部振荡时失步保护动作后经延时采用全停 1 动作出口继电器。

13. 发电机定子匝间保护

RCS-985 装置采用浮动门槛和电流比率制动相结合的纵向零序电压匝间保护方法，通过装设在发电机出口专用压变开口三角上的纵向零序电压，经频率跟踪和数字滤波，确保 3 次谐波滤过比大于 100，保护只反映基波分量。保护发电机定子绕组同相分支或同相不同分支间的匝间短路故障，保护装置带有负序功率方向闭锁，当电压互感器断线时装置不应误动并应发出断线信号。保护动作后采用全停 1 动作出口继电器。

发电机横差保护，是发电机定子绕组匝间短路（同分支匝间短路及同相不同分支之间的匝间短路）、线棒开焊的主保护，也能保护定子绕组相间短路。

发电机横差保护，有单元件横差保护（又称高灵敏度横差保护）和裂相横差保护两种。

14. 阻抗保护

阻抗保护作为发电机—主变压器主保护的后备保护，保护接于发电机出口 TA 及发电机出口 TV，该保护应由一个阻抗保护继电器、失步闭锁和时间继电器组成，保护动作于全停 1。当电压互感器断线时，阻抗保护退出。

当电流、电压保护不能够满足灵敏度要求或根据网络保护间配合要求，发变组相间故障后备保护可采用低阻抗保护。保护原理与变压器阻抗保护完全相同，保护反应测量阻抗的大小，测量阻抗小于整定值，保护动作。

15. 发电机其他保护

母差保护、控制屏手动紧急跳闸按钮、热工保护、断水保护等动作后采用经投退连接片全停 1 动作出口继电器。

16. 主变压器差动保护

RCS-985配置的主变压器差动保护采用变斜率比率制动特性和工频变化量差动保护，保护主变压器绕组及其引出线的相间短路故障。对于高定值差动电流，只经过差电流2次谐波或波形判断涌流闭锁判据闭锁，当任一相传动电流大于差动速断整定值时瞬时动作于出口继电器。

由于变压器在过励磁时，变压器励磁电流将励增，可能引起变压器差动保护误动作，因此在装置中采取差电流与基波比值作为过励磁闭锁判据来闭锁差动保护。同时装置设有比率制动的差流报警功能，瞬时TA断线判别动作后可只发报警信号或闭锁全部差动保护。差动保护动作后采用全停1动作出口继电器。

变压器差动保护与线路差动保护的区别：由于变压器高压侧和低压侧的额定电流不相等再加上变压器各侧电流的相位往往不相同。因此，为了保证纵差动保护的正确工作，须适当选择各侧电流互感器的变比，及各侧电流相位的补偿使得正常运行和区外短路故障时，两侧二次电流相等。

励磁涌流的特点及克服励磁涌流的方法介绍如下。

（1）励磁涌流。在空负荷投入变压器或外部故障切除后恢复供电等情况下，变压器励磁电流的数值可达变压器额定电流的6～8倍，称为励磁涌流。

（2）产生励磁涌流的原因。因为在稳态的情况下铁芯中的磁通应滞后于外加电压90°，在电压瞬时值$u=0$瞬间合闸，铁芯中的磁通应为$-\Phi_m$。但由于铁芯中的磁通不能突变，因此将出现一个非周期分量的磁通$+\Phi_m$，如果考虑剩磁Φ_r，这样经过半过周期后铁芯中的磁通将达到$2\Phi_m+\Phi_r$，其幅值为如图6-7所示。此时变压器铁芯将严重饱和，通过图6-8可知此时变压器的励磁电流的数值将变得很大，达到额定电流的6～8倍，形成励磁涌流。

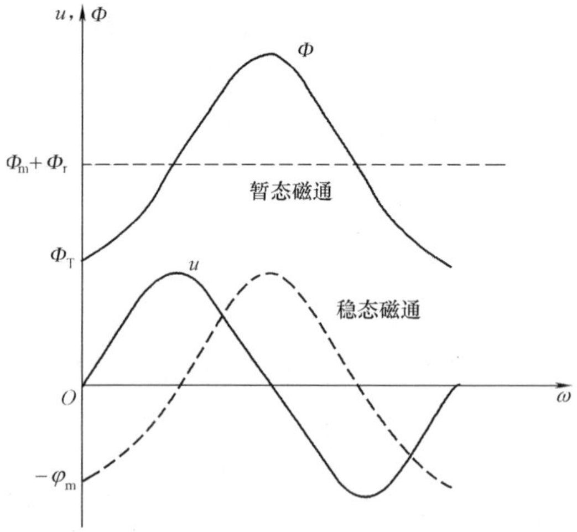

图6-7 变压器空负荷投入时的电压和磁通波形图

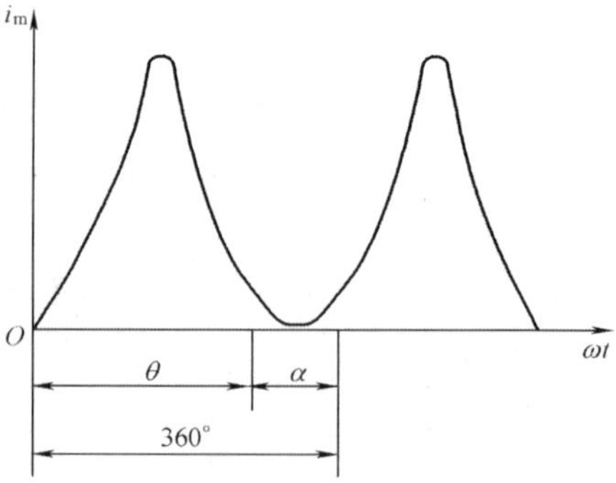

图6-8 励磁电流波形

励磁涌流的特点：

1）励磁电流数值很大，并含有明显的非周期分量，使励磁电流波形明显偏于时间轴的一侧；

2）励磁涌流中含有明显的高次谐波，其中励磁涌流以2次谐波为主；

3）励磁涌流的波形出现间断角。

克服励磁涌流对变压器纵差保护影响的措施：

1）采用带有速饱和变流器的差动继电器构成差动保护；

2）利用2次谐波制动原理构成的差动保护；

3）利用间断角原理构成的变压器差动保护；

4）采用模糊识别闭锁原理构成的变压器差动保护。

17. 主变压器高压侧零序过流保护

在主变压器中性点接地运行工况下，主变压器零序过流保护作为主变压器高压绕组及引出线的单相接地保护，同时作为220kV系统的发变组相邻元件接地故障的后备保护。保护接于主变压器中性点引出线的电流互感器上，第一时限部分应在断路器合上时起作用，动作于母线解列。第二时限部分应对高压绕组的外部故障有选择性，保护动作后采用全停1动作出口继电器。

18. 主变压器零序过电压和间隙零序过流保护

主变压器零序过电压保护作为主变压器不接地、中性点经间隙接地或经小电抗接地运行时的变压器后备保护；间隙零序过流保护作为主变压器中性点间隙接地或经小电抗接地运行时的变压器后备保护。对于中性点装设放电间隙的变压器，零序电压元件用于反映单相接地时的零序电压，零序电流元件用于反映间隙放电电流。考虑到在间隙击穿过程中，间隙零序过流和过电压交替出现，一旦间隙零序过流或零序过电压元件动作后装置就互相展宽，使保护可靠动作。单相接地后，若放电间隙未动，则零序电压动作，经延时 t_1 动作于全停1。若零序电流元件动作，则延时 t_2 动作于全停1。

19. 220kV断路器闪络保护

当发电机在同步并网过程中，由于断路器断口两侧电压周期性升高，当断路器两侧电压方向为180°时，断路器断口易发生闪络，使断口一相或两相击穿造成故障。220kV断路器闪络保护动作后经延时采用全停1动作出口继电器，保护动作的判据为：

（1）220kV断路器三相位置触点均为断开状态；

（2）负序电流大于整定值；

（3）发电机已加励磁，机端电压大于定值。

20. 外加电源注入式发电机定子接地保护

注入式定子接地保护原理如图6-9所示，低频电源可以从发电机中性点接地变压器二次侧接入，也可以从机端电压互感器开口三角形二次侧接入。其不受发电机运行工况的影响，在发电机静止、启停过程、空负荷运行、并网运行、甩负荷等各种工况下，均能可靠工作。

接地电阻判据与定子绕组接地点无关，可以反映发电机100%定子绕组单相接地。接地电阻判据反映发电机定子绕组接地电阻的大小，设两段定值，高定值段用于报警，低定值段作用于延时跳闸。

当接地点靠近发电机机端时，检测量中的基波分量会明显增加，导致检测量中低频故障分量的检测灵敏度受到影响。为提高该种情况下的保护灵敏度，增设接地电流辅助判据，反映机端80%～90%的接地绕组单相接地，且越靠近发电机机端灵敏度越高。

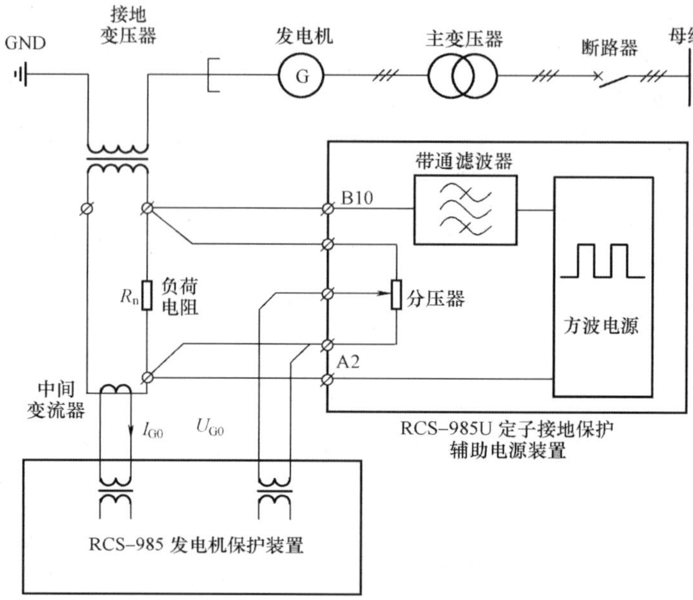

图 6-9 注入式定子接地保护原理图

RCS-985U 接地保护辅助电源装置提供低频外加电源，注入发电机定子绕组侧，与 RCS-985 发电机保护装置配合，构成完整的外加式定子接地保护。

（二）高压厂用变压器保护

高压厂用变压器（以下简称高压厂变）差动保护范围为高压厂用变压器绕组及其引出线的相间短路故障。其与主变压器采用相同的比率差动原理，具有防止区外故障误动的谐波制动和比例制动特性，能防止变压器过励磁时误动，且具有高整定值，无制动功能的电流速断保护。差动保护动作后采用全停 1 动作出口继电器。

高压厂变速断保护动作后采用全停 1 动作出口继电器。

高压厂变高压侧低电压闭锁过流保护的低电压闭锁信号取自 6kV 工作进线侧 TV 电压回路。过流保护动作后采用全停 3 动作出口继电器，高压厂变过流保护动作后不启动 6kV 厂用电源快速切换。

高压厂变低压侧零序过流保护取自高压厂变中性点的接地故障电流，中性点过流保护动作后 t_1 跳本侧 6kV 断路器，t_2 动作于全停 1。

高压厂变低压侧限时速断/过流保护动作于本侧 6kV 开关，闭锁 6kV 厂用电源快切。

（三）励磁保护

1. 励磁变压器

励磁变压器差动保护范围为励磁变压器绕组及其引出线的相间短路，其与主变压器采用相同的比率差动原理，具有防止区外故障误动的谐波制动和比例制动特性，能防止变压器过励磁时误动，且具有高整定值，无制动功能的电流速断保护。差动保护动作后采用全停 1 动作出口继电器。

励磁变压器速断保护动作后采用全停 1 动作出口继电器。

励磁变压器过流保护动作后采用全停 1 动作出口继电器。

2. 励磁系统保护

发电机—变压器组断路器合闸后，静态励磁系统磁场断路器跳闸时采用全停 2 动作出口继电器。灭磁故障或者励磁系统保护动作采用全停 2 动作出口继电器。励磁系统过负荷保护由励磁装置保护提供。

3. 注入式发电机转子接地保护

注入式转子接地保护根据转子绕组引出方式，在转子绕组的正负两端或其中一端与大轴间注入电压，注入电压的频率可根据转子对地电容的大小进行调整，实时求解转子对地绝缘电阻值，保护反映发电机转子对大轴绝缘电阻的下降，可以满足无励磁电压状态下的测量要求。注入式发电机转子接地保护原理如图 6-10 所示。

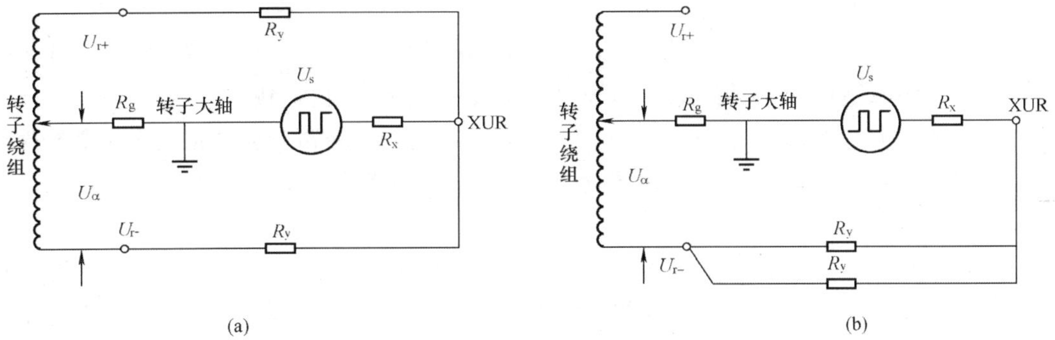

图 6-10 注入式发电机转子接地保护原理图

（a）双端注入原理；（b）单端注入原理

转子一点接地灵敏段动作于信号，第二时限应经投退连接片动作于全停 1。对于双注入方式，可测量转子一点接地位置，从而实现转子两点接地保护，若接地一点接地保护动作于报警，经延时后能自动投入两点接地保护，也可以在一点接地保护稳定后手动经连接片投入转子两点接地保护。

六、RCS-974AG 保护组成

RCS-974AG 变压器非电量及辅助装置保护装置为变压器非电量保护、非全相保护及失灵启动保护装置。

（一）220kV 断路器非全相保护

当发生非全相合闸或跳闸时，由于造成三相负荷不平衡，负序电流在转子表面感应出涡流，造成转子发热损坏。220kV 断路器非全相保护采用负序电流和断路器三相位置不一致辅助触点组成，保护动作于全停 1 动作出口继电器。

在发电机—变压器组的断路器出现非全相运行时，首先应采取发电机降出力措施，然后由经快速返回的“负序或零序电流元件”闭锁的“断路器非全相判别元件”，以独立的时间元件以第 1 时限，启动独立的跳闸回路重跳本断路器一次，并发出“断路器三相位置不一致”的动作信号。若此断路器故障仍存在，采用以下措施。

（1）以“零序或负序电流”任一个元件动作、“断路器三相位置不一致”和“保护动作”3 个条件组成的“与逻辑”，通过独立的时间元件以第 2 时限去解除断路器失灵保护的复合电压闭锁，并发出告警信号。

（2）经“零序或负序电流”元件任一个元件动作以及3个相电流元件任何一个元件动作的“或逻辑”，与“断路器三相位置不一致”、“保护动作”3个条件组成的“与逻辑”动作后，经由独立的时间元件以第3时限去启动失灵保护并发出“断路器失灵保护启动信号”。

（二）断路器失灵保护启动电流元件

发变组保护动作后，对于在故障切除后能快速返回的保护启动断路器失灵保护，而对于动作于程序跳闸的保护不启动失灵保护。失灵保护由某些保护出口继电器的动合触点与断路器动合辅助触点组成保护，保护动作跳主变压器高压侧断路器、6kV厂用电源进线断路器，并启动高压侧断路器失灵保护。

为解决断路器失灵保护因保护灵敏度不足而不能投运的问题，对发电机—变压器组的断路器失灵保护一般采取以下措施。

（1）采用“零序或负序电流”动作，配合“保护动作”和“断路器合闸位置”3个条件组成的与门，经第1时限去解除断路器失灵保护的复合电压闭锁回路。

（2）采用“相电流”、“零序或负序电流”动作，配合“断路器合闸位置”2个条件组成的与门，经第2时限启动失灵保护并发出“启动失灵保护”信号。

（三）变压器本体保护（非电量保护）

变压器本体非电量保护一般包括变压器瓦斯、压力释放、油位、油温、冷却系统故障等，本体保护作用于出口可经投退连接片动作于出口或信号。其保护动作情况配置如下。

主变压器、高压厂变重瓦斯、冷却器全停、油温高—高和绕组温度高—高等动作于全停2出口继电器。高压厂变轻瓦斯、压力释放、油位高低、油温高、绕组温度高、冷却系统故障和冷却器失电等动作于信号。励磁变温度高动作于信号，温度高—高动作于全停2出口继电器。

第三节　母线保护和断路器失灵保护

一、概述

高压母线是电气主系统中的重要设备，起着电能分配的枢纽作用，它的安全运行关系到整个电网的安全稳定。所以母线必须装设完备的保护装置，保证在发生故障时迅速切除故障设备，维持正常设备的继续运行。母线的主要保护是母线差动保护。各种类型的母线保护就其对母线接线方式、电网运行方式、故障类型以及故障点过渡电阻等方面的适应性来说，仍以按电流差动原理构成的母线保护为最佳。带制动特性的差动继电器（亦即比率差动继电器），采用一次的穿越电流作为制动电流，以克服区外故障时由于电流互感器（以下称TA）误差而产生的差动不平衡电流，在高压电网中得到了较为广泛的应用。所谓的断路器失灵保护是指当保护跳断路器的跳闸脉冲已经发出，而断路器却没有跳开（或拒绝跳闸）时，由断路器失灵保护以较短的延时，跳开同一母线上的其他元件，以尽快将故障从电力系统隔离的一种紧急处理办法。实现失灵保护的方式很多，但最重要的是如何保证断路器失灵保护的安全性，因为一旦保护误动所造成的后果相当严重。一般而言，母线保护可以实现母线差动保护、母联充电保护、母联过流保护、母联失灵（或死区）保护以及断路器失灵保护出口等功能。本节将以BP-2B微机母线保护装置为例详细介绍母线保护各功能。

二、母线保护各功能介绍

（一）母差保护

BP 系列母差保护为以分相瞬时值复式比率差动元件为主的一整套电流差动保护方案，下述各元件判据除非特别说明，都是分相计算，分相判别。

1. 启动元件

母线差动保护的启动元件由“和电流突变量”和“差电流越限”两个判据组成。“和电流”是指母线上所有连接元件电流的绝对值之和 $I_r = \sum_{j=1}^{m} |I_j|$；“差电流”是指所有连接元件电流和的绝对值 $I_d = |\sum_{j=1}^{m} I_j|$；$I_j$ 为母线上第 j 个连接元件的电流。与传统差动保护不同，微机差动保护的“差电流”与“和电流”不是从模拟电流回路中直接获得，而是通过电流采样值的数值计算求得。启动元件分相启动，分相返回。

（1）和电流突变量判据：当任一相的和电流突变量大于突变量门坎时，该相启动元件动作，其表达式为 $\Delta i_r > \Delta i_{dset}$，$\Delta i_r$ 为和电流瞬时值比前一周波的突变量；ΔI_{dset} 为突变量门坎定值。

（2）差电流越限判据：当任一相的差电流大于差电流门坎定值时，该相启动元件动作。其表达式为：$I_d > I_{dest}$，其中 I_d 为分相大差动电流；I_{dset} 为差电流门坎定值。

（3）启动元件返回判据：启动元件一旦动作后自动展宽 40ms，再根据启动元件返回判据决定该元件何时返回。当任一相差电流小于差电流门坎定值的 75%时，该相启动元件返回。

其表达式为：$I_d < 0.75 I_{dset}$。

2. 差动元件

母线保护差动元件由分相复式比率差动判据和分相突变量复式比率差动判据构成。

（1）复式比率差动判据。

动作表达式为

$$\begin{cases} I_d > I_{dset} \\ I_d > K_r (I_r \quad I_d) \end{cases}$$

式中：I_{dset} 为差电流门坎定值；K_r 为复式比率系数（制动系数）。

复式比率差动判据相对于传统的比率制动判据，由于在制动量的计算中引入了差电流，使其在母线区外故障时有极强的制动特性，在母线区内故障时无制动，因此能更明确地区分区外故障和区内故障，如图 6-11 所示为复式比率差动元件的动作特性。

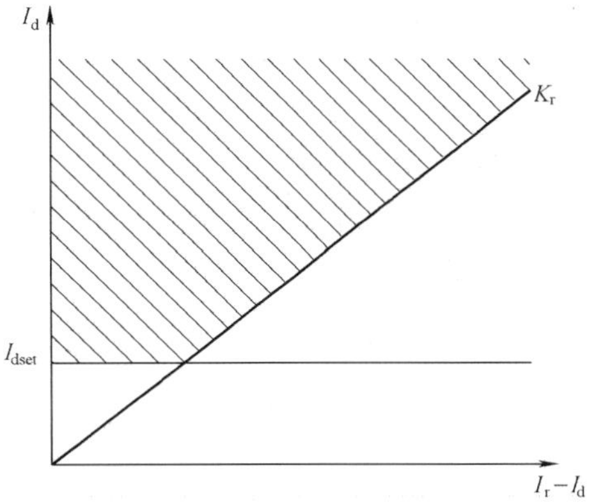

图 6-11　复式比率差动元件动作特性

（2）故障分量复式比率差动判据。

根据叠加原理，故障分量电流有以下特点：母线内部故障时，母线各支路同名相故障分量电流在相位上接近相等（即使故障前系统电源功角摆开）。理论上，只要故障点过渡电阻不是∞，母线内部故障时故障分量电流的相位关系不会改变。

为有效减少负荷电流对差动保护灵敏度的影响，为进一步减少故障前系统电源功角关系对保护动作特性的影响，提高保护切除经过渡电阻接地故障的能力，母差保护采用电流故障分量分相差动构成复式比率差动判据。

故障分量的提取有多种方案，采用的数字算法为

$$\Delta i(k)=i(k)-i(k-N)$$

式中：$i(k)$ 为当前电流采样值；$i(k-N)$ 为一个周波前的采样值。在故障发生后的一个周波内，其输出能较为准确地反映包括各种谐波分量在内的故障分量。

"故障分量差电流" $\Delta I_d=\left|\sum_{j=1}^{m}\Delta I_j\right|$；"故障分量和电流" $\Delta I_r=\sum_{j=1}^{m}\left|\Delta I_j\right|$。

动作表达式为

$$\begin{cases}\Delta I_d>\Delta I_{dset}\\ \Delta I_d>K_r\times(\Delta I_r-\Delta I_d)\\ I_d>I_{dset}\\ I_d>0.5\times(I_r-I_d)\end{cases}$$

式中：ΔI_j 为第 j 个连接元件的电流故障分量；ΔI_{dset} 为故障分量差电流门坎，由 I_{dset} 推得；K_r 为复式比率系数（制动系数）。

由于电流故障分量的暂态特性，故障分量复式比率差动判据仅在和电流突变启动后的第一个周波投入，并受使用低制动系数（0.5）的复式比率差动判据闭锁。

保护将母线上所有连接元件的电流采样值输入上述两个差动判据，即构成大差（总差）比率差动元件；对于分段母线，将每一段母线所连接元件的电流采样值输入上述差动判据，即构成小差（分差）比率差动元件。各元件连接在哪一段母线上，是根据各连接元件的隔离开关位置来决定。

3. 电流互感器（TA）饱和检测元件

为防止母线差动保护在母线近端发生区外故障时，由于 TA 严重饱和出现差电流的情况下误动作，根据 TA 饱和发生的机理以及 TA 饱和后二次电流波形的特点设置了 TA 饱和检测元件，用来判别差电流的产生是否由区外故障 TA 饱和引起。

该饱和检测元件可以称之为自适应全波暂态监视器。该监视器判别区内故障情况下截然不同于区外故障发生 TA 饱和情况下 ΔI_d 元件与 ΔI_r 元件的动作时序，以及利用了 TA 饱和时差电流波形畸变和每周波都存在线形传变区等特点，可以准确检测出饱和发生的时刻，具有极强的抗 TA 饱和能力。

4. 电压闭锁元件

以电流判据为主的差动元件，可以用电压闭锁元件来配合，提高保护整体的可靠性。电压闭锁元件的动作表达式为

$$\begin{cases}U_{ab}\leqslant U_{set}\text{或}U_{bc}\leqslant U_{set}\text{或}U_{ca}\leqslant U_{set}\\ 3U_0\geqslant U_{0set}\\ U_2\geqslant U_{2set}\end{cases}$$

式中：U_{ab}、U_{bc}、U_{ca}为母线线电压（相间电压）；$3U_0$ 为母线三倍零序电压；U_2 为母线负序

电压（相电压）；U_{set}、U_{0set}、U_{2set}分别为各序电压闭锁定值。三个判据中的任何一个被满足，该段母线的电压闭锁元件就会动作，称为复合电压元件动作。差动元件与失灵元件动作出口经相应母线段的相关复合电压元件闭锁。

5. 故障母线选择逻辑

大差比率差动元件与小差比率差动元件各有特点。大差比率差动元件的差动保护范围涵盖各段母线，大多数情况下不受运行方式的控制；小差比率差动元件受当时的运行方式控制，但差动保护范围只是相应的一段母线，具有选择性。

对于固定连接式分段母线，如单母分段等主接线，由于各个元件固定连接在一段母线上，不在母线段之间切换，因此大差电流只作为启动条件之一，各段母线的小差比率差动元件既是区内故障判别元件，也是故障母线选择元件。

对于存在倒闸操作的双母线、双母分段等主接线，差动保护使用大差比率差动元件作为区内故障判别元件；使用小差比率差动元件作为故障母线选择元件。即由大差比率元件是否动作区分母线区外故障与母线区内故障；当大差比率元件动作时，由小差比率元件是否动作决定故障发生在哪一段母线。这样可以最大限度地减少由于隔离开关辅助触点位置不对应造成的母差保护误动作。

考虑到分段母线的联络断路器断开的情况下发生区内故障，非故障母线段有电流流出母线，影响大差比率元件的灵敏度，大差比率差动元件的比率制动系数可以自动调整。联络断路器处于合位时（母线并列运行），大差比率制动系数与小差比率制动系数相同（可整定）；当联络断路器处于分位时（母线分列运行），大差比率差动元件自动转用比率制动系数低值（也可整定）。

母线上的连接元件倒闸过程中，两条母线经隔离开关相连时（母线互联），装置自动转入“母线互联方式”（“非选择方式”）——不进行故障母线的选择，一旦发生故障同时切除两段母线。当运行方式需要时，或母联操作回路失电，也可以投“互联连接片”或设定保护控制字中的“强制母线互联”软连接片，强制保护进入互联方式。强制母线互联投退控制字和装置“互联运行”投退硬连接片关系是或逻辑，任何一个投入，装置即进入非选择（单母）方式。母差保护选择逻辑框图如图 6-12 所示。

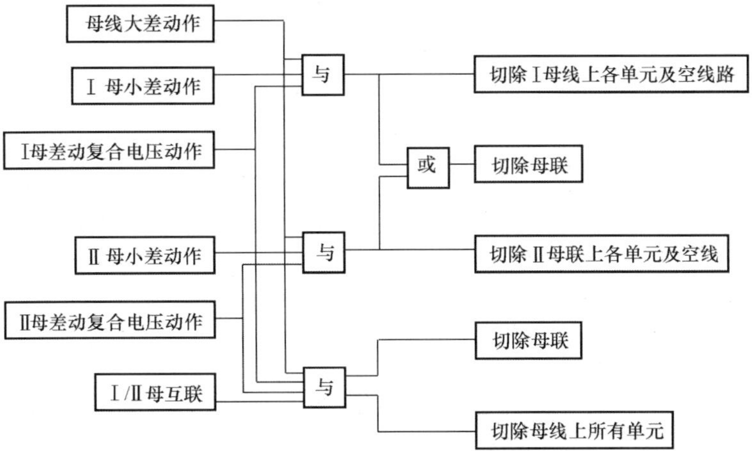

图 6-12 母差保护选择逻辑框图

6. 差动回路和出口回路的切换

以上全面阐述了本装置的母线差动保护方案，包括启动、差动判据、饱和检测、电压闭锁、故障母线选择在内的各个环节及相互之间逻辑关系。下面将以双母线接线详细说明差动回路和出口回路的形成。其实这里所说的“差动回路”和“出口回路”只是借用传统保护的概念，微机母线差动保护装置中并不存在这样的硬件回路，各连接元件三相电流和隔离开关位置全部都已转换成为数字量，由程序流程来实现切换。因此装置的差动回路和出口回路可以说是实时地无触点地（非继电器）进行切换。

以 I_1，I_2，…，I_n 表示各元件电流数字量；

以 I_{lk}表示母联电流数字量；

以 S11，S12，…，S1n 表示各元件Ⅰ母隔离开关位置，0 表示隔离开关分，1 表示隔离开关合；

以 S21，S22，…，S2n 表示各元件Ⅱ母隔离开关位置；

以 Slk 表示母线并列运行状态，0 表示分列运行，1 表示并列运行；

各元件 TA 的极性端必须一致；一般母联只有一侧有 TA，装置默认母联 TA 的极性与Ⅱ母上的元件一致。

则差流计算公式为

大差电流 $I_d = I_1 + I_2 + \cdots + I_n$

Ⅰ母小差电流 $I_{d1} = I_1 \times S11 - I_2 \times S12 + \cdots + I_n \times S1n - I_{lk} \times S1k$

Ⅱ母小差电流 $I_{d2} = I_1 \times S21 + I_2 \times S22 + \cdots + I_n \times S2n + I_{lk} \times S1k$

以 T1，T2，…，Tn 表示差动动作于各元件逻辑，0 表示不动作，1 表示动作；

以 T1k 表示差动动作于母联逻辑；

以 F1、F2 分别表示Ⅰ母、Ⅱ母故障，0 表示无故障，1 表示故障。

则出口逻辑计算公式为

$$T1 = F1 \times S11 + F2 \times S21$$

$$T2 = F1 \times S12 = F2 \times S22$$

$$\cdots$$

$$Tn = F1 \times S1n + F2 \times S2n$$

$$T1k = F1 + F2$$

（二）母联（分段）失灵和死区保护

母线并列运行，当保护向母联（分段）断路器发出跳令后，经整定延时若大差电流元件不返回，母联（分段）流互中仍然有电流，则母联（分段）失灵保护应经母线差动复合电压闭锁后切除相关母线各元件。只有母联（分段）断路器作为联络断路器时，才启动母联（分段）失灵保护，因此母差保护和母联（分段）充电保护启动母联（分段）失灵保护。

母线并列运行，当故障发生在母联（分段）断路器与母联（分段）电流互感器之间时，断路器侧母线段跳闸出口无法切除该故障，而电流互感器侧母线段的小差元件不会动作，这种情况称之为死区故障。此时，母差保护已动作于一段母线，大差电流元件不返回，母联（分段）断路器已跳开而母联（分段）电流互感器仍有电流，死区保护应经母线差动复合电压闭锁后切除相关母线。

上述两个保护有共同之处，即故障点在母线上，跳母联断路器经延时后，大差元件不返回且母联流互仍有电流，跳两段母线。因此可以共用一个保护逻辑，如图 6-13 所示。

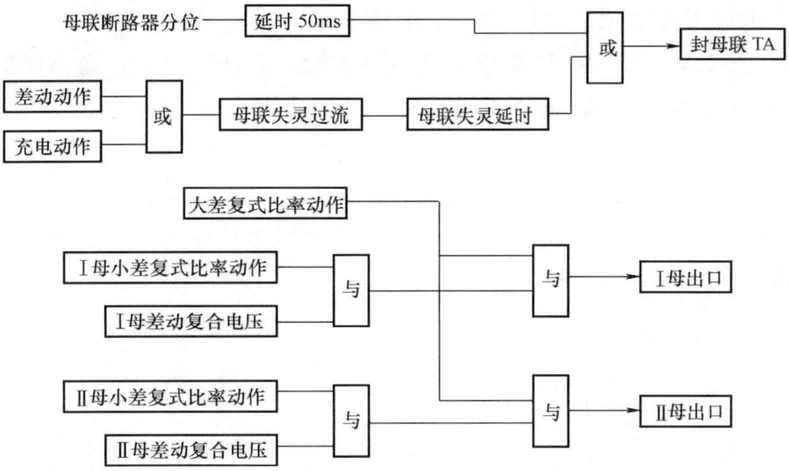

图 6-13 母联失灵保护、死区故障保护实现逻辑框图

由于故障点在母线上，装置根据母联断路器的状态封母联 TA 后——即母联电流不计入小差比率元件，差动元件即可动作隔离故障点。对母联断路器失灵而言，需经过长于母联断路器灭弧时间并留有适当裕度的延时（母联失灵延时，可整定）才能封母联 TA；对于母线并列运行（联络断路器合位）发生死区故障而言，母联断路器触点一旦处于分位（可以通过断路器辅助触点 QF，或 KCT、KCC 触点读入），再考虑主触点与辅助触点之间的先后时序（50ms），即可封母联 TA，这样可以提高切除死区故障的动作速度。

母线分列运行时，死区点如发生故障，由于母联 TA 已被封闭，所以保护可以直接跳故障母线，避免了故障切除范围的扩大。

由于母联断路器状态的正确读入对母线保护的重要性，所以应将母联断路器的动合触点（KCC）和动断触点（KCT）同时引入装置，以便相互校验。对分相断路器，要求将三相动合触点并联，将三相动断触点串联。

（三）母联（分段）充电保护

分段母线其中一段母线停电检修后，可以通过母联（分段）断路器对检修母线充电以恢复双母运行。此时投入母联（分段）充电保护，当检修母线有故障时，跳开母联（分段）断路器，切除故障。

母联（分段）充电保护的启动需同时满足三个条件：母联（分段）充电保护连接片投入；其中一段母线已失压，且母联（分段）断路器已断开；母联电流从无到有。

充电保护一旦投入自动展宽 200ms 后退出。充电保护投入后，当母联任一相电流大于充电电流定值，经可整定延时跳开母联断路器，不经复合电压闭锁。

采用外部母联保护装置充电时，与母线保护装置的差动保护配合，可能需要投入差动保护，也可能需要退出差动保护。

（1）外部母联充电保护投入时，投入差动保护。

母线充电时，若外部母联充电保护和差动保护都同时投入，充电母线故障，此时充电保护和差动保护都会动作跳母联断路器。若母联断路器失灵，差动保护将启动母联失灵保护动作另一段母线。

（2）外部母联充电保护投入时，退出差动保护。

若考虑到母联 TA 极性可能接反或断路器辅助触点不良等因素，充电保护投入时退差动保护，BP-2B 引入母联断路器的手合触点配合退差动。手合触点开入后，闭锁母差保护 200ms。

若考虑到母线充电时发生母联断路器失灵，则需考虑由该母联保护的失灵启动装置提供一个失灵启动触点给本装置。充电保护投入期间是否闭锁差动保护可设置保护控制字相关项进行选择。逻辑框图如图 6-14 所示。

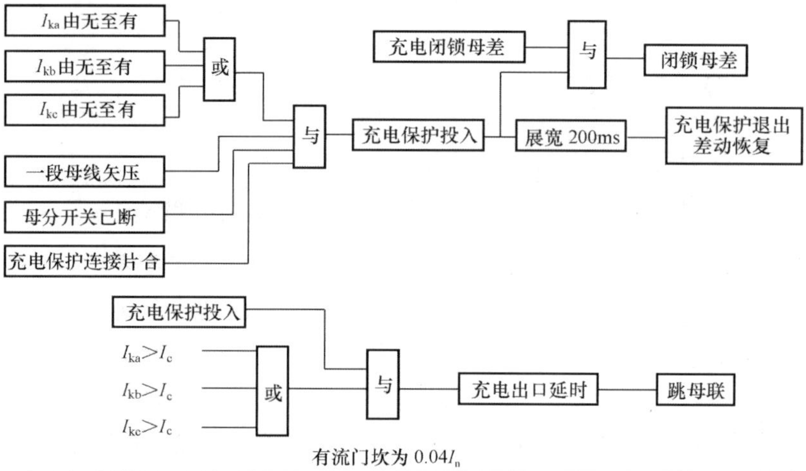

图 6-14 充电保护逻辑框图

I_{ka}—母联 A 相电流；I_{kb}—母联 B 相电流；I_{kc}—母联 C 相电流；I_c—充电保护电流定值

（四）母联（分段）过流保护

母联(分段)过流保护可以作为母线解列保护，也可以作为线路(变压器)的临时应急保护。

母联（分段）过流保护连接片投入后，当母联任一相电流大于母联过流定值，或母联零序电流大于母联零序过流定值时，经可整延时跳开母联断路器，不经复合电压闭锁。逻辑框图如图 6-15 所示。

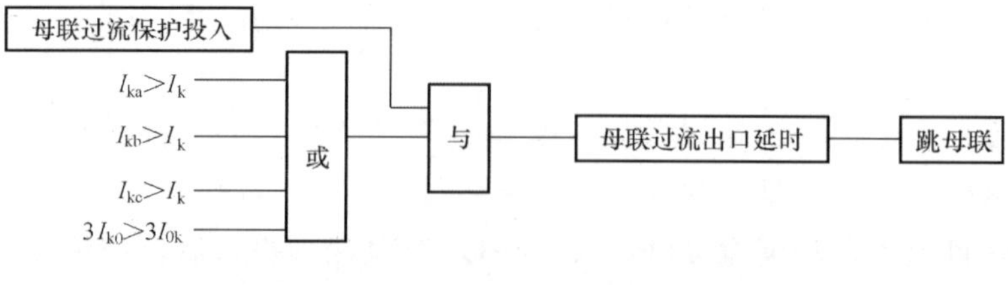

图 6-15 母联（分段）过流保护逻辑框图

I_{ka}—母联 A 相电流；I_{kb}—母联 B 相电流；I_{kc}—母联 C 相电流；

$3I_{k0}$—母联零序电流；I_k—母联过流定值；$3I_{0k}$—母联零序过流定值

（五）电流回路断线闭锁

差电流大于 TA 断线定值，延时 9s 发 TA 断线告警信号，同时闭锁母差保护。电流回路正常后，0.9s 自动恢复正常运行。逻辑框图如图 6-16 所示。

图 6-16 TA 断线逻辑框图

I_{da}—A 相大差电流；I_{db}—B 相大差电流；

I_{dc}—C 相大差电流；$I_{d\text{-}ct}$—TA 断线定值

母联（分段）电流回路断线，并不会影响保护对区内、区外故障的判别，只是会失去对故障母线的选择性。因此，联络断路器电流回路断线不需闭锁差动保护，只需转入母线互联（单母方式）即可。母联（分段）电流回路正常后，自动恢复正常运行。由于联络断路器的电流不计入大差，母联（分段）电流回路断线时上一判据并不会满足。而此时与该联络断路器相连的两段母线小差电流都会越限，且大小相等、方向相反。联络断路器断线逻辑框图如图 6-17 所示。

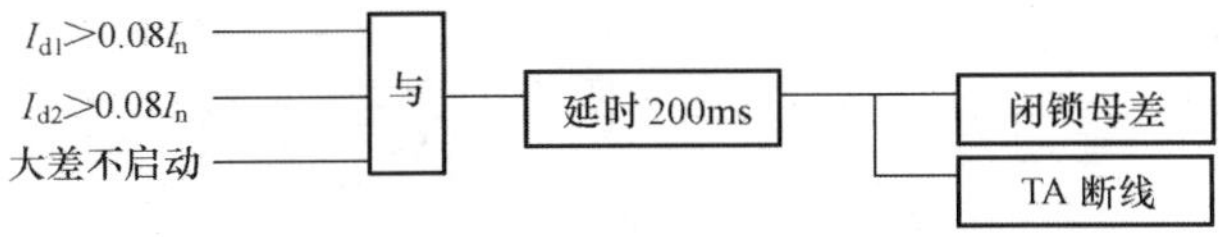

图 6-17 联络断路器 TA 断线逻辑框图

（六）电压回路断线告警

任何一段非空母线差动电压闭锁元件动作后延时 9s 发 TV 断线告警信号。除了该段母线的复合电压元件将一直动作外，对保护没有其他影响。

（七）母线运行方式的电流校验

双母线运行时，各连接元件经常在两段母线之间切换。母差保护需要正确跟随母线运行方式的变化，才能保证母线保护的正确动作。

BP-2B 引入隔离开关的辅助触点实现对母线运行方式的自适应。同时用各支路电流和电流分布来校验隔离开关辅助触点的正确性。当发现隔离开关辅助触点状态与实际不符，即发出“开入异常”告警信号，在状态确定的情况下自动修正错误的隔离开关触点，包括两段母线经两把隔离开关双跨（母线互联）。隔离开关辅助触点恢复正确后需复归信号才能解除修正。如有多个隔离开关辅助触点同时出错，则装置可能无法全部修正，需要运行人员操作“运行方式设置”菜单进行强制设定，或通过操作 BP-2B 母差保护装置上的“强钮开关”进行强制设定，直到隔离开关辅助触点检修完毕取消强制。

由于母差的大差电流与隔离开关辅助触点无关，以及装置具有运行方式电流校验功能，因此双母线倒排操作期间，装置不需运行人员手动干预，可以正确切除故障；隔离开关辅助触点出错检修期间不需退出保护；带电拉隔离开关，保护可以正确快速动作。

（八）断路器失灵保护出口

断路器失灵保护可以与母线保护公用跳闸出口，有两种方式供选择。

1. 与失灵启动装置配合方式

当母线所连的某断路器失灵时，由该线路或元件的失灵启动装置提供一个失灵启动触点给本装置。本装置检测到某一失灵启动触点闭合后，启动该断路器所连的母线段失灵出口逻辑，经失灵复合电压闭锁，按可整定的“失灵出口短延时”跳开联络断路器，“失灵出口长延时”跳开该母线连接的所有断路器。某一间隔失灵启动触点长期误闭合后，闭锁该间隔的失灵启动逻辑，同时装置发出“开入异常”告警信号。逻辑框图如图 6-18 所示。

若有外部母联保护装置动作于母联断路器失灵，由该母联保护的失灵启动装置提供一个失灵启动触点给母线保护。母线保护装置检测到外部母联失灵启动触点闭合后且母线并列运

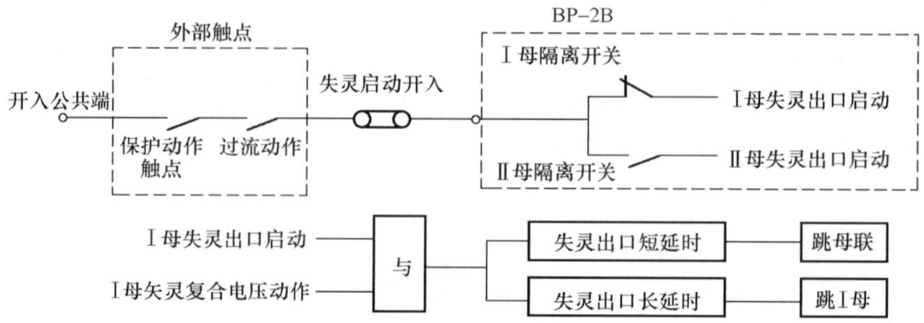

图 6-18 失灵启动逻辑框图

行时，启动母联断路器失灵出口逻辑，当母联电流大于母联失灵定值，经差动复合电压闭锁，按可整定的“母联失灵延时”跳开Ⅰ母线或Ⅱ母线连接的所有断路器。逻辑框图如图 6-19 所示。

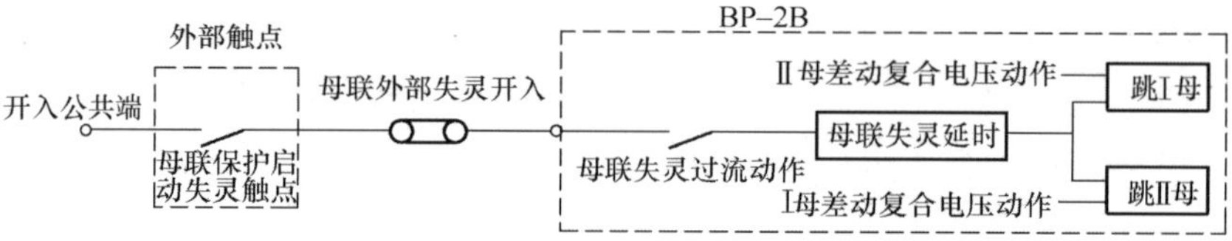

图 6-19 母联外部失灵启动逻辑框图

2. 自带电流检测元件方式

若没有失灵启动装置，装置本身可以实现检测断路器失灵的过流元件。将元件保护的保护跳闸触点引入装置。分相跳闸触点则分相检测电流，三相跳闸触点则检测三相电流。失灵过流逻辑框图如图 6-20 所示。

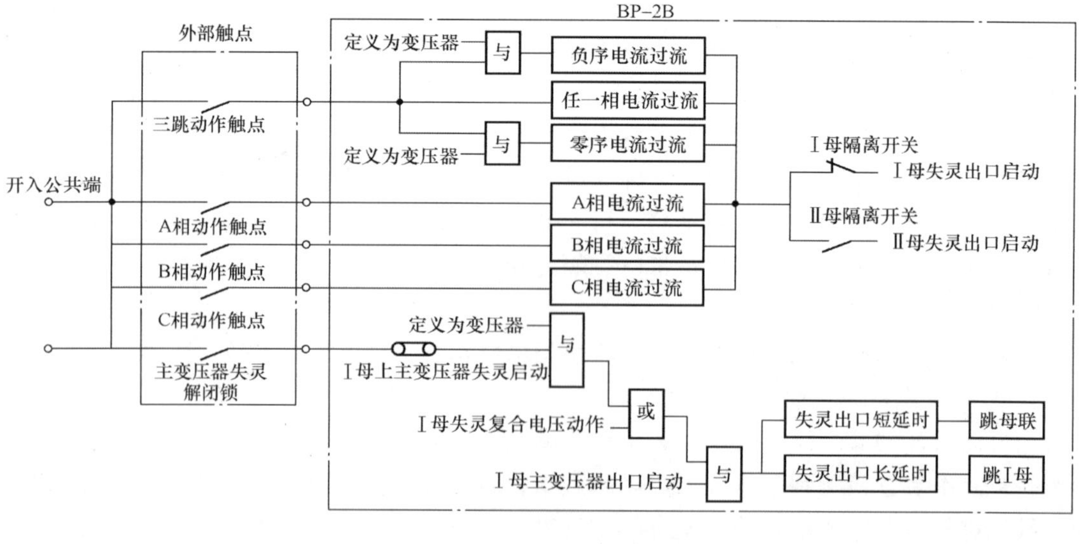

图 6-20 失灵过流逻辑框图

3. 失灵电压闭锁元件及主变压器失灵解除电压闭锁

装置内部、外部启动母联（分段）失灵保护逻辑均采用差动复合电压闭锁。失灵的电压闭锁元件，与差动的电压闭锁类似，也是以低电压（线电压）、负序电压和 3 倍零序电压构成的复合电压元件，只是使用的定值与差动保护不同，需要满足线路末端故障时的灵敏度。同样失灵出口动作，需要相应母线段的失灵复合电压元件动作。对于变压器或发变组间隔，设置“主变压器失灵解闭锁”的开入触点。当该支路失灵保护启动触点和“主变压器失灵解闭锁”的开入触点同时动作，实现解除该支路所在母线的失灵保护电压闭锁。

（九）母线分列运行的说明

对于分段母线（双母线或单母分段），当联络断路器断开，母线分列运行时，需要考虑以下两种情况。如图 6-21 所示，母线分列运行时，Ⅱ母故障，Ⅰ母上的负荷电流仍然可能流出母线。特别是在Ⅰ、Ⅱ母线分别接大，小电源或者母线上有近距离双回线时，电流流出母线的现象特别严重。此时，大差灵敏度下降。因此，装置的大差比率元件采用 2 个定值，母线并列运行时，用比率系数高值；母线分列运行时，用比率系数低值。装置根据母线运行状态的变化自动切换其高、低定值。

如图 6-22 所示，母线分列运行时，死区故障，故障点位于母联的断路器和 TA 之间。装置直接封母联 TA，此时差动保护只出口跳Ⅱ母。

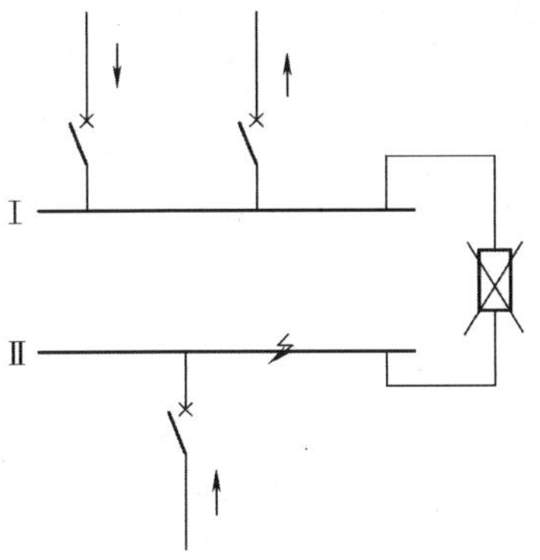

图 6-21 母线分列运行Ⅱ母故障

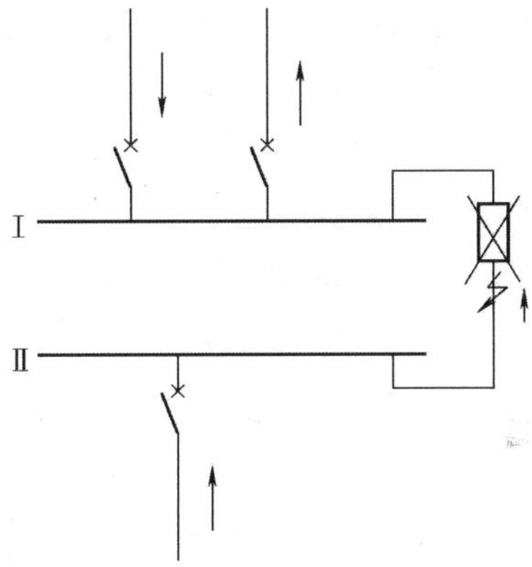

图 6-22 母线分列运行死区故障

装置通过自动和手动两种方式判别母线是并列运行还是分列运行。自动方式是将母联（分断）断路器的动合和动断辅助触点引入装置的端子，若断路器的动合和动断触点不对应，装置默认为断路器合，同时发开入异常告警信号；手动方式是运行人员在母联（分段）断路器断开后，投“母线分列运行”压板，在合母联（分段）断路器前，退出该连接片。以上两种方式中，手动方式优先级最高。即：若投“母线分列运行”连接片，装置认为母线分列运行；若退“母线分列运行”连接片，装置根据自动方式判别母线运行状态。

三、母差保护的异常运行及处理

（一）母差电流互感器断线动作报警

1. 现象

（1）保护屏上“TA 断线”红灯亮。

（2）操作员站上“母差保护屏 TA 断线”报警。

2. 原因

（1）电流互感器的变比设置错误，极性接反。

（2）接入母差装置的电流互感器断线。

(3) 差动一/二次回路不对应可能有一次运行设备的二次电流未投入。

(4) 其他持续使差电流大于断线门坎定值的情况。

3. 处理

(1) 除母联TA断线外，其余TA断线将闭锁母差保护。

(2) 汇报值长停用母差保护并通知检修处理。

(二) 母线电压互感器断线动作报警

1. 现象

(1) 保护屏上"TV断线"红灯亮，"差动开放1(2)"和"失灵开放1(2)"红灯亮。

(2) 操作员站上"TV断线"报警。

2. 原因

(1) 电压互感器相序接错，回路断线或检修。

(2) 保护元件电压回路异常。

3. 处理

检查有关电压回路电源正常，若正常汇报值长并告检修尽快处理。

(三) 母线互联报警

1. 现象

(1) 保护屏上"母线互联"红灯亮。

(2) 操作员站上"母线互联"报警。

2. 原因

(1) 母线处于经隔离开关互联状态。

(2) 互联软、硬连接片投入。

(3) 母联开关TA断线。

3. 处理

(1) 若属前两种情况则无需干预。

(2) 若属第三种情况则尽快通知检修处理并放上母线互联硬连接片。

(四) 母差保护"出口退出"红灯亮

1. 现象

保护屏上"出口退出"红灯亮。

2. 原因

(1) 保护控制字中"出口触点"被设为退出状态。

(2) 软件故障引起。

3. 处理

(1) 告检修重新设置"出口触点"为投入状态。

(2) 若无效则通知检修处理。

(五)"开入异常"报警

1. 现象

(1) 保护屏上"开入异常"红灯亮。

(2) 操作员站上"开入异常"报警。

2. 原因

(1) 母线隔离开关辅助触点与一次运行系统不对应。

(2) 失灵触点误启动。

(3) 主变压器失灵解除闭锁误启动。

(4) 误投“母线分列运行”连接片。

(5) 母联开关动合与动断触点不对应。

3. 处理

(1) 将该母线隔离开关的强钮开关切至“强制通”或“强制断”位置，使其与实际一次系统相符。

(2) 取下与出错触点相对应的失灵启动连接片，汇报值长并告检修。

(3) 取下与出错触点相对应的主变压器失灵解除闭锁连接片，汇报值长并告检修。

(4) 调整“母线分列运行”连接片与母线运行方式相对应。

(5) 通知检修检查母联开关触点输入回路。

(六)“装置异常”报警

1. 现象

保护屏上“差动异常”或“闭锁异常”红灯亮。

2. 原因

保护元件或闭锁元件硬件故障。

3. 处理

汇报值长，停用保护并告检修处理。

(七) 母差保护“直流消失”

1. 现象

(1) 保护屏上“直流消失”报警。

(2) 操作员站上“运行直流消失、操作直流消失”报警。

2. 原因

(1) 差动回路断线。

(2) 直流开关跳闸。

3. 处理

(1) 若直流开关跳闸，试合直流开关一次，不成功则检查直流系统电源是否正常。

(2) 告检修处理。

(3) 若差动回路断线，参照母差电流互感器断线动作报警情况处理。

第四节 高压线路保护

一、高压线路保护的保护种类

超高压输电线路由于种种原因会发生各种短路故障。随着输电线路电压等级的提高，为了电网的安全，要求尽快切除故障。高压网络上出现的振荡、串补等问题，又使得高压网络的继电保护更趋复杂化。

（一）零序电流保护和方向性零序电流保护

超高压输电线路故障一般可以划分为两类：相间故障和接地故障。相间故障一般指两相短路、两相短路接地或三相短路；接地故障一般指两相接地和单相接地。用零序电流保护可以灵敏地反映接地故障。

零序电流保护分Ⅰ段、Ⅱ段和Ⅲ段，其保护原理和电流保护相同，本节仅简单说明一下其整定原则。

1. 零序电流速断（零序Ⅰ段）保护

零序电流速断保护的整定原则如下。

（1）躲开下一条线路出口处单相或两相接地短路时可能出现的最大零序电流。

（2）躲开断路器三相触头不同期合闸时所出现的最大零序电流。

如果保护装置的动作时间大于断路器三相不同期合闸的时间，则可以不考虑条件（2）。保护整定值应选取（1）、（2）中较大者。但在有些情况下，如按照条件（2）整定将使整定电流过大。因此当保护范围小时，也可以采用在手动合闸以及三相自动重合闸时，使零序Ⅰ段带有一个小的延时（约0.1s），以躲开断路器三相不同期合闸的时间，这样在整定值上就无需考虑条件（2）了。

（3）当线路上采用单相自动重合闸时，按上述条件（1）、（2）整定的零序Ⅰ段，往往不能躲开在非全相运行状态下又发生系统振荡时，所出现的最大零序电流。而如果按这一条件整定，则正常情况下发生接地故障时，其保护范围又要缩小，不能充分发挥零序Ⅰ段的作用。

因此，为了解决这个矛盾，通常是设置两个零序Ⅰ段保护。其中一个是按条件（1）或（2）整定（由于其整定值较小，保护范围较大，因此，称为灵敏Ⅰ段），它的主要任务是对全相运行状态下的接地故障起保护作用，具有较大的保护范围，而当单相重合闸启动时，则将其自动闭锁，需待恢复全相运行时才能重新投入。另一个是按条件（3）整定，由于它的定值较大，因此称为不灵敏Ⅰ段，装设它的主要目的，是为了在单相重合闸过程中，其他两相又发生接地故障时，用以弥补失去灵敏Ⅰ段的缺陷，尽快地将故障切除。当然，不灵敏Ⅰ段也能反映全相运行状态下的接地故障，只是其保护范围较灵敏Ⅰ段为小。

2. 零序电流限时速断（零序Ⅱ段）保护

零序Ⅱ段保护主要是其启动电流要和下一条线路的零序Ⅰ段相配合，并带有高出一个Δt的时限，以保证动作的选择性。

但是，应当考虑分支电路的影响，因为它将使零序电流的分布发生变化。

3. 零序过电流（零序Ⅲ段）保护

零序Ⅲ段在一般情况下是作为后备保护使用，但在中性点直接接地电网中的终端线路上，它也可以作为主保护使用。

在零序过电流保护中，对继电器的启动电流，原则上是躲开在下一条线路出口处相间短路时所出现的最大不平衡电流，同时还必须要求各保护之间的灵敏系数上要互相配合，满足灵敏系数和选择性的要求。

因此，实际上对零序过电流保护的整定计算，必须按逐级配合的原则来考虑。具体地说，就是本线路零序Ⅲ段的保护范围，不能超出相邻线路上零序Ⅲ段的保护范围。

4. 方向性零序过流保护

在双侧或多侧电源的网络中，电源侧变压器的中性点一般至少有一台要接地，由于零序电流的实际流向是由故障点流向各个中性点接地的变压器，因此在变压器接地数目比较多的复杂网络中，就需要考虑零序电流保护动作的方向性问题。

零序功率方向继电器，接入零序电压和零序电流，它只反映零序功率的方向而动作。当保护范围内部故障时，按规定的零序电流、零序电压正方向看，$3I_0$ 超前于 $3U_0$ 为 90°～110°(对应于保护安装地点背后的零序阻抗角为 70°～85°的情况)时，继电器此时应正确动作，并应工作在最灵敏的条件之下，亦即继电器的最大灵敏角应为－110°～－95°(电流超前于电压)。

（二）线路距离保护

1. 距离保护作用原理

在线路发生短路时阻抗继电器测到的阻抗等于保护安装点到故障点的（正序）阻抗。显然该阻抗和故障点的距离是成比例的。因此习惯地将用于线路上的阻抗继电器称距离继电器。三段式距离保护的原理和电流保护是相似的，其差别在于距离保护反映的是电力系统故障时测量阻抗的下降，而电流保护反映是电流的升高。

距离保护Ⅰ段：保护范围不伸出本线路，即保护线路全长的 80%～85%，瞬时动作。

距离保护Ⅱ段：保护范围不伸出下回线路Ⅰ段的保护区。为保证选择性，延时 Δt 动作。

距离保护Ⅲ段：按躲开正常运行时负荷阻抗来整定。

2. 影响距离保护正确工作的因素及防止方法

（1）短路点过渡电阻的影响。

电力系统中短路一般都不是纯金属性的，而是在短路点存在过渡电阻，此过渡电阻一般是由电弧电阻引起的。它的存在，使得距离保护的测量阻抗发生变化。一般情况下，会使保护范围缩短。但有时候也能引起保护超范围动作或反方向动作（误动）。

在单电源网络中，过渡电阻的存在，将使保护区缩短；而在双电源网络中，使得线路两侧所感受到的过渡电阻不再是纯电阻，通常是线路一侧感受到的为感性，另一侧感受到的为容性，这就使得在感受到感性一侧的阻抗继电器测量范围缩短，而感受到容性一侧的阻抗继电器测量范围可能会超越。

解决过渡电阻影响的办法有许多。例如：采用躲过渡电阻能力较强的阻抗继电器；用瞬时测量的技术，因为过渡电阻（电弧性）在故障刚开始时比较小，而时间长了以后反而增加，根据这一特点采用在故障开始瞬间测量的技术，可以使过渡电阻的影响减少到最小。

（2）系统振荡的影响。

电力系统振荡对距离保护影响较大，不采取相应的闭锁措施将会引起误动。防止振荡期间误动的手段较多，下面介绍两种情况。

1）利用负序（或零序）分量元件启动的闭锁回路。电力系统振荡是对称的振荡，在振荡时没有负序分量。而电力系统发生的短路绝大部分是不对称故障，即使三相短路故障，也往往是刚开始为不对称然后发展为对称短路的。因此，在短路瞬时，会出现负序分量或短暂出现负序分量，根据这一原理可以区分短路和振荡。

2）利用测量阻抗变化速度构成闭锁回路。电力系统振荡时，距离继电器测量到的阻抗会周期性变化，变化周期和振荡周期相同。而短路时，测量到的阻抗是突变的，阻抗从正常负荷阻抗突变到短路阻抗。因此，根据测量阻抗的变化速度可以区分短路和振荡。

（3）串联补偿电容的影响。

高压线路的串联补偿电容可大大缩短其所连接的两电力系统间的电气距离，提高输电线路的输送功率，对电力系统稳定性的提高具有很大作用，但它的存在对继电保护装置将产生不利影响，保护设备使用或整定不当，可能会引起误动。

串联补偿电容（简称“串补”）的存在，使得阻抗继电器在电容器两侧分别发生短路时，感受到的测量阻抗发生了跃变，这种跃变使三段式距离保护之间的配合变得复杂和困难，常常会引起保护非选择性动作和失去方向性。为防止此情况发生，通常采用如下措施。

1）用直线型阻抗继电器或功率方向继电器闭锁误动作区域，即在阻抗平面上将误动的区域切除。但这也可能带来另外一些问题，如为解决背后发生短路失去方向性的问题而使用直线型阻抗继电器，就会带来正前方出口处发生短路故障时有死区的问题，为此可以另外加装电流速断保护来补救。

2）用负序功率方向元件闭锁。因为串补电容一般都不会将线路补偿为容性。对于负序功率方向元件，由于在正前方发生短路时，反映的是背后系统的阻抗角，因此串补电容的存在不会改变原有负序电流、电压的相位关系，因此负序功率方向仍具有明确的方向性。

3）利用特殊特性的距离继电器。利用带记忆的阻抗继电器，可以较好地防止因串补电容可能引起的误动。

（4）分支电流的影响。

在高压网络中，母线上接有不同的出线，有的是并联分支，有的是电厂，这些支路的存在对测量阻抗同样有较大影响。

如在本线路末端母线上接有一发电厂，当下回线路发生短路时，由于发电厂对故障点也提供短路电流，使得本线路距离保护测量到的阻抗，会因为电厂对故障有助增作用而增大。同样对于下回线路为双回线路的情况，则又会引起测量阻抗的减少，这些变化因素都必须在整定时充分考虑，否则就有可能会发生误动或拒动。

（5）电压互感器TV断线。

当电压互感器二次回路断线时，距离保护将失去电压，在负荷电流的作用下，阻抗继电器的测量阻抗变为零，因此，就可能发生误动作，对此，应在距离保护中，采用防止误动作的TV断线闭锁装置。

总之从对继电保护所提出的基本要求来评价距离保护，可以作出如下几个主要的结论。

（1）根据距离保护的工作原理，它可以在多电源的复杂网络中保证动作的选择性。

（2）距离保护Ⅰ段是瞬时动作的，但是它只能保护线路全长的80%～85%。因此，两端合起来，就会有30%～40%的线路长度内的故障不能从两端瞬时切除，在须经0.5s的延时才能由距离Ⅱ段动作切除，在220kV及以上电压的网络中有时仍不能满足电力系统稳定运行的要求。

（3）由于阻抗继电器同时反应于电压的降低和电流的增大而动作，因此，距离保护较电流、电压保护具有较高的灵敏度。此外，距离保护Ⅰ段的保护范围不受系统运行方式变化的影响。其他两段受到的影响也比较小，因此，保护范围比较稳定。

（4）由于距离保护中采用了复杂的阻抗继电器和大量的辅助继电器，再加上各种必要的闭锁装置，因此，接线复杂、可靠性比电流保护低，这也是它的主要缺点。

（三）高频保护

距离保护存在线路上有部分故障要经 0.5s 延时切除的缺陷，不能满足系统稳定的要求，距离保护就不能完全代替线路的主保护。为此，就必须要有全线速动的保护——高频保护来实现线路主保护。

1. 高频保护工作原理

高频保护就是将线路两端的电流相位（或功率方向）转化为高频信号，然后利用输电线路本身构成一高频电流通道，将此信号送至对端，以比较两端电流相位（或功率方向）的一种保护装置。就其原理看，它不反映保护范围以外的故障，在参数选择上也无需和下一条线路相配合，因此，高频保护的动作不带延时。目前，高频保护是 220kV 及以上电压等级复杂电网的主要保护方式。

目前广泛采用的高频保护，按其工作原理的不同可以分为两大类，即方向高频保护和相差高频保护。方向高频保护的基本原理是比较被保护线路两端的功率方向，而相差高频保护的基本原理则是比较两端电流的相位。因而就能区分是区内故障还是区外故障，以实现全线速动。以高频通道的工作，可以分成经常无高频电流（即所谓故障时发信）和经常有高频电流（即所谓长期发信）两种方式。在这两种工作方式中，以其传送的信号性质不同，又可以分为传送闭锁信号、允许信号和跳闸信号三种类型。

所谓闭锁信号就是指："收不到这种闭锁信号是高频保护动作跳闸的必要条件。"结合高频保护的工作原理来看，就是当外部故障时，由一端的保护发出高频闭锁信号，将两端的保护闭锁；而当内部故障时，两端均不发高频闭锁信号，因而也收不到闭锁信号，保护即可动作于跳闸。

所谓允许信号就是指："受到这种允许信号是高频保护动作跳闸的必要条件。"因此，当区内故障时，两端保护应同时向对端发出允许信号，使保护装置能动作于跳闸；而当区外故障时，则因近故障点端不发允许信号，故对端保护不能跳闸。近故障点的一端，则因判别故障方向的元件不动作，也不能跳闸。

所谓跳闸信号就是指："收到这种跳闸信号是保护动作于跳闸的充分而必要的条件。"实现这种保护时，实际上是利用装设在每一端的电流速断、距离保护Ⅰ段或零序电流速断等保护，当其保护范围内部故障而动作于跳闸的同时，还向对端发出跳闸信号，可以不经过其他控制元件而直接使对端的断路器跳闸。

2. 方向高频保护

（1）高频闭锁方向保护的基本原理。

目前广泛应用的高频闭锁方向保护，是以高频通道经常无电流而在外部故障时发出闭锁信号的方式构成的。此闭锁信号由短路功率方向为负的一端发出，这个信号被两端的收信机所接收，而把保护闭锁，故称为高频闭锁方向保护。这种保护的工作原理是利用非故障的线路发出闭锁该保护的高频信号，而不是利用故障线路两端同时发出高频信号使保护动作于跳闸，这样就可以保证在内部故障并伴随有通道的破坏时（例如通道所在的一相接地或是断线），保护装置仍然能够正确地动作，这是它的主要优点，也是这种高频信号工作方式得到广泛应用的主要原因之一。

（2）高频闭锁负序方向保护的构成原理。

利用负序功率的高频闭锁负序方向保护可以反应于各种不对称短路，又由于三相短路的开始瞬间总有一个不对称的过程，因此，如果负序方向元件能够在这个过程中来得及启动，并采取措施把它们的动作固定下来，则也是可以反映三相短路的。

（3）高频闭锁距离保护和高频闭锁零序保护的基本原理。

高频闭锁方向保护可以快速地切除保护范围内部的各种故障，却不能作为变电所母线和下一条线路的后备保护。至于距离保护，正如以前所讲的，它只能在线路中间60%～70%的范围内瞬时切除故障，而在其余的30%～40%长度范围内要以一端带有第Ⅱ段的时限来切除。由于在距离保护中所用的主要继电器（如启动元件、方向阻抗元件等）都是实现高频闭锁方向保护所必需的，因此，在某些情况下，把两者结合起来，做成高频闭锁的距离保护，使得在内部故障时能够瞬时动作，而在外部故障时具有不同的时限特性，起到后备保护的作用，就可以兼有两种保护的优点，并且能简化保护的接线。

高频闭锁零序保护的工作原理与高频闭锁距离保护相同，只需用三段式零序元件代替上述三段式距离元件并和高频部分相配合即可实现。

3. 相差高频保护

相差高频保护的基本原理是比较被保护线路两端短路电流的相位。若采用电流的给定正方向是由母线流向线路，这样，当保护范围内部故障时，在理想情况下，两端电流相位相同，两端保护装置应动作，使两端的断路器跳闸；而当保护范围外部故障时，两端电流相位相差180°，保护装置则不应动作。

为了满足以上要求，若采用高频通道经常无电流工作方式，当短路电流为正半周时，使它操作高频发信机发出信号，而在负半周则不发信号，如此不断地交替进行。这样当保护范围内部故障时，由于两端的电流同相位，它们将同时发出信号也同时停止信号，因此，从两端收信机所收到的信号就是间断的。

当保护范围外部故障时，由于两端电流的相位相反，两个电流仍然在它自己的正半周发出高频信号。因此，两个高频信号发出的时间就相差180°，这样从两端收信机中所收到的总信号就是一个连续不断的高频信号。

当保护范围内部故障时，收信机收到间断的高频信号，继电器动作即可跳闸。当保护范围外部故障时，收信机收到连续的高频信号，继电器不能动作。

由以上分析可以看出，对于相差动高频保护：当在保护范围外部故障时，由对端送来的高频脉冲信号正好填满本端高频脉冲的空隙，使本端的保护闭锁。填满本端高频脉冲空隙的对端高频脉冲就是一种闭锁信号。当在保护范围内部故障时，没有这种填满空隙的脉冲，就构成了保护动作跳闸的必要条件。因此相差动高频保护也是一种传送闭锁信号的保护。

（四）自动重合闸

1. 自动重合闸装置的重要性

在电力系统的故障中，大多数是输电线路（特别是架空线路）的故障，因此，如何提高输电线路工作的可靠性，就成为电力系统中的重要任务之一。电力系统的运行经验表明，架空线路故障大都是瞬时性的。例如，由雷电引起的绝缘子表面闪络、大风引起的碰线、通过鸟类以及树枝等物掉落在导线上引起的短路等，当线路被断路器迅速断开以后，电弧即行熄灭，故障点的绝缘强度重新恢复，外界物体（如树枝、鸟类等）也被电弧烧掉而消失。此时，如果把断开的线路断路器再合上，就能够恢复正常的供电，因此，称这类故障是瞬时性故障。除此之外，也有永久性故障。例如由于线路倒杆、断线、绝缘子击穿或损坏等引起的故障，在线路被断开之后，仍然是存在的。这时，即使再合上电源，由于故障仍然存在，线路还要被继电保护再次断开，因而就不能恢复正常的供电。

由于输电线路上的故障具有以上性质，因此，在线路被断开以后再进行一次合闸，就有可能大大提高供电的可靠性和连续性。为此在电力系统中采用了自动重合闸，即当断路器跳闸之后，经一时间间隔，能够自动地将断路器重新合闸的装置。

在线路上装设重合闸以后，不论是瞬时性故障还是永久性故障都得完成一次重合。因此，在重合以后可能成功（指恢复供电不再断开），也可能不成功。用重合成功的次数与总动作次数之比来表示重合闸的成功率，根据运行资料的统计，成功率一般在60％～90％之间。在电力系统中，采用重合闸的技术经济效果主要可归纳如下：

（1）大大提高供电的可靠性、减少线路停电的次数，特别是对单侧电源的单回线路尤为显著；

（2）在高压输电线路上采用重合闸，可以提高电力系统并列运行的稳定性；

（3）在电网的设计与建设过程中，有些情况下由于考虑重合闸的作用，可以暂缓架设双回线路，以节约投资；

（4）对断路器本身由于机构不良或继电保护误动作而引起的误跳闸，也能起纠正的作用。

在采用重合闸以后，当重合于永久性故障上时，它也将带来如下一些不利的影响。

（1）使电力系统又一次受到故障的冲击。

（2）使断路器的工作条件变得更加严峻。因为它要在很短的时间内，连续切断两次短路电流。这种情况对油断路器是不利的，因为在第一次跳闸时，由于电弧的作用，已使断口的绝缘强度降低，在重合后第二次跳闸时，是在绝缘已经降低的不利条件下进行的，因此，断路器在采用了重合闸以后，其遮断能力也有不同程度的降低。因而，在短路容量比较大的电力系统中，上述不利条件往往限制了重合闸的使用。

2. 对自动重合闸装置的基本要求

（1）在下列情况下，重合闸不应动作：

1）由值班人员手动操作或通过遥控装置将断路器断开时；

2）手动投入断路器，由于线路上有故障，而随即被保护断开时。

（2）自动重合闸装置的动作次数应符合预先的规定。如一次重合闸就应该只动作一次，当重合于永久故障而再次跳闸以后，就不应该再重合。

（3）自动重合闸在动作以后，应能自动复归，准备好下一次再动作。

（4）在双侧电源的线路上实现重合闸时，应考虑合闸时两侧电源间的同步问题，并满足所提出的要求。

（5）当断路器处于不正常状态（例如操动机构中使用的气压、液压降低等）而不允许实现重合闸时，应将自动重合闸装置闭锁。

（6）自动重合闸装置应有可能在重合闸以前或重合闸以后加速继电保护的动作，以便更好地和继电保护相配合，加速故障的切除。自动重合闸有前加速和后加速方式。前加速方式广泛用于中低压电网中；后加速方式广泛用于超高压电网中。后加速保护的优点是：

1）第一次是有选择性的切除故障，不会扩大停电范围；

2）保证了重合到永久性故障能瞬时切除，并仍然有选择性；

3）和前加速保护相比，使用中不受网络结构和负荷条件的限制，一般说来是有利而无害的。

3. 综合自动重合闸

综合自动重合闸是单相自动重合闸和三相自动重合闸的综合。在超高压线路上实现单相自动重合闸有许多显著的优点，如下所述。

（1）能在绝大多数的故障情况下保证对用户的连续供电，从而提高供电的可靠性。当由单侧电源单回线路向重要负荷供电时，对保证不间断供电更有显著的优越性。

（2）在双侧电源的联络线上采用单相重合闸，就可以在故障时大大加强两个系统之间的联系，从而提高系统并列运行的稳定性。对于联系比较薄弱的系统，当三相切除后，用三相重合闸而很难再恢复同步时，采用单相重合闸可避免两系统的解列。

采用单相重合闸的缺点有以下几方面。

（1）需要有分相操作的断路器。

（2）需要专门的选相元件与继电保护相配合，再考虑一些特殊的要求后使重合闸回路的接线比较复杂。

（3）在单相重合闸过程中，由于非全相运行能引起本线路和电力网中其他线路的保护误动作，因此，就需要根据实际情况采取措施予以防止。这将使保护的接线、整定计算和调试工作复杂化。

由于单相重合闸具有以上特点，并在实践中证明了它的优越性，所以在220kV以上电压等级的线路上获得了广泛应用。

实现综合重合闸回路接线时，应考虑以下基本原则。

（1）单相接地短路时跳开单相，然后进行单相重合，如重合不成功则跳开三相而不再进行重合。

（2）各种相间短路时跳开三相，然后进行三相重合。如重合不成功，仍跳开三相，而不再进行重合。

（3）当选相元件拒绝动作时，应能跳开三相并进行三相重合。

（4）对非全相运行中可能误动作的保护，应进行可靠地闭锁；对在单相接地时可能误动作的相间保护（如距离保护），应有防止单相接地误跳三相的措施。

（5）当一相跳开后重合闸拒绝动作时，为防止线路长期出现非全相运行，应将其他两相自动断开。

（6）任两相的分相跳闸继电器动作后，应连跳第三相，使三相断路器均跳闸。

（7）无论单相或三相重合闸，在重合不成功之后，均应考虑能加速切除三相，即实现重合闸后加速。

（8）在非全相运行过程中，如又发生另一相或两相的故障，保护应能有选择性地予以切除。上述故障如发生在单相重合闸的脉冲发出以前，则在故障切除后能进行三相重合；如发生在重合闸脉冲发出以后，则切除三相不再进行重合。

(9) 对空气断路器或液压传动的油断路器，当气压或液压低至不允许实行重合闸时，应将重合闸回路自动闭锁；但如果在重合闸过程中气压或液压下降到低于允许值时，则应保证重合闸动作的完成。

600MW 发电机组对三相重合闸的电气扰动往往导致汽轮发电机轴系扭振疲劳寿命的损耗，已经达到不能承受的程度，故上述第 (2)、(3) 两项的三相重合闸不准使用。

二、高压线路保护实例及注意事项

为提高继电保护的可靠性，线路保护选用一般坚持两套互相独立的主保护的原则，并且两套保护应为不同原理和不同厂家的产品。本节将以 RCS-931 及 PSL-603 组合为例做详细介绍。

(一) 保护配置特点

由南瑞继电保护电气有限公司开发研制的 RCS-931 微机保护的后备距离保护采用圆特性，国电南京自动化股份有限公司开发研制的 PSL-603 微机保护装置的后备距离保护采用四边形阻抗特性，有较高的保护弧光电阻能力。这两套保护相互配合使用在原理上、工艺上可取长补短，主保护均为分相电流差动保护，这两套微机保护组屏后构成 220kV 及以上系统双微机、双纵联快速保护方案。

(二) 保护功能简介

(1) 603 保护的核心部件是三个 CPU (32 位) 模件，在装置中 3～5 号插件位置，各 CPU 并行工作 (每个 CPU 模件设有两片微处理器，主处理器用于运行保护程序，辅助处理器用于监视主处理器工作状况。双处理器相互监视，确保装置工作的可靠性)。

三个 CPU 模件分别完成如下功能。

1) CPU1：主保护为分相电流差动和零序差动保护作为纵联保护。

2) CPU2：设置了采用短数据窗算法的快速距离保护、三段式相间距离保护、三段式接地距离保护、四段式零序电流保护。相间距离、接地距离动作特性采用多边形特性。

3) CPU3：综合重合闸。可以通过保护屏上的重合闸控制把手方便地进行单重、综重、三重、停用选择。

此外还有管理和通信 CPU (COM 插件)，主要用于人机界面管理 (键盘操作、管理液晶显示、信号灯指示、与调试计算机及监控系统通信、GPS 脉冲对时 (min/s 脉冲对时) 以及将控制信息传给 CPU、从各 CPU 模件获取信息)。

(2) 931 保护的核心部件是一个 CPU 插件组成，由单片机 (CPU) 和数字信号处理器 (DSP) 组成，CPU 完成装置的总启动元件和人机界面及后台通信功能，DSP 完成所有的保护算法和逻辑功能。装置采样率为每周波 24 点。

CPU 插件完成如下保护功能：

1) 通过光纤通道构成纵联差动的主保护 (分相差动和零序差动)。

2) 工频变化量快速距离 1 段保护；3 阶段相间和接地距离保护；2 阶段零序方向过流保护。

3) 装置的总启动元件，启动后开放出口继电器的正电源。

(三) 运行注意要点

(1) 正常运行时，603 保护、931 保护均投入运行，启用 603 保护的重合闸 (931 保护的重合闸合闸出口连接片断开)。603 保护和 931 保护动作后，由分相跳闸继电器及其分相跳闸连接片经 931（或 603 屏）上的操作箱出口跳闸，同时由另外的触点分别启动 603 保护的重合闸和断路器失灵保护。931 保护、603 保护动作后的跳闸触点分别经操作箱的两组跳闸回路作用于断路器的两组跳圈。

（2）603 保护的重合闸停用时（CPU3），应将 931 保护“沟通三跳”连接片合上，使 931 保护各段出口均三跳，同时应将 603 和 931 屏上的重合闸方式开关置停用位置，并断开 603 屏上的合闸出口连接片（注：931 保护设有重合闸，但正常运行时只启用 603 屏上重合闸，因此，正常 931 屏上除重合闸合闸出口连接片不投外，其他重合闸的投运条件均应满足）。

（3）603 和 931 屏上分别装有操作直流电源和交流电压控制开关。当 603 屏检修时，如分相操作箱装在 931 屏上，则 931 保护仍能运行，此时 603 保护停用（603 纵联差动保护两侧停用）及 603 屏上的跳闸、启动失灵、启动重合闸连接片断开。931 保护“沟通三跳”连接片合上（按停用重合闸处理）。当 931 屏中 931 保护检修时（操作箱仍在运行），603 保护仍可正常运行。此时，931 保护停用（931 纵联差动保护两侧停用）及 931 屏上的跳闸、启动失灵、合闸连接片断开。

（4）当 603 屏或 931 屏上断路器失灵保护启动装置异常时，应同时将 603 屏和 931 屏上启动失灵保护的跳闸触点回路及其对应的连接片断开。

（5）603 保护的投运、停用：

1）正常运行时，603 保护装置信号正常，有关连接片合上，全部保护装置投入运行。

2）光纤接口装置、光纤通道出现告警异常时，两侧 603 保护纵联差动保护应同时停用。

3）当一侧装置中其保护插件（CPU1～CPU3）出现异常时，则将该侧异常的保护退出运行，并立即通知检修处理，该侧 603 保护（纵联差动保护、距离、零序、重合闸及断路器失灵启动）全部退出运行（操作箱仍在运行状态，接受 931 屏来的跳闸指令），同时另一侧 603 纵联差动保护陪停，距离、零序、重合闸、断路器失灵保护仍正常运行。

上述处理只局限于更换插件的处理。若需进行测试或连动试验，则应待旁路开关代本线开关或线路停役之后，方可进行。

4）若 603 保护纵联差动保护插件（CPU1）故障，可首先将本侧及对侧纵联差动保护退出运行，其纵联差动保护总投入连接片断开。其他保护正常运行。

5）603 保护可存放 32 组定值，当 603 保护运行中切换定值区时无需停用出口连接片，只需切换确认后打一份定值单和所要求的运行定值核对无误。

6）三取二选择是为了防止因某个 CPU 异常造成保护装置非预期动作，“三取二”的含义就是指高频、距离、重合闸中至少有两个 CPU 启动后，才能开放－24V 跳闸出口电源；“三取一”的含义就是指高频、距离、重合闸中只要有一个 CPU 启动后，就能开放－24V 跳闸出口电源。三取二或三取一的选择可以在装置底板上通过跳线选择。一般在运行时，投入三取一功能。

7）603 整套保护投信号时，应给上保护直流电源，保护相应的功能连接片置投入位置，保护出口连接片及启动失灵连接片置断开位置。

8）603 整套保护停用时，应断开保护直流电源，保护相应的功能连接片置退出位置，保护出口连接片及启动失灵连接片置断开位置。

（6）603 纵联差动保护的投运步骤：

1）两侧在电流、电压回路带负荷试验正确无误后，光纤通道数据交换正常（通过液晶窗口显示的电流角度等数据）；

2）发令将两侧纵联差动保护的有关投入连接片。

（7）931 保护的投运、停用：

1）正常运行时，931 保护装置信号正常，有关连接片合上，全部保护装置投入运行。

2）光纤接口装置、光纤通道出现告警异常时，两侧 931 纵联差动保护应同时停用。

3）当一侧装置中其保护 CPU 插件（4 号）或其他插件出现异常时，则将该侧的保护全部退出运行，并立即通知检修处理，该侧 931 保护（纵联差动、距离、零序保护、重合闸及断路器失灵启动）全部退出运行（若操作箱在本屏上，则操作箱仍在运行状态，接受 603 屏来的跳闸指令）。同时另一侧的 931 纵联差动保护陪停，距离、零序、重合闸、断路器失灵保护仍正常运行。

上述处理只局限于更换插件的处理。若需进行通电流测试或连动试验，则应待旁路开关代本线开关或线路停役之后，方可进行。

4）931 保护可存放 30 组定值，当 931 保护运行中切换定值区时无需停用出口连接片，只需在菜单中切换确认后打一份定值单和所要求的运行定值核对无误。

5）931 纵联差动保护的投运步骤：两侧在电流、电压回路带负荷试验正确无误后，光纤通道数据交换正常（通过液晶窗口显示的电流角度等数据）；发令将“投主保护”连接片合上。

第五节　厂用电系统保护

一、概述

随着机组容量的逐渐增大，机组所需要的厂用电负荷也越来越大。一旦某个重要低压厂用变压器（如锅炉变）或重要辅机（如一次风机）等因厂用电保护误动跳闸或厂用电保护拒动导致厂用中压母线越级跳闸，都将给机组安全带来极大的隐患，同时也加重了运行人员的工作难度。因此，厂用电系统保护在今后的大机组运行中将扮演着越来越重要的角色。目前的厂用电系统保护装置一般都具有保护和测控功能，能分别显示电度量、电流（电压）量，并留有与远方监控通信接口，具有直流电源监视告警、自检、跳闸线圈监视、故障录波等功能。对于运行人员而言日常工作主要应检查装置各电源灯、运行灯指示是否正常，有无报警信号或动作信号指示。本节将主要以南瑞继保的 RCS 系列微机型综合保护装置为例，对厂用电系统保护做详细介绍。

二、中压厂用母线保护

一般中压母线电压互感器回路采用母线电压保护装置，具有三段低电压保护、母线过电压报警、零序过电压报警、TV 断线报警、直流电源监视报警、故障录波等保护功能。另外中压母线电压互感器柜应装有专用消谐装置或加装灯泡，防止谐振过电压。

1. 低电压保护

装置具有三段母线低电压保护，各段电压及时间定值均可独立整定，分别设置三个控制字控制这三段保护的投退。即

$$\begin{cases}U_{ab}<U_{dydz}\\U_{bc}<U_{dydz}\\U_{ca}<U_{dydz}\\t\geqslant T_{dy}\end{cases}$$

当母线三个线电压均小于低压保护定值，持续时间超过整定延时，低电压保护动作。当低压保护Ⅲ段作为复合电压闭锁触点输出时，则当低电压（三个线电压均小于低压Ⅲ段定值）或负序电压条件（$U_2>U_{2dz}$）满足时，经Ⅲ段时间定值延时相应的触点动作。

装置引入线路TV电压，相互校验以识别三相TV断线，当控制字“TVDX闭锁低压保护投入”整定为1时，闭锁低电压保护。当装置的“投TV检修”开入状态为1，告警并闭锁低电压保护。

2. 母线过电压报警

母线过电压报警表达式为

$$\begin{cases}U_{min}>U_{gydz}\\t\geqslant T_{gy}\\U_{min}=\min(U_{ab},U_{bc},U_{ca})\end{cases}$$

装置设有母线过电压报警功能，控制字“母线过压报警投入”整定为1时，若最小的母线线电压大于母线过电压报警电压定值，持续时间超过整定延时，装置合母线过压报警触点。

3. 零序过电压报警

零序过电压报警的表达式为

$$\begin{cases}U_0>U_{0dz}\\t\geqslant T_{0gy}\end{cases}$$

装置设有零序电压报警功能，控制字“零序过压报警投入”整定为1时，若装置接入的母线零序电压大于零序过压报警电压定值，持续时间超过整定延时，装置合零序过压报警接点。

4. TV断线报警

（1）当母线正序电压小于30V，且线路电压大于低压保护Ⅰ段电压定值时，立即发出母线TV三相断线报警信号，并闭锁低电压保护（TVDX闭锁低压保护投入时）。母线TV三相断线消失后延时2.5s返回。

（2）负序电压大于8V，延时10s发出母线TV断线报警信号，断线消失后延时2.5s返回。

三、低压厂用变压器保护

一般低压厂用变压器保护具有高压侧过流保护、负序过流保护、接地保护过负荷报警、FC回路配合的过流闭锁保护功能及故障录波等保护功能，当变压器容量较大时还具有差动保护功能。

1. 高压侧过流保护

RCS系列保护装置为变压器高压侧设二段复合电压闭锁过流保护，各段电流及时间定值可独立整定，分别设置整定控制字控制各段保护的投退。两段可分别通过控制字选择经或不经复合电压闭锁。复合电压闭锁的负序电压与低电压闭锁定值均可独立整定。

过流Ⅲ段可选择投入反时限，反时限可具有三种特性：一般反时限、非常反时限、极端反时限。当高压侧过流Ⅲ段保护或过流反时限保护动作时，同时出口闭锁低压电汇的备自投。

2. 负序过流保护

负序过流保护有两段定时限，其中Ⅰ段用作断相保护，Ⅱ段用作不平衡保护。

3. 接地保护

装置中高压侧设置两段零序过流保护来作为变压器高压侧的接地保护，其中零序过流Ⅱ段可整定为报警或跳闸。

低压侧设置两段定时限零序过流保护来作为变压器低压侧的接地保护，其中零序过流Ⅱ段可整定为反时限。当低压侧零序过流Ⅱ段保护或零序反时限保护动作时，同时出口闭锁低压电汇备自投。

4. 过负荷报警

当负荷电流大于整定值，经整定延时以后，装置报过负荷报警，电流取高压侧三相电流的最大值作为判据。

5. 过流闭锁保护

大电流闭锁保护动作的功能用于断路器开断容量不足或现场为FC回路的情况。当故障电流大于电流闭锁保护定值时只有发出报警信号，跳闸出口不动作，其他出口无过流闭锁功能，该功能可经“过流闭锁保护投入”控制字投退。

6. 差动保护

差动保护由差动速断及比率差动保护组成，同时保护设有延时TA断线报警及瞬时TA断线闭锁或报警功能，保证装置在TA断线及交流回路故障时保护不误动。

（1）差动速断保护。

差动速断保护实质上为反应差动电流的过电流继电器，用以保证在变压器内部发生严重故障时快速动作跳闸，典型出口动作时间小于20ms。当任一相差动电流大于差动速断整定值时瞬时动作于出口继电器。

（2）比率差动保护。

比率差动保护能可靠躲过外部故障时的不平衡电流。

（3）TA断线报警及闭锁比率差动。

延时TA断线报警在保护采样程序中进行，当满足以下两个条件中的任一条件，且时间超过10s时发出TA断线告警信号，但不闭锁比率差动保护。这也兼起保护装置交流采样回路的自检功能。

1）任一相差流大于 I_{bj} 整定值；

2）$d_{i2} > \alpha + \beta d_{imax}$。

式中：d_{i2} 为差流的负序电流；d_{imax} 为三相差流的最大值；α 为固定门槛值；β 为比例系数。

瞬时 TA 断线报警在故障测量程序中进行，满足下述任一条件不进行该 TA 断线判别：

1）启动前某侧最大相电流小于 $0.2I_e$，则不进行该侧 TA 断线判别；

2）启动后最大相电流大于 $1.2I_e$；

3）启动后任一侧电流比启动前增加。

只有在比率差动元件动作后，才进入瞬时 TA 断线判别程序，这也防止了瞬时 TA 断线的误闭锁。通过整定控制字选择，瞬时 TA 断线判别动作后可只发报警信号或闭锁比率差动保护出口。某侧电流同时满足下列条件认为是 TA 断线：

1）只有一相电流为零；

2）其他二相电流与启动前电流相等。

四、电动机保护

一般电动机保护具有定时限过流保护、负序过流保护、零序过流保护、过负荷保护、过热保护、低电压保护、TV 断线检查及故障录波等保护功能，对于容量较大的电动机，还具有差动保护功能。

1. 定时限过流保护

RCS 系列保护装置设三段定时限过流保护。Ⅰ段相当于速断段，电流按躲过启动电流整定，时限可整定为速断或带极短的时限，该段主要对电动机短路提供保护；Ⅱ段是定时限过流段，在电动机启动完毕后自动投入；Ⅲ段作为电动机堵转提供保护。

2. 负序过流保护

当电动机三相电流有较大不对称，出现较大的负序电流，而负序电流将在转子中产生 2 倍工频的电流，使转子附加发热大大增加，危及电动机的安全运行。

装置设置两段定时限负序过流保护，分别对电动机反相断相、匝间短路以及较严重的电压不对称等异常运行工况提供保护。其中负序过流Ⅱ段作为灵敏的不平衡电流保护，可通过控制字选择投跳闸或报警，选择投报警时该段可作为负序过负荷报警段使用，可通过控制字选择该段采用定时限还是反时限特性。

3. 过负荷保护

过负荷保护反映定子电流的大小，装置设置了一段定时限段，可通过控制字选择投报警或跳闸。

4. 过热保护

过热保护主要为了防止电动机过热，因此在装置中设置一个模拟电动机发热的模型，综合计及电动机正序电流和负序电流的热效应，引入了等值发热电流 I_{eq}，其表达式为

$$I_{eq}^2=K_1I_1^2+K_2I_2^2$$

式中：$K_1=0.5$，防止电动机正常启动中保护误动；$K_1=1.0$，在整定的启动时间 t_{st} 以后，I_1^2 值不再故意减小；$K_2=3\sim10$，模拟 I_2^2 的增强发热效应，一般可取为 6。

保护动作方程为

$$[(I_{eq}/I_e)^2-(1.05)^2]t\geqslant\tau$$

式中：τ 为电动机热积累定值，即发热时间常数 HEAT。

当热积累值达到 HEAT×GRBJ（过热报警水平）时发报警信号；当热积累值达到 HEAT 时发跳闸信号（开关不在跳位时保护动作）。

电动机被过热保护动作跳闸后，不能立即再次启动，要等到电动机散热到允许启动的温度时，才能再启动。在需要紧急启动的情况下，通过装置引出的热复归触点强制将热模型恢复到“冷态”。

5. 零序过流保护

反应电动机定子接地的零序过流保护，可通过控制字选择投报警或跳闸，以供不同场合使用。

6. 低电压保护

各相间电压均小于低电压保护定值，时间超过整定时间时，低电压保护动作。低电压保护经 TWJ 位置闭锁。装置能自动识别三相 TV 断线，并及时闭锁低电压保护。

7. TV 断线检查

当低电压保护投入时，装置自动投入 TV 断线检查功能。TV 断线判据如下：

（1）最大相间电压小于 30V，且任一相电流大于 $0.06I_n$；

（2）负序电压大于 8V。

满足以上任一条件延时 10s 报 TV 断线，断线消失后延时 2.5s 返回。TV 断线期间，自动退出低电压保护。

8. 差动保护

电动机纵差保护是电动机相间短路和匝间短路的主保护。保护设有一速断段，在电动机内部严重故障时快速动作。任一相差动电流大于差动速断整定值 I_{sdzd} 时瞬时动作于出口继电器。

装置采用常规比率差动原理，其动作方程为

$$\begin{cases} |I_T+I_N| > I_{cdqd} & 当\ |I_T-I_N|/2 \leqslant I_e\ 时 \\ |I_T+I_N|-I_{cdqd} \geqslant K_{bl}\cdot\{|I_T-I_N|/2-I_e\} & 当\ |I_T-I_N|/2 > I_e\ 时 \end{cases}$$

式中：I_T 为电动机机端电流；I_N 为中性点电流；K_{bl} 为比率制动系数；I_{cdqd} 为差动电流启动定值。

比率差动保护能保证外部短路不动作，内部故障时有较高灵敏度。

装置设有延时 TA 断线闭锁或报警功能，与厂用变压器 TA 断线报警及闭锁比率差动功能基本相同。

五、馈线保护

中压厂用馈线保护具有差动保护、过流保护、零序过流保护、过负荷保护等保护功能。

1. 过电流保护

RCS 系列保护装置设三段定时限过流保护，各段电流及时间定值可独立整定，分别设置整定控制字控制这两段保护的投退。Ⅰ、Ⅱ段电流保护均可以经复合电压闭锁（每一段都有独立的控制字选择），Ⅲ段不经复压闭锁，可选择为反时限。

2. 零序过流保护

采用零序电流互感器获取馈线/母线分段回路的零序电流，构成馈线/母线分段回路的单相接地保护。在某些不接地系统和经小电阻接地系统中，接地零序电流相对较大，可能采用直接跳闸方法，装置中设两段零序过流保护，其中零序Ⅱ段可整定为报警或跳闸，用于跳闸或报警的零序电流可以选用自产的零序电流，也可从装置的零序 TA 引入。

3. 纵差保护

差动保护由差动启动电流定值启动开放或者由对侧通过光纤通道远传过来的差动保护跳闸信号开放，从而实现全线路的快速故障切除。由于差动保护受稳态过量保护判据闭锁，增加了差动继电器本身的安全性。

当装置未达到差动起动电流定值而差流大于 $0.3I_n$ 时，装置延时 5s 发差流报警信号。若采用光纤差动保护，光通信系统本身具有通信检测功能，接收数据异常时装置将发通道故障信号，并闭锁差动保护，一旦通信恢复，差动保护将自动投入。

第六节 继电保护的日常运行规定

一、继电保护的运行规定

（1）运行和备用中的设备，其保护及自动装置应投入，禁止无保护的设备投入运行。

（2）紧急情况可停用部分保护，有双套主保护的设备保护不能同时退出。

（3）变压器在瓦斯保护投入时，允许短时停用差动保护。

（4）有专用主保护在运行时，可容许其后备保护短时停用。

（5）投入、停用运行设备的继电保护、自动装置或调整继电保护的定值，必须有值长的指令，并按值长的书面指令执行。

（6）当判明继电保护有误动作危险时，值班人员有权先解除该保护装置的跳闸作用，然后逐级汇报。

（7）运行中的微机保护及自动装置旁禁止使用对讲机、手机等具有微波发射功能的设施，防止微机保护或自动装置误动作。

（8）集控室应配备以下资料，并妥善保管。

1）一套完整、正确的二次原理图、展开图；

2）继电保护工作记录簿；

3）继电保护及自动装置动作记录簿；

4）继电保护检查记录表；

5）继电保护投用、停用记录簿。

（9）继电保护屏前后必须有正确的设备名称，屏上各保护继电器、连接片、试验开关、熔断器等均应有正确的标志，投入运行前均应检查正确无误。

（10）装在继电保护室内的继电保护，在运行中变动其整定值或二次回路连接片时，变动班值班员应向接班人员现场交待（如有保护投/停，应记入继电保护投/停记录簿中）。后者亦应按值进行现场交待，以达到各班都能清楚地掌握保护定值与二次回路运行方式的变更。

（11）继电保护及自动装置经检修后复役时，应结合终结工作票，由检修人员向运行值班人员详细交待，复核下列事项。

1）设备检修情况、有无异动和特殊要求，应在继电保护工作记录簿上书面交清，双方复核无误后签字（单元长也应签字）。

2）二次回路连接片及保护装置投入情况符合停役时的位置及接触良好（点火班和并列

前应按连接片检查卡复查）。

（12）正常情况下，继电保护及自动装置的投入、退出及保护方式的切换，应用专用连接片（小闸刀）和开关进行，不得随意采用拆接二次线头加临时线的方法进行。

（13）在运行中的电流互感器二次回路上的测量与试验工作，应在其专用电流端子上进行，并做好防止电流互感器二次回路开路的措施，工作结束后恢复原状；在运行中的电压互感器回路上工作，要做好防止电压互感器二次回路短路和接地的措施。

（14）投入保护装置的顺序为：先投入直流电源，后投入出口连接片（运行人员必须检查信号指示正常，还应用高内阻电压表以一端对地测端子电压的方法验证保护装置确实未给出跳闸或合闸脉冲）。停用保护的顺序与之相反，微机保护停用时，可只断开保护出口连接片，不停用直流电源。

（15）继电保护、自动装置及其二次回路的检验应配合主设备停电进行，下列情况经值长同意后，可对不停电设备的继电保护及自动装置进行检查和调试。

1）有两种以上的主保护；

2）值长同意退出运行的继电保护及自动装置；

3）事故情况下的检查和调试。

（16）设备停电检修时，对运行设备有影响的保护压板应事先断开，设备投入运行或备用前应将其连接片装上。

（17）禁止在运行中的保护盘及自动装置盘上做任何振动性质的工作，特殊情况下，必须做好安全措施或停用有关保护。

二、继电保护的检查规定

（1）运行中继电保护装置由值班人员进行检查及维护，继电保护班进行定期检查和检修。

（2）值班员应按下列周期，对继电保护及自动装置进行外部检查，并按保护检查记录表要求做好记录。

1）对继电保护及自动装置，除交接班前作必要的一般检查外，每班要进行一次详细的检查。

2）对开关室的继电保护装置，结合巡回检查一起进行。

3）在继电保护或自动装置投入的前后。

4）每次电气事故、电系波动或有信号发出后。

（3）正常运行时，继电保护及自动装置的检查项目为：

1）继电保护室的温度、湿度正常，继电保护及自动装置无异味、无过热、无异声、无振动、无异常信号（继电保护室的温度≤25℃、湿度≤75%为正常，超过为不正常，应汇报并做好记录）。

2）继电器罩壳完整，铅封完好，玻璃完整无裂纹，且清晰。

3）动态继电器触点距离正常，无烧黑、烧毛情况，触点无不正常的抖动或响声，带动触点的连杆不卡涩，触点间无异物，无脱轴，轴和触点无偏歪现象。

4）静态继电器各指示灯正常，各定值无误，投运小开关位置正确，各项工作电源正常，各插件插妥并锁住。

5）运行中应充电的继电器（或元件）应在励磁状态。

6）打印机运行正常，记录纸充足。

7）继电器无动作掉牌指示或信号。

8）各类切换开关及连接片位置应符合当时运行方式的要求。

9）继电器内接线端子应旋紧。

10）继电保护装置及自动装置的电源和运行指示灯应亮；自检灯应闪亮；故障、异常、闭锁灯不亮。

11）对装有各种电气仪表者，其指示值应在正常数值。

12）所有柜内的交直流小开关或熔断器的工作状态符合当时运行情况，小开关不脱扣，熔断器不熔断。

13）运行设备保护盘前、后门应关好，电缆穿入处孔洞已封堵。

三、继电保护的事故异常处理规定

发生事故或继电保护、自动装置发生异常时运行人员的职责如下所述。

（1）应迅速查明以下情况并报告值长：

1）哪些开关工作（跳闸、自投）及其动作时间；

2）哪些保护动作使开关跳闸；

3）有哪些故障信号发出。

（2）全面检查保护及自动装置动作情况，将详细检查结果向值长做补充汇报。

（3）继电保护及自动装置动作后，应详细记录，并经单元长复核后复归信号。

（4）继电保护及自动装置发生误动作时，应尽可能保持原状，并通知继保人员处理，如急于送电，来不及通知时例外，应详细记录当时的情况。

（5）发生保护动作、开关跳闸时，应嘱令持有工作票的检修人员停止工作，查明原因，以便及时处理。如发现保护误动或信号不正常，应及时通知继保人员检查处理，待查出原因处理好后，方可投入运行。

（6）运行设备的差动保护发生差动断线信号时，如差动出口未动作，在查明确属电流回路断线时，应解除差动保护的跳闸作用，并通知继保人员检查。

（7）检查中如发现继电保护、自动装置有不正常情况，如线圈冒烟、烧焦，接头松动，触点烧毛，剧烈振动，有异响以及各种闭锁灯、异常指示灯亮，正常工作灯灭等情况，应立即汇报值长，通知检修处理。

第七章　自 动 装 置

第一节　发电机同期装置

一、概述

发电机准同期并列是发电厂一项很频繁的日常操作，如果操作错误，冲击电流过大，可能使机组的大轴扭曲及引起发电机的卷线变形、撕裂、绝缘损坏，严重的非同期并列会造成机组和电网事故，所以电力部门将并网自动化列为电力系统自动化的一项重要任务。另外随着计算机技术的发展和电力系统自动化水平的不断提高，对同期设备的可靠性、可操作性等性能也提出了更高的要求。

火力发电厂大容量机组通常采用准同期方式。发电机投入电力系统同步并列的基本要求是：

（1）投入瞬间发电机的冲击电流和冲击力矩不超过允许值；

（2）系统能把投入的发电机拉入同步。

在待并发电机与系统相序一致的前提下，两系统并列的理想条件可表达为：

（1）待并发电机与系统频率相等；

（2）待并发电机电压与系统电压幅值相等；

（3）合闸瞬间，两电压相角相同。

满足上述条件，两系统并列后，不但冲击电流等于零，而且并列后发电机与系统立即进入同步运行，不会发生任何扰动现象。

发电厂的主控室或单元控制室应装设自动准同期装置和带有同期闭锁的手动准同期装置。

自动准同期装置有集成电路型。近期引进的一些大型机组，也有微机型数字式同期装置。

二、自动准同期装置

（一）自动准同期方式

自动准同期有两种方式；一是集中自动准同期方式，即全厂所有需同期的断路器共用1～2台自动准同期装置；二是分散自动准同期方式，即每台发电机断路器分别装设一台自动准同期装置。

（二）微机自动准同期装置

微机自动准同期装置以16位单片机为核心，配以高精度交流变换器，准确快速地交流采样，计算断路器两侧电压、频率及相角差，输入/输出光电隔离，装置能自检，参数设置方便，可实现监控。目前微机自动准同期装置被越来越多的发电厂所采纳，本节将以SID-2CM微机型准同期装置为例对自动准同期装置做详细介绍。

（三）自动准同期装置与DEH的联合动作

容量600MW及以上汽轮发电机组均配有DEH（数字电液调节系统），具有从汽轮机冲转直到带满负荷的全过程自动化功能。当转速接近额定转速时，DEH发出信号，自动将自动准同期装置投入，实现自动调节转速、自动调节电压、自动发出合闸脉冲、自动带5%初负荷……此时自动准同期装置成为DEH功能的一个组成部分。

三、同期并网应考虑的问题

发电厂现有90%以上的同期并网都是通过人工手动操作来实现的，不良的同期装置和手动并网是发电机的隐形杀手，尽管已开始注意到并网不当会造成对发电机和电网产生重大危害的发电机组转子轴系扭振问题，但对同期操作仍存在如下认识误区。

（1）认为只要能把发电机并上电网，不论是用手动还是用误差极大的同期装置，能并就行。

（2）认为把待并发电机对系统的电压差和频率差调节得越小，并网时的冲击就越小，因此不惜多花些时间去精心调节发电机频率和电压。

（3）认为并网时发电机与系统电压间存在一定的相角差也无妨。只要在合闸回路中串进同期检查继电器（KY）的闭锁触点就万事大吉了，在30°的相角差下就可实现并网。

（4）认为并网仅是个操作，只算安全账，不存在经济问题。

这些认识误区带来了以下的严重后果，尽管这些后果频频地出现，但遗憾的是至今并未完全意识到这是不良同期操作酿成的。

（1）对频率及电压的精心调节，浪费了大量时间，不仅不能及时将机组带至高负荷，而且带来了极大的空转能耗的浪费。

（2）屡屡发生的大相角差并网使发电机组的绕组、轴瓦、联轴器等受到严重的累积损伤。

现发电厂的控制方式大多采用的是分布式控制，这就要求同期装置必须要有较高的自动化水平，来独立完成发电机的同期并网操作。由此，在实现并网操作过程中，必须引起高度重视的几个问题。

（1）对频差变化率的考虑：发电机一般都不是在恒速情况下进行并网的，也就是说在并网过程中不仅发电机对系统存在着频率差，而且还存在着频差的变化。这就需要同期装置具备计算频差及其一阶乃至二阶导数的能力，以保证发电机在相角差为零的瞬间并入电网。

（2）应该知道断路器合闸回路的确切合闸时间：发电机并网瞬间是否正好落在相角差为零的点上，极大程度取决于准同期装置的导前时间整定值是否与实际相符。因此即使准同期装置设计得再严密，没有精确原始数据的支持，并网也不可能不发生出人意料的冲击。

（3）应考虑并网时系统电压过低或过高的闭锁以及TV断线的闭锁：一般自动准同期装置是检查发电机与系统电压的压差，如实际压差满足给定值即认为电压条件符合要求。但事实上并网操作常常发生在系统不正常运行的时候。TV断线会引起同期装置对发电机电压进行错误调节导致在大电压差下并网，故此时同期装置应具备闭锁操作功能。

(4) 并列点TV变比的偏差因素：习惯上人们都把TV二次侧电压为100V时认定为额定电压，事实上由于TV变比的选择常常出现当TV一次侧电压为额定值时，而二次侧电压却不是100V，因此在整定同期装置的允许电压差时要以TV二次侧的真实额定电压值为依据。

(5) 应及时消除并网过程中出现的同频不同相状态。当发电机的频率接近系统频率时，很易出现相角差停止变化的现象，发电机与系统电压间出现一个固定的相角差这种状态是不允许并网的，因此应予以尽快消除。一般可采取同期装置对机组发出一串控制量合适的加速脉冲，破坏同频状态。

事实上要避免同频不同相现象的出现，最有效的办法就是不将同期装置的允许频差整定过小，以期在进入同频不同相状态前发电机已并入电网。

(6) 同期装置的快速性及精确性。发电机的并网是基于系统的需要，常常这种需要是紧迫的。有时系统的状况很脆弱，急需增加发电容量，因此要求发电机以“最快”的速度“平稳”地并入电网。衡量并网快速及精确性的一个具体指标就是尽快将发电机与系统的压差与频差控制在允许值内，并且不失时机的捕获“第一次”出相角差为0的时机，将发电机在无相角差情况下并入电网。快速并网不仅赢得了时间，还节约了大量的能源。

四、SID-2CM型装置应用

(一) 工作原理

1. 电力系统并网的两种情况

断路器两侧电源的合闸操作称之为并网，并网有以下两种情况。

(1) 差频并网：发电机与系统并网和已解列两系统间联络线并网都属差频并网。并网时需实现在并列点两侧的电压相近、频率相近、在相角差为0°时完成并网操作。

(2) 同频并网：未解列两系统间联络线并网属同频并网（或合环）。这是因并列点两侧频率相同，但两侧会出现一个功角δ，δ的值与连接并列点两侧系统其他联络线的电抗及传送的有功功率成比例。这种情况的并网条件应是当并列点断路器两侧的压差及功角在给定范围内时即可实施并网操作。并网瞬间并列点断路器两侧的功角立即消失，系统潮流将重新分布。因此，同频并网的允许功角整定值取决于系统潮流重新分布后不致引起新投入线路的继电保护动作，或导致并列点两侧系统失步。

2. 差频并网合闸角的数学模型

准同期的三个条件是压差、频差在允许值范围内时应在相角差为零时完成并网。压差和频差的存在将导致并网瞬间并列点两侧会出现一定无功功率和有功功率的交换，不论是发电机对系统，或系统对系统并网对这种功率交换都有相当承受力。因此，并网过程中为了实现快速并网，不必对压差和频差的整定值限制太严，以免影响并网速度。但发电机并网时角差的存在将会导致机组的损伤，甚至会诱发后果更为严重的次同步谐振（扭振）。因此一个好的同期装置应确保在相差φ为零时完成并网。

在差频并网时，特别是发电机对系统并网时，发电机组的转速在调速器的作用下不断在变化，因此发电机对系统的频差不是常数，而是包含有一阶、二阶或更高阶的导数。加之并列点断路器还有一个固有的合闸时间 t_k，同期装置必须在零相差出现前的 t_k 时发出合闸命令，才能确保在 $\varphi=0°$ 时实现并网。或者说同期装置应在 $\varphi=0°$ 到来前提前一个角度 φ_k 发出合闸命令。

同期装置在并网过程中需不断快速计算，获取当前的理想提前合闸角 φ_k，并不断快速测量当前并列点断路器两侧的实际相差 φ，当 $\varphi=\varphi_k$ 时装置发出合闸命令，实现精确的零相差并网。获得精确的断路器合闸时间 t_k（含中间继电器）是非常重要的。

3. 均频与均压控制的方式

实现快速并网对满足系统负荷供需平衡及减少机组空转能耗有重要意义。捕捉第一次出现的并网时机是实现快速并网的一项有效措施，而用良好控制品质的算法实施均频与均压控制，促成频差与压差尽快达到给定值也是一项重要措施。

（二）相关功能

1. 自动转角

由于发电厂的升压变压器经常采用 Y/△-11 接线，因此导致星形侧与三角形侧的对应的相电压有 30°相移，如果同期装置取用主变压器高低压侧 TV 的同一相电压，则同期装置会在断路器两侧电压相差 30°时并网，为此，必须对主变压器的相位移进行补偿。传统做法是使用转角变压器，或通过恰当选择 TV 二次侧某些可以补偿相移的输出，来补偿这一相移。SID-2CM 同期装置为了简化设计，用软件实现转角，且不论选取相电压或是线电压都可以。为了在使用时不致出错，特意定义只对系统侧电压进行转角设置，因此同期接线设计工程师在确定了并列点两侧采样 TV 的相别后，应注明对系统侧电压转角多少度。SID-2CM 同期装置提供了超前 30°（－30°）、0°、滞后 30°（＋30°）三种选择。

2. 智能同步表

SID-2CM 型同期装置面板具有既直观又实时的智能同步表功能，在差频并网时提供相位指示，在同频并网时提供功角指示，且不仅可反映同期的实时状况，还具有实时工况的中文提示。因此在需要手动同期时或因其他试验需要时，SID-2CM 型同期装置可充当智能同步表使用，装置此时只进行同期条件检查，但不进入合闸程序，因此是绝对安全的。同期装置在作为同步表使用时均频及均压控制继电器仍会动作，这也是对装置动作情况的一种检验，如果不希望同期装置实施均频与均压控制，可通过重新设置通道参数实现。应特别指出，当同期装置故障时，其同步表也将不能工作。因此，在需要配置手动同期装置以应对自动同期装置故障时进行同期操作，一定要单独设置独立的同步表。

3. 调速控制

同期装置的自动调速功能在机组调速器控制品质很好时可以退出，但不能不敷设同期装置至调速器的加、减速控制电缆，特别是加速控制电缆。因为现在调速器的跟踪调节功能很强，极易使待并机组与系统达到同频状态，此时同期装置不论是否选用自动调频功能，都会对机组实施加速控制，以摆脱同频状态，创造并网机会。如果切断加速控制回路，将无法实现并网。

4. 单侧或双侧无压合闸

作为并列点的断路器在大多数情况下是在并列点两侧电压正常时进行同期合闸，但有时也会要求仅在一侧有电压，而另一侧无电压或两侧都没有电压的情况下合上断路器，这是自动准同期装置的一种特殊工作方式。为了适应这一要求，SID-2CM型同期装置提供了这一功能，即在通道参数整定中增加“单侧无压合闸”和“无压空合闸”菜单，当选择YES时，即表明该通道（并列点）具备单侧无压或无压空合闸功能，此时同期装置不会因无压立即执行低压闭锁，而是再去检测TV二次是否断线及检测接口是否有确认无压操作的开关量状态，如触点闭合就马上执行无压合闸，否则执行低压闭锁。这个开关量由上位机或人工在实施无压合闸及同期装置上电前送给同期装置。

（三）同期装置并网工作过程

（1）DCS选择并列点并保持；

（2）若欲使同期装置做“同步表”、“单侧无压”合闸、“双侧无压”合闸操作，则DCS将相应的开入量接通并保持，若此次操作是同期操作，则跳过此步；

（3）DCS控制“同期装置上电”，其触点为点动短信号；

（4）DCS启动同期工作，其触点为点动短信号；

（5）同期装置工作并合闸；

（6）DCS控制“同期装置退电”，其触点为点动短信号；

（7）DCS退出“并列点选择”、“单侧无压”确认、“双侧无压”确认信号。

若在第2步中DCS选用“同步表”功能，这时同期装置主要作为同步表运行，在屏幕上可以显示电压、频率等实时参数，如果参数设置选择了“自动调频”和“自动调压”，还可进行调频、调压控制，但不会进行合闸控制。

第二节 发电机—变压器组故障录波装置

一、概述

目前，电力系统广泛应用的故障录波器绝大部分是根据高压输电系统的特点设计制造的，适用于110～500kV输电线路。而作为电力系统最重要、最昂贵的主设备之一的发电机和变压器，也是最复杂的电气设备，它们的故障和异常工况与高压输电系统有很大的差别。因此，以往的针对输电线路设计的故障录波器不能较好地应用于发电机、变压器等主设备。本节将以WFBL－1型发电机一变压器故障录波与分析装置为例，详细介绍发变组故障录波装置。

发变组故障录波装置能自动完成发电机、变压器故障和异常工况时的交、直流电气量数据记录，保护与安全自动装置的动作顺序记录，以及非电气量及热工保护装置的动作过程的记录。实现稳态运行时重要的电气参数及开关量状态行为的连续记录，再现故障和异常运行时各参量的变化过程，并辅助完成故障录波数据的综合分析，作为评价继电保护动作行为、分析故障和异常运行的重要依据。

二、装置结构及原理

（一）装置结构及功能

WFBL-1发电机-变压器故障录波与分析装置采用多CPU并行处理的分布式主从结构，可分为模拟量变换模块、开关量隔离模块、录波主机模块和监控管理模块4部分，结构图如图7-1所示。模拟量变换模块由小TA、TV及直流采集模块组成，将强电信号转换成弱电

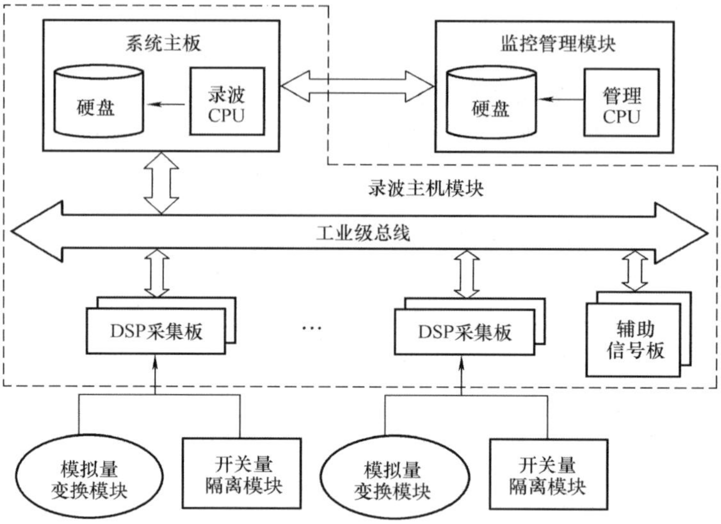

图 7-1 发变组故障录波装置结构图

信号。开关量隔离模块由阻容元件及光电隔离器组成，完成开关量信号的隔离变换。录波主机模块为多CPU并行处理的分布式主从结构，独立工作电源，采用高性能的32位嵌入式微处理器系统，两级Watchdog电路，完善的软、硬件自检功能；数据采集采用高速数据处理的DSP，高分辨率的16位A/D。多CPU之间采用双口RAM、工业级总线交换录波数据，极大程度地解决了大容量数据流交换的“瓶颈”。录波主机模块自带大容量硬盘，直接独立的进行录波记录与存储，录波完全不依赖监控管理模块及网络，极大地提高了录波的可靠性。

监控管理模块采用高端CPU，独立工作电源，配有大屏幕真彩液晶显示器，并具有图形化界面。监控管理模块通过内部总线与录波主机模块交换数据，完成监控、通信、管理、波形分析及录波记录的镜像备份双存储。录波主机模块和监控管理模块既紧密相关、相互联系，又在软、硬件上相互独立运行，互不依赖互不干扰；既独立可靠迅速地进行了录波记录与多存储，又做到了监控、通信、管理及波形分析，还完成了录波记录的备份存储。因此WFBL-1发电机一变压器故障录波与分析装置不再需要另配后台机，从而从根本上避免了因后台机或网络不稳定而使整个录波器无法正常工作的问题。

（二）录波启动方式及模拟量启动原理

录波启动方式包括模拟量启动、开关量启动和手动启动三种基本形式。开关量启动：开关量可任意设定为变位启动、开启动、闭启动或不启动。手动启动：人工启动故障录波装置，可就地或远方启动。模拟量启动分模拟量越限、突变启动和机组专项启动。下面做简要说明。

1. 模拟量越限、突变启动

（1）过流启动。

启动原理：启动反映工频电流或直流电流过量。

（2）过压启动。

启动原理：启动反映工频电压或直流电压过量。

（3）欠压启动。

启动原理：启动反映工频电压或直流电压欠量。

（4）突变量启动。

启动原理：启动反映工频电压、电流或直流电压、电流突变量。

2. 机组专项启动

（1）逆功率启动。

启动原理：逆功率启动用于启动汽轮机，当主汽门误关闭，即停止供给原动机能量时，将从系统吸收能量，转为电动机运行。此时由于转子和叶片引起的风损，使汽轮机叶片过热而损坏。

（2）过励磁启动。

启动原理：启动反映发电机或主变压器过励磁。

（3）95%定子接地。

启动原理：即反映基波零序电压的接地启动。启动具有较高的3次谐波滤除功能，它可启动发电机95%的接地故障。

（4）3次谐波电压启动。

启动原理：该启动反映发电机机端和中性点侧3次谐波电压大小和相位。启动具有较高的基波滤除功能，它在发电机中性点附近50%范围内有启动作用。该启动一般和95%定子接地启动共同构成100%定子接地启动。

（5）负序增量方向启动。

负序增量方向启动主要反映发电机的不对称故障。

启动原理：发电机正常运行时，无负序功率输出；而当发电机发生内部不对称故障时，必有负序功率输出；当系统发生不对称故障或不对称负荷时，负序功率一定是由外部系统流入发电机。所以该启动采用故障分量负序电压和故障分量负序电流构成的负序增量方向启动。

（6）低励、失磁启动。

启动原理：低励、失磁采用两种启动方式：转子低电压判据；三相同时低电压判据。

转子励磁电压下降是低励、失磁故障的直接原因，直接反映定转子的运行工况，且在短路和系统振荡时由于强励的作用不但不会下降，反而上升。同时通过有功功率的判别，区分发电机组的运行情况。

三相同时低电压判据可避免由于发电机高压母线的三相电压严重下降而导致系统电压崩溃，低压母线的厂用辅机难以维持正常运行。增加无功Q反向的判据有利于区分低励、失磁。

（7）频率越限启动。

启动原理：该启动主要用于汽轮发电机。频率异常时将对汽轮发电机的叶片及其拉筋产生影响，对于极端低频工况，还将威胁厂用电的安全。频率越限启动通过U_a进行计算。

（8）1.5s内10%电流变差启动（机组振荡）。

启动原理：装置通过在1.5s内测定机端电流I_a的变化启动。

（三）录波记录

1. 暂态记录

发变组故障录波装置记录时间段如图 7-2 所示。

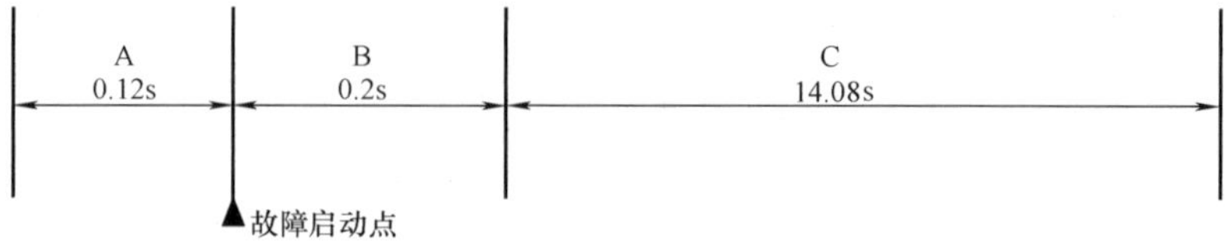

图 7-2 发变组故障录波装置记录时间段

A 段：0.12s，记录故障前的瞬时波形；

B 段：0.2s，记录故障初期的瞬时波形；

C 段：14.08s，记录故障中后期的瞬时波形。

记录方式：

（1）单一启动：满足本装置任一启动条件时启动录波，按 A→B→C 顺序执行；

（2）重复启动：如果有任一新启动发生，则转换到 B 时段高速录波。

自动终止条件，同时符合如下条件时，则自动停止记录：

（1）所有启动量全部复归；

（2）末次 C 段记录时间满 14.08s。

2. 稳态记录

采用大型数据库服务器，每 0.02s 记录一个有效值，可保留至少 4 天的稳态数据。

专项启动定值原则上按照发电机—变压器组保护定值整定。

如现场正常运行值与额定值相差很大，可适当调整定值，防止录波器频繁启动。

三、常见故障处理

1. 频繁启动

装置在 5min 内连续启动 15 次以上，则出现了频繁启动故障，该故障一般是定值设置不当造成的。根据故障报告判断是由哪一通道引起的，然后将定值适当调整，重新设置即可。

2. 不能录波

该故障一般由两个原因造成。

（1）定值设置不当。

应重新校对参数，重新设置相应通道的各项定值。

（2）通道电气连接不当。

在调整了定值后仍然不启动录波，可进行手动录波，然后进行波形分析。若相应通道无正常波形，则该通道不正常，原因可能是接线不好或接错线等原因。

3. 电源故障

若整机掉电，应检查供电电源及各自动开关是否完好。

4. 系统复位

若需要复位录波装置，关闭电源插件的开关进行断电重启，对系统进行复位，请注意在

DSP 插件背部的复位按钮只是对 DSP 插件进行复位，当 DSP 被复位后，会使系统异常，运行中请不要对 DSP 插件进行复位操作。

启动录波时，录波信息灯会被点亮，同时“录波启动”信号开出触点闭合，利用面板上的复归按钮将信号复归，并及时通知相关部门取走录波数据。

第三节 自动电压控制装置

一、概述

电力系统无功功率优化和补偿是电力系统安全经济运行的一个重要组成部分。通过对电力系统无功电源的合理配置和对无功负荷的补偿，不仅可以维持电压水平和提高电力系统运行的稳定性，而且可以降低网损，使电力系统安全经济运行。实时自动电压控制（AVC）指在正常运行情况下，通过实时监视电网无功电压，进行在线优化计算，分层调节控制电网无功电源及变压器分接头，调度自动化主站对接入同一电压等级电网的各节点无功补偿可控设备实行实时最优闭环控制，满足全网安全电压约束条件下的优化无功潮流运行，达到电压优质和网损最小。目前的 AVC 系统结构如图 7-3 所示。

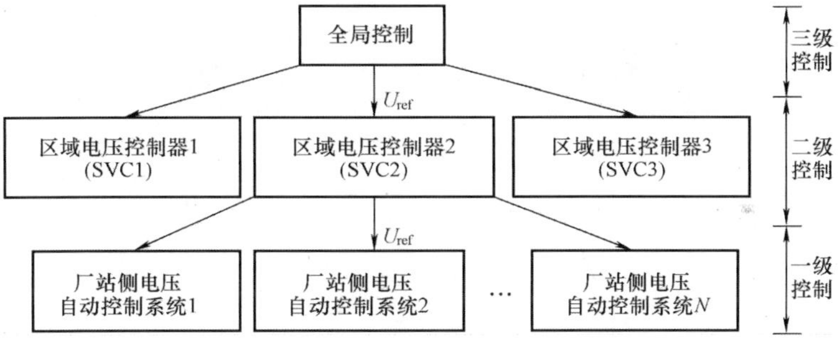

图 7-3 AVC 系统结构图

作为电压控制的实现手段在电厂侧主要由本区域内控制发电机的自动电压调节器（AVR）来完成。电厂侧 AVC 装置是针对电厂开发生产的专门装置，由上位机和下位机组成。作为电网无功电压优化系统中电厂电压控制的实现手段，是针对负荷波动和偶然事故造成的电压变化动作来控制调节发电机励磁，实现电厂侧的电压控制，保证向电网输送合格的电压和满足系统需求的无功。以预设电厂当地电压曲线设定电压数据，可接受来自调度通信中心的上级控制命令设定电压值，通过无功电压优化算法计算并输出以控制发电机一次调节器的整定点来实现系统节点的无功电压控制。本节将重点介绍电厂侧 AVC 装置。

电厂侧 AVC 装置通过远动系统接收上级调度 AVC 主站系统下达的电厂总无功功率或电压目标值，在充分考虑各种约束条件后，AVC 装置将总无功功率合理分配给每台机组，发出增减信号给励磁系统，由励磁系统调节机组无功功率。

二、AVC 装置配置及原理

（一）配置

电厂侧 AVC 装置由上位机和下位机组成，上位机和下位机通过串行通信方式实现信息和数据交换。AVC装置由上位机为处理核心，下位机作为控制机构组成，下位机由PLC和输入输出回路及控制面板组屏实现，一般配置是一台上位机和一面屏组成一个完善的控制系统。上位机选用工控机。n为机组台数，该系统的完整配置为上位机（工控机）1台；上位机中运行的系统软件1套；下位机$n\times1$台；下位机控制软件$n\times1$套。电厂侧AVC装置结构如图7-4所示。

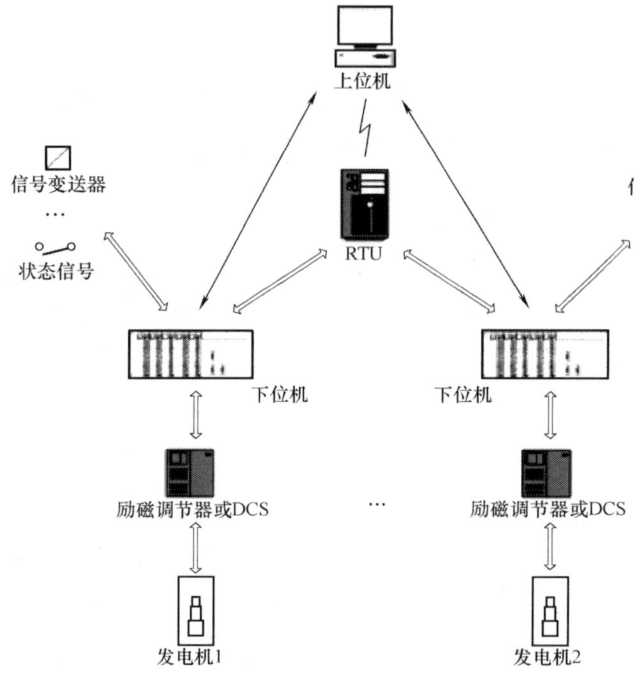

图7-4　电厂侧AVC装置构成图

1. 下位机（PLC）

AVC所需输入信号全部送入到下位机模块中。下位机通信模块接口用于程序调试和修改。每台下位机控制一台机组的励磁调节，下位机间相互独立，任何一台下位机退出，不会影响另一台下位机工作。PLC模块的信号指示灯提供模块工作与系统运行信号，给系统状态提供信息，便于监视和设备检修。下位机为PLC及其模块、输入输出信号及状态指示等信号接口件以集中组屏方式放置在保护室或控制室内。上位机也可和下位机全部组屏。一般下位机配有投退连接片，可实现系统投退功能，便于系统调试及在必要时使AVC系统退出保证机组正常运行。

2. 上位机

AVC系统上位机采用工控机。与下位机通信进行数据实时交换，实现机组的无功控制与机组无功调节投退管理。上位机中的AVC调控程序是AVC系统的控制核心，这一组程序完成AVC系统中通信、目标无功的实时优化分配、电厂AVC调节信息的历史记录、相关事件实时显示记录。一般AVC装置中一套配一台上位机，上位机与下位机分开安放。

（二）装置原理

电厂电压无功控制系统主要是针对负荷波动造成的电压变化动作来控制调节各发电机励磁，实现发电厂侧的一级电压控制。它接受主站下发的实时电压及指令或当地控制命令和母线电压的指令，协调调节发电机励磁调节器的整定点，以保证母线电压为目标母线电压。

1. 控制方法

由发电厂高压母线电压值、注入高压母线的无功及机组的运行状态，根据设定的高压母线目标电压值，计算出需注入高压母线的无功总量，然后按既定的策略将无功量合理分配给各机组，利用发电厂自动电压控制系统调整机组无功出力或机端电压，使高压母线电压达到系统给定值。在计算过程中应充分考虑机组各种约束条件。电厂自动电压控制系统图如图 7-5 所示，图中的 V_{Pset} 为主站发给该电厂 AVC 装置（或本地设定）的高压母线电压目标值。

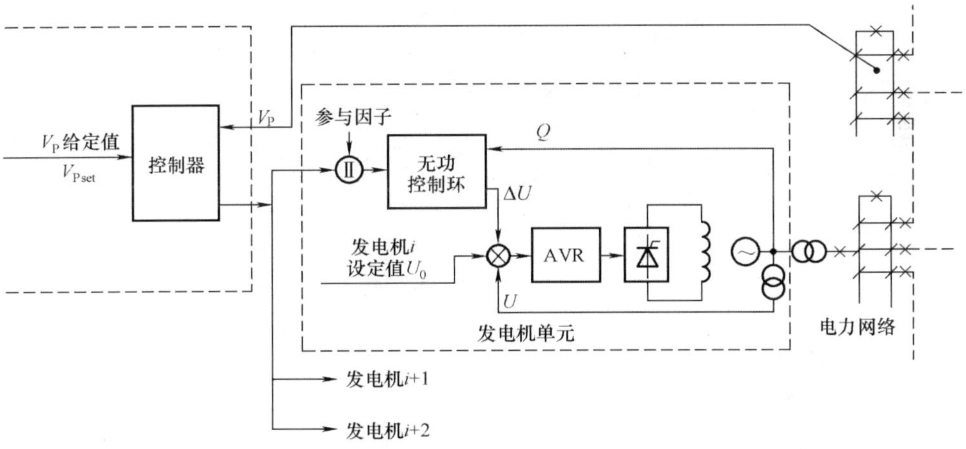

图 7-5 电厂自动电压控制系统图

在系统急需无功或无功过剩时连接到电厂高压母线的发电机应能及时调节。受控发电机应具备的条件如下。

（1）发电机具有相当的无功储备，即在系统紧急情况下，发电机能够为系统提供必要的无功支持；另一方面，当系统电压水平过高时，发电机能减少自己的无功出力，甚至吸收系统多余的无功，以保证系统具有良好的电压水平。

（2）发电机无功出力变化能有效地改变电厂节点的电压幅值变化，改善本区域的电压水平。

2. 控制原理

通过采集母线电压、母线无功（主变压器高压侧无功）等实时母线数据及机组有功、无功、定子电压、定子电流、励磁电压、励磁电流，实时计算出电厂侧的系统阻抗，通过特定算法预测出在设定目标电压值下注入电网的母线无功；通过机组 PQ 曲线图，确定机组无功限制，并将无功变化量以母线机组可调无功权系数的方式将机组无功合理分配至各在线可调机组。

3. 闭环控制

闭环控制指将分配至各在线可调节机组的目标无功作为下位机控制中的设定，再通过控制器内的算法，送出励磁增减调节脉冲，实现机组励磁调节，最终实现机组无功控制，达到母线无功调节目标，使母线电压跟踪目标电压变化。

4. 上位机控制流程

电厂 AVC 上位机控制流程如图 7-6 所示。

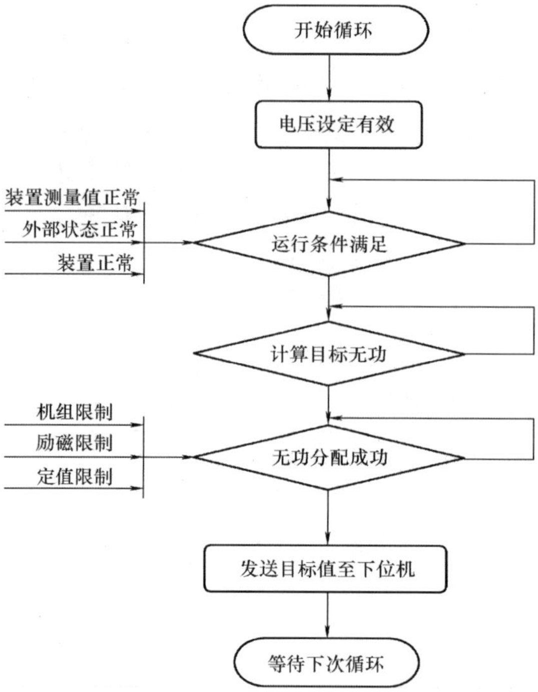

图 7-6　电厂 AVC 上位机控制流程图

第四节　发电机局部放电射频监测仪

一、概述

大型汽轮发电机和大型高压交流电动机中，由于定子绕组的故障（如绝缘磨损、接线开焊、股线断裂、高电场造成电晕等）会导致发电机运行中内部放电量增加，严重时，放电处将产生弧光，会导致局部过热和损坏绕组对地绝缘，严重影响发电机的绝缘寿命。

发电机内部的放电现象必然在定子绕组中产生很多高频分量，电弧放电辐射的电磁波频谱很广，其中一部分将传入定子绕组的中性点接地线中。由于发电机中性点对地电位很低，发电机内任何部位的电弧放电都将会在中性点接地线内产生相应的射频电流，射频监测仪是通过高频电流传感器来监测发电机中性点上的电弧的高频信号，以发现定子线圈内部放电现象。由于发电机定子绕组中存在着多种射频干扰信号，其放电电流信号通过中性点接地线流向接地点，高频电流互感器把此射频信号耦合到监测仪，射频监测仪可以监测到放电电流的强弱，以此来探测发电机局部放电的程度，实现对发电机定子绝缘的状态监测及故障报警。本节以 SJY-3 型发电机局部放电射频监测仪为例进行介绍。

二、装置介绍

SJY-3 系列射频监测仪包含射频监测仪主机、高频电流传感器和遥控板。如图 7-7 所示。

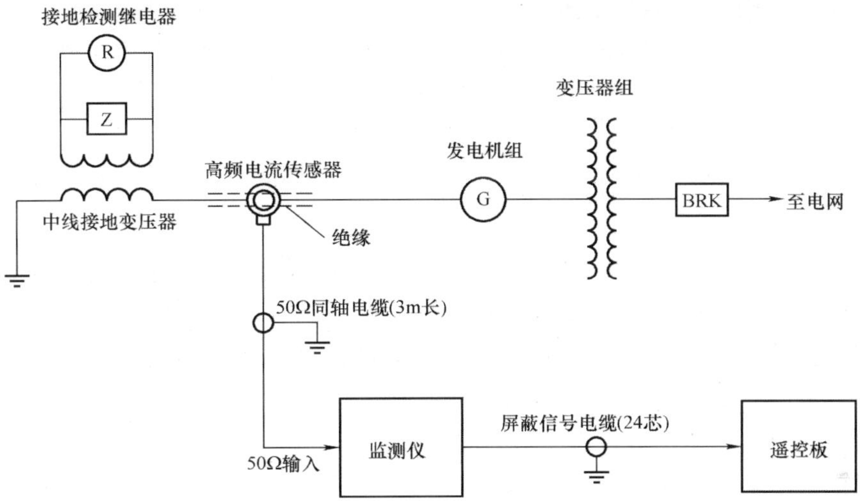

图 7-7 射频监测仪在线监测方案

高频电流传感器（CT）接在发电机中心线上，射频监测仪主机安装在被监测的发电机接地变压器小室旁边，并可采用遥控监测的方法连到控制室或其他场合。

1. 高频电流传感器（CT）

CT 要求安装在发电机中线上，位置在中线接地变压器的前端，以拾取中性点接地线内产生的射频电流。该 CT 亦可接频谱分析仪用于其他场合。

2. 射频监测仪主机

射频监测仪主机含射频信号接收部件、逻辑和自检电路部件、输入输出电路部件及电源供应部件。主机面板上安置指针式仪表以指示发电机系统的射频电平，如图 7-8 所示。该面板上外设有控制、显示合用的带指示灯的 4 个按键，2 个用以设定报警电平的电位器。该设备提供了外壳防尘保护，可直接从前窗观察发电机射频电平而无需打开外壳门。

图 7-8 主机面板上指示仪表指示仪器输入信号 10～10 000μV 与输出信息百分比（%）的对应关系（表中左侧绿色为安全区域、右侧橙色和红色为警示区域）。

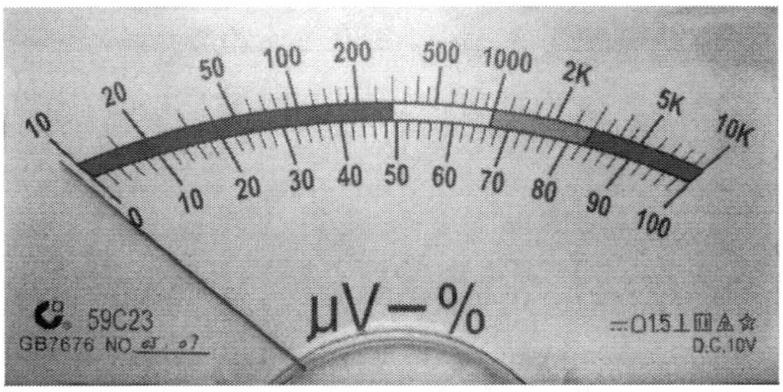

图 7-8 射频监测仪主机面板

（1）射频信号接收部件。

该射频接收电路是射频监测仪的核心部件。该放大器具有很大的动态范围和输入裕量，以保证强放电信号发生时能不失真地放大。其稳定性好，且可工作在恶劣的环境条件中，可以抵御各种电磁干扰。

在信号接收部件中，主要包括：交流放大器、晶体滤波器、对数放大器、准峰值检波器。

该部件有三个电路参数调节元件，其中两个用于对放大器参数进行校正，一个用于接收器增益调整。

（2）逻辑和自检电路及输入输出电路。

逻辑和自检电路用以监测射频电平和判别是否存在报警信号。其中主要包括：报警电平比较器、瞬态报警信号滤波器、报警及验证逻辑控制电路、自检信号控制器及系统时基信号发生器等。

采用两个信号电平比较器监测发电机射频信号的门限点，它可从射频监测仪的面板上进行调节。

瞬态报警信号滤波器的作用是用于消除射频信号中瞬态变化信号引起的虚假报警。该滤波器提供了可变延时，其延时量已调整在10s，故只有当输入的射频信号电平持续超过报警门限的时间达到已定的延时时间后才会报警。在监测仪的前面板和遥控板上可同时显示报警状态。

报警显示的程序介绍见下。

报警：信号电平超过报警电平门限的时间大于10s后，监测仪面板和遥控板的指示灯闪烁，同时遥控板上讯响器报警，并输出提供给光字牌的报警触点信号。

验证：当按下所闪烁指示灯的按键后，监测仪面板和遥控板上的报警指示灯根据报警信号的保持与否或亮而不闪烁或熄灭，遥控板上讯响器声音切断。

应注意如下事项。

1）若报警情况在验证之前已消除，则面板上的报警指示灯在验证前仍将持续闪烁，直到验证时才熄灭。

2）若报警情况在验证时仍存在，则验证后报警指示灯仍亮，但不闪烁，直到报警情况消除后报警指示灯才熄灭。

3）可由验证报警情况来判断监测仪中的报警信号是否依然存在，以进一步消除射频信号中瞬态变化信号引起的虚假报警，增加了抗干扰的手段。

该射频监测仪具有自检其内部电路的功能。其自校过程可由自检控制信号或当电源接通后自行触发完成。自校控制按键在监测仪前面板和遥控板上均有设置。

当系统进入自校状态，在监测仪和遥控板的前面板自校按键上的指示灯会亮，表示自校过程在进行，整个自校周期为1min。

在自校周期中，指示的信号电平前半个周期通常小于30μV，后半个周期是在10 000μV左右，自校完成后在遥控板的记录仪上将留下记录。

当自校完成后监测仪就自动进入正常工作状态。整个自校过程如下。

1）接通电源或按下“自检”按键。

2）监测仪内电路自动接通自检电路的电源。

3）自检继电器开始工作。

4）在前半个周期，监测仪面板上读数小于30μV。

5）在后半个周期，监测仪面板上读数是在满刻度附近。再过10s后将有报警指示，表示系统工作是正常的。

6）自校完成后，按下各报警验证按键后，电路自动处于正常工作状态。

自校电路自动周期时间的选择，要求保证至少是瞬态报警信号滤波器延迟时间的两倍。一般，自校周期时间调整在 60s，即前后半个周期各 30s。

注意：由于自检后半个周期，监测仪的读数在满刻度附近，一定大于报警设定值，一定会有一次报警过程，并且一定要人工验证才能消警。因此，①接通电源或按下“自校”按键后，必须等到报警过程开始后按下报警验证按键，电路才能进入正常工作状态；②仪器供电必须保证良好，不可有瞬间断电现象，否则将触发自检并有报警过程。

输入输出电路设计成可抵御瞬态浪涌脉冲信号，且结构简单、方便、可靠，便于连接。

3. 遥控板

在遥控板上设有 4 个与射频仪主机相同的控制、显示合用的带指示灯的按键，此遥控板还安装有图形记录仪，图形记录仪分机械式（有纸质记录）和电子式（无纸记录）两种，射频仪的输出信号可直接连接 DCS 系统。

三、操作

1. 面板及功能

图 7-9 所示为监测仪面板上的控制器和显示器。

图 7-10 所示为遥控面板上的控制器和显示器。

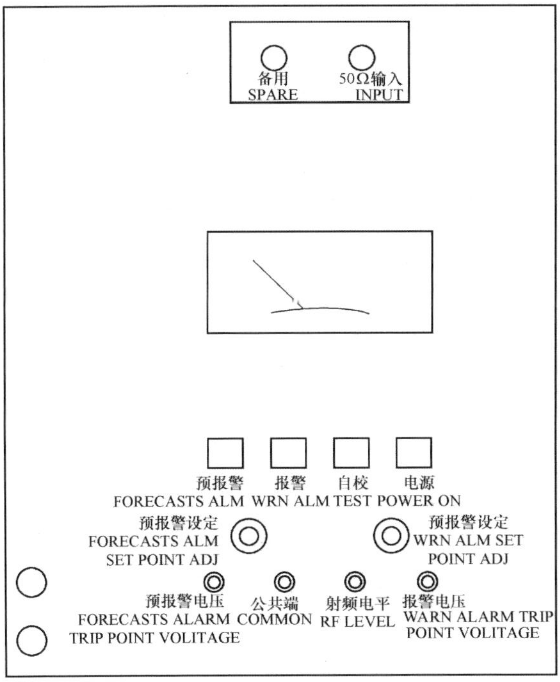

图 7-9 监测仪面板布置图

图 7-10 遥控面板布置图

控制器和显示器的功能见表 7-1。

表 7-1 控制器和显示器的功能表

控制器	显示器	功能
电源	绿色	带指示灯按键开关：控制交流电源，灯亮表示交流电源已输送到射频监测仪
自检	白色	带指示灯按键：启动自检，灯亮表示系统进入自检状态
预报警	黄色	带指示灯按键：验证预报警，灯亮表示系统进入预报警状态
故障报警	红色	带指示灯按键：验证故障报警，灯亮表示系统进入故障报警状态
	指针式表头（仅在监测仪上）	指示射频监测仪输出电平（0～100%）和输入电平（10～10 000μV）
	ARM核数字记录仪（仅在遥控板上）	液晶显示屏显示射频监测仪输出电平（0～100%）和输入电平（10～10 000μV）
预报警设定（仅在监测仪上）		预报警电平门限调节
故障报警设定（仅在监测仪上）		故障报警电平门限调节

在系统发出报警信号后，除非按下在闪烁指示灯的按键，使报警情况得以验证，否则报警指示灯将一直闪烁，遥控板上讯响器亦将不切断。

2. 操作顺序

（1）接通到遥控板电源时（正常投入运行时）的开机顺序。

1）所有开关均置“断开”状态。

2）将监测仪电源供应部件板上开关S1拨到“OFF/REMOTE”位置。

3）按监测仪电源开关按键，此时并未接通电源，仅为在遥控板操作做好准备。

4）再按遥控板上的电源开关按键。此时，电源和自检指示灯应亮，仪器自动进入自检周期。前半个周期读出的输出值应小于30μV，后半个周期输出值应接近满度值10 000μV，10s后开始进入报警状态。

5）在自检周期结束后，按下各报警验证按键，仪器进入监测状态。

（2）不接遥控板电源时（主要在维修校验时）的开机顺序。

1）所有开关均置“断开”状态。

2）将电源供应部件板上开关S1拨到“ON/SELF”位置。

3）按下监测仪的电源开关按键，此时电源和自检指示灯应亮，仪器自动进入自检周期。在前半个周期读出的输出值应小于30μV，后半个周期输出接近满度值10 000μV，10s后开始进入报警状态。

4）在自检周期结束后，按下各报警验证按键，仪器进入监测状态。

（3）预热。

在整个系统正常工作之前，电流传感器、监测仪和遥控板应至少通电1h以上，进行预热，以便使系统进入稳定状态。

（4）机内自检电路。

自检过程受监测仪或遥控板的按键控制，每次开机时或在按下“自检”按键后，即进入自检过程，白色按键内的“自检”灯在整个周期内均应点亮。

自检工作以如下方式进行：前半个周期监测仪的输出值读数应小于 30μV，后半个周期监测仪的输出值读数应接近于满刻度。在后半周期开始 10s 后，所有报警、显示电路均应开始工作。

整个自检周期时间为 60s。

通过自校可判断主机和遥控板有无故障。若自校满足前面所述功能与指示，则可确定主机和遥控板的逻辑与显示均正常，否则需检修。

由于每次开机时均会有一次自检过程，因此必须保证主机和遥控板的供电可靠，任何一处瞬时断电都会导致重新开机，并有一次自校和报警过程，这种情况应与误报警相区别。

（5）报警。

在非报警状态，各报警显示器的指示灯都是熄灭的，其报警继电器均关断。

在报警状态下，在按验证按键前，报警显示灯发出闪烁，继电器时开时闭。在按验证按键后，报警显示灯保持稳定，直到报警状态消除后，方可使报警显示灯熄灭。报警情况可由监测仪中的报警继电器送到其他设备上。

（6）监测仪和遥控板的控制及显示部件。

在监测仪上有 4 个控制、显示合用的带指示灯的按键及指针式仪表。在遥控板上除有上述 4 个带指示灯的按键外，还安装有图形记录仪。

记录仪的走纸速度可设定为 5mm/h 或 10mm/h，纸走完应及时更换，换纸时在新旧纸上应标记上时间。记录笔为一次性使用型，用完需及时更换，拔出旧的插进新的即可。

（7）报警后的处理。

1）验证报警并观察指示记录，以确定报警信号继续存在。

2）自校一次，检查射频监测仪本身好坏，以确定报警信号来自发电机系统。

3）观察报警信号发展趋势，并且每次交接班时在记录纸上标记时间。

4）观察发电机的运行参数以及其他监测仪器的情况，进行综合分析。

5）与制造厂联系，获取其他厂应用信息，并组织技术人员或聘请专家进行分析。

四、射频监测仪系统对发电机绝缘状态的评判

发电机绝缘状态是一个发展过程。运行经验和研究表明，射频监测仪信号评判的范围，从原本限于监测定子线棒股线断裂拉电弧，扩展到对发电机低能量的局放的评估，更有效地发现早期的电气和绝缘缺陷，为发电机状态维修提供有意义的信息。

射频监测仪信号指示值及其发展趋势对发电机的状况的关系，划分为良好、中介过渡、注意、警告、危险几个区域，如图 7-11 所示。

当射频监测仪信号低于图 7-11 中指示值 50%（即射频仪输入信号小于 300μV）时，表明发电机系统绝缘状态是良好的，图中用绿色表示；当信号在 66.6%～80%之间时（即对应射频仪输入信号在 1000～3000μV 范围），应对发电机系统的绝缘状况引起注意，观察其变化趋势，表上以橙色表示；当信号大于 80%时，在此区域内属于警示或危急的状态，用红色表示，应当引起高度重视，密切注意其变化情况，或改变负荷观测其与负荷变化的依赖关系，必要时停机处理。

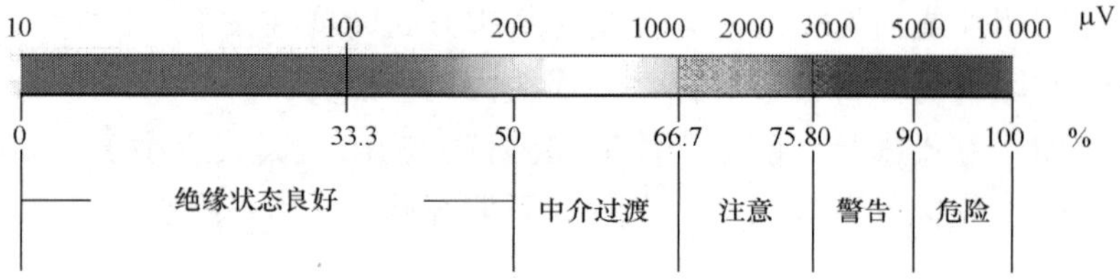

图 7-11 射频监测仪的信号与发电机系统的绝缘状态对应关系

第八章 电气控制系统

第一节 概　　述

随着计算机技术的发展和应用，目前发电厂电气设备的监视操作已经逐渐由传统的就地控制屏改为在计算机控制系统中进行。采用电气控制系统，方便了运行人员的监视，同时利用计算机技术编制的逻辑可以轻松实现操作闭锁及自动报警，这些是以往仅靠硬件设备难以实现或需花费大量投资才可实现部分功能的，因此应大大提高电气设备运行的安全性及经济性。

发电厂220kV及以上电压等级系统的高压设备由于其重要性及复杂性，一般都独立于机组电气设备单独控制，采用网络控制系统（NCS）。机组电气设备监控一般采用分散控制系统（DCS）。本章将对这两种系统做详细介绍。

第二节 网络控制系统

一、概述

目前我国220kV及以上电压等级电力系统操作已经由传统的在电气控制屏上操作逐步发展为通过网络控制系统（NCS）进行操作。NCS系统各开发厂家尽管采用的硬件及软件有所不同，但基于的结构与原理具有相似性，本节以望亭发电厂所使用的国电南京自动化股份有限公司开发的NCS厂站监控系统为例，对NCS系统做详细介绍。

二、NCS系统配置

（一）系统硬件

NCS监控系统的结构基于“分布式计算机环境”概念，采用网络结构。系统是开放的，硬件设备可以在不影响系统其余部分正常运行的情况下，采用简单方式进行替换、升级和扩充，而不需对软件做任何修改。

NCS监控系统主要由站级与间隔级两个控制层构成。

1. 站级控制层

站级控制层是网络设备监视、测量、控制、管理的中心。站级控制层一般包括主机、通信网关机、操作员站、工程师站、公用信息管理机（智能接口装置）、工业级以太网交换机等。

公用信息管理机负责与220kV系统的UPS、直流系统、继电保护及故障信息管理子站等系统的通信管理。运行人员通过NCS操作员站对220kV系统全部一次设备及二次设备进行监视、测量、记录并处理各种信息，并对220kV系统的主要电气设备实现远方控制。主机一般有两台，平行运行，互为热备用，当其中一台主机发生故障时，备用机能在数秒内投入运行，且不应发生任何数据丢失。所有的信息数据均存放在主机的数据库中，通过权限设置任一台计算机都可将采集来的实时数据进行分析运算、分类和处理，并可进行功能组态，软件设置及网络管理。间隔级控制层与站级控制层之间的通信均采用I/O测控单元直接连以太网方式或通过数据处理通信单元方式实现。站级控制层的各设备之间通过工业级以太网交换机进行通信，以太网采用冗余光纤双网结构。交换机应采用工业级光电交换机。

2. 间隔级控制层

间隔级控制层由按电气单元组屏的测控部件组成，具有交流和直流采样测量、防误闭锁、同期检测、间隔层断路器紧急操作和主接线状态及测量数字显示等功能。

每个I/O测控单元按双CPU热备用配置，与站级控制层之间通过光纤进行冗余通信。I/O测控单元的部件可带电插拔，检修某一断路器电气单元的I/O测控部件，不影响相邻电气单元I/O测控部件的正常运行。I/O测控单元采用双口冗余通信。

3. 时钟接收和时钟同步系统

NCS监控系统应设置卫星时钟同步系统，接收全球卫星定位系统GPS的标准授时信号，对NCS和继电保护装置等有关设备的时钟进行校正。

4. 声响报警装置

NCS应具备一套声响报警装置，根据事故信号和预告信号装置发出声音不同的报警声响。

5. 通信接口设备

NCS配一台通信接口设备，用于与机组DCS和厂级计算机监控网络（SIS）连接，按DCS和SIS系统要求完成规约转换，并通过该通信接口向DCS和SIS传送220kV系统信息。

（二）系统软件

1. 操作系统

站控层应采用成熟的、开放的多任务操作系统，它包括操作系统、编译系统、诊断系统以及各种软件维护、开发工具等。编译系统易于与系统支撑软件和应用软件接口，支持多种编程语言。间隔层采用符合工业标准的实时操作系统。操作系统能防止数据文件丢失或损坏，支持系统生成及用户程序装入，支持虚拟存储，能有效管理多种外部设备。

2. 支撑软件

支撑软件主要包括数据库软件和系统组态软件。

3. 应用软件

应用软件采用模块化结构，具有良好的实时响应速度和可扩充性，具有出错检测能力。当某个应用软件出错时，除有错误信息提示外，不允许影响其他软件的正常运行。应用程序和数据在结构上互相独立。

4. 通信接口软件

NCS通信接口驱动软件主要有与微机保护装置的通信接口软件、与微机故障录波装置的通信接口软件、与调度中心的通信接口软件（即 RTU 软件）、与电能计量系统的通信接口软件、与安全自动装置的通信接口软件、与智能直流系统的通信接口软件、与 DCS 通信软件。

三、测控装置

（一）概述

南自 PSR660 系列数字式综合测控装置主要用于面向单元设备的测控应用，也可配置成集中式测控应用。装置主要功能包括：开关量信号采集、脉冲信号采集、编码信号采集、温度信号采集、直流信号采集、交流量信号采集、开关量控制输出、模拟量信号输出/遥调、SOE 事件顺序记录、同期、变压器分接头调节及滑挡闭锁、图形化逻辑可编程功能、间隔五防闭锁、远方就地操控以及各种通信接口等。其中交流采集包括：电压、电流、零序电流电压及越限判别、有功、（真）无功、功率因数、谐波及谐波畸变率、计算电度、断线判别、电压不平衡度等。

（二）装置各模块

装置各子模块按功能分配，分别有：智能开入模块（以下简称 DI）、智能交流模块（统称 AC）、智能温度直流模块（以下简称 TDC）、智能控制模块（以下简称 CTR）、智能开出模块（以下简称 OUT、DO）、智能温度模出模块（以下简称 RTDAO、RTD、AO）、智能保持开出开入模块（以下简称 LDIO）、智能开入开出模块（以下简称 DIO）、智能开入开出直流模块（以下简称 TDIO）、智能同期模块（以下简称 SYN）、其他可选配模块。

图 8-1 是装置内部关系示意图，各模块功能简述如下。

（1）DI 模块功能包括可配置的开关量采集、脉冲量采集、编码信号等采集。

（2）AC 模块功能包括：电流电压基波和谐波的有效值、有功功率、无功功率、功率因数，总有效值、总有功功率、真无功功率、总功率因数，基波频率，相电压到线电压的计算，计算电度（正向有功电度、反向有功电度、正向无功电度和反向无功电度），电能质量

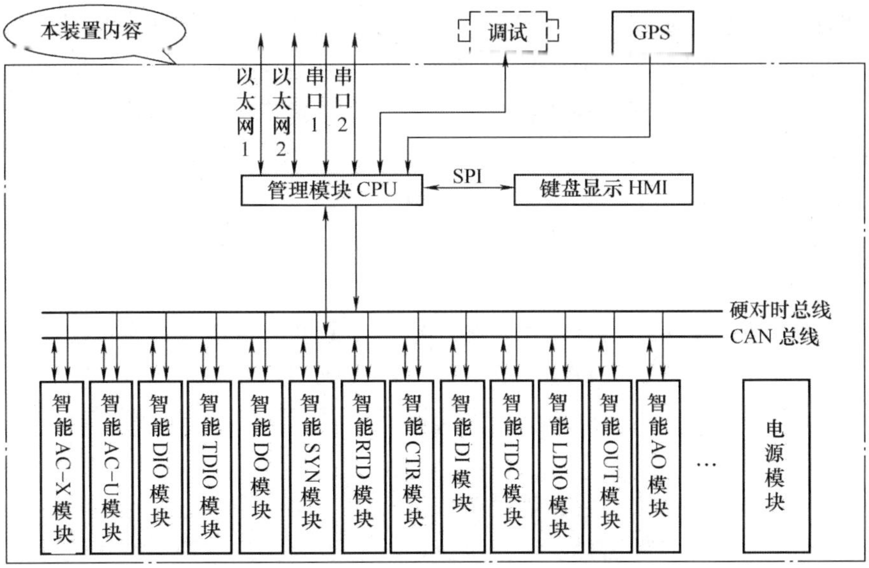

图 8-1 PSR 660 系列模块关系示意图

参数（三相不平衡度、谐波含有率、总谐波畸变率等），事件判别记录（TA/TV 断线、零序电压越限、零序电流越限）等。

（3）TDC 模块可直接接驳电压、电流输入并采集计算。

（4）OUT、CTR、DO 模块可以实现遥控/分接头调节。

（5）RTDAO 模块可以输出模拟量信号，实现遥调等功能。

（6）LDIO 模块可以输出磁保持触点，可以配合实现特定五防等功能。

（7）DIO 模块同时具有遥信、遥控/分接头调节功能，可实现滑挡闭锁等功能。

（8）TDIO 模块同时具有遥信、遥控/分接头调节、直流采集等功能，可实现滑挡闭锁等功能。

（9）SYN 模块可实现较复杂的同期功能，如变压器三侧同期和一个半断路器同期等。

（10）HMI 模块是人机接口模块。

（11）装置管理主模块则负责管理收集各子模块信息和配置，并完成图形化逻辑可编程、五防闭锁、远方/就地控制、同期投入/退出选择以及驱动人机接口界面等。

（三）间隔五防

PSR660 间隔五防功能模块支持算术运算和逻辑运算，并通过逻辑运算表达式解析判断是否闭锁出口，参与算术或逻辑运算的输入数据可以是本装置或其他 PSR660 测控装置的开入或模拟量数据，装置间数据获取可通过单或双以太网实现共享。

PSR660 间隔五防功能模块不仅支持软闭锁，还支持硬闭锁，即通过装置提供的普通控制输出触点或磁保持出口触点作为硬闭锁触点来控制断路器或隔离开关的控制电源，在控制时条件满足则开放硬闭锁触点，控制完毕再断开硬闭锁触点。如果用普通控制输出触点作硬闭锁触点，则应将这个控制的脉冲输出宽度整定到合适的时间，以使硬闭锁触点开放足够时间供操作者完成控制操作。

间隔五防策略对于提供逻辑判断数据的装置故障时，将闭锁操作；在无任何故障时，若提供逻辑判断数据的装置处于检修状态，将允许操作；当与提供逻辑判断数据的装置通信中断时，将闭锁操作。当五防逻辑表达式定义中包含硬闭锁触点对象时，正常遥控过程如下：遥控选择→五防逻辑判别为真→硬件选择对象正确→回答选择成功→开放即闭合硬闭锁触点→遥控执行→硬件执行对象正确→回答执行成功→等待断路器真正动作或失败超时→收回即断开硬闭锁触点。

当五防逻辑表达式定义中不包含硬闭锁触点对象时，正常遥控过程如下：遥控选择→五防逻辑判别为真→硬件选择对象正确→回答选择成功→遥控执行→硬件执行对象正确→回答执行成功。

当五防逻辑表达式定义中包含硬闭锁触点对象，而间隔五防软连接片退出时，正常遥控过程如下：遥控选择→硬件选择对象正确→回答选择成功→开放即闭合硬闭锁触点→遥控执行→硬件执行对象正确→回答执行成功→等待断路器真正动作或失败超时→收回即断开硬闭锁触点。

当五防逻辑表达式定义中不包含硬闭锁触点对象，而间隔五防软连接片退出时，正常遥控过程如下：遥控选择→硬件选择对象正确→回答选择成功→遥控执行→硬件执行对象正确→回答执行成功。

除测控装置提供的间隔五防外，有时NCS系统还会配一套系统五防。系统五防可以提供模拟操作、操作票、锁具以及其他闭锁和特定功能。某些系统五防提供了一种需要测控装置配合提供闭锁触点和紧急解锁机制的防误闭锁方式。

四、NCS系统功能

（一）实时数据采集

（1）通过I/O数据采集单元实时采集来自220kV系统，高压备用电源和单元机组的运行工况，形成模拟量、数字量、脉冲量及温度量等输入量。主要监测设备包括：220kV发电机-变压器组进线；220kV线路出线；220kV启动/备用变压器进线；220kV母线设备；全厂断路器、隔离开关及接地隔离开关；全厂TA和TV；220kV所有线路、母线、母联保护装置等；直流系统；UPS不停电电源；MCC柜等。

（2）I/O数据采集单元对所采集的输入量进行数字滤波、有效性检查，工程值转换、故障判断、信号触点抖动消除、刻度计算等加工。从而产生出可供应用的电流、电压、有功功率、无功功率、功率因数等各种实时数据，并经数据处理装置将这些实时数据传送至主计算机的数据库内进行存储。

（二）数据处理功能

1. 状态量处理

状态量包括开关量、设备运行状态等信息。系统具有判断状态量是否变位，并在状态量变位时启动事故报警或预告报警处理的功能。系统具有事件顺序记录功能。

2. 模拟量处理

每个模拟量（包括数字量）在存入数据库之前，将数据转换为工程量。每个模拟量可以设置多个限值，分别对应告警状态、紧急状态或其他状态指示要求，模拟量越限和回归时都应启动事故报警或预告报警处理功能。

3. 脉冲量处理

系统应能按设定时间间隔对脉冲累计值进行冻结、读取、解冻。能够按设定的时间间隔存储、显示电能量累计值，所有电能量数据至少能够按日统计。

4. 计算功能

系统向操作人员提供方便的实时计算功能。具有加、减、乘、除、积分、求平均值、求最大、最小值和逻辑判断，以及进行功率总加、电量分时累计等计算功能。供计算的值可以是采集量、人工输入量或前次计算量，这些计算从数据库取变量数据，并把计算结果返送数据库。计算结果应可以处理和显示，并可以对计算结果进行合理性检查。可以由用户用人机交互方式或编程方式定义一些特殊公式，并按用户要求的周期进行计算。

5. 历史数据处理与统计功能

对实时数据库中的每一个检测点，都可以事先定义并按设定的周期，以秒、分、时、日、月、年等时间时隔转存入历史数据库。能利用历史数据库生成各种日、月、年报表、趋势曲线和用户自定义的各种不同时间间隔的累计、最大、最小、平均值等统计表。对于状态量变位、事件、越限等信息，应按时间顺序分类保存在历史事件库中，保存时间可由使用单位自定义为几个月、几年等。具有母线电能量平衡、母线电压运行参数不合格时间及合格率统计功能：上一年全年不合格时间及合格率统计、当年截至当天零点之间不合格时间及合格率统计，母线电压等运行参数的上、下限值可以由调度下达或就地人工设定。

（三）画面显示

系统通过人机工作站实现画面显示功能，具有电网拓扑识别功能，实现带电设备的颜色标识。所有静态和动态画面应存储在画面数据库内。图形管理系统具有动态棒型图、动态曲线、历史曲线制作功能。屏幕显示和打印制表用中文。具有图元编辑图形制作功能，并能够在主计算机或任一台人机工作站上均能方便直观地完成实时画面的在线编辑、修改、定义、生成、删除、调用和实时数据库连接等功能，并且对画面的生成和修改应能够为其他工作站共享使用。图形画面包括主接线图、母线电压和其他测量值的趋势图、曲线图、棒图、系统工况图等，图中的画面名称、设备名称、告警提示信息等应用中文显示。具有表格显示、生成、编辑等功能。表格包括事件/告警顺序记录表、事故追忆表、电量表、各种限值表、运行计划表、操作记录表、系统配置表、系统运行状况统计表、历史记录表和运行参数表等。可以根据需要能够灵活的生成新的表格，在表格中可以定义实时数据、计算数据、模拟显示并打印输出。

在NCS操作员站显示器上显示的各种信息以报告、图形等形式提供给运行值班人员。报告显示内容包括报警、事故和常规运行数据。报告内容有状态变化、控制操作、测量值、测量值越限、计算机监控系统设备异常等。显示信息可按其发生的先后时序进行，显示条文的内容包括监测时间、设备名称、状态变化内容、实时数据等。图形显示分为过程图形、趋势图形和表格等。

图形由图形元素、对象标号、特性参数、文字和便笺等组成。包括下列部分。

(1) 电气主接线图以移屏和分幅显示方式显示发电厂电气主接线图或局部接线图，并可按不同的详细程度多层显示。内容包括电源、出线、母线及其有关的断路器、隔离开关及接地隔离开关、发电机-变压器组、厂用变压器等监测对象的实时状态和有关的实时参数值，例如有功、无功、电流、电压、频率，并指明潮流方向。

(2) 保护设备配置图能表示出各套保护设备的投切情况、整定值、连接片位置等。

(3) 直流系统/UPS状态图、显示实时运行数据。

(4) 厂用电系统状态图，显示实时运行数据。

(5) 220kV系统控制画面（包括各电气一次设备操作条件和提示画面）。

(6) 报警显示，具有模拟光字牌分类告警画面和确认功能。

(7) 开关量状态表、实时测量参数表、历史事件数据表等各种图表。

(8) 定时报表，厂内运行的实时信息按运行需要的时间间隔记录并按报表格式显示。

(9) 日报表，按220kV系统运行要求的日报表格式显示全天运行的实时数据的统计值，并能查询历史日报表。

(10) 月报表，以全月220kV出线的负荷数据记录及断路器操作记录构成月报表。月报表在月末形成，并能查询历史月报表。

(11) 趋势曲线，对指定测量值可按特定的周期采集数据，并予以保留。可按运行人员选择的显示间隔和区间显示趋势曲线。同时，画面上还可给出该测量值允许变化的最大、最小范围。

(12) 操作票，可显示编制好的操作票，根据运行人员的要求进行检索。

(13) 统计结果的显示，计算机监控系统硬件配置图及运行工况图。用图形方式显示出计算机监控系统设备的配置的连接。用不同颜色表示出设备状态的变化，如打印机处于脱机或联机，通信通道处于故障或正常等。

(四) 记录和打印功能

1. 打印输出

配置数台网络打印机。一台专门设置为事件打印机，用于实时打印事件、报警信号。另外几台用于召唤或定时打印，进行各种常规打印，打印图形画面。

2. 事件顺序记录

事件顺序记录的内容为快速发生的设备状态变化记录，时间分辨率应不大于1ms，并按要求的报告形式通过事件打印机打印输出。

3. 状态变化记录

状态变化记录包括事故状态变化记录，响应状态变化记录和计算机监控系统异常状态记录。当状态发生变化时，应立即通过事件打印机打印出变化时间和变化信息。

4. 数据记录

将测量值按随机、定时、日报、月报等不同形式打印输出。

5. 事故追忆记录

事故追忆记录用于分析在事故前后的一段时间里，重要实时参数在特定时刻的变化情况，并存入事故追忆表中，按用户要求打印输出，便于事故分析。事故追忆表的容量至少能记录事故前1min至事故后5min全站的模拟量，事故追忆表可以由事件或手动产生，可以根据不同的触发条件选择必要的模拟量进行记录，并且当数个触发点同时发生时不影响数据记录的可靠性。

(五) 报警处理

报警处理分两种方式，一种是事故报警，另一种是预告报警。前者包括非操作引起的断路器跳闸和保护装置动作信号。后者包括一般设备变位、状态异常信息、模拟量或温度量越限、计算机监控系统的软、硬件的状态异常等。

1. 事故报警

事故状态方式时，公用事故报警立即发出音响报警（报警音量可调），操作员站显示器画面上用颜色改变并闪烁表示该设备变位，同时显示红色报警条文，报警条文可以选择随机打印或召唤打印。

事故报警通过手动或自动方式确认，每次确认一次报警，自动确认时间可调。报警一旦确认，声音、闪光即停止，报警条文由红色变为黄色。报警条件消失后，报警条文颜色消失，声音、闪光停止，报警信息保存。第一次事故报警发生阶段，若发生第二次报警，应同样处理，不覆盖第一次。报警装置可在任何时间进行手动试验，试验信息不予传送、记录。报警处理可以在主计算机上予以定义或退出。事故报警有自动推画面功能。

2. 预告报警

预告报警发生时，除不向远方发送信息外，其处理方式与上述事故报警处理相同（音响和提示信息颜色区别于事故报警）。部分预告信号应具有延时触发功能。

对每一测量值（包括计算量值），可由发电厂按序列设置4种规定的运行限值（低低限、低限、高限、高高限）分别定义，作为预告报警和事故报警。4个限值均设有越/复限死区，以避免实测值处于限值附近频繁报警。

（六）管理功能

管理功能主要指操作票和一些设备工况报告及设备档案的编制和调用。

1. 操作票的编制

能通过在计算机显示屏上的一次接线图进行模拟操作后自动生成操作票，也可以交互式编辑生成。操作票的内容包括标题、编号、时间等一般信息和操作执行条文。操作执行条文由命令、设备名、操作信息等构成。它可由运行人员通过键盘输入的交互方式进行编辑、修改、删减、更新，并能存储、检索、显示、打印。设有标准操作票选项，由特定授权人员进行录入、修改，操作人员只能查看、打印操作内容，无权修改。

2. 设备工况报告编制

运行人员以键盘输入的交互方式可编辑各设备的运行、测试、接地、锁定等工况报告。对这些报告可以进行修改、检索、显示、打印。

3. 设备档案的管理

对各种设备的资料、参数、运行历史，可用文件方式予以保存，并能自己修改、检索、显示、打印。

（七）操作功能

（1）具有操作预演功能，操作人员能够交互的进行操作，在操作前，根据不同的操作对象，NCS系统可打印出操作票。当操作不正确时，能显示出错提示信息并提供联机帮助。

（2）状态显示功能。操作人员可以通过该功能了解系统的总体状态，查阅画面和报表并发送打印命令。

（3）操作权限。计算机可以设置不同的操作权限和口令，以防止非法使用和误操作。在执行电气元件的操作命令时，还能满足电气元件操作的监护要求，软操作的电气操作监护可以通过接受4个及4个以上操作人员的操作密码（注：每个密码的级别不同）来实现。

（4）标牌功能。计算机可以在监测对象加上反映其特征或内容的标牌，用于系统的画面显示和操作控制当中。

（5）数据输入功能。运行、检修操作人员可以在线输入数据，修改报表和编辑画面及参数数据。

（6）操作记录功能。操作记录将存储各种操作信息，在进行操作时激活操作记录功能，另外可以打印输出操作记录。

（八）控制功能

控制功能分为：调度中心远方控制功能，发电厂运行人员操作控制，后备手动控制三种。

1. 调度中心远方控制功能

调度中心远方控制命令通过计算机监控系统的数据处理及通信装置自动执行对以下设备的操作控制，纳入控制的设备有：220kV断路器的分、合闸及单元机组AGC调节。

2. 运行人员操作控制

操作控制指运行人员在控制室NCS操作员站上调出操作相关的设备一次接线图后，通过操作键盘或鼠标，就可对需要控制的电气设备发出操作指令，实现对设备运行状态的变位控制。计算机提供必要的操作步骤和足够的监督功能，包括提供操作提示、条件判断、打印操作票，以确保操作的合法性、合理性、安全性和正确性。纳入控制的设备有：220kV 断路器（除了发变组断路器）的分、合闸；220kV 隔离开关的分、合闸；220kV 接地隔离开关分、合闸操作闭锁。操作控制的执行结果反馈到相关设备一次接线图上。其执行情况也能产生正常（或异常）执行报告。执行报告在 NCS 操作员站上予以显示并打印输出。

3. 后备手动控制

为满足就地手动控制要求，220kV 每一间隔 I/O 单元屏设有远方和就地切换开关以及跳合闸按钮，其软件也作相应的配置。当计算机监控系统站级控制层停运时，间隔 I/O 屏可对断路器实现一对一的操作，后备手动控制装置与 I/O 测控单元组成一面屏。

对 220kV 系统设备的控制操作在功能和设计上是安全可靠的，在操作前及操作的整个过程中都保证所有断路器位置的精确监测，且所有监测信息应是实时、有效的。如在操作前及操作过程中发生任何干扰，如断路器故障、数据传送通道故障等情况下，必须对控制调节设备进行闭锁。在任何操作方式下，应该保证下一步操作的实现只有在上一步操作完全完成以后才能进行，计算机操作与手动控制操作不得同时进行，并设置有“远方/就地”操作切换开关。

（九）同期检测及操作

220kV 出线以及母联断路器等经 NCS 同期，发变组进线断路器通过发变组同期装置进行同期。将同期检测功能包含在每一个间隔单元中，每条母线的电压以及进出线路电压都被固定接入到间隔单元，其中母线 TV 实现自动切换功能（线路 I/O 测控屏）。切换后的母线电压用于同期使用。所选用同期用电压应与测量用电压进行比较，以防止因断线而导致判断无电压合闸的情况。整个检测期间，当同期断路器两侧的电压，相位角与频率的差值保持在整定范围之内时，同期检测功能就处于允许合闸状态，或当判断属于单侧无电压时，也处于允许合闸状态。当其主站遥控命令下达时，I/O 单元同时进行同期，闭锁条件、远方就地控制状态等条件来判定。若条件成立，则执行相应的控制操作方式；若条件不满足，闭锁出口，并提供所缺条件提示。I/O 测控屏能根据本间隔电气接线状态，自动选择同期检测的对象。同一时间仅允许选择一个断路器作为同期点，并可随时将选择复归。

（十）断路器、隔离开关防误操作闭锁

操作闭锁的实现原则为：凡间隔层内部闭锁尽量在该间隔层内的 I/O 单元实现；而间隔层之间的闭锁在 I/O 测控屏之间或 NCS 上层系统和 220kV 系统就地控制屏之间就地实现，以保证远方和就地操作都有闭锁。在站级控制层和间隔级 I/O 数据采集单元具有软件实现电气防误操作的功能，该软件对运行值班人员的电气设备操作步骤进行监测、判断和分析，以确定该操作是否合法、安全。若发生不合法操作，应对该操作进行闭锁，并在画面上提供所缺条件提示，以及打印显示信息。同一操作地点，如采用 2 台操作员站，一台作为操作预演，一台作为实施操作。作为实施操作的操作员站必须在预演操作员站上预演成功后方可进行。后备手操和就地检修时，也应有防误闭锁。主要的闭锁条件如下：

220kV 隔离开关，如果相应的接地隔离开关合上，则不能操作；反之也一样。

220kV 隔离开关，如果相应的断路器合上，则不能操作。

任何 220kV 母线隔离开关，当其该母线的接地开关合上，则不能操作，反之也一样。

如220kV线路有电压，则线路侧接地开关不能合上。

（十一）双重化

双重化回路是指同一个断路器的两套从电源到构成回路中的所有二次元件完全独立的分闸回路。其中两套完全独立的分闸回路的具体要求是：两套分闸回路具有完全独立的直流控制电源，该直流电源完全独立且分别引自不同的蓄电池组；回路中的所有二次元件包括继电保护元件和断路器的电量和非电量元件也应完全独立；双重化回路的逻辑出口，计算机监控系统出口分别动作同一个断路器的两个独立的跳闸线圈。

（十二）时钟同步

主计算机和数据处理装置分别接受GPS标准授时信号，保证各工作站和I/O数据采集单元的时钟同步达到0.1ms精度要求，当时钟失去同步时，应自动告警并记录事件。

（十三）与保护设备的数字接口

继电保护装置数字保护其动作信号除了用硬接线送I/O柜外，其串行或网口信号接口接入继电保护及故障信息管理子站经规约转换接入站内监控系统，监控系统可对保护装置进行定值修改、投/退等控制。

（十四）计算机通信网接口

网关与DCS、SIS系统之间通信通过局域网互联，实现信息交换，设置防火墙。

（十五）维护功能

维护功能指负责管理计算机监控系统的工程师在工程师站通过主计算机对系统进行的诊断、管理、维护、扩充等工作。

（1）功能维护。自动控制功能的启动停止，对各种应用功能运行状态的监测，各种报表的生成和显示画面的在线编辑。

（2）远方登录服务。经主计算机内置式电话拨号Modem，允许远方维护中心工程师授权登录，进行远程故障诊断分析、维护服务。

（3）当站级控制层计算机故障停运时，间隔级控制层不受影响，仍能安全可靠地运行。

（4）系统的容错能力。软、硬件设备应具有良好的容错能力。当各种软、硬件功能与数据采集处理系统的通信出错，以及当运行人员或工程师在操作中发生一般性错误时均不会引起系统的任何功能丧失或影响系统的正常运行，对意外情况引起的故障，系统应具备恢复能力。

（十六）监控系统的自诊断和自恢复

（1）计算机监控系统的人机工作站可并行运行。它们都能独立执行各项功能，也可由运行人员同时进行操作。一台机的故障不应影响另一台机；一台机退出运行时，另一台机仍能执行全部监控功能。

（2）系统具有自监测的功能，提供相应的软件给操作人员对计算机网络的安全与稳定进行在线监控。

（3）系统能够在线诊断系统硬件、软件及网络的运行情况，一旦发生异常或故障可立即发出告警信号并提供相关信息。

（4）具有看门狗和电源监测硬件，系统在软件死锁、硬件出错或电源掉电时，能够自动保护实时数据库。在故障排除后，能够重新启动并自动恢复正常的运行。

（5）某个设备的维护、修理和故障以及主、备用设备切换，不会影响其他设备的正常运行。

五、NCS 系统运行规定与维护

（1）NCS 监控系统投运前，其 220kV 就地控制屏上的“远方/就地”选择开关应在“远方”位置；测控装置面板上的“远方/就地”选择开关应在“远方”位置；同时测控屏上的同期投退开关应在“同期”位置。

（2）测控装置正常投运时，其装置面板上“同期”绿灯点亮，“挂锁”绿灯点亮，“运行”绿灯点亮，“告警”及“就地”灯应熄灭。

（3）“TV 断线”后，测控装置即闭锁检无压、检同期和准同期，并退出同期捕捉过程。在“TV 断线”报警未消除前，不得进行任何开关的遥控同期合闸操作。某测控屏通信状态离线，该测控屏所控设备的开关也不得在 NCS 操作员站上进行同期合闸操作。

（4）220kV 就地控制屏上不允许进行 220kV 断路器的合闸操作。

（5）测控装置投运前应检查其分、合闸出口连接片已放上。

（6）测控装置检修前，应将其“远方/就地”选择开关切至“就地”位置。

（7）值班人员应按下列周期对 NCS 监控系统及测控屏进行外部检查，并按保护检查记录表逐项打“√”。

1）对 NCS 操作员站及测控屏，除交班前在其操作员站上做必要的一般检查外，每班要进行一次详细的检查；

2）在 NCS 操作员站或测控装置投入的前后；

3）每次电气故障或有异常信号发出后。

（8）正常运行时，NCS 操作员站及测控装置检查的项目。

1）操作员站运行正常，无任何不正常信号发出；

2）各实时数据能实时刷新，与其他设备之间通信正常；

3）测控装置上各指示灯指示正确，投运小开关位置正确，各工作电源正常，各插件插妥并锁住；

4）各类切换开关及连接片位置应符合当时运行方式要求；

5）打印机运行正常，记录纸充足；

6）测控装置内交、直流小开关或熔断器工作状态符合当时运行情况，小开关不脱扣，熔断器不熔断；

7）操作员站、测控装置清洁无积灰，室内清洁，室温不高于 25℃，湿度不大于 75%；

8）测控装置屏的屏前、屏后门应关好，无孔洞，室内建筑完好；

9）运行中的 NCS 操作员站及测控装置附近禁止使用对讲机、手机，以防止误动。

第三节 分散控制系统

一、概述

目前新建的发电厂一般都采用分散控制系统（DCS），许多采用常规控制方式的老机组也在进行 DCS 改造。为了与热控专业在控制水平上协调一致，共享资源，充分利用计算机技术的先进性，电气专业也越来越多地采用了DCS的方式，在控制室的布置、操作的方便性、运行的安全性、数据的完整性方面都有很大的提高。

电气DCS一般可分为两类：电气与热控合用一套DCS和电气专用DCS。

电气与热控合用一套DCS方式达到了机、炉、电控制界面的统一，便于实现全能值班，电气作为一个子系统进入DCS，资源共享，没有通信上的障碍，因此得到了广泛的应用。其缺点在于许多电气的专用装置，如微机保护、就地智能控制单元等难以与DCS进行通信联系，仍将耗费大量的电缆及I/O点，若采用进口DCS，则费用较高，且需专业间密切配合才能完成。

电气专用DCS采用单独的DCS，与热控DCS不进行联系或仅有弱的联系。电气的控制、保护、测量等设备尽量选用同一厂家的微机型产品，采用分散分布的原则，二次设备尽量靠近相应的一次设备，控制、保护、测量等功能均在就地完成并通过通信电缆连接至主机。采用这种方式设计，电气设备简洁清晰，控制电缆极少，安装维护简单，投资较少。这种方式的缺点在于单元性不强，与外部的通信困难。由于电气和热控DCS难以选用同一厂家的产品，若要通信联系，需要做许多工作。另外，电气二次设备也要选用同一厂家的微机型产品，才能最大限度地发挥其优点。

目前，第一种方式是主流，由于电气部分所占点数较少，作为一个子系统进入热控DCS是完全可行的，本节也主要介绍这种方式。但第二种方式也有不可替代的优越性。随着技术的发展，通信瓶颈的打破，将会使用户有更大的选择空间。

不论采取何种方式，在电气DCS的设计中都要遵循以下两条基本原则：

（1）继电保护、励磁调节、自动准同期、故障录波及备用电源自动投入采用专门的装置实现，仅同DCS保持信号联系；

（2）机炉电动机的控制、联锁、测量等由热控专业在DCS内实现，保护由电气完成。

二、DCS特点

DCS有一系列特点和优点，主要表现在：分散性和集中性、自治性和协调性、灵活性和扩展性、先进性和继承性、可靠性和适应性、友好性和新颖性六个方面。

（1）分散性和集中性。DCS分散性的含义是广义的，不单是分散控制，还有地域分散、设备分散、功能分散和危险分散的含义。分散的目的是为了使危险分散，进而提高系统的可靠性和安全性。DCS硬件积木化和软件模块化是分散性的具体体现。因此，可以因地制宜地分散配置系统。DCS横向分子系统结构，如直接控制层中一台过程控制站（PCS）可看作一个子系统；操作监控层中的一台操作员站（OS）也可看作一个子系统。DCS的集中性是指集中监视、集中操作和集中管理。DCS通信网络和分布式数据库是集中性的具体体现，用通信网络把物理分散的设备构成统一的整体，用分布式数据库实现全系统的信息集成，进而达到信息共享。因此，可以同时在多台操作员站上实现集中监视、集中操作和集中管理。当然，操作员站的地理位置不必强求集中。

（2）自治性和协调性。DCS的自治性是指系统中的各台计算机均可独立地工作，例如，过程控制站能自主地进行信号输入、运算、控制和输出；操作员站能自主地实现监视、操作和管理；工程师站的组态功能更为独立，既可在线组态，也可离线组态，甚至可以在与组态软件兼容的其他计算机上组态，形成组态文件后再装入DCS运行。DCS的协调性是指系统中的各台计算机用通信网络互联在一起，相互传送信息，相互协调工作，以实现系统的总体功能。DCS的分散和集中、自治和协调不是互相对立，而是互相补充。DCS的分散是相互协调的分散，各台分散的自主设备是在统一集中管理和协调下各自分散独立地工作，构成统一的有机整体。正因为有了这种分散和集中的设计思想、自治和协调的设计原则，才使DCS获得进一步发展，并得到广泛地应用。

（3）灵活性和扩展性。DCS硬件采用积木式结构，类似儿童搭积木那样，可灵活地配置成小、中、大各类系统。另外，还可根据企业的财力或生产要求，逐步扩展系统，改变系统的配置。DCS软件采用模块式结构，提供各类功能模块，可灵活地组态构成简单、复杂的各类控制系统。另外，还可根据生产工艺和流程的改变，随时修改控制方案，在系统容量允许范围内，只需通过组态就可以构成新的控制方案，而不需要改变硬件配置。

（4）先进性和继承性。DCS综合了“4C”（计算机、控制、通信和屏幕显示）技术，随着“4C”技术的发展而发展。也就是说，DCS硬件上采用先进的计算机、通信网络和屏幕显示；软件上采用先进的操作系统、数据库、网络管理和算法语言；算法上采用自适应、预测、推理、优化等先进控制算法，建立生产过程数学模型和专家系统。DCS自问世以来，更新换代比较快。当出现新型DCS时，老DCS作为新DCS的一个子系统继续工作，新、老DCS之间还可互相传递信息。这种DCS的继承性，给用户消除了后顾之忧，不会因为新、老DCS之间的不兼容造成经济上的损失。

（5）可靠性和适应性。DCS的分散性带来系统的危险分散，提高了系统的可靠性。DCS采用了一系列冗余技术，如控制站主机、I/O板、通信网络和电源等均可双重化，而且采用热备份工作方式，自动检查故障，一旦出现故障立即自动切换。DCS安装了一系列故障诊断与维护软件，实时检查系统的硬件和软件故障，并采用故障屏蔽技术，使故障影响尽可能地小。DCS采用高性能的电子元器件、先进的生产工艺和各项抗干扰技术，可使DCS能够适应恶劣的工作环境。DCS设备的安装位置可适应生产装置的地理位置，尽可能满足生产的需要。DCS的各项功能可适应现代化大生产的控制和管理需求。

（6）友好性和新颖性。DCS为操作人员提供了友好的人机界面（MMI）。操作员站采用彩色CRT和交互式图形画面，常用的画面有总貌、组、点、趋势、报警、操作指导和流程图画面等。由于采用图形窗口、专用键盘、鼠标或球标器等，使得操作简便。DCS的新颖性主要表现在人机界面，采用动态画面、工业电视、合成语音等多媒体技术，图文并茂，形象直观，使操作人员有身临其境之感。

容量600MW及以上发电机组，通常将一个单元的机、炉、电的所有设备和系统集中在一个单元控制室控制。大型电厂为了提高热效率，趋向采用超临界或超超临界高压、高温的机组，其热力系统和电气主接线都是单元制，各机组之间的横向联系较少，在启动、停机和进行事故处理时，单元机组内部的纵向联系较多，因而采用单元控制室，便于机、炉、电协调控制。

在单元控制室内电气部分控制的设备和元件主要有：汽轮发电机及其励磁系统、主变压器、高压厂用工作变压器、高压厂用备用变压器或启/备变压器、高压厂用电源线、主厂房内采用专用备用电源的低压厂用变压器以及该单元其他必要集中控制的设备和元件。对全厂共用的设备，集中在某一控制室控制，其他单元控制室也有必要的信号及调节手段。

采用单元制方式的发电厂，当高压网络出线较少或远景规划明确时，电网的控制部分可设在单元控制室，由机组人员控制操作。当高压网络出线较多或配电装置离主厂房较远时，一般另设网络控制室。在单元控制室网控屏或网络控制室内控制的设备和元件有：联络变压器或自耦变压器、高压母线设备、110kV及以上线路、高压或低压并联电抗器等；此外，还有各单元发电机—变压器组以及高压厂用备用或启/备变压器高压侧断路器的信号和必要的表计。

我国容量600MW及以上机组大多采用了分布式微机控制系统（DCS），对单元发电机组进行数据采集、协调控制、监视报警和联锁保护，在技术上和经济上都已取得良好的效果，使我国火力发电机组的自动控制和技术经济管理水平发展到了一个新的阶段。

在发电厂中，电气设备较多，各种信息也很多。通常将凡涉及发电机、主变压器、厂用变压器和厂用电的保护信号、断路器及隔离开关状态信号以及电流、电压、有功/无功、有功电量、无功电量模拟量都送入机组热工DCS系统，实现事件记录、打印和画面显示，机组有关电气部分的参数及接线方式在热工CRT上实现画面显示。而将在网控屏上控制的与高压系统有关设备的开关量/模拟量显示并记录，通过远动装置RTU来实现。DCS系统与RTU之间通过数据通道相连，交换信息。其基本连接框图如图8-2所示。

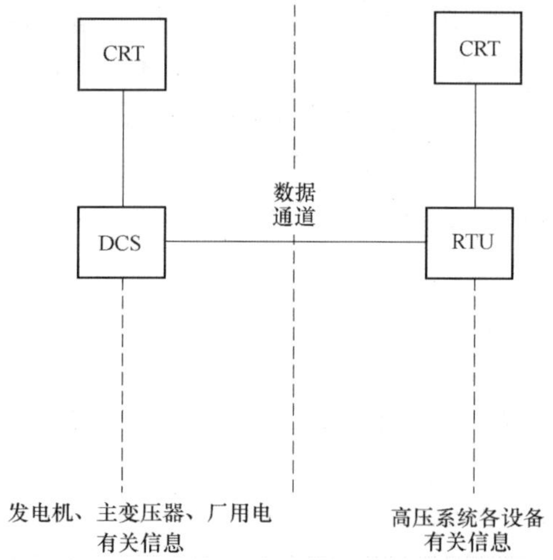

图8-2 DCS系统与RTU间连接框图

发电厂DCS的功能正要包括：数据采集、一次参数处理、事故报警分析、机组启停监视、二次参数及经济指标计算、直接数字控制和显示、打印等。此外，针对火电厂的特点和要求，还可实现设备的寿命管理、能量损耗分析和运行操作指导等高级处理功能。

三、电气控制系统实例

以望亭发电厂两台660MW机组电气控制系统为例，该厂采用两台机组一个控制室的单元控制室方式。每台机组保护屏、变送器屏和故障录波器屏等均布置在集控楼二层电气设备间内。在单元控制室内不设电气控制屏，单元机组重要的电气设备进入机组DCS中实现顺序控制和实时监视。

（一）在DCS单元机组网内的监控设备

（1）主变压器220kV断路器；

（2）发电机及励磁系统（包括磁场断路器、AVR、励磁变及相关运行参数）；

（3）6kV工作、备用进线断路器（包括同期、备合闸、6kV母线TV）；

（4）低压汽轮机变压器、低压锅炉变压器（包括400V常用、分段断路器，400V电汇TV）；

（5）低压除尘变压器（包括400V电源断路器、400V电汇TV）；

(6) 保安MCC的进线断路器（包括400V常用、备用断路器，400V电汇TV）；

(7) 柴油发电机进线断路器（包括机组本体保护和信号，保安MCC备合闸不成功启动柴油发电机的指令在DCS，而柴油发电机的同期及PLC在就地）。

(二) 在DCS单元机组网内的监视设备

(1) 主变压器温度和信号系统；

(2) 高压厂用变压器温度和信号系统；

(3) 低压汽轮机和锅炉电汇（包括电源进线和TV）；

(4) UPS；

(5) 220V直流系统；

(6) 110V直流系统。

(三) 在两台机组公用网内的监控设备

(1) 启备变温度和信号系统；

(2) 低压公用变压器、低压照明变压器、低压检修变压器（包括400V电源断路器、400V电汇TV）；

(3) 低压公用MCC、照明MCC、检修MCC等；

(4) 机组循环水系统的电动机；

(5) 6kV输煤母线的电源侧断路器；

(6) 循环水和化水系统电源开关。

(四) 就地DCS或PLC控制设备

(1) 6kV脱硫制粉母线的电动机和厂用变压器断路器进脱硫就地的DCS，6kV脱硫母线TV采用2只变送器，一路送脱硫的DCS，一路送单元机组的DCS；

(2) 化水系统电动机进化水PLC，并加远程I/O柜；

(3) 6kV输煤母线上的断路器进输煤PLC。

(五) 控制系统使用说明

在平时正常运行时，公用设备的监控指定在一台机组的DCS中实现，另一台机组只能作监视用，当被指定监控机组的DCS退出运行时切向另一台机组进行监控。发电机组正常启停由DCS实现自动顺序控制，或由操作员站进行一对一手操控制。另外在操作台上设有发电机的紧急跳闸按钮，按钮直接动作发电机-变压器组保护出口继电器。

在发电机启动过程中，由运行人员在DCS上按预先编制的逻辑手动投入同期装置、励磁调节器（AVR）和发电机磁场断路器，使发电机升速、起励、升压直至并网带到一定的有功和无功负荷。在并网过程中，同期装置自动向DEH和AVR发出调速和调压指令，满足同期要求后由同期发出合闸脉冲，将发电机220kV断路器合闸。AVR和同期均为独立装置，与DCS之间采用硬接线连接。

中压厂用电源通过DCS实现软手操控制，每段6kV母线设置一套厂用电源快速切换装置用于厂用电源的正常和事故切换，中压厂用电源正常切换中的同期鉴定在快切装置内实现，快切装置与DCS之间采用硬接线连接。

主厂房内锅炉、汽轮机和公用低压厂用变压器的400V断路器通过单元机组的DCS实现软手操控制，每组低压厂用变压器互为暗备用，正常运行时分段断路器断开。

(六) DCS控制逻辑

目前国内使用的DCS均具有很强的逻辑编制功能，要充分发挥DCS快速、可靠、灵活等优势，就必要充分考虑实际操作及控制情况，编制完善的逻辑。本节将以望亭发电厂660MW机组为例，阐述电气控制逻辑的组成。

1. 主变压器断路器

(1) 合闸允许条件。

正常合闸时，发变组断路器不允许由DCS直接合闸，合闸采用自动准同期装置，DCS应发出同期允许命令。仅在检修调试状态下可以直接接受DCS的合闸操作。

(2) 同期允许投入条件。

1) 断路器跳位；

2) 母线隔离开关任意一把在合位；

3) 断路器两侧2把接地开关跳位；

4) 发电机-变压器组保护未动（电量保护和非电量保护）；

5) 发电机-变压器组保护无异常（电量保护和非电量保护如电源消失、装置故障）；

6) 断路器操动机构无异常；

7) 设备在远控（DCS控制）；

8) 无AVR故障信号；

9) 机端电压达到设定值（90%）；

10) DEH允许同期装置进行调节；

11) 自动同期投入；

12) 无同期装置控制电源消失；

13) 无同期装置报警信号。

(3) 同期复位条件。

1) 同期装置发出合闸命令后延时一段时间自动复位；

2) 可由运行人员通过DCS手动操作复位或中断同期。

2. 启动/备用变压器（以下简称启/备变）高压侧断路器

启动/备用变压器（以下简称启/备变）断路器由NCS进行闭锁操作，DCS进行断路器及相关隔离开关、接地开关的监视，并监视启/备变保护装置、启/备变本体的信号，当条件允许时，操作人员通知NCS操作员站进行NCS侧的操作，进行断路器合闸。

3. 6kV母线A（B、C）段工作电源进线断路器

手动切换电源允许条件：

1) 工作电源进线断路器远方/就地切换开关在远控位置；

2) 备用电源进线断路器远方/就地切换开关在远控位置；

3) 6kV母线A（B、C）段TV有电压；

4) 6kV母线A（B、C）段TV电压监视无故障；

5) 6kV母线A（B、C）段TV电压监视回路直流电源未消失及无异常；

6) 主变压器断路器合闸位置；

7) 工作电源进线断路器保护未动作；

8）工作电源进线断路器电气无异常；
9）工作电源进线断路器直流未消失；
10）备用电源进线断路器保护未动作；
11）备用电源进线断路器电气无异常；
12）备用电源进线断路器直流未消失。

4. 6kV 备 01A（B、C）段进线断路器

（1）手动合闸允许条件：
1）电源进线断路器分闸位置；
2）启/备变高压侧断路器合闸位置；
3）启/备变保护未动作（电量保护和非电量保护）；
4）启/备变保护无异常（电量保护和非电量保护如电源消失、装置故障）；
5）电源进线断路器保护未动作；
6）电源进线断路器电气无异常；
7）电源进线断路器直流电源未消失；
8）进线 TV 电压正常（4～20mA）；
9）6kV 备 01A（B、C）段无电压（DI）；
10）6kV 备 01A（B、C）段 TV 电压监视回路直流电源未消失及无异常；
11）6kV 备 01A（B、C）段 TV 电压监视无故障；
12）远方/就地切换开关在远控位置。
（2）手动跳闸允许条件：断路器远方/就地切换开关在远控位置。

5. 6kV 母线 A（B、C）备用电源电源侧断路器

手动合闸允许条件：
1）断路器分闸位置；
2）断路器保护未动作；
3）断路器电气无异常；
4）断路器直流电源未消失；
5）6kV 备 01A（B、C）段电压正常（4～20mA）；
6）6kV 备 01A（B、C）段 TV 电压监视回路直流电源未消失及无异常；
7）6kV 备 01A（B、C）段 TV 电压监视无故障；
8）远方/就地切换开关在远控位置；
9）工作段备用电源进线断路器非合闸位置（合闸位置的反信号）或者试验位置；
10）工作段备用电源进线断路器保护未动作；
11）6kV 备 01A（B、C）段进线断路器合闸位置。

6. 6kV 母线 A（B、C）段备用电源进线断路器

（1）手动合闸允许条件：
1）备用电源进线断路器分闸位置；
2）备用电源进线断路器保护未动作；
3）备用电源进线断路器电气无异常；

4）备用电源进线断路器直流电源未消失；

5）工作电源进线断路器非合闸位置（合闸位置的反信号）或者工作电源进线断路器试验位置；

6）6kV 母线 A（B、C）段无电压（DI）；

7）6kV 母线 A（B、C）段 TV 电压监视回路直流电源未消失；

8）6kV 母线 A（B、C）段 TV 电压回路未断线；

9）备用电源进线断路器远方/就地切换开关在远控位置。

（2）手动切换电源允许条件：

1）工作电源进线断路器远方/就地切换开关在远控位置；

2）备用电源进线断路器远方/就地切换开关在远控位置；

3）6kV 母线 A（B、C）段 TV 有电压（电压判定值以后提供）；

4）6kV 母线 A（B、C）段 TV 电压回路未断线；

5）6kV 母线 A（B、C）段 TV 电压监视回路直流电源未消失；

6）6kV 母线 A（B、C）备用电源电源侧断路器合闸位置；

7）工作电源进线断路器保护未动作；

8）工作电源进线断路器电气无异常；

9）工作电源进线断路器直流未消失；

10）备用电源进线断路器保护未动作；

11）备用电源进线断路器电气无异常；

12）备用电源进线断路器直流未消失。

7. 6kV 母线 A（B、C）段厂用电快切装置（ATS）

（1）手动切换允许条件：

1）6kV 母线 A（B、C）段工作电源进线断路器满足手动电源切换允许条件；

2）6kV 母线 A（B、C）段备用电源进线断路器满足手动电源切换允许条件；

3）6kV 母线 A（B、C）段工作电源进线断路器与 6kV 母线 A（B、C）段备用电源进线断路器，一个在合闸位置、另一个在分闸位置；

4）厂用电快切装置（ATS）装置无故障；

5）厂用电快切装置（ATS）装置未失电；

6）厂用电快切装置（ATS）已复归。

（2）在操作员站上，可进行厂用电快切装置（ATS）控制方式的选择与指示（并联或串联）、手动切换、复归、出口闭锁的操作。

6kV 母线工作电源与备用电源之间的正常切换，通过操作员启动厂用电快切装置（ATS）实现。当厂用电快切装置（ATS）捕捉到同期后，输出指令分别至工作、备用电源进线断路器的跳合闸回路实现正常切换。

6kV 母线工作电源与备用电源之间的事故切换由继电保护动作启动厂用电快切装置（ATS），厂用电快切装置（ATS）经逻辑判断后，直接动作于断路器，实现 6kV 厂用电工作电源与备用电源之间的事故切换。该功能由外部硬接线回路实现，不通过 DCS 系统。

8. 低压变压器6kV断路器

手动合闸允许条件：

1）6kV断路器分闸位置；

2）6kV断路器保护未动作；

3）6kV断路器电气无异常；

4）6kV断路器直流未消失；

5）400V断路器分闸位置；

6）断路器远方/就地切换开关在远控位置。

9. 低压变压器400V断路器

手动合闸允许条件：

1）400V断路器分闸位置；

2）400V断路器保护未动作；

3）400V断路器电气无异常；

4）6kV断路器合闸位置；

5）断路器远方/就地切换开关在远控位置；

6）400V母线联络断路器分闸/试验/退出位置（针对除主厂房汽轮机、锅炉、电除尘低压变压器400V断路器），主厂房汽轮机、锅炉、电除尘低压变压器400V断路器不需要本条闭锁逻辑逻辑。

10. 主厂房汽轮机、锅炉、电除尘400V电汇母联断路器

手动合闸允许条件：

1）母联断路器分闸位置；

2）母联断路器保护未动作；

3）母联断路器电气无异常；

4）400V PC A段电源进线断路器合闸位置
400V PC B段电源进线断路器合闸位置 或；

5）400V PC A段电源进线断路器合闸位置
400V PC B段电源进线断路器分闸位置
400V PC B段电源进线断路器保护未动作 或；

6）400V PC B段电源进线断路器合闸位置
400V PC A段电源进线断路器分闸位置
400V PC A段电源进线断路器保护未动作 或；

7）断路器远方/就地切换开关在远控位置。

11. 主厂房除汽轮机、锅炉、电除尘400V电汇外及辅助厂房400V电汇母联断路器

手动合闸允许条件：

1）母联断路器分闸位置；

2）母联断路器保护未动作；

3）母联对侧隔离插头柜合闸；

4）母联断路器电气无异常；

5）400V PC A段电源进线断路器合闸位置
400V PC B段电源进线断路器分闸位置　　或；
400V PC B段电源进线断路器保护未动作

6）400V PC B段电源进线断路器合闸位置
400V PC A段电源进线断路器分闸位置　　或；
400V PC A段电源进线断路器保护未动作

7）断路器远方/就地切换开关在远控位置。

12. 主厂房400VPC至MCC馈线断路器

手动合闸允许条件：

1）馈线断路器分闸位置；

2）馈线断路器保护未动作；

3）馈线断路器电气无异常；

4）断路器远方/就地切换开关在远控位置。

13. 保安电汇的电源

一般保安电汇有三路电源进线：

（1）工作电源进线来自主厂房400V汽轮机PC段。

（2）备用电源进线来自主厂房400V锅炉PC段。

（3）柴油发电机组电源进线。

DCS提供工作进线断路器、备用进线断路器、柴油发电机组电源进线断路器的合闸、分闸命令，接口位于开关柜上断路器的合闸、跳闸回路。

（4）工作电源进线侧断路器要与工作电源电源侧断路器有联锁，先合工作电源电源侧断路器，再合工作电源进线侧断路器。工作电源电源侧断路器与工作电源进线侧断路器保护相互联跳。

（5）备用电源进线侧断路器要与备用电源电源侧断路器有联锁，先合备用电源电源侧断路器，再合备用电源进线侧断路器。备用电源电源侧断路器与备用电源进线侧断路器保护相互联跳。

（6）DCS的操作权限：当DCS收到柴油发电机PLC处于手动或试验状态时，DCS应闭锁其对柴油发电机电源进线断路器的操作；当柴油发电机PLC处于自动状态时，DCS开放其对柴油发电机电源进线断路器的操作功能。

（7）在保安电汇第一次投运时，主厂房400V汽轮机PC段向保安电汇供电。正常切换时为并联切换，合上备用电源进线后，延时断开工作电源。事故切换：当保安电汇失电，DCS判别后同时发出工作电源跳闸，备用电源合闸信号及启动柴油机信号，若备用电源合闸成功则停柴油发电机；若备用电源合闸失败，DCS发指令分开备用电源进线侧开关，同时发指令合上柴发电源进线断路器，而此时柴油发电机组正常启动后，柴发PLC自动合发电机出口断路器（保安电汇工作和备用进线均在跳闸状态且母线低电压，此时柴发电源进线断路器处在合位），由柴油发电机向保安电汇母线供电。以上事故切换逻辑由DCS和柴油发电机PLC共同实现。电源恢复为失电恢复，不进行同期恢复，具体为断开柴发电源，母线失电后由运行人员在就地完成切换，重新回到由任意一路工作电源进线向保安电汇母线供电的状态。

14. 保安电汇工作电源进线断路器

手动合闸允许条件：

1）保安电汇母线 TV 回路未断线；

2）保安电汇母线 TV 电气无异常；

3）保安电汇柴油发电机进线断路器分闸/试验/退出位置；

4）保安电汇工作电源进线断路器分闸位置；

5）保安电汇工作电源进线断路器保护未动作；

6）保安电汇工作电源进线断路器电气无异常；

7）保安电汇备用电源进线断路器保护未动作；

8）保安电汇柴油发电机进线断路器保护未动作；

9）保安电汇工作电源馈线断路器合闸位置；

10）断路器远方/就地切换开关在远控位置。

15. 保安电汇备用电源进线断路器

手动合闸允许条件：

1）保安电汇母线 TV 回路未断线；

2）保安电汇母线 TV 电气无异常；

3）保安电汇柴油发电机进线断路器分闸/试验/退出位置；

4）保安电汇备用电源进线断路器分闸位置；

5）保安电汇备用电源进线断路器保护未动作；

6）保安电汇备用电源进线断路器电气无异常；

7）保安电汇工作电源进线断路器保护未动作；

8）保安电汇柴油发电机进线断路器保护未动作；

9）保安电汇备用电源馈线断路器合闸位置；

10）断路器远方/就地切换开关在远控位置。

16. 励磁系统

（1）发电机磁场开关合闸允许条件：

1）发电机转速在 2950～3050r/min 范围内；

2）无发电机励磁系统故障（综合报警）；

3）发电机磁场开关已分闸；

4）主变压器 220kV 断路器已分闸；

5）励磁系统未投入。

（2）发电机磁场开关分闸允许条件：主变压器 220kV 断路器已分闸。

（3）励磁系统投入允许条件：

1）无发电机励磁系统故障（综合报警）；

2）无发电机励磁系统在就地操作；

3）发电机励磁准备（就绪）。

（4）励磁系统退出允许条件：主变压器 220kV 断路器已分闸。

（5）发电机升压允许条件：

1）无降压指令；

2）发电机励磁系统投入。

（6）发电机降压允许条件：

1）无升压指令；

2）发电机励磁系统投入。

第九章 电气运行常识

第一节　电　气　操　作

一、概述

电气操作是直接改变电气设备的运行方式和运行状态的，因而每项操作步骤和每一操作举动的正确与否都直接关系到系统设备和人身的安危。作为一个电气运行值班员或集控机组值班人员，要胜任操作任务，必须要有高度的政治责任感、认真负责的工作态度，同时还应了解电气操作的正确步骤及方法，记取以往误操作的沉痛教训，引以为戒，努力消除误操作，做到安全、正确地进行电气操作。

二、电气操作的特点

（1）动作快，反应迅速。操作任何断路器、隔离开关，不管是近控还是遥控，一经出手都无法挽回。

（2）影响巨大。俗话说“错一点、拉一线、坏一片”就足以说明电气误操作的危害之大。不仅如此，电气事故还往往会引起连锁反应，电气影响机炉，机炉又反过来影响电气，更甚者，一个厂的事故可以引起系统振荡，直至系统瓦解。所以，往大处说误操作的危害是不可估算的，决不能等闲视之。

（3）牵涉面广。一个设备的停役，往往引起相连设备运行方式的变动，同时一次回路的变更，经常要二次回路的配合。

（4）对操作的方法和步骤有严格的规定。

三、电气正常操作的条件

由于电气操作具有上述特点，所以对于电气操作有着严格的要求，也因为电气误操作的后果实在太严重，所以必须有充分的防止误操作的组织措施和技术措施。

（1）在思想上应有高度的责任感，应该清楚地了解自己的操作错误将导致何等重大的影响，任何一项操作，任何一个步骤都应慎重对待，决不可盲目从事。

（2）有良好的技术训练，要熟悉设备、熟悉系统、熟悉操作地点及操作方法。

（3）在管理上，为正确操作制定必要的条例。

1）建立必要的操作票制度和操作监护制度。

2）要有正确的系统图。

3）要有统一的术语、命名、标志。

四、电气操作的基本原则

1. 低压操作

(1) 操作闸刀或熔断器应在不带负荷的情况下进行。

(2) 熔丝的操作尽可能在不带电的情况下进行，熔丝前面有闸刀的可先将闸刀拉开然后再操作熔丝。

(3) 为了保证操作闸刀或熔断器的安全，在操作前除拉开开关外，还应停用自启动装置及切断控制回路。

(4) 若是控制回路和合闸回路分开的，送电时先送控制回路，后送合闸回路，这是为了防止送电时回路有故障而开关不能跳。

(5) 有双电源的电汇操作时应防止厂变通过低压侧实联。

低压操作的基本原则中最主要的是不能带负荷拉合闸刀，因为带负荷拉合闸刀的后果是非常严重的，操作中的各个措施主要都是为了防止带负荷拉合闸刀，更要防止带负荷拉合熔断器，以免造成人身事故。

2. 高压操作

(1) 不准以闸刀接通或切断负荷。

(2) 馈线闸刀的操作程序（变压器闸刀的操作程序相同)：

1) 合闸：查开关断开，先合母线闸刀，后合线路闸刀；

2) 分闸：查开关断开，先拉线路闸刀，后拉母线闸刀。

其原因是为了防止因开关没有断开而引起带负荷拉合闸刀，也就是使故障的可能发生在线路上，而不在母线上。例如拉闸刀时先拉线路闸刀，如此时开关没有断开，将带负荷拉闸，此时引起的故障可以由开关来遮断；而如果先拉母线闸刀，则故障将扩大至母线上，扩大了故障范围。合闸的顺序道理相同。

(3) 变压器的拉合闸顺序。

变压器的全电压合闸是在高压侧进行还是在低压侧进行各有利弊。

先合高压断路器：励磁涌流小，同时系统大，受到的冲击小，但由于电容关系使低压侧线圈过电压，有可能击穿变压器低压线圈及电压互感器避雷器等。

先合低压开关：不会产生过电压，但励磁涌流大，且低压侧系统小，对系统冲击大。

一般除了有些控制回路有联锁规定的合闸顺序外，绝缘水平不是很低，都从高压侧充电；而对于绝缘较差，从高压侧充电威胁低压侧绝缘时，从低压侧或较低压侧（三圈变压器）充电，拉闸顺序相反，有条件时主变压器最好零起升压。无论以何种方法将主变压器投入或停用，均应先合上主变压器的高压侧中性点接地开关，以防止过电压。

(4) 高压闸刀可以操作的范围：

1) 不带电设备的拉合闸。

2) 接通或切断励磁电流不大于2A的空负荷变压器，例如320kVA以下的变压器。

3) 接通或切断无故障母线的电容电流。

4) 当本设备及所属设备系统无接地故障的情况下，拉合变压器中性点接地闸刀及消弧线圈闸刀。

5) 接通或切断无故障电压互感器避雷器。

6）拉合10kV以下，70A以下的环路电流。

7）接通或切断无阻抗的并联支路等电位原理。这是我们经常进行的运行中倒母线操作的理论基础，必须强调的是在闸刀操作前后，闸刀两端的电压始终相等，所以必须将母联开关改非自动的情况下进行。

3. 高压操作注意事项

（1）操作一个设备时应考虑相连设备、系统的调整。

（2）操作前应考虑保护的调整。

（3）操作前应考虑电源负荷的合理分布。

（4）操作前应考虑经操作后是否会非同期并列或使系统失去同期。

（5）操作中应注意表计分析。

（6）操作中要用合格的安全用具（例如验电笔、令克棒）的电压是否符合等。

（7）当破坏闭锁操作时，一定要慎重，以保证不会带负荷拉闸刀，并经值长或班长批准。

五、电气设备倒闸操作步骤安排及原则

电气设备倒闸操作种类繁多，内容极广，操作步骤不一，多者百余条，少者二三条，每项操作的步骤上都有其固有的客观规律，如果违背这一规律，必将发生误操作，给国家和个人都带来不可弥补的损失。电气运行人员的任务就是要掌握这一规律，并按照这一规律进行倒闸操作，才能避免误操作。

要做到安全操作一定要有正确的操作步骤，在安排操作步骤时应围绕着设备及人身安全两大原则进行，同时为了多快好省地完成操作任务，在操作步骤的安排中还应考虑一条正确的操作路径，免得往返奔跑，重复劳动，影响操作进度，即要注意操作的科学性。

运行中的电气设备的停役操作应分三个阶段进行，即运行——热备用——冷备用——检修，在书写操作票时，可以分别写两张：由运行改冷备用；由冷备用改检修。一般也可一张完成，即由运行改检修，但在操作步骤的安排顺序仍是运行——热备用——冷备用——检修三阶段组成。检修中的电气设备在复役操作时，按停役操作的相反方向执行。

操作票的正确与否是直接关系到实际操作的正确性，关系到设备及人身安全的大事情，是使电气操作行之有效的组织措施。因此在书写操作票时一定要思想集中，认真对待，顺序不乱，项目不漏，字迹清晰，自己操作的任务一定要自己写票。

写票的具体项目应根据该设备的一/二次回路设备情况及设备地点，统筹考虑，具体写票内容简述如下。

1. 电气设备由运行改热备用

电气设备由运行改热备用操作内容为拉开该设备的开关，在拉开关时还应考虑：

（1）停用该设备的自动装置，如厂变备合闸、快切装置等；

（2）同一设备有几只开关时，应考虑拉开关的先后顺序，如双卷变的高低压开关，联络线的两侧开关。

2. 电气设备由热备用改冷备用

电气设备由热备用改冷备用的操作内容为拉开闸刀，隔离开关、闸刀的控制及动力电源，隔绝电压互感器高低压等，具体操作步骤如下。

(1) 闸刀为遥控操作者。

当开关断开后，无需检查开关实际断开位置（根据位置信号及表计分析判明开关已经断开即可）拉开闸刀，然后进行拉开盘后直流，取下连接片等控制室的操作。控制室内设备隔绝完毕后，可到就地近控箱内操作，如拉开交、直流小开关等。同一地点操作完毕后，可至另一地点进行操作，直至将所有设备全部隔绝至冷备用为止。取下高压熔丝应在一次设备隔绝完毕，挂接地线前进行。

(2) 闸刀为近控操作者。

将开关拉开后，应将盘后的开关操作直流拉开，然后至近控箱隔绝近控箱内设备，如拉直流等，查开关断开后拉开闸刀，开关合闸直流熔丝可在拉开闸刀后进行，操作完毕后，回控制室拉开盘后所有直流。

(3) 母线改冷备用。

双母线设备其中一组母线停役冷备用时，应检查所有设备已倒至运行母线，母联开关已拉开，然后隔绝母联，包括盘后直流、母联正/副母线闸刀、近控箱内设备以及停役母线上所有闸刀控制及动力电源。

3. 电气设备由冷备用改检修

通过以上操作将可能来电的各侧均已隔绝，便可以按工作票要求装设接地线，接地线应在验明无电后才能进行，不是电源侧可挂轻便接地线。

4. 电系调整操作

(1) 倒母线操作。

倒母线操作前必须做好系统潮流分析，倒母线操作一定要先合母联开关，并将开关改非自动，调整母差保护，放上母差保护互联压板，先合上需要倒闸操作的全部设备闸刀后，逐一拉开相应的另一把闸刀，操作结束后检查系统潮流运行正常。注意在操作闸刀后一定要通过各种手段检查闸刀操作到位。

(2) 备用电源投入的操作。

1) 低压电汇备用电源投入的操作：为防止在操作过程中由于环流太大而造成不必要的事故，应遵循先拉开后合上的原则，即先拉开常用电源进线闸刀，然后合上备用电源进线闸刀。

2) 高压备用电源及低压重要电汇投入的操作：在一般情况下，应先待电源侧实联后，再合上备用电源开关，后拉开常用电源开关，在合备用电源开关前应将备合闸装置停用。

如果情况不允许高压侧实联时，则应先查明电源侧系统确属同期后才可进行，以免造成失电及与系统解列等情况。

5. 电气设备的复役操作

电气设备的复役操作与停役操作相反，由检修——冷备用——热备用——运行。电气设备拆除接地线后需用测量设备绝缘，绝缘合格才能改运行，复役前终结工作票时应详细检查。

六、电气操作要点

1. 开关分合操作

(1) 开关操作合闸前必须完成且具备以下条件：

1) 有关短路线接地线已拆除，工作票终结，检修人员撤离现场，被受电一次回路已具备受电条件，绝缘测量合格；

2）分析预测开关合闸后，系统潮流分布正常，不会发生因开关合闸后潮流变化而引起相邻开关跳闸事故的发生；

3）小车开关应在工作位置，现场有关安全遮拦仓门关好；

4）开关操作动力电源已送电，并且操作动力已具备（油压正常、弹簧储能正常）；

5）开关操作控制电源送电正常，分闸指示绿灯亮，说明开关合闸回路正常；

6）有关保护已投跳闸位置，保护装置无异常闭锁信号发出，保护装置功能指示正常；

7）如开关跳闸回路有故障或异常，应禁止将开关投入运行。

（2）开关合闸后应检查并注意以下事项：

1）当开关合上后即发生跳闸，应立即停止操作，查明原因；

2）电流、电压指示正常，通过表计分析确认开关三相合闸正常，必要时还应现场进一步确认；

3）检查系统潮流分布正常；

4）开关合闸后，红灯指示灯亮，说明开关跳闸回路正常，如红灯不亮，应迅速判明是指示灯故障，还是跳闸回路故障，当判明为跳闸回路异常时，应立即停用此开关，必要时可采用就地分闸的处理办法将开关停用。

（3）开关分闸操作的注意事项：

1）操作前应首先停用有关备合闸、重合闸等自动装置；

2）检查开关操作动力及电源正常，无异常信号（如液压闭锁等）；

3）开关分闸后应检查三相电流指示为零，判断三相开关确已断开；

4）操作前应分析检查有关系统潮流的分布情况，防止在操作后引起系统潮流突变造成相邻开关因过负荷而跳闸事故的发生。

2. 隔离开关的操作

（1）隔离开关通常也叫刀闸，隔离开关结构简单，操作简便，但由于隔离开关不具备断弧的能力，因而如果操作不当，会造成带负荷拉合闸的事故发生，造成人员的灼伤和设备的损坏。

（2）隔离开关一般采用近控与遥控方式操作。近控操作时，除确认开关在断开状态时，还需将开关的控制及动力电源隔绝。近控操作时如果已发生带负荷拉闸过程中时，严禁再将隔离开关合上，一般近控操作的隔离开关均配置有简单的机械或机电混合的闭锁装置，操作时严禁破坏闭锁操作。

（3）遥控操作的隔离开关一般均配置有电气回路闭锁，操作的安全性、可靠性均有较大的提高，但运行人员操作时仍应严格遵照倒闸操作的基本原则进行，遥控操作中对就地刀闸状态检查应认真仔细。

（4）对于开关两侧均装设有隔离开关的电气回路，拉电隔绝操作顺序应先拉线路闸刀，后拉母线闸刀，送电操作顺序反之，其操作方式的目的是万一断路器开关触头未断开时，保证带负荷拉闸对母线运行的影响降至最小。

3. 就地分相电压熔断器的操作（熔断器一般也称熔丝）

（1）低压熔丝的操作首先应有保证操作人员安全的措施，即操作人员必须戴好防护面罩，穿长袖全面工作服，穿绝缘鞋，操作使用的操作把手应完好无损，操作时必须戴好绝缘手套。

（2）三相熔丝拉电操作，应先中间一相熔丝，后取另外两相，熔丝放上送电操作相反。

（3）送电操作时应检查熔丝容量与现场容量指示一致，熔体外观完好无损，熔丝放上后用验电笔检查熔丝工作正常。

第二节　常用电气操作用具的使用

一、绝缘电阻表的使用

绝缘电阻表又称兆欧表，是检测设备绝缘是否正常的一个有效的工具，绝缘电阻表的作用除作为检查设备绝缘健康的状况外，还可以对一次设备，特别是检修后投运设备的一次回路是否还遗留有接地线以及一次接线是否漏接（如电动机本体侧电缆接头）等异常情况进行检测。尽管目前数字式绝缘电阻表的精度及稳定性越来越高，已被相当部分发电厂使用，但绝缘电阻表因其经济、可靠、不消耗能源等优势，目前仍被广泛使用。正确使用绝缘电阻表也是运行人员的基本操作技能之一，正确使用绝缘电阻表应按照下列规定进行。

（1）使用绝缘电阻表测量高压设备绝缘，应由两人担任。

（2）测量用的导线，应使用绝缘导线，其端部应有绝缘套。

（3）测量绝缘时，必须将被测设备从各方面断开，验明无电压，确实证明设备无人工作后，方可进行。在测量中禁止他人接近设备。在测量绝缘前后，必须将被试设备对地放电。测量线路绝缘时，应取得对方允许后方可进行。

（4）在有感应电压的线路上（同杆架设的双回线路或单回路与另一线路有平行段）测量绝缘时，必须将另一回线路同时停电，方可进行。雷电时，严禁测量线路绝缘。

（5）在带电设备附近测量绝缘电阻时，测量人员位置及绝缘电阻表安放位置，必须选择适当，保持安全距离，以免绝缘电阻表引线或引线支持物触碰带电部分。移动引线时，必须注意监护，防止工作人员触电。

（6）测量时，保持绝缘电阻表转速为120r/min。

（7）在导线未从被测设备取下时，绝缘电阻表不得停止转动，否则会损坏绝缘电阻表。

（8）测试人员必须戴绝缘手套，读数时视线与指针垂直。

（9）电气设备在测绝缘时必须选用合适等级的绝缘电阻表，绝缘电阻表的额定电压应与被测电气设备的额定电压相适应，额定电压500V及以下的电气设备一般选用500V的绝缘电阻表，高压设备一般选用1000V或2500V绝缘电阻表。

二、钳形电流表的使用

（1）值班人员在高压回路上使用钳形电流表的测量工作，应由两人进行。非值班人员测量时，应填第二种工作票。

（2）在高压回路上测量时，严禁用导线从钳形电流表另接表计测量。

（3）测量时若需拆除遮栏，应在拆除遮栏后立即进行。工作结束，应立即将遮栏恢复原位。

（4）使用钳形电流表时，应注意钳形电流表的电压等级。测量时戴绝缘手套，站在绝缘垫上，不得触及其他设备，以防短路或接地。

（5）观测表计时，要特别注意保持头部与带电部分的安全距离。

(6) 测量低压熔断器和水平排列低压母线电流时，测量前应将各相熔断器和母线用绝缘材料加以包护隔离，以免引起相间短路，同时应注意不得触及其他带电部分。

(7) 在测量高压电缆各相电流时，电缆头线间距离应在 300mm 以上，且绝缘良好，测量方便者，方可进行。当有一相接地时，严禁测量。

(8) 钳形电流表应保存在干燥的室内，使用前要擦拭干净。

三、验电器的使用

(1) 验电时，必须用电压等级合适而且合格的验电器，在检修设备进出线两侧各相分别验电。验电前，应先在有电设备上进行试验，确证验电器良好。如果在木杆、木梯或木架构上验电，不接地线不能指示者，可在验电器上接地线，但必须经值班负责人许可。

(2) 高压验电必须戴绝缘手套。验电时应使用相应电压等级的专用验电器。高压验电器一般都带有自身校验功能，为此验电前后均需利用自身校验按钮进行校验，以判别验电器是否完好，日常使用中应保持其绝缘棒干燥。330kV 及以上的电气设备，在没有相应电压等级的专用验电器的情况下，可使用绝缘棒代替验电器，根据绝缘棒端有无火花和放电噼啪声来判断有无电压。

(3) 使用低压验电笔验电时，注意验电的电压不得超过 500V，验电时不能确定是否感应电压时，应用另只手可靠接地用以区别。新使用的验电笔首先应在笔端金属端用绝缘套套上，只保留显露约 5mm，并在日常使用中保持绝缘套良好。装设绝缘套目的是防止验电笔在使用时，由于带电体相互间较近误碰而发生短路，使人员灼伤的情况发生，特别是直流电弧由于没有过零阶段，短路造成的弧光很难断弧熄灭，所以在验电过程中注意防止短路情况的发生。验电时测量人员必须穿绝缘鞋，由于直流系统绝缘良好，测量直流电源时，有时还需借助另一只手接触金属接地体（一般为电气柜）才能使验电笔发光显示。在测量交流电时，氖气管放电针两端均会放电发光。测量直流电源时，测“+”极电源时，氖气管被测一端放电发光，测“－”极电源时，氖气管手持一端放电发光。

四、万用表的使用

(1) 使用万用表时，根据测量的不同应选用合适的挡位和量程，测量电压时应并在被测设备两端，测量电流时应串在被测回路中，二者不能接反，否则会损坏万用表。

(2) 使用测量时应注意与带电设备保持一定的安全距离。

(3) 测量电阻时应将被测设备从各方面与其他设备断开，测量前应将万用表调零。

(4) 读数时视线与万用表垂直，以防有较大的误差。

五、安全防护用具的使用

1. 绝缘手套使用保管注意事项

(1) 使用前要进行充气检查，应该不漏气。具体方法为：检查的方法为两手将手套口拉直拉紧，将手套先后旋转，使手套内充满空气，用手挤压并用非常灵敏的嘴唇来感觉是否有细小气流流出，以此来检验绝缘手套是否存在破损。当发现有漏气破损时应禁止使用。

(2) 绝缘手套要在干燥并且无尖锐物体的地方存放。

(3) 绝缘手套不得和具有腐蚀性的物质存放在一起。

(4) 绝缘手套必须定期进行校验。

(5) 使用绝缘手套时应注意绝缘等级，严禁超量程使用。

（6）使用规定：①操作接地闸刀、接地线时必须戴好绝缘手套。②操作低压熔丝时必须戴好绝缘手套。③高压设备发生接地，为进一步查找接地点需接触一次设备时，必须戴好绝缘手套。④取下或放上一次回路中的压变高压熔丝时，也必须戴好绝缘手套。⑤测量一次回路绝缘，连接一次导体时必须戴好绝缘手套。

2. 绝缘靴使用注意事项

（1）绝缘靴使用前应该进行外部检查完好；

（2）使用绝缘靴时应注意绝缘等级，严禁超量程使用；

（3）定期对绝缘靴进行校验。

六、接地线的装设

（1）装设接地线必须由两人进行。

（2）装设接地线之前应验明设备确无电压，在装设接地线或合接地开关处对各相分别验电。

（3）在室内配电装置上，接地线应装在该装置导电部分的规定地点，这些地点的油漆应刮去，并划下黑色记号。

（4）装设接地线必须先接接地端，后接导体端，且必须接触良好。拆接地线的顺序与此相反。装、拆接地线均应使用绝缘棒和戴绝缘手套。

第三节 电气安全常识

一、安全距离

设备带电时的安全距离见表9-1。工作人员工作中正常活动范围与带电设备的安全距离见表9-2。

表9-1 设备带电时的安全距离

电压等级(kV)	10及以下(13.8)	20、35	66、110	220	330	500
安全距离(m)	0.7	1.0	1.5	3.0	4.0	5.0

表9-2 工作人员工作中正常活动范围与带电设备的安全距离

电压等级(kV)	10及以下(13.8)	20、35	66、110	220	330	500
安全距离(m)	0.35	0.6	1.5	3.0	4.0	5.0

二、设备安全色的规定

为了便于识别设备，防止误操作、确保电气工作人员的安全，用不同的颜色来区分各种设备，见表9-3。

表9-3 电气设备颜色区分表

<table>
<tr><td rowspan="2">一次部分</td><td>相别</td><td>A</td><td>B</td><td>C</td><td>接地线</td><td colspan="2">低压电网中性线</td></tr>
<tr><td>颜色</td><td>黄</td><td>绿</td><td>红</td><td>黑色</td><td colspan="2">淡蓝色</td></tr>
<tr><td rowspan="2">二次部分</td><td colspan="2">交流电压回路</td><td colspan="2">交流电流回路</td><td>直流正极</td><td>直流负极</td><td>信号、警告回路</td></tr>
<tr><td colspan="2">黄色</td><td colspan="2">绿色</td><td>红色</td><td>蓝色</td><td>白色</td></tr>
</table>

三、人体的安全电流和触电

（1）人体的安全电流为：交流 10mA，直流电 50mA。

（2）触电方式有单相触电、两相触电，跨步电压、接触电压和雷击触电三种，其中两相触电方式最危险。

（3）触电伤害有两种：电击和电伤，它与以下因素有关。

1）电流的大小。电流是触电伤害的直接因素，电流越大伤害越严重。

2）电压高低。电压越高越危险。

3）人体电阻。正常在 10～100kΩ，如果皮肤沾有水分则电阻会明显下降。

4）电流通过人体的途径。电流通过呼吸器官和神经中枢危险较大，通过心脏危险最大。

5）触电时间长短。触电时间越长越危险。

6）人的健康和精神状况。对有心脏、神经、肺病史的触电者危险最大。

四、触电急救

发现有人触电，首先使触电者迅速脱离电源，若触电者在高处，救人时应采取防止其跌伤的措施。在电源未断开前，禁止直接触及触电者。

1. 抢救原则

（1）如果触电者伤势不重、神志清醒，但感到心慌、无力，或曾一度昏迷但未失去知觉，且已清醒过来，应让触电者安静休息、不得走动、严密观察。若发现呼吸和心跳异常应迅速抢救，并送医院。

（2）如果触电者伤势较重，已失去知觉，但心跳和呼吸还未停止。应将触电者抬放到空气新鲜、通风良好的地方，让其安静平卧。同时解开触电者的衣扣，以利于呼吸并且注意保温，并请医生诊治或送医院。

（3）当触电者呼吸停止时，应采用口对口呼吸、摇臂压胸人工呼吸法抢救。

（4）当触电者心跳停止，应采用胸外心脏按压人工呼吸法抢救。

（5）当触电者呼吸、心跳都停止时，应采用口对口呼吸与胸外心脏按压法相配合进行抢救。在人工抢救的同时，请医生及时前来诊治。

（6）进行人工呼吸前应检查触电者口鼻中有无异物堵塞，以免妨碍呼吸；解开衣扣、松解裤带、摘去假牙等以利于呼吸。

2. 呼吸心跳情况的判断

触电伤员如意识丧失，应在 10s 内，用看、听、试的方法（见图 9-1），判定伤员呼吸心跳情况。

（1）看——看伤员的胸部、腹部有无起伏动作；

（2）听——用耳贴近伤员的口鼻处，听有无呼气声音；

（3）试——试测口鼻有无呼气的气流。再用两手指轻试一侧（左或右）喉结旁凹陷处的颈动脉有无搏动；

（4）若看、听、试结果，既无呼吸又无颈动脉搏动，可判定呼吸心跳停止。

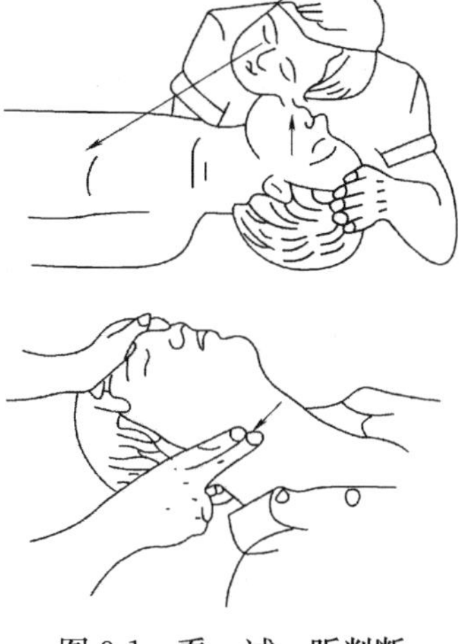

图 9-1　看、试、听判断呼吸及心跳情况

3. 触电者经抢救后情况好转时应做到的事项

(1) 若触电者心跳和呼吸均恢复，可停止人工呼吸和心肺复苏工作；

(2) 心跳恢复的早期可能发生再次骤停的情况，应严密监视，要随时准备再抢救；

(3) 恢复初期，触电者可能有神智不清、精神恍惚现象，应严防其躁动、乱跳，设法使其安静。

五、口对口人工呼吸

口对口人工呼吸的工作原理是采用人工操作，促进肺部膨胀和收缩，以达到气体良好交换的目的，其具体步骤如下。

(1) 畅通气道：清除口中异物，解开触电者衣扣、裤带如图 9-2、图 9-3 所示。

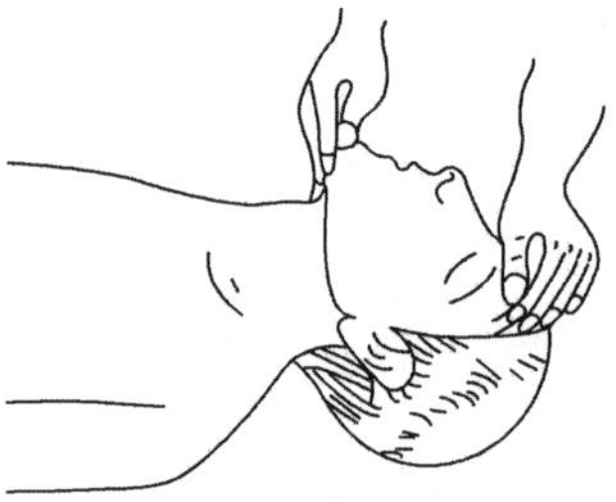

图 9-2 仰头抬颏法

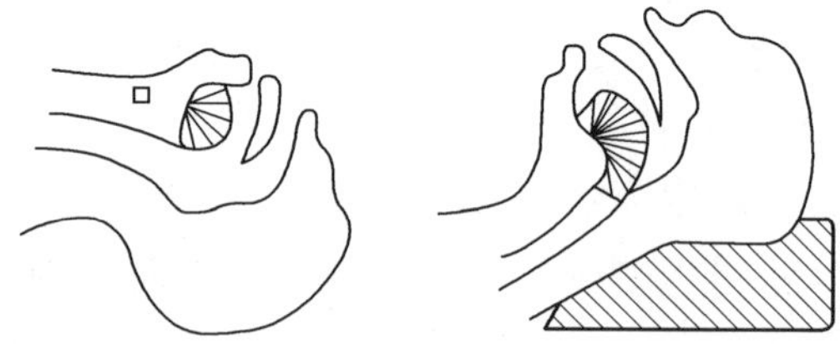

图 9-3 气道状况

(a) 气道通畅；(b) 气道阻塞

(2) 救护人在保持伤员气道通畅的同时，救护人员用放在伤员额上的手的手指捏住伤员鼻翼，救护人员深吸气后，与伤员口对口紧合，在不漏气的情况下，先连续大口吹气两次，每次 1～1.5s。如两次吹气后试测颈动脉仍无搏动，可判断心跳已经停止，要立即同时进行胸外按压如图 9-4 所示。

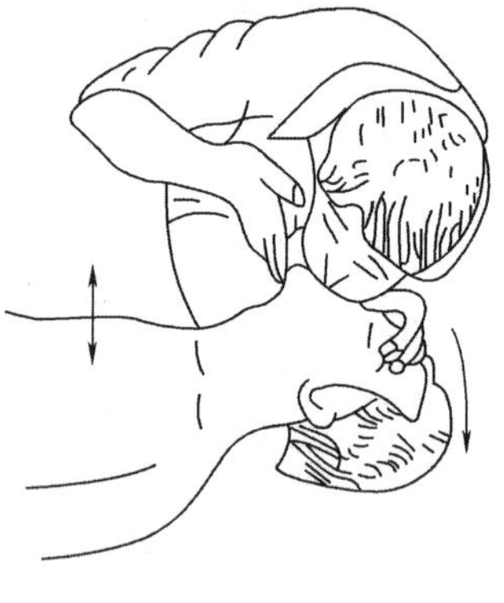

图 9-4 口对口人工呼吸

(3) 除开始时大口吹气两次外，正常口对口（鼻）呼吸的吹气量不需过大，以免引起胃膨胀。吹气和放松时要注意伤员胸部应有起伏的呼吸动作。吹气时如有较大阻力，可能是头部后仰不够，应及时纠正。

(4) 触电伤员如牙关紧闭，可口对鼻人工呼吸。口对鼻人工呼吸吹气时，要将伤员嘴唇紧闭，防止漏气。对大人每分钟吹气 14～16 次，儿童 18～20 次且不必捏紧鼻孔，任其自然通气。若触电人的嘴掰不开时，可以捏紧嘴向鼻孔吹气。

六、胸外心脏按压救护

(1) 正确的按压位置是保证胸外按压效果的重要前提。确定正确按压位置的步骤：

1) 右手的食指和中指沿触电伤员的右侧肋弓下缘向上，找到肋骨和胸骨接合处的中点；

2) 两手指并齐，中指放在切迹中点（剑突底部），食指平放在胸骨下部；

3) 另一只手的掌根紧挨食指上缘，置于胸骨上，即为正确按压位置（见图 9-5）。

(2) 正确的按压姿势是达到胸外按压效果的基本保证。正确的按压姿势：

1）使触电伤员仰面躺在平硬的地方，救护人员立或跪在伤员一侧肩旁，救护人员的两肩位于伤员胸骨正上方，两臂伸直，肘关节固定不屈，两手掌根相叠，手指翘起，不接触伤员胸壁；

2）以髋关节为支点，利用上身的重力，垂直将正常成人胸骨压陷3～5cm（儿童只用一只手，用力小压陷浅些）；

3）压至要求程度后，立即全部放松，但放松时救护人员的掌根不得离开胸壁（见图9-6）。按压必须有效，有效的标志是按压过程中可以触及颈动脉搏动。

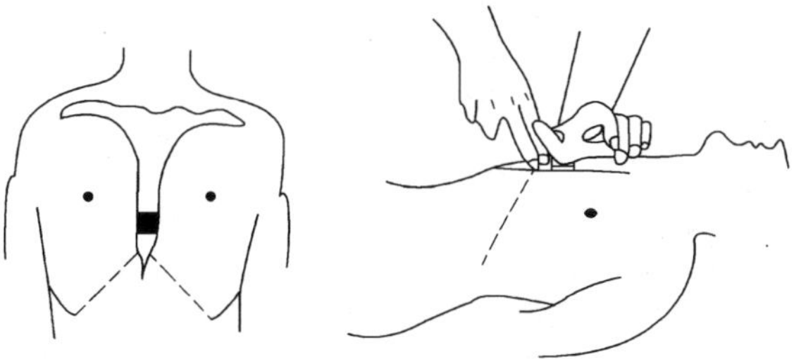

图 9-5 正确的按压位置

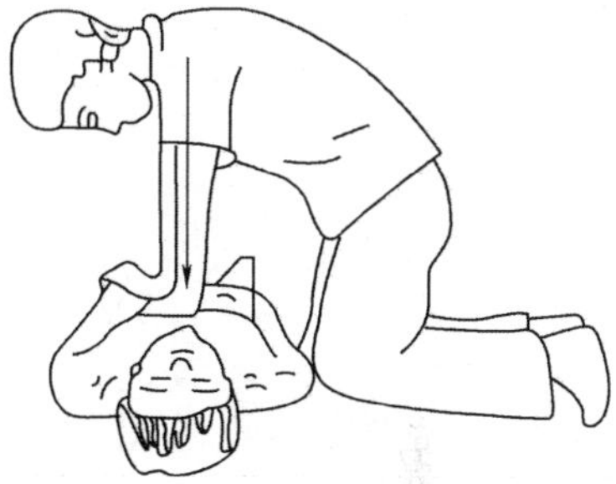

图 9-6 按压姿势与用力方法

（3）操作频率：

1）胸外按压要以均匀速度进行，每分钟80次（儿童90～100次）左右，每次按压和放松的时间相等；

2）胸外按压与口对口（鼻）人工呼吸同时进行，其节奏为：单人抢救时，每按压15次后吹气2次（15∶2），反复进行；双人抢救时，每按压5次后由另一人吹气1次（5∶1），反复进行。

（4）抢救过程中的再判定：

1）按压吹气1min后（相当于单人抢救时做了4个15∶2压吹循环），应用看、听、试方法在5～7s时间内完成对伤员呼吸和心跳是否恢复的再判定。

2）若判定颈动脉已有搏动但无呼吸，则暂停胸外按压，而再进行2次口对口人工呼吸，接着每5s吹气一次（即每分钟12次）。如脉搏和呼吸均未恢复，则继续坚持心肺复苏法抢救。

3）在抢救过程中，要每隔数分钟再判定一次，每次判定时间均不得超过5～7s。在医务人员未接替抢救前，现场抢救人员不得放弃现场抢救。心肺复苏应在现场就地坚持进行，不要为方便而随意移动伤员，如确有需要移动时，抢救中断时间不应超过30s。

七、消防常识

1. 电气设备常用的消防器材

（1）二氧化碳灭火器，用于600V以下的电气设备。

（2）干粉灭火器，适用于可燃气体和电气设备的初期火灾，干粉不导电。

（3）1211灭火器，绝缘性能好，适用于充油的电器设备火灾。

（4）四氯化碳，不导电，适用于1kV以下的电气设备的火灾。

2. 带电灭火的注意事项

（1）使用不导电的灭火工具，严禁使用水泡沫灭火器等导电灭火装置。

（2）注意身体与周围带电设备的安全距离，防止身体各部分或使用消防器材与带电设备直接接触，或过分靠近而发生触电事故。带电灭火时必须戴绝缘手套，穿绝缘靴。

（3）灭火过程中若发生电气故障，在局部区域内会有跨步电压，故灭火人员进入上述范围时应穿绝缘鞋，采用双脚并住跳跃的方法行走。

（4）带电灭火，对有油的设备可用干燥的黄砂盖住火焰。

（5）电缆着火后产生大量的浓烟和有毒气体，应首先切除电源，救火时应戴防毒面具及绝缘手套，穿绝缘靴，且要防止空气流通，应用干粉、1211、二氧化碳、干黄砂灭火。

参 考 文 献

［1］ 华东六省一市电机工程(电力)学会. 电气设备及其系统(第二版). 北京：中国电力出版社，2006.
［2］ 宗士杰. 发电厂电气设备及运行. 北京：中国电力出版社，2003.
［3］ 杨贵恒，贺明智，袁春，等. 柴油发电机组技术手册. 北京：化学工业出版社，2009.
［4］ 王维俭. 大型发电机变压器内部故障分析与继电保护. 北京：中国电力出版社，2006.
［5］ 宋志明，李洪战. 电气设备与运行. 北京：中国电力出版社，2008.
［6］ 高春如. 大型发电机组继电保护整定计算与运行技术(第二版). 北京：中国电力出版社，2010.
［7］ 卓乐友. 电力工程电气设计 200 例. 北京：中国电力出版社，2004.
［8］ 白宗敏，等. 现代电力工程直流系统. 北京：中国电力出版社，2003.
［9］ 华东电业管理局. 高压断路器技术问答. 北京：中国电力出版社，1997.
［10］ 华东电业管理局. 变压器检修技术问答. 北京：中国电力出版社，1999.